Richard Oberländer

Der Mensch vormals und heute

Geschichte und Verbreitung der menschlichen Rassen

REPRINT – VERLAG
LEIPZIG

© **REPRINT-VERLAG-LEIPZIG**
Volker Hennig, Goseberg 22-24, 37603 Holzminden
ISBN 3-8262-1508-7

Reprint der Originalausgabe von 1878
nach dem Exemplar der Universitätsbibliothek Leipzig
(Signatur: Ld.u.Vk. 577^{gr})

Lektorat: Andreas Bäslack, Leipzig
Einbandgestaltung: Jens Röblitz, Leipzig
Gesamtfertigung: Westermann Druck Zwickau GmbH

Raſſentypen.

1. Auſtralier. 2. Papua. 3. Chineſe. 4. Indianer Nordamerika's. 5. Dravida.
6. Buſchmann. 7. Niam-Niam. 8. Europäer.

Der

Mensch vormals und heute.

Abstammung, Alter,

Urheimat und Verbreitung der menschlichen Rassen.

Eine Völkerkunde für Alt und Jung.

Von

Richard Oberländer,

Redakteur des „Neuen Buchs der Reisen und Entdeckungen".

Mit über hundert Text-Illustrationen, fünf Tonbildern u. s. w.

Leipzig.

Verlag von Otto Spamer.

1878.

Vorwort.

Zwei neue Wissenschaften sind es, denen sich die Forschung in unseren Tagen mit einer gewissen Vorliebe zugewendet hat. Die eine ist durch die andere bedingt und beide fallen eigentlich in eine einzige zusammen.

Die Abstammung und das Alter, die muthmaßliche Urheimat und die frühesten Wanderungen unseres Geschlechts lernen wir durch die Anthropologie (Menschenkunde) kennen; die Ethnologie (Völkerkunde) oder Ethnographie (Völkerbeschreibung) führt uns in das frische Leben mitten hinein; an ihrer Hand umwandern wir den Erdball und machen uns mit den Menschenrassen, mit deren Lebensweise, Sitten und Gebräuchen bekannt.

Vor sechzig Jahren wären beide Wissenschaften noch gar nicht möglich gewesen; aber die Fortschritte des letztverflossenen Halbjahrhunderts sind geradezu bewunderungswürdig. Nie zuvor entfaltete sich der Geist freier Untersuchung und Forschung nach allen Richtungen hin mit solcher überwältigender Kraft. Die seit Jahrtausenden schweigsame Sphynx hat ihre Geheimnisse offenbart; die Alterthümer Amerika's, diese Adelsdiplome einer Welt, die wir längst nicht mehr als eine „neue" bezeichnen dürfen, bieten unserem staunenden Blick ungeahnte Wunder dar; Niniveh und Babylon sind wieder ans Tageslicht gebracht und sprechen zu uns in beredten Worten.

In diesem unvergleichlichen halben Jahrhundert, das so viele Entdeckungen aufzuweisen, und schon so viele Räthsel gelöst hat, wurde das Studium der Menschenrassen mit einer großen Menge von Thatsachen bereichert. Afrika, das unwirthbare, ist in unseren Tagen nicht mehr undurchdringlich,

Australien's Festland gleichfalls von einem Ende zum andern durchzogen worden; an allen Küsten der verschiedenen Ozeane landen europäische Fahrzeuge; Kaufleute, Missionäre und Männer der Wissenschaft dringen bis tief ins Innere der Kontinente.

Fast alle Völker des Erdballs sind beobachtet, beschrieben und bildlich dargestellt worden; man studirt ihre Sitten, ihre Sprache und ihre Religion, ihre Gewerbsamkeit und ihre Ueberlieferungen; unsere Museen sind reich an anthropologischen und ethnologischen Gegenständen, wir besitzen Schädel und Gerippe aus allen Weltgegenden, Trachten und Werkzeuge aller Völker, und haben vollauf Mittel zum Studium.

Das hat man sich denn auch reichlich zu Nutze gemacht. An verschiedenen Orten sind ethnographische Gesellschaften entstanden, und fast endlos ist die Zahl der Forscher, die seit Blumenbach, dem Vater der Menschen- und Völkerkunde, oft, wie wir sehen werden, mit mehr oder weniger Glück neue Grundsätze aufgestellt oder auf denen ihrer Vorgänger weiter gebaut haben.

In mehreren Zeitschriften und in besonderen Werken sind die fortschreitend neuen Beobachtungen und die Ergebnisse der in Rede stehenden Wissenschaften von den Fachgelehrten mehrfach niedergelegt worden. Meines Wissens aber wage ich den ersten Versuch, in allgemein verständlicher Weise, für die Jugend nicht nur, wie Titel und Umschlag des Werkchens fast vermuthen lassen möchten, sondern für alle Diejenigen, welche sich nicht ausdrücklich mit dem Studium dieser Wissenschaften befaßt haben, die Ergebnisse der Völkerkunde zur Darstellung zu bringen.

Ich erbitte es mir als eine besondere Gunst, daß auch Erwachsene dieses Bändchen des „Kosmos für die Jugend" lesen und studiren, ehe sie es, als für ihr Alter und ihre Lebensstellung nicht passend, zur Seite legen.

Mit dieser meiner Arbeit aber hoffe ich mir einige Anerkennung zu verdienen. Denn ein Werk, wie das vorliegende, fehlt in Schule und Haus, und aus diesem Gesichtspunkte erscheint ein Wegweiser zum besseren Verständniß der Geschichte und Geographie wol dankenswerth. Das Register der behandelten Völker und Rassen wird als willkommene Beigabe betrachtet werden.

Von den zahlreichen Quellen, die mir zur Benutzung vorgelegen haben, will ich nur Prof. Dr. F. Müller's „Allgemeine Ethnographie" und der „Völkerkunde" von Oskar Peschel namentliche Erwähnung thun. Die Rasseneintheilung des letztgenannten Gelehrten habe ich meiner Arbeit zu Grunde gelegt.

Leipzig, im September 1877.

Richard Oberländer.

Inhalt.

Die Extrabeigaben sind einzuheften:

Das Paradies der Bibel.

Vieles ist erstaunlich, aber nichts erstaunlicher
als der Mensch.   Sophokles.

I.
Menschenkunde.

Abstammung und Alter des Menschengeschlechts. — Höhlenfunde. — Die menschliche
Kinnlade von Moulin=Quignon. — Die Steinzeit. — Die Metallzeit. — Die Eisen=
zeit. — Die Urheimat des Menschen. — Lemuria. — Der Urmensch (homo primigenius).
— Sprachentwickelung. — Einheit des Menschengeschlechts — Rassenbildung. —
Muthmaßliche erste Wanderungen. — Anthropologie. — Ethnologie.

Das Menschengeschlecht erinnert sich seiner frühesten Anfänge eben so wenig,
als der Einzelne seiner jüngsten Kindheit. Erst lange nach der Geburt er=
wacht im Kinde das Bewußtsein. Was vor diesem Augenblicke liegt, entzieht
sich für immer seiner Erinnerung.

In der Entwickelungsgeschichte der Menschheit könnte man in gewissem
Sinne und nicht unpassend als den Augenblick des erwachenden Bewußtseins

jenen der Erfindung der Schrift bezeichnen. Ebenso, wie bei verschiedenen Kindern, tritt dieser Augenblick des Erwachens bei den verschiedenen Völkern sehr verschieden ein; bei manchen früher, bei manchen später, bei dritten endlich ist er noch gar nicht angebrochen.

Erst mit der Erfindung der Schrift vermag die Menschheit ihre Erinnerung nachkommenden Geschlechtern in bestimmter Weise zu überliefern. Alles, was vor diesem Zeitpunkte liegt, muß demnach naturgemäß, gerade wie die ersten Tage der Kindheit beim einzelnen Menschen, von tiefem Dunkel überschattet sein, und folgerichtig ist uns selbst die oft naheliegende Vergangenheit schriftloser Naturvölker der Jetztzeit völlig verschlossen.

Ueber alle Fragen, die sich auf das irdische Menschendasein in jenen frühesten Perioden beziehen, wird sich sicherlich auch niemals zu einer völligen Gewißheit gelangen lassen.

Wie das Kind zur Kenntniß seiner eigenen Vergangenheit und die seiner Vorfahren sich auf die Mittheilungen der Eltern und Großeltern beschränken muß, so sind und bleiben wir bei Beantwortung der Frage über den Ursprung und die Vergangenheit des Menschengeschlechts einzig und allein darauf angewiesen, aus den vorhandenen, vergleichsweise geringen und stummen Ueberbleibseln der menschlichen Kindheit ihre Geschichte uns so aufzubauen und zusammenzusetzen, wie sie sich am wahrscheinlichsten darstellt.

Alle religiösen Ueberlieferungen, soviel wir deren kennen, beginnen mit der Erzählung der Erd- und Menschenschöpfung. Diese Erzählungen sind nicht selten sehr tiefsinnig, und es scheinen sich in ihnen uralte Vorgänge und Beobachtungen erhalten zu haben. Vieles wird von den neueren Forschungen bestätigt, beispielsweise die zeitweise Ueberschwemmung ausgedehnter Tiefländer; Anderes dagegen müssen wir für poetische Ausschmückung und Erdichtung halten und dürfen es nur dem Geiste und dem Sinne nach auffassen.

Der Mensch gehört ins Thierreich. Owen sagt, es falle dem Anatomen schwer, einen Unterschied zwischen dem Menschen und dem Waldmenschen (Pithecus) aufzufinden, so groß sei die Aehnlichkeit beider in Bezug auf ihren Bau. Wie sehr aber auch Affe und Hottentott einander ähneln mögen, so ist doch die trennende Kluft zwischen ihnen eine ungeheuere; sie ist vorhanden innerlich durch das Bewußtsein, äußerlich durch die Sprache. Isidor Geoffroy St. Hilaire faßt den bezeichnenden Unterschied in den Worten zusammen: „Die Pflanze lebt; das Thier lebt und fühlt; der Mensch lebt, fühlt und denkt."

Nach Darwin sind alle lebenden Wesen, welche die Erde bereits bewohnten und noch bewohnen, im Laufe sehr langer Zeiträume durch allmähliche Umgestaltung und Vervollkommnung aus einfachen Urorganismen hervorgegangen. Darwin hat diese Theorie, die man die Abstammungs- oder Descendenztheorie nennt, in seinem epochemachenden, 1859 erschienenen Werke, „Ueber die Entstehung der Arten durch natürliche Zuchtwahl", niedergelegt. Weiter ausgebaut und ergänzt hat er diese Anschauung in seiner Schrift

„Das Variiren der Thiere und Pflanzen im Zustande der Domestifation", die im Jahre 1868 erschien, und in dem Werke „Die Abstammung des Menschen", welches im Jahre 1869 folgte.

Wie es mit jeder Wahrheit der Fall ist, so entsprang auch diese Theorie nicht urplötzlich und in dem Kopfe des englischen Naturforschers, sondern schon frühere Gelehrte haben denselben Gedanken mehr oder weniger bestimmt aus=gesprochen. Dadurch ist jedoch Darwin's Ruhm keineswegs geschmälert, denn die streng wissenschaftliche Begründung der Theorie ist sein Werk.

Der naturgeschichtliche Begriff „Art" (Löwe, Hund, Pferd u. s. w.) galt nach der früheren Auffassung als etwas Festes, Unveränderliches, das in einer bestimmten Erdentwickelungsepoche unabhängig von allen gleichzeitigen Neben=formen als vollständig neue und selbstständige Lebenserscheinung geschaffen wor=den ist, eine bestimmte Zeit durch Fortpflanzung in unveränderter Form existirte und dann plötzlich durch irgend welche Ursache untergegangen, oder sich bis auf die Gegenwart von Generation zu Generation erhalten hat, ohne jemals Uebergänge in andere Arten zu zeigen.

Diese Ansicht wurde besonders unterstützt durch die Lehre Cuvier's, nach welcher der Erdball im Laufe der Zeiten mehrere gewaltsame Umwälzungen durchgemacht hat, durch welche jedesmal alles Leben vernichtet und eine neue Schöpfung aufgetreten ist. Jedoch auch diese geologische Theorie ist in neue=rer Zeit namentlich durch den Engländer Lyell als unhaltbar nachgewiesen worden. Nicht einzelne, alles Daseiende vernichtende Umwälzungen haben unseren Planeten heimgesucht, sondern alle geologischen Veränderungen desselben sind aus den noch heute ununterbrochen wirkenden Kräften zu erklären, und nie hat eine Unterbrechung in der fortdauernden Entwickelung stattgefunden.

Diese Fortdauer zeigt sich auch in der Entwickelung der lebendigen Wesen. Einzelne Schöpfungsakte hintereinander haben nicht bestanden. Alle lebendigen Wesen stammen von einem einzigen ab. Dieses hatte die Fähigkeit, sich fort=zupflanzen, seine Nachkommen wichen durch natürliche Züchtung etwas von der Urform ab. Die Abweichungen wurden weiter fortgepflanzt und verstärkt. Die Konkurrenz mit anderen oder der Kampf ums Dasein bringt es mit sich, daß Verbesserungen in den Abweichungen sich leichter fortpflanzen, weil ihre Besitzer mehr Aussicht auf Fortdauer haben. Daraus folgt die stetige Vervollkommnung der lebenden Wesen und bei der großen Verschiedenheit der äußeren Lebens=bedingungen die große Mannichfaltigkeit in den Organisationsverhältnissen. Die ganze Thierwelt bildet eine ununterbrochene Kette, deren erstes Glied die orga=nische Urzelle und deren bis jetzt letztes der Mensch ist.

Es ist demnach, wie wir aus Vorstehendem ersehen, falsch zu sagen, wie wir an dieser Stelle gleich bemerken wollen: der Mensch stammt von den jetzt lebenden Affen ab. Keiner der heutigen Affen kann als Urvater des Menschengeschlechts angenommen werden, aber beide, Menschen und Affen, haben gemeinsamen Ur=sprung, sie sind die Zweige verschiedener Entwickelung, deren Wurzel dieselbe ist.

Wären wir nur im Stande, die Ahnenreihe des Menschen und Affen in aufsteigender Richtung und ohne Unterbrechung weit genug zu verfolgen, so würden wir, das ist mit großer Wahrscheinlichkeit anzunehmen, endlich auf eine Form stoßen, in welcher sich die jetzt auseinander gelaufenen Linien Affe und Mensch vereinigen. Das führt uns aber in Zeiten zurück, deren Abstand von heute wir nach Jahrtausenden nicht einmal zu tariren vermögen.

Und warum stemmen wir uns nur so sehr dagegen, jenen gemeinsamen Ursprung einzuräumen? „Wir haben", höre ich sagen, „die Beweise der Ueber= gangsformen noch nicht gefunden, die bis zur Wurzel des Stammes hinauf= führen." Richtig, — das heißt, wir sehen diese Uebergangsformen noch nicht vollständig genau, aber jedenfalls bereits in hinlänglicher Anzahl, um die Rich= tungen daraus zu erkennen, und diese Richtungen deuten mit Sicherheit an, daß es einen Punkt giebt, in welchem sie zusammentreffen.

Die Verschiedenheiten unter einzelnen Affenarten sind viel größer als der Unterschied, den der anatomische Bau des Tschimpanse und der des Menschen zeigen, und doch besinnen wir uns keinen Augenblick, jene viel mehr von einander verschiedenen Geschöpfe als auf das nächste verwandt, als derselben Gattung zugehörig zu bezeichnen; der Mensch soll aber nicht einmal der Seitenver= wandte des Affen sein.

Eine solche Annahme verletzt die Eitelkeit einer großen Klasse von Men= schen immer noch auf das Empfindlichste. Warum? Das ist schwer zu be= greifen; denn daß der Mensch die hohe Stufe erklimmen konnte, die er inne hat, ist eine Wahrnehmung, die unser Bewußtsein erheben muß, weil sie die Aussicht auf unbegrenzte Vollkommenheit eröffnet; und der Rückblick auf die durchlaufene Bahn kann unmöglich niederdrücken, selbst wenn wir sie ver= folgen bis zur Verwandtschaft mit den Affen, von denen wir nicht abstammen, sondern mit denen wir eine gemeinsame Abstammung haben.

In eine arge Verlegenheit gerathen wir, wenn wir das Alter des Menschen= geschlechts beziffern sollen und wollen.

Prof. Thomson, ein tüchtiger Physiker und Mathematiker, nimmt nach seinen Berechnungen an, daß 98 Millionen Jahre nothwendig waren, um die Erde aus dem schmelzenden Zustande durch allmähliche Abkühlung in den der Erstarrung überzuführen. Dagegen berechnet Prof. Haughton 1018 Millionen Jahre als die Zeit, welche nöthig war, um die Erde von 100° bis zu 50° C. abzukühlen, bei welcher Temperatur das Wasser bereits lebenden Wesen zum Aufenthalte dienen konnte. Fernere 1280 Millionen Jahre waren nach dem= selben nöthig, um die Abkühlung von 50° bis zu 25° C. zu bewirken, welche Temperatur man als die der Eocänepoche annimmt. Wie lange es aber von da ab noch gedauert haben mag, bis sich die Erd= und Pflanzendecke entwickelt und die Erde zur Aufnahme von Thieren und Menschen fähig geworden, wird uns nicht mitgetheilt, und es erscheint uns bei solchen ungeheueren Zahlen auch wirklich nicht nöthig.

Lyell und seine Schule schreiben den Menschenknochen, die man in den Anschwemmungen des Mississippi-Delta fand, ein Alter von 50,000, einem Pfahl= bau in unserer romanischen Schweiz ein Alter von 70,000 und den Stein= funden von Abbeville mit der Kinnlade von Moulin = Quignon, mit der wir uns gleich beschäftigen werden, gar eins von 600,000 Jahren zu.

Andere Geologen sprechen nach ihren Berechnungen die Ueberzeugung aus, daß die Erde 300 bis 500 Millionen Jahre alt sei; Sprachforscher verlangen für die Entwickelung der Sprache, Schrift und Literatur gleichfalls Jahrtausende, und Anatomen, zu denen wir Darwin und die Bekenner und Nachfolger seiner Lehre rechnen, versuchen, wie wir oben sahen, nachzuweisen, wie im Laufe von Millionen oder Hunderttausenden von Jahren der Thierleib sich so entwickelt habe, daß nach und nach ganz neue Thierarten entstanden, deren letzte man Mensch nenne, und deren erste die schleimige, mikroskopisch kleine Urzelle war, welche man heute noch 200 bis 300 m. tief auf dem Meeresboden als „Urschleim" findet.

Neuerdings will Rütimeyer sogar in den Schieferkohlen von Wetzikon bei Zürich zusammen mit Resten des tertiären, vor der Eiszeit lebenden Ur= elefanten (Elephas antiquus) und des eben so alten Rhinoceros Merkii — sichere Spuren von Menschen nachweisen, nämlich von Menschenhand zu= gespitzte, eingeschnürte Holzstäbe, vermuthlich Reste eines groben Flechtwerks, welche also beurkunden würden, daß der Mensch in Centraleuropa schon Zeuge gewesen von jener ungeheueren Klimaveränderung aus der warmen Tertiär= in die Eiszeit.

Die Erdrinde giebt uns aber noch manchen anderen Beleg für das Irrige der gewöhnlichen Annahme für das Alter der Menschheit. Unter dem Boden, auf welchem die Kolossalstatue in Memphis steht, und der seiner ganzen Be= schaffenheit nach sich als ein allmählich entstandenes Produkt der jährlichen Schlammniederschläge des Nil zu erkennen giebt, fand man in einer Tiefe von $12\frac{1}{4}$ Meter einen glasirten Topfscherben, woraus geschlossen wurde, daß, weil jetzt der Nil sein Bett in 100 Jahren um $7\frac{1}{2}$ cm. erhöht, jener Scherben mindestens 13,000 Jahre in der Erde vergraben gelegen haben müßte.

An den Küsten der Dänischen Inseln finden sich ausgedehnte und Millio= nen von Kubikmetern umfassende Ansammlungen von Muschelschalen, von Knochenresten und eigenthümlich geformten Steinstücken. Diese Haufen nennen die Dänen Kjökkenmöddings (Küchen=Kehricht), denn man hat allen Grund an= zunehmen, daß sie Reste menschlicher Niederlassungen und Stätten bezeichnen, an denen die früher dort jagenden und fischenden Stämme ihre Mahlzeiten zu sich nahmen. Nach den sorgfältigsten Forschungen müssen seitdem 10,000 Jahre verflossen sein, und der zu jener Zeit lebende Mensch muß bereits einen gewissen Bildungsgrad besessen haben, der bei der nothwendig sehr langsamen Ent= wickelung der Kulturanfänge auf ein damals schon sehr hohes Alter des Ge= schlechts hinweist.

Die wichtigsten Aufschlüsse über das Alter unseres Geschlechts verdanken wir also den Geologen. Aus den Waffen, Werkzeugen, Schmuckgegenständen, Kleidern u.s.w., welche zufällig in sogenannten Hünengräbern, in Sümpfen, oft klaftertief im Schwemmlande, in Kalkhöhlen und am Ufer der Seen der Pfahl= baubewohner aufgefunden wurden, vermochten sie ihre Schlüsse zu ziehen. In= zwischen entdeckte man auch Knochenreste von Menschen, allem Vermuthen nach Zeitgenossen vorweltlicher Elefanten, Löwen, Riesenhirsche u. s. w., da man deren zerschlagene Gebeine und Markröhren in den Höhlenwohnungen jener Urmen= schen auffand. Damit war eigentlich schon erwiesen, daß unser Geschlecht viel älter ist, als man bisher glaubte.

Diese Zahlen weichen, wie wir sehen, so unendlich von einander ab, und beruhen auf so verschiedenen Voraussetzungen, welche alle einen gewissen Grad der Wahrscheinlichkeit für sich haben mögen, daß wir es nicht wagen möchten, uns für die eine oder andere Aufstellung zu entscheiden, und die Frage nach dem Alter des Menschengeschlechts unbeantwortet lassen müssen.

Aus allen Mittheilungen geht jedenfalls hervor, daß das Erscheinen der Menschen auf der Erde in einen viel früheren Zeitpunkt fällt, als man bisher anzunehmen gewohnt war. Ja, es scheint sogar, daß es sich nicht um einen Unterschied von einigen tausend Jahren handelt, sondern daß die Vergangenheit des Menschengeschlechts nicht nur weit über die Zeit der Geschichte, sondern sogar über die Periode der Erdbildung hinausreicht, in der wir uns befinden.

Es kam aber bis auf die neuere Zeit selbst den Gelehrten schwer an, an ein in so weite Ferne zurückreichendes Alter des Menschen zu glauben. Trotz der, namentlich von O. Schmerling in den Höhlen von Engis und Engihoul bei Lüttich in Belgien um das Jahr 1830 gefundenen Ueberreste von min= destens drei menschlichen Individuen, trotz der Thatsache, daß der französische Alterthumsforscher Boucher de Perthes in dem Sand= und Kiesgerölle des Somme= thals bei Amiens und Abbeville im Jahre 1838 aus Feuerstein augenscheinlich von Menschenhand gefertigtes Werkzeug mitten unter fossilen Elefanten= und Nashorngebeinen aufgefunden hatten, nahm man diese Funde mit Gleichgiltig= keit und Unglauben auf. Die praktischen Leuten lächelten, zuckten mit den Achseln und verschmähten sogar, die Gegenstände sich anzusehen. Als aber die That= sachen so offen dalagen, daß Jeder sie bestätigen konnte, wollte man noch weniger daran glauben, und suchte Erklärungen, die fast noch überraschender waren als die Thatsachen selbst. Man stellte auf, die Steinäxte seien ein Er= zeugniß des Feuers, ein Vulkan habe sie ausgespieen in flüssigem Zustande und beim Fallen ins Wasser hätten sie durch die plötzliche Abkühlung jene Form erhalten, die einigermaßen derjenigen der Glasthränen ähnlich ist. Andere riefen im Gegentheil die Kälte zu Hülfe: die Kieselsteine sollten sich durch den Frost gespalten und Messer und Aexte gebildet haben, und anderen Unsinn mehr.

Als Professor Dr. Fuhlroth im Frühjahre 1857 die in der Neanderthal= höhle bei Düsseldorf gefundenen fossilen Menschengebeine einer Versammlung

von Naturforschern in Bonn vorlegte und nach sorgfältiger Erwägung aller
Umstände, die den Fund begleiteten, und die damals nur ihm allein vollständig
bekannt waren, für dieselben die Wahrscheinlichkeit eines vorsintflutlichen Alters
in Anspruch nahm, da war man zwar erstaunt und machte große Augen über
das, was man sah, aber man zuckte auch allseits die Achseln über das, was
man hörte, und Niemand fand sich in der Versammlung, der seiner Ansicht mit
einem ermuthigenden Worte beigetreten wäre.

Erst vor nicht viel mehr als einem Jahrzehnt sollte die lange bezweifelte
Thatsache zur endlichen und unwiderlegbaren Gewißheit werden.

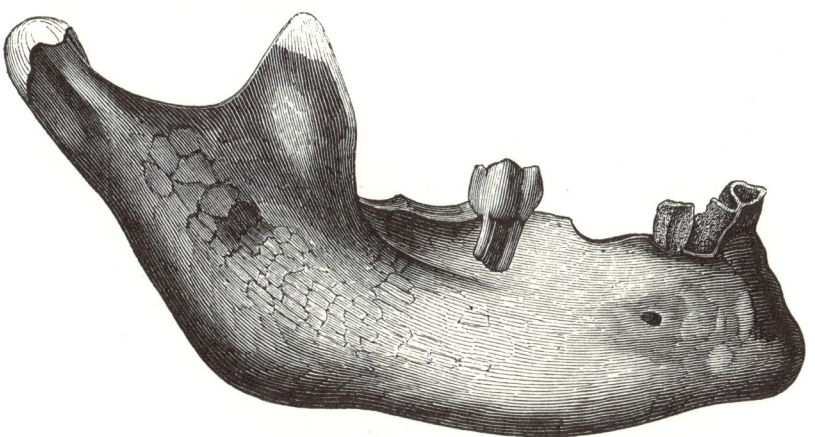

Kinnlade eines Menschen, gefunden im Jahre 1863 zu Moulin=Quignon bei Abbeville.

Am 23. März 1863 brachte ein Arbeiter aus den Steinbrüchen bei
Moulin=Quignon im Sommethal dem oben erwähnten Naturforscher Boucher
de Perthes eine Steinaxt und einen menschlichen Backenzahn. Am 28. März
brachte ein anderer Arbeiter einen zweiten Zahn, wobei er bemerkte, daß er noch
auf Etwas gestoßen sei, was ein Knochen zu sein schien. Sofort begab sich
Boucher de Perthes an die Fundstelle, und mit eigener Hand zog er nun in
Gegenwart einiger Mitglieder der „Société d'émulation" aus Abbeville den
unteren Kinnbackenknochen eines Menschen aus dem Erdreich hervor, und
einige Centimeter davon entfernt fand er eine Steinaxt. Die Fundstelle lag
$4^{1}/_{2}$ m. unter der Oberfläche.

Dieser menschliche Unterkiefer, der in der anthropologischen Gallerie des
Naturhistorischen Museums in Paris sorgfältig aufbewahrt und hoch geschätzt
wird, und von dem wir oben eine Abbildung in natürlicher Größe geben,
ist sehr wohl erhalten, und ebenso schwarzblau gefärbt, wie die Sandmasse, in
welcher er lag, und die darin gefundenen Steinäxte.

Jetzt enblich ließen ſich die Gelehrten herbei, die Sache an Ort und Stelle zu unterſuchen, und zehn franzöſiſche Geologen, Zoologen und Archäologen, und zwei Engländer, der Geolog Joſef Preſtwich und der Chemiker G. Busk, erklärten nach einer Verhandlung von vier Tagen, daß die Kinnlade wirklich da gelegen habe, wo ſie Boucher de Perthes angeblich gefunden, und daß ſie gleichzeitig ſei mit den in demſelben Schwemmgebilde gefundenen Kieſeläxten. Die Einwürfe gegen die Echtheit der gefundenen Kieſelwerkzeuge wurden durch das Mikroſkop beſeitigt, vermittels deſſen man ſehr leicht Naturprodukte von Gebilden aus Menſchenhand zu unterſcheiden vermag.

Die Kinnlade von Moulin=Quignon iſt um deswillen von ſo großer Be= deutung für die Erkenntniß des Alters unſeres Menſchengeſchlechts geworden, weil ſie eine Hauptſtütze der Zweifler untergrub und zu Falle brachte. Die früheren Funde in den Höhlen und Grotten ließen immerhin die Möglichkeit zu, daß die hier gefundenen Knochen und Geräthe erſt ſpäter und nur zufällig in die Höhlen und Grotten durch Waſſerfluten gelangt ſein konnten. Der Fund der Kinnlade von Moulin=Quignon aber ſchließt alle Zweifel ab, und mit ihr haben die neuen Ideen endlich eine feſte Begründung erhalten.

Seitdem folgten ſich die neuen Entdeckungen Schlag auf Schlag und ſo hat ſich denn ſeit kaum mehr als zehn Jahren vor unſeren Augen weit jenſeit der beglaubigten Geſchichte eine neue Welt aufgethan.

Was vordem in der dunkelſten Tiefe verborgen lag, ſtrahlt heute ſchon in hellem Lichte. Immerhin mag uns noch Manches dunkel erſcheinen; aber den Zweifler und Tabler kann man getroſten Muthes auf die geringen Erfolge ſo mancher anderen Wiſſenſchaft hinweiſen, deren Alter mehr Jahrhunderte zählt, als die wiſſenſchaftliche Forſchung nach der Urgeſchichte der Menſchheit Jahre aufweiſen kann.

Um das, was die Forſchung bislang auf dem Gebiete der Urgeſchichte der Menſchen zu Tage gefördert hat, beſſer überſehen zu können, hat man bereits die gewonnenen Reſultate überſichtlich geordnet, und den langen Zeitraum, der ſich hier vor unſeren ſtaunenden Augen eröffnet, in verſchiedene Perioden ein= getheilt. Wie man in der Geſchichte von einem Alterthume, einem Mittelalter und einer neueren Zeit ſpricht, theilt man die Urgeſchichte der Menſchen in ein Zeitalter der Steine und in ein Zeitalter der Metalle.

Dieſe beiden großen Zeiträume umfaſſen wiederum verſchiedene Unter= abtheilungen.

Das Zeitalter der Steine zerfällt in folgende Epochen:

1) das Zeitalter des Höhlenbären und des Mammuth oder das Zeitalter der ausgeſtorbenen Thiere;

2) das Renthierzeitalter, oder das Zeitalter der ausgewanderten Thiere;

3) das Zeitalter der polirten Steingeräthe.

Das Zeitalter der Metalle theilt ſich in das Bronzezeitalter und das Eiſen= zeitalter, deren Anfänge auch noch in die vorhiſtoriſche Zeit fallen, d. h. wir wiſſen nichts davon, wie und wann die Bronze und das Eiſen zuerſt von den Menſchen in Gebrauch genommen worden ſind.

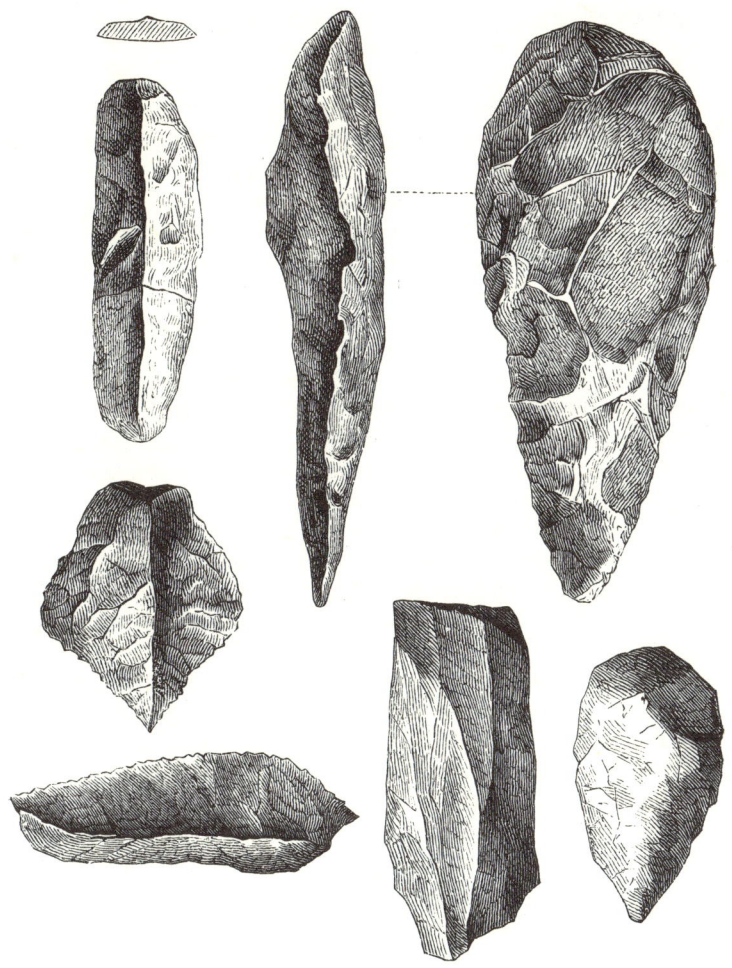

Waffen und Werkzeuge aus der Steinzeit.

Vergegenwärtigen wir uns etwas eingehender die wahrſcheinlichen Anfänge der menſchlichen Kultur von dem Steinzeitalter bis zur Bronze= und Eiſenzeit.

Der Urmenſch ſah ſich nur zu oft wehrlos den Rieſenthieren ſeiner Um= gebung gegenüber; dieſe beſaßen größere Körperkraft, Zähne und Krallen; er dagegen hatte nur die Fauſt und ſeinen entwickelungsfähigen Verſtand.

Schon früh lernte er die Kraft ſeines Armes durch eine Keule verſtärken; hier und da ließ ſich wol auch ein Stein durchbohren und mittels des eingeſteckten Stiels als Hammer gebrauchen; andere klemmte man zu demſelben Zwecke in einen geſpaltenen Stab und erhielt damit ein Art Streitaxt und ein Holzbeil. Wieder andere eigneten ſich zur Lanzenſpitze, zu Säge und Meſſer; Kraft und Geduld mußten erſetzen, was dem Inſtrument an Zweckmäßigkeit abging.

Jedenfalls iſt der Stein die erſte Waffe geweſen, welche man auch als Werkzeug benutzte. Lange mag es gedauert haben, ehe man Steine zu dieſem Zwecke bearbeiten lernte und dabei bemerkte, daß ſich nur gewiſſe Steine, na= mentlich Feuerſteine, zu ſolcher Verwendung eigneten.

Eine genauere Beſichtigung der Steingeräthe läßt deutliche Fortſchritte in dieſer Induſtrie erkennen. Manche Geräthe ſind plump, andere ſchön geformt, gut durchbohrt und wohlgeſchärft, ſo daß entweder die einzelnen Verfertiger ſich in dieſer Arbeit vervollkommneten oder gewiſſe Volksſtämme es beſſer ver= ſtanden, daher aus dieſer Arbeit einen Broterwerb machten.

Da man nun in allen Ländern Steingeräthe gefunden, ſo muß das Menſchengeſchlecht während ſeiner erſten Entwickelungszeiten Steine als Waffe und Geräth benutzt haben. In Gräbern aber, welche offenbar jünger ſind als die Höhlen des Urmenſchen, entdeckte man Metallwaffen, und zwar entweder neben Steinwaffen oder als alleinigen Fund.

Die Zeiträume feſtzuſetzen, welche das Steinzeitalter von dem der Metalle trennen, iſt vor der Hand unmöglich. Die Unterſcheidung derſelben iſt über= haupt keine Wahrnehmung dieſes Jahrhunderts: wir finden ſie bereits im Alter= thum. Lucretius (ein 96 v. Chr. geborener römiſcher Dichter) lehrt:

„· · · · · · · · · · die Hände, die Nägel, die Zähne
Waren die älteſten Waffen, auch Knittel von Bäumen und Steine.
Nachher, als man verſtand die Flamm’ und das Eiſen zu nützen,
Wurde des Eiſens Gewalt und die Macht des Erzes erforſcht;
Aber des Erzes Gebrauch war früher erkannt als des Eiſens.“

Unſer Vorfahr ſuchte ſicherlich zu ſeiner Sicherung und zu ſeinem Schutze eine Höhle im Geſtein, oder im Erdreich oder in einem rieſigen Baumſtamme. Bald mochte er aber erkennen, wie vortheilhaft es ſei, Jagdgeſellſchaften zu bilden; auch nöthigte der Mangel an Wohnungen mehrere Familien, ſich zu vereinigen und eine und dieſelbe Höhle zu benutzen. Dieſe Vereinigung gab Veranlaſſung zu den früheſten Beſtimmungen in Bezug auf das Recht, über das Mein und Dein. Auch lag eine Arbeitstheilung nahe. Der Mann erzeugte, müh= ſam freilich, das Feuer durch Drehen eines harten Holzes in einem weicheren; Kinder mußten es unterhalten und Reiſig zuſammenſchleppen. Wenn der Mann der Jagd oblag und die Waffen anfertigte, ſo fiel der Frau die Auf= gabe zu, Felle zu gerben und Kleider daraus zu machen, dann die Aufſicht in der Höhle zu übernehmen und bei Wanderungen das Hausgeräth zu ſchleppen. Ferner mag die Beobachtung, daß feuchter, biegſamer Lehm an der Sonne feſt ward, darauf geführt haben, denselben zu Kochgeschirr zu formen und am Feuer zu härten.

Vorderasien ist überaus reich an Kupfer, welches oft zu Tage tritt. Der Zufall mag auf dessen Schmelzbarkeit und die Legirung mit Zinn zu Bronze aufmerksam gemacht haben. Man begann diese zu bearbeiten und brachte es darin zu immer größerer Fertigkeit, wie z. B. die Egypter und Phönizier, welche als Meister in Metallarbeiten galten und hiermit gewissermaßen den Welthandel durch die ganze damalige Welt eröffneten.

Nach und nach verbreitete sich die erlangte Kenntniß von der Verwendung des Metalls zu Schmuck und Geräthen. Kupferbesitzer galten für reich, waren den Steinwaffenvölkern überlegen, welche letztere nun gleichfalls nach dem Besitz des Metalls trachteten. Inzwischen hatten die Menschen sich vermehrt, die Jagd= gebiete sich verengert, die Jüngeren oder die Alten und Schwachen mußten auswandern und besiedelten menschenleere Gebiete. Kamen sie in bewohnte Länder, so verliehen ihnen die Metallwaffen Ueberlegenheit; sie wurden der herrschende Stamm, erhoben ihre religiösen Vorstellungen zu herrschenden, schufen Priester= und Adelskasten und sicherten sich damit die Vorherrschaft. Zunächst eigneten sie sich die besten Jagd= und Weideplätze an, und drängten die Urbewohner in unfruchtbare Gegenden, wo diese in Unterdrückung leiblich und geistig verkümmerten.

Mit dem Metall erhielt der Mensch ein Werkzeug, mittels dessen er Holz und Steine leichter bearbeiten, Häuser bauen, feinere Nadeln und Waffen schmieden konnte.

Was Wunder, wenn er es vorzog, da zu bleiben, wo er sich wohnlich besser einzurichten vermochte! Geeignete Thiere ließen sich zähmen, Bäume boten ihm freiwillig ihre Frucht, und wenn er sie in Pflege nahm, war ihre Veredlung nur eine Frage der Zeit.

Mit der Metallzeit beginnt die Kultur, wenn zunächst auch nur in günstig gelegenen Ländern da, wo der Lebensunterhalt müheloser zu gewinnen ist, und die gabenreiche Umgebung zur Ausnutzung der Natur anregte.

Anatomen lehren uns, daß die menschliche Gestalt, namentlich Gesichts= ausdruck und Schädelbildung, sich bei einem Volke verschönere, wenn es sich Zeiträume hindurch geistiger Beschäftigung hingebe. Wir können dieselbe Be= obachtung heute noch im Ganzen und im Einzelnen selbst machen. Wie ganz anders in Gesichtsausdruck, Haltung und Sitten erscheint heute z. B. gegen früher die Landbevölkerung in Preußisch=Polen, nachdem einige Generationen gute Schulen besucht, und in den Garnisonen größerer Städte, wo sie ihren Be= obachtungskreis erweiterten, unter straffer Disziplin als Soldaten gedient haben! So haben im Laufe von Jahrtausenden die Menschen der Metallzeit den thieri= schen Ausdruck und den affenähnlichen Schädel der Steinzeitmenschen verloren; sie fanden es später auch angenehmer, von Viehzucht und Ackerbau zu leben, als von der Jagd, lernten Wolle und Flachs verspinnen, weben und färben,

nutzbringende Thiere veredeln und an Dorf und Haus gewöhnen. Das Rösten und
Zermalmen des Getreides führte nach vielen Versuchen zur Kunst des Brotbackens,
und statt in Höhlen wohnte man in gemeinsamen, dörferähnlichen Ansiedlungen,
die man der Sicherheit wegen gern in einem See oder in einer sichern Fluß=
stätte anlegte, von wo aus man mittels einer Brücke ans Land gelangte. Einen
solchen Zustand bezeichnen die vielbesprochenen, in vielen Ländern aufgefun=
denen Pfahlbauten, welche aber je nach der Oertlichkeit und der Bildungsstufe
der Bewohner bald vollkommener, bald mangelhafter hergestellt gewesen sein
mögen. Sie bilden den Uebergang zum Eisenzeitalter.

Der Beginn der Eisenindustrie reicht auch bei den Kulturvölkern des Alter=
thums in vorhistorische Zeiten zurück. Wir dürfen bei einzelnen derselben die
Kenntniß eiserner Waffen und Geräthe bis in das dritte Jahrtausend vor
unserer Zeitrechnung zurückdatiren. Aus dem zweiten Jahrtausend finden wir
noch bestimmtere Angaben. Als Moses die Israeliten aus Egypten führte,
zogen sie an Haufen eiserner Schlacken vorüber. Die Bücher Moses und Josua
reden von Eisen, und auf egyptischen Basreliefs aus dem 12. Jahrhundert sieht
man eiserne Waffen. Die Ruinen von Niniveh bergen die Trümmer einer
hoch entwickelten Eisenkultur.

Das Eisenalter hub an, als der Mensch mit Bewußtsein das Eisen aus
den Erzen schied und bearbeitete. Diese Erfindung ist ebenfalls nicht das Ver=
dienst eines Menschen, eines Volkes, sondern an verschiedenen Punkten des Erd=
balls als ursprünglich zu betrachten. An manchen Stellen liegt das Eisenerz zu
Tage; das Meteoreisen aber ist viel reichlicher über die Erde ausgestreut, als man
denkt. Die braunen und rothen Steine werden durch ihr Gewicht und durch ihre
Färbung die Aufmerksamkeit des Menschen auf sich gezogen haben.

War der Prozeß, das Eisen aus den Schlacken zu scheiden, vielleicht durch
Zufall einmal gefunden, dann wird man, wenn der frei zu Tage liegende Erz=
vorrath einmal erschöpft war, demselben nachgegraben und ihn aus dem Erd=
boden hervorgeholt haben. Damit war der erste Grund zum Grubenbau gelegt.

Die Egypter scheinen schon in uralter Zeit die Kunst gekannt zu haben,
aus dem Meteoreisen Stahl zu bereiten, indem sie Kameeldünger als Brenn=
material verwandten, dessen Kohlenstickstoffverbindungen die Stählung bewirkten.

Die Eisenzeit reicht in die historische Zeit hinein. Die Grenze der vor=
historischen und historischen Zeit bildet eben so wenig eine glatte Schnittfläche
wie die verschiedener Kulturperioden. Egypten, Kleinasien, Griechen und Römer
gehörten längst der Geschichte an, als das keltische, germanische, und vollends
das slavische Europa noch im Dunkel lag. Die geschichtliche Zeit hebt bei uns
an mit der Einführung der christlichen Lehre.

Es ist Thatsache, daß unsere heutige Kultur und Industrie auf Eisen
und Steinkohle beruhen. Mit Eisen und Steinkohlen beherrscht das heutige
Geschlecht die Elemente; mit dem Gebrauche des Eisens beginnt die Geschichte
der Menschheit im höheren Sinne.

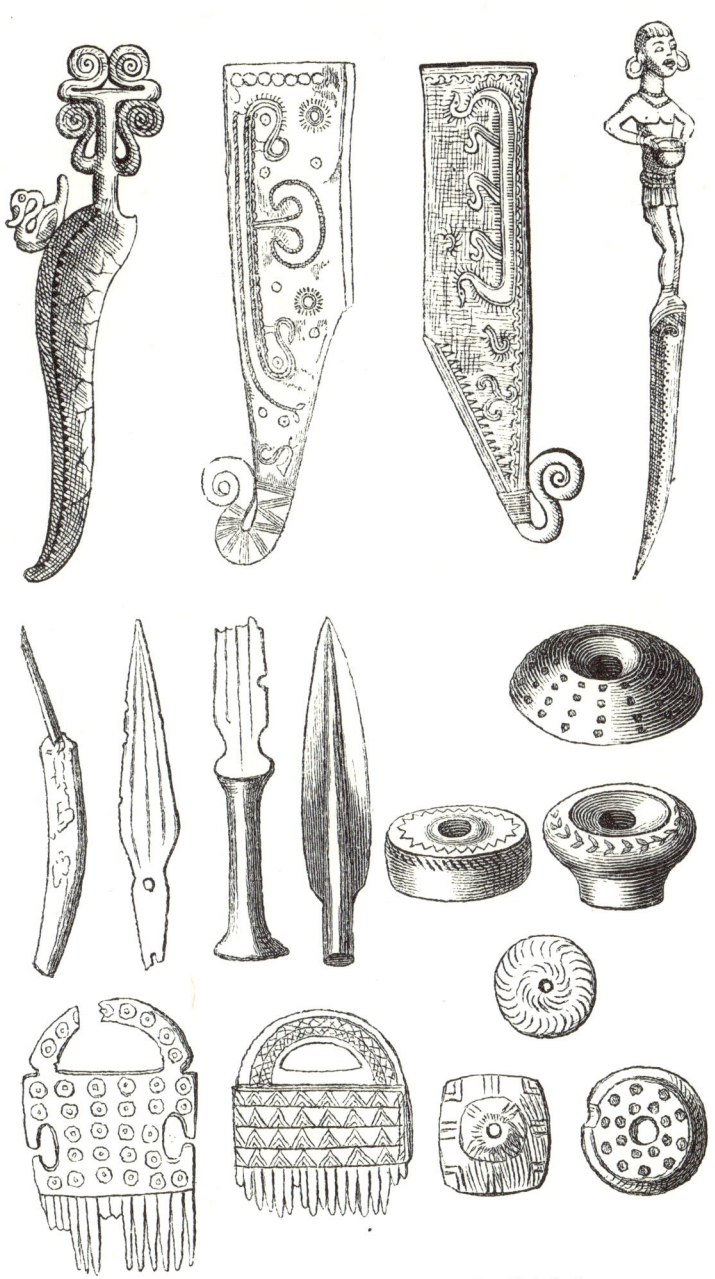

Waffen, Werkzeuge, Geräthe u. f. w. aus der Metallzeit.

Wenn es aber heutigen Tages noch Völker giebt, die das Eisen gar nicht
kennen, oder wenigstens nicht zweckmäßig zu bearbeiten verstehen, so läßt sich
dies von uralten Zeiten erst recht behaupten. Gar manches durch Klima und
Wohnsitz begünstigte Volk gelangt verhältnißmäßig rasch zu höheren Thätig=
keitsformen und seine Phantasie drängt unaufhaltsam zu kunstreichen Gebilden.
Dagegen beharrte ein weniger gefördertes Volk in barbarischem Thun und
Lassen — blieb arm, geistig beschränkt.

Die Betrachtung der gegenwärtigen Menschheit zeigt sie uns in eine Un=
zahl von Rassen und Völkern gespalten, die in Körperbau, Hautfarbe, Sprache,
geistigen Fähigkeiten die mannichfaltigsten Abweichungen aufweisen. Im Allge=
meinen und ganz besonders bei etwas oberflächlicher Betrachtung möchte es fast
erscheinen, als ob alle diese Unterschiede etwas völlig Unwandelbares wären, so
daß es dem Verstande kaum zuzumuthen ist, an eine Verwandtschaft dieser Rassen
zu glauben, wie sie aus einem gemeinsamen Ursprunge sich ergeben würde. Die
Vertheidiger dieser Lehre fanden in manchen Thatsachen und besonders darin
begünstigende Unterstützung, daß ihre Gegner sich über die Lage der gemeinsamen
Urheimat durchaus nicht zu einigen vermochten.

Es wird sich wol kaum jemals mit befriedigender Gewißheit die Stelle er=
gründen lassen, an welcher Stelle der Erde unser gemeinsames Urgeschlecht ent=
standen ist, wo seine Urheimat gelegen.

Hören wir einmal, wie Wilhelm v. Humboldt sich über diese Frage äußert:
„Die geographischen Forschungen über diese sogenannte Wiege des Menschen=
geschlechts haben in der That einen rein mythischen Charakter. Wir kennen ge=
schichtlich, oder auch nur durch irgend sichere Ueberlieferung, keinen Zeitpunkt, in
welchem das Menschengeschlecht nicht in Völkerhaufen getrennt gewesen wäre.
Ob dieser Zustand der ursprüngliche war oder erst später entstand, läßt sich da=
her geschichtlich nicht entscheiden. Einzelne, an sehr verschiedenen Punkten der
Erde, ohne irgend sichtbaren Zusammenhang wiederkehrende Sagen verneinen
die erste Annahme und lassen das ganze Menschengeschlecht von Einem Paare
abstammen. Die weite Verbreitung dieser Sage hat sie bisweilen für eine Ur=
erinnerung der Menschen halten lassen. Gerade dieser Umstand aber beweist
vielmehr, daß ihr keine Ueberlieferung und nichts Geschichtliches zu Grunde lag,
sondern nur die Gleichheit der menschlichen Vorstellungsweise zu derselben Er=
klärung der gleichen Erscheinung führte: wie gewiß viele Mythen, ohne ge=
schichtlichen Zusammenhang, blos aus der Gleichheit des menschlichen Dichtens
und Grübelns entstanden. Jene Sage trägt auch darin ganz das Gepräge
menschlicher Erfindung, daß sie die außer aller Erfahrung liegende Erscheinung
des ersten Entstehens des Menschengeschlechts auf eine innerhalb heutiger Er=
fahrung liegende Weise und so erklären will, wie in Zeiten, wo das Menschen=
geschlecht schon Jahrtausende hindurch bestanden hatte, eine wüste Insel oder
ein abgesondertes Gebirgsthal mag bevölkert worden sein."

Waffen und Geräthe aus der Eisenzeit (Röm.-germ. Museum in Mainz).
a b fränkisches Wurfbeil. c d Schwerter. e Gürtelschmuck. f Ohrschmuck. g Zange. h Bronze-
gefäß. i Nadel.

Wenn wir aber die Lebensbedingung für den Menschen und jene Wesen, aus denen er sich muthmaßlich entwickelt hat, ins Auge fassen, so mögen wir einer zufriedenstellenden Beantwortung dieser Frage denn doch vielleicht etwas näher kommen.

Vor allen Dingen muß die Urheimat des Menschen in einem warmen Klima gesucht werden, denn er ist vermöge des Baues seines Gebisses, und wegen des Mangels an allen natürlichen Waffen, wie sie beinahe alle Thiere besitzen, vorwiegend auf Pflanzennahrung angewiesen, die er nirgend anderswo in so reichem Maße finden kann.

Ein anderer Punkt, der auf ein entschieden warmes Klima hindeutet, ist die durchgängige Nacktheit des Menschen, die nicht etwa durch die spätere Gewohnheit der Bekleidung erklärt werden kann, da ja die Naturvölker, welche vorwiegend nackt umhergehen, keineswegs dichter behaart sind als der Kulturmensch. Damit stimmen auch die Lebensbedingungen der Affen, welche dem Menschen am nächsten stehen, überein. Der Affe, welcher ausschließlich von Vegetabilien lebt, bewohnt nur jene warmen Gegenden der alten und neuen Welt, welche die zu seiner Existenz nöthigen Baumfrüchte hervorbringen.

Die Einheit oder Familienähnlichkeit der Sprache beweist streng, daß vormals alle Völkerschaften, die sie umfaßt, ein gemeinschaftliches Land vereinigt haben mußte.

Den Ursprung der ersten Menschen nehmen Einige auf den höchsten Gebirgen an, so den der kaukasischen Völker vom Kaukasus, den der Afrikaner zum Theil vom Atlas, der Amerikaner von den Anden, der Mongolen vom Altai und Himalaja, und lassen von ihnen aus sich die Menschen nach Süd und Ost, nach Westen und später nach Norden ausbreiten. Andere suchen die Wiege des Menschengeschlechts in Afrika, und sehen die Neger für den ursprünglichen Menschenstamm an; noch andere im südlichen Asien, ohne daß es jedoch bisher gelungen wäre, fossile Reste solcher Urmenschen auffinden zu können.

Nicht unerwähnt wollen wir lassen, daß neuerdings von einigen Gelehrten, so namentlich von Peschel, der Nachweis versucht wird, die Urheimat der Menschen sei ein jetzt unter dem Spiegel des Indischen Ozeans versunkener Kontinent, welcher die Insel Madagaskar und vielleicht Stücke von Ostafrika, die Malediven und Lakkadiven, ferner die Insel Ceylon, die nie mit Indien zusammenhing, vielleicht sogar im fernen Osten die Insel Celebes, angehört haben. Dieses Festland, welches dem indischen Aethiopien des Claudius Ptolemäus entsprechen würde, hat der britische Zoolog Sclater Lemuria genannt, weil es den Verbreitungsbezirk der Halbaffen umschließen würde. Die Annahme eines solchen Festlandes, um darauf die Menschheit entstehen zu sehen, erscheint Peschel als ein anthropologisches Bedürfniß, „weil dann die niedrig stehenden Bevölkerungen Australiens und Indiens, sowie die Papuanen der Hinterindischen Inseln, endlich auch die Neger, fast trockenen Fußes in ihre heutigen Wohnstätten einziehen konnten."

Zur Begründung dieses Satzes und als Beweis für die Richtigkeit dieser Annahme führt Peschel Folgendes an. „Alle ozeanischen Inseln sind mit wenigen Ausnahmen unbewohnt gefunden worden. Im Atlantischen Ozean waren un= bewohnt die Bermudas, die Azoren, die Madeiragruppen, die Inseln des Grünen Vorgebirges, die Falklandsinseln und die sonstigen einzelnen zerstreut liegenden Inseln. Bewohnt waren die Kanarischen Inseln, nämlich von den ausgestorbenen Guanchen. Ebenso sind die Eilande im Stillen Meere westlich von Südamerika unbewohnt gefunden worden.

Von diesen Erfahrungen ermuthigt, dürfen wir wol aussprechen, daß die ersten Menschen Bewohner eines Festlandes gewesen sein müssen. Als eine einzige, aber nur scheinbare Ausnahme könnte die Verbindung der malayischen Völker gelten, zu denen außer den Bewohnern der Sundainseln die Polynesier gehören, welche sich über alle tropischen Inseln des Großen Ozeans verbreiten und auch die Komoren und Madagaskar inne haben. Trotzdem ist es nicht sehr glaubhaft, daß der Mutterstamm der malayischen Völkerfamilie zuerst auf Inseln aufgetreten sei. Dafür spricht die Gemeinsamkeit ihrer Sprache. Der Ausstrahlungspunkt jener Horden lag irgendwo zwischen Sumatra, Java und der Halbinsel Malakka. Ja, wir dürfen noch etwas weiter gehen und ihn auf dem südasiatischen Festlande suchen, denn nach ihren körperlichen Merkmalen zählen die Malayen zur mongolischen Rasse.

Die Polynesier müssen sich jedoch schon sehr früh, jedenfalls vor dem Jahre 72 v. Chr., abgesondert haben. Denn von dieser Zeit an befanden sich ein= gewanderte Hindu auf Java, von denen die Malayen die Palmenweinbereitung kennen gelernt haben, was jenen unbekannt geblieben war.

Nach den Berechnungen und Forschungen verschiedener Gelehrten wür= den 88 Geschlechter sich gefolgt sein, seit die Polynesier die Markesasinseln er= reichten, so daß also dieses Ereigniß 800 Jahre v. Chr. stattgefunden hätte, also etwa um die Zeit der Gründung Karthago's, als Norddeutschland noch mit einem Fuße im Steinzeitalter stand und die Pfahlbauern die südlichen Seen be= wohnten. — Aus jenen Zeiten stammen die riesigen Steingruppen auf den Südseeinseln. Wenn die Malayen sich so weit mit Hülfe des Ozeans aus= gedehnt haben, so waren auf den Festländern, wie in Australien und Afrika, die Wanderungen auch nicht unbedeutend. Wir selbst gehören unserer Sprache nach dem großen arischen Stamme an, der sich von Hindostan bis nach England ausgebreitet hat. Und ein ähnliches Schauspiel gewährt auch Amerika.

Aber wo war nun der Ursitz des Menschengeschlechts, ehe es sich in Rassen spaltete? — Die Geschichte der Erdentwickelung gleicht der Geschichte der Mo= den. Aber die zoologischen Moden haben sich nicht überall mit gleichen Schritten geändert. Am hastigsten haben sie sich in der alten Welt umgestaltet, minder rasch in Nordamerika, weit zurückgeblieben sind sie in Südamerika, am alter= thümlichsten in Australien. Australiens Thierwelt bewahrt die Trachten, als noch die Känguruh Mode waren, die sich bei uns schon in der Tertiärzeit zeigten.

Der dortige Menſch verhält ſich zur Thierwelt als ein Fremdling — die Kette iſt unterbrochen. Aehnlich ſieht es in Südamerika aus: in dieſen beiden alter= thümlichen Kontinenten kann alſo das modernſte aller Weſen — der Menſch — nicht zuerſt aufgetreten ſein. Und auch Nordamerika iſt alterthümlich geblieben, was ſich beſonders in der Affenfamilie zeigt, denn Amerika hat keinen un= geſchwänzten Affen.

Vergeblich werden wir gegenwärtig auf der ganzen Erde nach wirklich wilden Menſchen ſuchen. Keine Bevölkerung iſt jemals gefunden worden, die ſich nicht wenigſtens im Beſitze des Feuers befand.

Klimatiſch wird ſich ein ſolcher Erdtheil zur Urheimat des Menſchen ge= eignet haben, weil er in die Zone fällt, wo wir jetzt die menſchenähnlichen Affen antreffen. Wenn dieſer Erdtheil ſich nach und nach unter den Meeresſpiegel ſenkte, ſo waren die Einwohner gezwungen, nach allen Richtungen hin auszu= wandern, wo ſie vorläufig feſten Fuß faſſen konnten.

Kosmas Indicopleuſtes verlegt das Paradies auf einen abgetrennten Kon= tinent im Süden Indiens und Weltkarten des Mittelalters zeigen das erſte Elternpaar in einem vor Indien gelegenen meerumfloſſenen Lande."

In Lemuria nun, meint man — ob mit Recht oder mit Unrecht, müſſen wir dahingeſtellt, jedenfalls ununterſucht laſſen — habe eine natürlich ſchon längſt ausgeſtorbene dunkelbraune oder ſchwärzliche Menſchenart mit krauſem Woll= haar, der Urmenſch (Homo primigenius), gelebt, von dem alle Menſchenarten abſtammen, wie wir ſie heute kennen.

Darwin weiß ganz genau, wie der Urmenſch, unſer gemeinſchaftlicher Stammvater, ausgeſehen hat. Er ſagt in ſeinem Werke über die Menſchen: „The descent of man, and selection in relation to sex" u. A.: „Die Ur= erzeuger des Menſchen waren ohne allen Zweifel einſtmals mit Haar bedeckt; beide Geſchlechter hatten Bärte; ihre Ohren waren ſpitzig und konnten bewegt werden und die Körper waren mit einem Schwanze verſehen, welcher die ge= eigneten Muskeln beſaß. Unſere Vorfahren haben ohne Zweifel auch auf den Bäumen gelebt und hielten ſich in warmen, waldbedeckten Gegenden auf. Die Männer hatten große Hundszähne und bedienten ſich derſelben in einer furcht= baren Weiſe. In einer noch früheren Periode müſſen die Urerzeuger des Menſchen im Waſſer gelebt haben, denn unſere Lungen ſind doch nichts Anderes als eine umgewandelte Schwimmblaſe, welche einſt als Floſſe diente. Die Ver= tiefungen am Nacken der neugeborenen Kinder zeigen ganz deutlich, wo ſich einſt die Kiemen befanden."

Im Kampfe mit den Raubthieren konnte der wehrloſe Urmenſch ihrem ſcharfen, mächtigen Gebiſſe ein ähnliches bei ſeinem urſprünglichen Zahnbau nur bis zu gewiſſem Grade entgegenſtellen. Daß der Urmenſch die Waffe des Gebiſſes nicht geſcheut hat, daß ihm gewiß nicht jede Stärke des Gebiſſes ur= ſprünglich gemangelt hat, geht aus der weiten Verbreitung des Kannibalismus hervor. Allein die Stärke des Gebiſſes genügte in Bezug auf die ſtärkeren

Raubthiere keineswegs, und er suchte ganz unwillkürlich auch die große Gelenkig=
keit des Armes und der Hände zu benutzen, um sich kräftig zu vertheidigen.
Zu solcher Verwerthung der Armgelenkigkeit bei der Vertheidigung mußte nun
der Urmensch in ähnlicher Weise, wie dies auch vom Gorilla berichtet wird,
zum Kampfe die Arme frei machen, und sich aufrichten. Eben so wenig wie
unseren Kindern, die sich auf allen Vieren fortbewegen, ehe sie laufen lernen,
brauchte also der aufrechte Gang dem Urmenschen etwas Angeborenes zu sein;
aber der fortwährende Kampf, in den er verwickelt war, ließ ihm denselben
rasch zur anderen Natur werden; zudem mußte er selbst seine Beute und
Nahrung mit den gelenkigen Armen fortschleppen, da sein Gebiß ihm auch hier=
bei nicht so ganz wie den Raubthieren diesen Dienst leistete. So war er also
auch von dieser Seite genöthigt, sich an das aufrechte Tragen und Schleppen
von gewichtigen Massen zu gewöhnen; kurz, alle Umstände drängten ihn dazu,
sich dem aufrechten Gange in seinem Dasein allmählich anzupassen.

Diese Ausbildung der menschlichen Gewohnheit des Aufrechtgehens und
die sich hieran knüpfende Fortbildung der Handgeschicklichkeit wurde aber zugleich
das nothwendige Hülfsmittel zur Sprachentwickelung des Menschen. Durch
das dauernde Erheben der Vordergliedmaßen vom Erdboden konnte aus un=
artikulirten Lauten oder Schreien von Freude, Schmerz, Kummer, Vergnügen,
Bedürfniß, Sehnsucht, wie sie auch das Thier kennt, die Sprache entstehen. Sie
ist also durchaus keine Erfindung eines Einzelnen, oder gar, wie man sagt, den
Menschen von außen her mitgetheilt worden, sondern etwas ganz allmählich
Entstandenes, und eine Errungenschaft der im Kampfe ums Dasein er=
worbenen Ausbildung des menschlichen Körpers und der menschlichen Bildung.
Die auf der tiefsten Kulturstufe stehenden Stämme haben meist auch die un=
vollkommensten Sprachen.

Die anwachsende Vermehrung und die damit sich steigernden Nahrungs=
sorgen haben den Menschen aus seiner Urheimat herausgetrieben und zu all=
mählichen Wanderungen in ferne Erdräume gezwungen. In einer neuen Heimat,
unter veränderten Einflüssen des Klima, der Nahrung u. s. w. vollzogen sich
an und in ihm allmählich, vielleicht aber auch in verhältnißmäßiger kurzer Frist,
gewisse Veränderungen, welche eine bestimmte Rasse gründeten. „Die Menschen
arteten sich dem Boden an", d. h. es sind in jedem Himmelsstriche gewisse, in
der ursprünglichen Stammgattung enthaltene und vorgebildete Keime entwickelt,
andere aber so unterdrückt worden, daß sie ganz vernichtet erschienen. Die ur=
sprüngliche eigentliche Stammbildung der Menschen ist vermuthlich erloschen.
Die Frage nach den frühesten Wanderungen der Menschenstämme von ihrem
angenommenen Ursitze aus kann ebenfalls keine genügende Lösung finden. Erst
nachdem die Verbreitung des Menschengeschlechts über den Erdball vollendet war,
bildeten sich die Sprachen bei den einzelnen Rassen aus, und es ging, nach erreich=
ter Sprachentwickelung, die Sonderung der Rassen, Stämme und Völker vor sich.
Es ist unmöglich zu bestimmen, in wie viele Rassen sich das Menschengeschlecht

ursprünglich gespalten hat, denn in den langen, langen Zeiträumen, welche den ge=
schichtlichen Epochen vorangingen, mögen manche derselben im Kampfe ums Da=
sein unterlegen und zu Grunde gegangen sein. Nur annehmen können wir, daß die
gegenwärtigen Rassen, in welche die Völker des Erdballs zerfallen, den größten
Theil, nicht die Gesammtheit der ersten Gruppirungen der Menschheit ausmachen.

Mit den Formenverhältnissen des Menschen, mit dem Menschen als Exem=
plar der zoologischen Art homo, mit der geistigen und körperlichen Entwicke=
lung des Menschengeschlechts, befaßt sich die Menschenkunde, die Anthropo=
logie, und mit dieser haben wir uns in vorstehenden Zeilen beschäftigt.

Wir gehen nun zur Völkerkunde, zur Ethnologie über, die den Men=
schen als ein zu einer bestimmten, auf Sitte und Herkommen beruhenden, durch
gemeinsame Sprache geeinten Gesellschaft gehörendes Individuum auffaßt.

Gleichwie jeder thierischen, so ist auch jeder menschlichen Art ein eigener
Verbreitungsbezirk angewiesen, innerhalb dessen sie gedeiht. Gleich dem Thiere,
das gezähmt in mehrere Spielarten zerfällt, bietet der Mensch eine große Menge
verschiedener Typen dar. Obwol nun gerade in dieser Beziehung allmähliche
Uebergänge von dem einen Typus zum andern sich nachweisen lassen, so ist es
doch nützlich, mit Festhaltung des Allgemeinen und Absehen von dem Beson=
dern, gewisse Grundtypen innerhalb des Menschen festzustellen, und diese
Grundtypen nennt man mit dem herkömmlichen Ausdruck Rassen.

Die Frage, ob die jetzt lebenden Menschenformen als Arten (Spezies)
oder blos als Abarten (Rassen) anzusehen seien, wäre nur dann bestimmt zu
beantworten, wenn der naturgeschichtliche Artbegriff nicht wie heutzutage ein
schwankender wäre. Als man nach der mosaischen Schöpfungssage das Menschen=
geschlecht von einem Paare abstammen ließ, konnten die Menschenformen nur
als Rassen Einer Art anerkannt werden. Indeß ist es jedenfalls sicherer, die
ursprünglichen Formen der Menschen als Arten anzusehen, die sich aber infolge
der immer gleichmäßiger sich verbreitenden Kultur und der damit verbundenen
Kreuzungen allmählich in eine Menge nur noch als Rassen zu unterscheidende
Formen aufgelöst haben.

Die geistigen Verschiedenheiten unter den Menschen beziehen sich auf
Sprache, Religion, Kulturgrad und Staatsverhältnisse. Die Sprache allein,
obschon ein beachtenswerther Faktor, bietet kein Kriterium für die Eintheilung
der Menschenformen. Wie aber der Mensch durch seine Organisation vor den
Thieren befähigt ist, überall auf der Erde leben zu können, wie er an keine geo=
graphische Breite oder Länge, an keine Tiefe oder Höhe, an keine bestimmte
Nahrung gebunden, wie er Kosmopolit im wahren Wortssinn ist, so ist er durch
die Sprache zugleich ein Bürger zweier Welten, der irdischen und der geistigen;
er hat, und das erhebt ihn über das begabteste Thier, nicht blos Gedächtniß;
er hat Selbstbewußtsein und Vernunft, und dadurch wird er zum Herrn der
Erde, der Natur — ein König der Welt.

Johann Friedrich Blumenbach.

II.

Völkerkunde.

Aufgaben und Ziele der Ethnographie. — Naturvölker, Fischer= und Jägervölker,
Nomadenvölker, Ackerbauvölker, Kulturvölker. — Aelteste Berichte von Menschen. —
Verschiedene Rasseneintheilungen. — Kraniologie.

Die Geschichte der Ethnologie reicht nicht weit zurück; sie ist ebenso wie die
Anthropologie und die Kulturgeschichte eine durchaus neue Wissenschaft. Erst
zu Ende des vorigen Jahrhunderts begannen die Forscher sich ihr zuzuwenden,
in unserem Jahrhundert wird sie jedoch mit immer steigendem Eifer betrieben.
Wir haben umstehend schon ihr unterscheidendes Merkmal von der Anthropologie
hervorgehoben und fügen dem Gesagten hier noch hinzu, daß sie die Mensch=
heit sowol räumlich als zeitlich in Völker zerlegt und diese nach allen ihren
Eigenthümlichkeiten schildert.

Eine der größten Aufgaben der Völkerkunde besteht darin, zu untersuchen, in
welcher verwandtschaftlichen Beziehung die Völker hinsichtlich ihrer körperlichen
Merkmale, ihrer Sprache und ihrer Sitten miteinander stehen. Die Untersuchungen

nach dieser Richtung hin sind um so schwieriger, je häufiger es vorgekommen sein mag, daß Sprache und Sitte sich unter dem Einflusse fremder Eindringlinge oder benachbarter Völker gänzlich umgestaltet haben. Endlich beschäftigt sich die Ethnologie mit dem Kulturzustande der Völker, welcher für die Eintheilung derselben in Gruppen Bedeutung hat. Die Natur des Landes, in dem ein Volk wohnt, das Klima, die Flora und die Fauna, die geologische Gestaltung desselben bestimmen vorzugsweise den Grad der materiellen und moralischen Kultur.

Auf der tiefsten Stufe stehen die Naturvölker, zu denen man die Hotten=totten, Papua u. s. w. rechnet. Außer dem nun dem Aussterben nahen Australier giebt es kaum ein Volk, das auf einer so tiefen Stufe materieller und geistiger Entwickelung stünde. Die Bedürfnisse des Australiers sind rein thierischer Natur; er jagt und fischt mit den einfachsten Werkzeugen, seine Lagerstätte ist ganz pri=mitiv und im Verhältniß zu Weib und Kind finden sich bei ihm wenige Ele=mente irgend eines Familienlebens vor.

Auf höherer Stufe stehen die Fischer= und Jägervölker Amerika's und Nordasiens; zwar sind auch hier die Bedürfnisse vorwiegend sinnlicher Art; doch schaffen diese Völker sich Wohnungen, die besseren Schutz gegen die Witte=rung darbieten, und ihre Geräthe sind nicht blos in höherem Grade nützlich, son=dern auch in verschiedenartiger Weise verziert; der Sinn solcher Völker ist dem=nach nicht blos auf die Nützlichkeit, sondern auch auf die Schönheit gerichtet.

Auf der dritten Stufe der Entwickelung stehen die Nomadenvölker, also beispielsweise die in den spärlich bewachsenen Gegenden des mittleren Asiens lebenden Tataren, Kalmüken u. s. w. Indem der Nomade die Thiere nicht blos jagt, sondern einfängt, zähmt und von Weide zu Weide treibt, wird er im Um=gange mit dem zahmen Wilde selbst milder in seinen Sitten; doch hindert ihn sein beständiges Wandern, seine Zeit und Aufmerksamkeit den außerhalb der Viehzucht liegenden Interessen zu widmen.

Erst die Ackerbauvölker sind im Stande, eine Kultur zu erreichen, welche über die täglichen Bedürfnisse hinausgeht; der Ackerbauer errichtet seine Hütte fester und wohnlicher; er bepflanzt ihre Umgebung, unterzieht sich einer gleich=mäßigen Arbeit und wohnt in größeren Gemeinschaften zusammen, wobei sich aus Gemeinden auch Staaten bilden. Als Repräsentanten der Ackerbauvölker nennen wir die Chinesen, Hindu, die Indianer in Central= und im nordwest=lichen Südamerika.

Bei weiterem Fortschreiten aus dem rohen Zustande unterwerfen sich die Völker immer mehr den durch Sitte und Gesetz gebotenen Regeln in ihren ge=sellschaftlichen Verhältnissen; sie gelangen durch die Pflege der Industrie, des Handels, der Kunst und Wissenschaft zu einer höheren geistigen Bildung und hiermit in die Reihe der Kulturvölker (Deutsche, Engländer, Franzosen, Nordamerikaner, Italiener u. s. w.).

Wir haben Eingangs dieses Kapitels schon gesagt, daß die Völkerkunde eine noch ganz neue Wissenschaft sei. Im Alterthume und Mittelalter, als man noch wenig reiste und die Hülfswissenschaften der Völkerkunde noch in den Anfängen der Entwickelung oder selbst noch gar nicht gepflegt waren, da war das, was man sich von den Menschen erzählte, die „über dem Berge" wohnten, ganz eigenthümlicher und wundersamer Art.

Nach Megasthenes, einem griechischen Geschichtschreiber, der um's Jahr 295 v. Chr. als Gesandter des Seleucus Nicator an den indischen König Sandragupta ging, und der ein Werk „Indica" schrieb, aus dem Arrian und Strabo viel entlehnt haben, giebt es in Indien langohrige Menschen und Wilde, welche die Fersen vorne, die Sohlen und Zehen aber nach hinten haben. An den Quellen des Ganges wohnt ein Volk, dem der Mund fehlt; es sind sanfte Leute, die sich nur vom Dunste gebratenen Fleisches und dem Dufte der Blumen nähren; statt des Mundes haben sie zum Athemholen nur Löcher im Gesichte. Ueblen Geruch können sie nicht vertragen, sie sterben daran. Megasthenes will auch von indischen Weisen erfahren haben, daß es Menschen gebe, die rascher laufen können als ein Pferd. Bei den Lappohrigen berührt das Ohr den Fuß; sie schlafen auf ihren Ohren und sind so körperkräftig, daß sie Bäume mit den Wurzeln aus der Erde ziehen und Bogensehnen zerreißen können. Er weiß ferner von einem Volke einäugiger Menschen zu berichten, welche Hundsohren und das Auge mitten auf der Stirne, emporstehendes Haar und eine zottige Brust haben. Die nasenlosen Menschen fressen Alles, auch rohes Fleisch, leben aber nicht lange; die Oberlippe steht weit über die Unterlippe hervor.

Bei Ktesias (400 v. Chr.) aus Knidos, einem Zeitgenossen des Xenophon und Leibarzt des Königs von Persien, tauchen die Pygmäen wieder auf, die bei Homer schon Krieg mit den Kranichen führen, denen sie keine Gastfreundschaft gönnen wollen. Nach ihm sind es schwarze Zwerge von 1 m. Länge, mit Haaren, die bis auf die Kniee herabhängen und ihnen als Kleidung dienen. Ihr sämmtlicher Hausrath und selbst ihre Thiere stehen im gleichen Verhältnisse der Größe zu der ihrigen, so daß z. B. die Schafe dort nicht größer als bei uns die Lämmlein sind. Selbst Aristoteles u. A. hielten fest an der Existenz der Pygmäen. Nach Juvenal waren diese Zwergmenschen nur 31 cm. hoch, nach Plinius sind ihre Häuser aus Eierschalen gebaut. Dieser Glaube an ein zwerghaftes Volk findet sich bei allen asiatischen und afrikanischen Völkerschaften; er ist wach in den Zwergsagen der Indogermanen, in den „Heinzelmännchen", die wol, wie neuere Forscher meinen, auf ein kleines Volk hindeuten, das vor Ankunft unseres Stammes Europa bevölkerte (Tschuden).

Nach Angaben neuerer Reisenden scheint es indessen, als beruhe die Sage des Alterthums von einem südafrikanischen Zwergvolke auf einer wirklichen ethnologischen Thatsache. Will doch schon du Chaillu in den Obongo's pygmäenartige Neger im äquatorialen Afrika gefunden haben. Er will sie gemessen und eine Frau 1 m. 30 cm., den größten Mann aber 1 m. 52 cm. hoch gefunden haben. Ferner sah Dr. Georg Schweinfurth am Hofe des Monbuttu=Königs Manja in Innerafrika Angehörige des Zwergvolkes der Akka, welche mit den

eben erwähnten Obongo's augenscheinlich in naher Verwandtschaft stehen; auch
in den von Dr. Gustav Fritsch sorgfältig beschriebenen Buschmännern möchte
man die versprengten Reste einer solchen Zwergrasse erkennen. Ein östlicher
Zweig der großen afrikanischen Zwergrasse dürfte in dem Volke der Doko zu
suchen sein, von denen uns die Sennârreisenden Krapf, C. Harris u. A. berichten. Es sind die Doko's kleine braune Leute, welche nach einer Aussage auf
Bäumen, nach einer andern in kleinen Laubhütten leben sollen.

Man bezeichnet dieses Zwergvolk als sehr geschickte Jäger, die sich ver-
gifteter Pfeile bedienen und deshalb sehr gefürchtet sind. Ihres boshaften Charakters wegen sind sie als Sklaven nicht sehr beliebt.

Fußschattner und andere Wundermenschen. Nach dem „Livre des Merveilles".

Würde nun auch hiernach jene geheimnißvolle Rede von einem Pygmäen-
volke möglicherweise zur Wahrheit werden, so steht doch so viel fest, daß unser
Berichterstatter aus dem lügnerischen Griechenland „Graecia mendax", wie
die Römer das Vaterland solcher „Geographen" nannten, nicht das Richtige
getroffen hat.

Kehren wir aber nach dieser Abschweifung wieder zu Ehren-Ktesias zurück.
Bei ihm sind Nachbarn der Pygmäen die Kynokephalen oder Hundskopfmenschen.
Auch sie bewohnen bergige Gegenden und leben von der Jagd. Die getödteten
Thiere rösten sie an der Sonne. Statt der Sprache bellen sie; aber sie ver-
stehen wenigstens indisch. Das Merkwürdigste an denselben bleibt ihr Hundskopf

auf dem menschlichen Körper und die langen Klauen an den Fingern. Bei alledem verschmähen sie nicht die Wohlthat anständiger Bekleidung, ja sie treiben Handel mit Früchten. Der Glaube an ihr Dasein ist lange lebendig geblieben, und selbst Marco Polo (1254 bis 1323) berichtet bei Erwähnung der Insel Angaman (Andamanen?), daß die dortigen Einwohner den wilden Thieren gleich wären und „hündische Physiognomien" besäßen.

Die rege Einbildungskraft eines Miniaturisten, der im 14. Jahrhundert die Reisen des Venetianers „illustrirte", schuf nach diesen Aeußerungen des berühmten Handelsherrn alsbald jene Hundskopfmenschen, wie sie den damals gang und gäben Vorstellungen entsprachen.

Hundskopfmenschen. Nach dem „Livre des Merveilles".

Nicht minder finden wir in diesem kostbaren, „Livre des merveilles" genannten, in der Bibliothek zu Paris aufbewahrten Manuscripte dieselben Wundermenschen dargestellt, wie sie ganz Griechenland kannte und wie sie Plinius in seiner Naturgeschichte nach griechischen Quellen ausführlich beschreibt. Er erwähnt die an den Sarten wohnenden Psyller, welche eine giftige Aus= dünstung ausströmten, genügend, um selbst große Schlangen zu tödten, wenn diese in den Dunstkreis eines Angehörigen jener fabelhaften Zweibeiner geriethen. In Indien hausten weiterhin die „Einschenkler", welche auf ihrem einen Bein wunderbar schnell laufen und springen können; auch führen sie den Namen „Fußschattner", weil sie bei großer Hitze sich auf den Rücken legen und ihren großen Fuß gleich einem Sonnenschirm über sich ausbreiten. Nicht fern von ihnen wohnen die höhlenbewohnenden Troglodyten, die mit ihren Augen auf den Schultern ein eigenthümlich beschauliches Leben führen.

Um auf das Alterthum zurück zu kommen, so berichtet Herodot von den Agrippäern, die von Geburt an kahlköpfig waren; Aristeas (um 550 v. Chr.) von den Arimaschen, einem einäugigen skythischen Volke, das mit den Greifen um das Gold der Berge kämpfte, und anderen Wundermenschen mehr.

Es hat schon im Alterthume keineswegs an geistreichen Köpfen und witzigen Verspottern dieser Fabelsucht gefehlt, welche mit der beißenden Lauge einer un= übertrefflichen Ironie jene Wunderwelt zu vernichten trachteten. Dahin gehörte vor allen Dingen der weitgereiste, tiefgelehrte Philosoph und Redner Lucian aus Samosata in Mesopotamien (um 125 n. Chr.). Seine Reisebeschreibung ist eine vortreffliche Verspottung der damals herrschenden Anschauung von Län= dern und Völkern. Was frühere Schriftsteller von Wundermenschen berichten, hat er in seinen Erzählungen über den Mond, dessen Bewohner mit jenen der Sonne Krieg führen, noch dreifach überboten.

Die Reiter saßen auf Geiern, deren Federn aus Kohlblättern bestanden, die Schützen auf ungeheuren, elefantengroßen Flöhen, welche mit einem Sprunge in die feindliche Schlachtordnung eindrangen, während die „Windläufer" ihre faltigen Gewänder vom Winde aufblasen ließen und dergestalt unwiderstehlich auf die Gegner stürmten.

Die Leute im Monde wachsen auf Bäumen. Man schneidet einem Manne ein Stück Fleisch ab und pflanzt es in den Boden. Daraus entsteht ein großer Baum, der meterlange Früchte trägt, die, wenn sie reif sind, aufplatzen und Kinder enthalten. Auch sterben dort die Menschen nicht, sondern verschwinden gleich Rauch in der Luft.

Den Bauch benutzen die Leute im Monde wie eine Tasche und die Augen können sie aus dem Kopfe herausnehmen. Verliert einer die seinigen, so borgt er sich, um sehen zu können, die Augen eines gutmüthigen Nachbars.

Wer das Alles nicht glauben will, meint Lucian, möge sich selbst im Monde von der Wahrheit seines Berichtes überzeugen.

Menschen ohne Kopf mit großen Augen auf der Brust und Menschen mit einem Stirnauge (die Kyklopen des Alterthums) will auch St. Augustin in Aethiopien gesehen haben.

Liegt solchen Fabeln keine Thatsache zu Grunde, so erklärt sich die noch im Mittelalter zu findende Sage von geschwänzten Menschen durch eigenthümliche Garderobestücke gewisser Naturvölker, ebenso wie die von Waldmenschen (den Satyrn der Alten) vielleicht auf Täuschungen durch große Affen, die von Meer= menschen, Fischmenschen u. s. w. auf den durch Seehunde, Dugongs u. dergl. hervorgebrachten Täuschungen beruht, und die von Kentauren sich vielleicht auf die Ueberraschung, welche der ungewohnte Anblick von Reitervölkern hervor= bringen kann, zurückführen läßt.

Mit den Fortschritten der Wissenschaft schwanden selbstverständlich die Wunderberichte und der Glaube an dieselben, und wenngleich es heute noch bisweilen vorkommen soll, daß es manche Reisende mit ihren Berichten nur wenig genau nehmen und kräftige Farben auftragen, um sich interessant zu machen, so verfallen sie doch, gottlob! nur zu bald der scharfen Sektion der Kritik, welche unnachsichtlich das Messer ansetzt und Ungesundes auszuschneiden versteht.

Die ersten Anläufe zum eigentlichen Studium der Völkerkunde fallen ins achtzehnte Jahrhundert.

In der Klassifizirung der Völker schien von jeher eine der größten Schwierigkeiten für die Völkerkunde zu liegen. Die verschiedenen Versuche, diese Aufgabe zu lösen, gelangen zumeist deshalb nicht, weil die Ethnologen gewöhnlich beim Aufstellen ihrer systematischen Eintheilung der Völker in Gruppen bald gewisse äußere Merkmale, wie die Hautfarbe, die Haare, den Gesichtswinkel, den Schädel u. s. w., bald die Sprache oder gewisse geistige Eigenschaften als den wesentlichsten Unterscheidungspunkt in den Vordergrund gestellt hatten. Indem man das Eine oder Andere zu sehr bevorzugte, gerieth man auf Abwege. Man durfte die Völker keineswegs nur nach Sprache und Sitte klassifiziren; allein eben so wenig zulässig war es, dieselben blos nach äußeren körperlichen Merkmalen, wie nach der Schädelform (z. B. Lang- und Kurzschädel, Gerad- und Schiefzähner), einzutheilen.

Linné gruppirte die Menschen nach Farbe und Temperament in amerikanische, europäische, asiatische und afrikanische.

Buffon beschreibt, so gut es ihm die Hülfsmittel, über welche man damals zu verfügen hatte, irgend erlaubten, die physischen Merkmale der Völker, er schildert ihre Gestalt, Farbe u. s. w., war aber noch nicht im Stande, die Varietäten zu gruppiren, sie in Klassen einzutheilen und zum Begriffe von einer eigentlichen Rasse zu gelangen.

Joh. Fr. Blumenbach, dessen Eintheilung besondern Anklang fand, sonderte in seinem Werke „De generis humani varietate nativa" (1775) die Menschenrassen nach Haar und Hautfarbe. Als Stammrasse stellt er obenan:

1) Die kaukasische Rasse mit weißer Hautfarbe, ovalem Gesicht, starkem Bart, schlichtem Haar; zu ihr zählen die meisten Europäer, die Anwohner des Mittelmeeres und des asiatischen Hochlandes.

2) Die mongolische Rasse mit gelber Hautfarbe, breitem Gesicht, vorstehenden Backenknochen, schwachem Bart, nach außen und oben geschlitzten Augen; sie umfaßt Nordasiaten, Kalmüken, Finnen, Ungarn, Chinesen, Japaner und die Eskimo's Nordamerika's.

3) Die malayische Rasse von brauner Hautfarbe, mit schlichtem Haar; Malayen, Polynesier, Australier in sich begreifend.

4) Die amerikanische Rasse mit kupferrother Haut, schlichtem Haar, gebogener Nase, vorstehenden Backenknochen; ihr gehören sämmtliche Amerikaner an; und endlich

5) Die äthiopische Rasse mit schwarzer Haut, krausem Haar, welcher die Neger, Hottentotten, Australneger unterstellt werden.

Blumenbach hatte bei dieser seiner Rasseneintheilung auf den Bau der Schädel der einzelnen Völkerschaften Rücksicht genommen, also die Kranio= logen zu Hülfe gezogen, und er hat uns dadurch die Grundlage zur Rassen= kunde, zur Ethnologie, gegeben, während, wie wir oben sahen, Buffon sich mit einer Beschreibung der Völker, mit einer Ethnographie, begnügen mußte.

Nun war eine Rassenverschiedenheit festgestellt und damit ein unab= sehbares Feld für die Forschung eröffnet. Blumenbach's Eintheilung und Be= schreibungen mußten vervollständigt und berichtigt werden; es handelte sich darum, den Ursprung der Varietäten und Typen zu erforschen, die verschiedenen Merkmale und Abstufungen genau zu untersuchen. Zunächst kam es darauf an, zu ermitteln, welchen Einfluß die äußeren Umstände und Lebensbedingungen auf den Menschen üben, z. B. Klima, Nahrung, Lebensweise u. dgl. mehr, und sich zu vergewissern, inwieweit diese verschiedenen Einflüsse den einzelnen Men= schen oder die Rasse umwandeln können. Man mußte die Verwandtschaft der Völker ermitteln, ihre Wanderungen verfolgen, ihren Vermischungen mit anderen nachspüren, ihre Denkmäler, Geschichte und Ueberlieferung befragen; ja noch mehr, man mußte über ihre historischen Zeiten hinausgehen und bis zu ihrer Wiege hinaufsteigen. Das Alles waren neue Fragen und Aufgaben, zu deren Lösung die verschiedensten Wissenschaften mitwirken mußten.

Vor sechzig Jahren wären, wie wir schon erwähnten, die Wissenschaften der Anthropologie und Ethnologie noch gar nicht möglich gewesen; aber die Fortschritte, welche man binnen einem halben Jahrhundert gemacht hat, sind geradezu bewunderungswürdig.

Nie zuvor entfaltete sich der Geist freier Untersuchung und Forschung nach allen Richtungen hin mit einer solchen Gewalt und Kraft. Die seit Jahrtausen= den schweigsame Sphynx hat ihre Geheimnisse offenbart; die Alterthümer Ame= rika's, diese Adelsdiplome einer Welt, die wir längst nicht mehr als eine „neue" bezeichnen dürfen, bieten unserem staunenden Blick ungeahnte Wun= der dar; Niniveh und Babylon sind wieder ans Tageslicht gebracht und reden deutlich genug.

In diesem, wir können wol sagen unvergleichlichen halben Jahrhundert, das so viele Entdeckungen aufzuweisen und schon so viele Räthsel gelöst hat, wurde das Studium der Menschenrassen mit einer großen Menge von That= sachen bereichert. — Das von jeher ungastliche Afrika ist in unseren Tagen nicht mehr undurchdringlich, das Festland Australien gleichfalls von einem Ende zum andern durchzogen worden; an allen Küsten der verschiedenen Ozeane landen europäische Fahrzeuge; Kaufleute, Missionäre und Männer der Wissenschaft gehen bis tief ins Innere der Kontinente.

Fast alle Völker des Erdballs sind beobachtet, beschrieben und bildlich dar= gestellt worden; man studirt ihre Sitten, ihre Sprache und ihre Religion, ihre

Gewerbsamkeit und ihre Ueberlieferungen; unsere Museen sind reich an anthro=
pologischen und ethnologischen Gegenständen, wir besitzen Schädel und Gerippe
aus allen Weltgegenden, Trachten und Werkzeuge aller Völker, und haben voll=
auf Mittel zum Studium.

Das hat man sich denn auch reichlich zu Nutze gemacht. An verschiedenen
Orten sind ethnographische Gesellschaften entstanden, und fast endlos ist die
Zahl der Forscher, die seit Blumenbach oft, wie wir sehen werden, mit mehr
oder weniger Glück neue Grundsätze aufgestellt oder auf denen ihrer Vorgänger
weiter gebaut haben.

Auf Blumenbach folgt Cuvier, welcher die genannten fünf Klassen auf
drei zurückführte, indem er Malayen und Amerikaner als Mischrassen ansah;
auch Hamilton Smith hat nur drei Rassen, die kaukasische, mongo=
lische und tropische, während Latham die Japhetiten, Mongoliden und
Atlantiden unterscheidet. Andere wieder, welche in der biblischen Sage histo=
rische Thatsachen sehen und alle Menschen von Adam und Eva, bez. nach der
Sintflut von Noah und seinen drei Söhnen abstammen lassen, nehmen Japhet
als den Stammvater der weißen Rasse und bezeichnen Kelten und Kau=
kasier als Japhetiten; Sem als den der gelben Rasse: Semiten sind bei
ihnen Chinesen, Kalmüken, Mongolen, Lappen; und nach Ham, dem Stamm=
vater der schwarzen Rasse, Neger und Hottentotten als Hamiten. Sie
leiten wol auch die Amerikaner von Ham ab. Malayen sind eine Mischrasse
von Semiten und Hamiten.

Dumeril nahm 6 Rassen an, indem er den fünf Blumenbach'schen noch
die hyperboräische hinzufügte.

Professor Huxley stellt folgende Rassen auf:

Die australoïde, mit chokoladenbrauner Hautfarbe, schwarzen Augen,
schlichtem, gewelltem und weichem Haar; langschädlig. Sie hat ihren Hauptsitz
in Australien, wo Huxley sie beobachtet hat; sie ist isolirt. Aber man findet,
sagt er, bei den Gebirgsvölkern im indischen Dekan eine Bevölkerung, „welche
der australischen absolut gleicht". Jene Gegend des Dekan sei von Asien
durch eine alluviale Depression getrennt, und diese brauche nur um etliche dreißig
Meter sich zu senken, um aus dem Lande dort eine vom asiatischen Festlande
getrennte Insel, gleich Australien, zu machen. In Egypten finde man ein
Volk, welches sich den Australiern weniger nähere, aber doch zur australoïden
Gruppe gerechnet werden müsse. Zu dieser Bevölkerung gehörten die alten
Egypter, wie das deutlich aus den Porträts abzunehmen sei, welche man auf
den alten Denkmälern finde. Sie sind die Fetzen der australoïden Rassen,
welche heute durch ungeheure Zwischenräume von einander getrennt sind.

Sodann die mongoloïde Rasse, mit gelber oder olivenfarbiger Haut,
schwarzen Augen, schwarzem, schlichtem Haar; kurzschädlig. Diese Rasse zählt
die meisten Vertreter, hat Centralasien inne, wo man ihren reinsten Typus
bei den Kalmüken und den Tataren findet. Sie reicht in die Polargegenden:

Lappen, Eskimos; zu ihr gehört die Bevölkerung von ganz Amerika. Die
Verbreitung dieses Typus erklärt sich natürlicherweise aus Wanderungen, wel=
chen keine geographischen Schranken wie bei den Australoïden entgegenstanden.
Die mongoloïde Rasse hat außerdem alle Inseln des pacifischen Ozeans be=
völkert, welche von Tasmanien bis Neuguinea und von den Sandwichsinseln
bis Neuseeland reichen.

Endlich die xanthocroïde Rasse; blondes Haar, blaue Augen, hoher
Wuchs, bald langköpfig wie bei den Skandinaviern, bald kurzköpfig wie bei
den Deutschen. Die xanthocroïde Rasse findet man schon auf den alten egyp=
tischen Denkmälern, sie reicht von den Britischen Inseln bis an China's Grenzen.

Diese Aufstellungen Huxley's sind die widersinnigsten, unhaltbarsten und
am meisten unwissenschaftlichen, die uns je vorgekommen. Es ist fast unbegreif=
lich, wie man so tolles Zeug zum Besten geben kann. Fast Alles, was Huxley
sagt, widerspricht dem Thatsächlichen, und wir werden Gelegenheit finden,
das zu zeigen.

Während ferner Rudolphi vier Stämme zählt (Europäer, Mongolen,
Amerikaner, Neger), Birey blos zwei (weiße und schwarze), erhöhte Bory de
St. Vincent die Rassenzahl auf fünfzehn: die japhetitische, arabische, hin=
duische, skythische, chinesische, hyperboräische, neptunische, australische, columbische,
amerikanische, patagonische, äthiopische, kaffer'sche, malayische, hottentottische;
die elf ersten sind weiß, gelb, braun und schlichthaarig; die vier letzten schwarz
und kraushaarig.

Ernst Heinrich Häckel unterscheidet die Menschen nach der Beschaffen=
heit des Kopfhaares, als:

1) Wollhaarige (Ulotriches) mit bandartig abgeplatteten, daher wollig
krausen Haaren (es sind die dunkelfarbigen Menschen der südlichen Erdhälfte,
die nur in Afrika den Aequator überschreiten; sie zerfallen a) in büschel=
haarige (Lophocomi): die Papuas und Hottentotten mit ungleichmäßig ver=
theilten, büschelweise stehenden Haaren; b) vließhaarige (Eriocomi): Kaffern
und Neger mit gleichmäßig vertheilten Haaren.

2) Schlichthaarige (Lissotriches) mit cylindrischen Haaren. Zu ihnen
gehören a) straffhaarige (Euthycomi): die Australier, Malayen, Mongolen,
Arktiker, Amerikaner, und b) lockenhaarige (Euplocomi): Dravida's, Nu=
bier, Mittelländer.

Die Eintheilung von Karl Gustav Carus in Nachtmenschen (äthio=
pische Stämme), Tagmenschen (kaukasisch=europäische Stämme), östliche
Dämmerungsmenschen (mongolisch=malayisch=hindostanische Stämme) und
westliche Dämmerungsmenschen (amerikanische Urvölker) entspricht seiner
naturphilosophischen Anschauung.

Eine sichere wissenschaftliche Basis gab den auf Schädelformen gegrün=
deten Eintheilungen Anders Retzius. Von der Ansicht ausgehend, daß
die verschiedene Entwickelungsweise des Gehirns und des diesem folgenden

Schädels die Unterschiede der einzelnen Stämme am sichersten kennzeichne, unterwarf er zum ersten Male die verschiedenen Schädelformen einer sorg= fältigen Messung. Als einen in die Augen fallenden Charakter faßte er das Verhältniß der Länge des Schädels zu seiner Breite auf. Er nannte die Schädel, deren Längsdurchmesser den Querdurchmesser bedeutend überwiegt, Dolichocephalen (d. i. Langköpfe), und die, deren Längs= und Querdurch= messer sich mehr nähern, Brachycephalen (Kurzköpfe); er bezeichnete ferner die Schädel, bei denen die Kinnladen nicht vorspringen, die Zähne also senk= recht stehen, als orthognathe, während er die mit vorspringenden Kinnladen und mehr oder weniger schiefen Zähnen mit Richard prognath nennt. Hieraus ergeben sich vier Zusammenstellungen. Davon entsprechen die orthognathen Dolichocephalen Blumenbach's Kaukasiern, die prognathen Dolichocephalen ziemlich den Aethiopiern. Die Unterscheidung der Zwischenformen ist sehr schwierig. Slaven und Finnen sind orthognathe Brachycephalen, Mongolen und Malayen prognathe Brachycephalen. In Amerika sind die Urstämme prognath; es vertheilen sich aber die Stämme rücksichtlich ihres Schädels so, daß an der Ostküste, besonders Südamerika's, Dolichocephalen, an der ganzen Westküste Brachycephalen vorherrschen, so daß man eine Einwanderung von Afrika und Asien her zu denken hat. Wir dürfen aber an dieser Stelle eine solche Eintheilung der Menschen nicht weiter verfolgen, da sie uns zu sehr auf wissenschaftliches Gebiet überführt und die ethnographische Kraniologie (Schädelkunde) noch viel zu sehr im Beginn ist, als daß schon absolut sichere Grundsätze aufzustellen wären. Wir konnten sie aber auch nicht unerwähnt lassen und sei es nur, um diese Gruppirung, von der wir öfters hören, unseren Lesern vorzuführen und so viel als möglich zu erklären.

Louis Figuier folgt der Bequemlichkeit halber in seinen „Races hu= maines" den Forschungen eines belgischen Gelehrten M. d'Omalius d'Halloy. Nach ihm theilen sich die Menschen ein:

Weiße Rasse. Europäer. Teutonen, Latiner, Slaven, Griechen. Ara= mäer. Libyer, Semiten, Perser, Georgier, Tscherkessen.

Gelbe Rasse. Hyperboräer. Lappen, Samojeden, Kamtschadalen, Eskimos, Ostiaken, Jukaghiren und Koriäken. Mongolen. Mongolen, Tun= gusen, Jakuten, Türken. Chinesen. Chinesen, Japaner, Indochinesen.

Braune Rasse. Hindu. Hindu, Malabaren. Aethiopier. Abessi= nier, Fellahs. Malayen. Malayen, Polynesier, Mikronesier.

Rothe Rasse. Südländer. Bewohner der Anden, Bewohner der Pampas, Guaranen. Nordländer. Indianer des Südens, Indianer des Nordosten, Indianer des Nordwesten.

Schwarze Rasse. Abendländer. Kaffern, Hottentotten, Neger. Morgenländer. Papuas, Andamanen.

Figuier fügt hinzu, daß er recht gut weiß, daß diese Rasseneintheilung nicht ganz zutreffend ist; er wolle damit nur sagen, daß die Repräsentanten

derſelben, als Maſſe betrachtet, weißer, gelber, rother oder ſchwärzer ſeien, als
die einer anderen; auch auf die Sprachen habe man bei dieſer Gruppirung
Rückſicht genommen.

Im höchſten Grade beachtenswerth erſcheint uns dagegen die Raſſen=
ſonderung, wie ſie Prof. Dr. Friedrich Müller in Wien in ſeiner „Allge=
meinen Ethnographie" (Wien 1873) aufſtellt. Nach ſeiner Anſchauung geſtaltet
ſich die Entſtehung der Völker und der Beginn der Sprachentwickelung in fol=
gender Stammtafel:

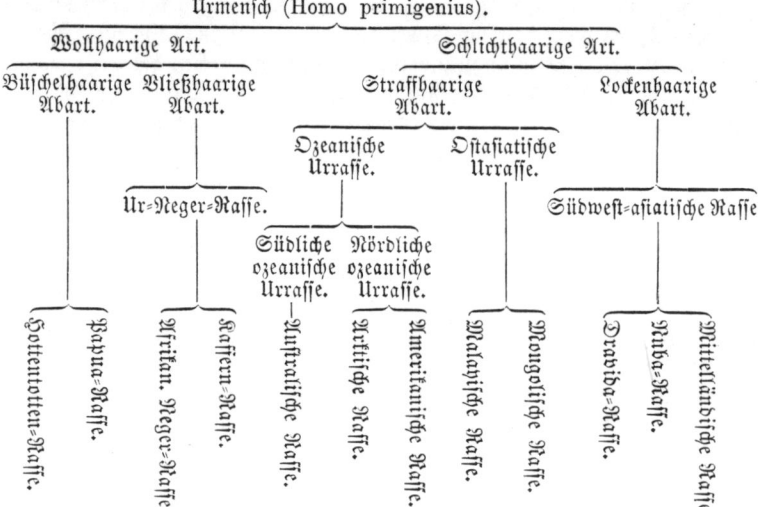

Urmenſch (Homo primigenius).

Wollhaarige Art. — Schlichthaarige Art.

Büſchelhaarige Abart. — Bließhaarige Abart. — Straffhaarige Abart. — Lockenhaarige Abart.

Ozeaniſche Urraſſe. — Oſtaſiatiſche Urraſſe.

Ur=Neger=Raſſe. — Südweſt=aſiatiſche Raſſe.

Südliche ozeaniſche Urraſſe. — Nördliche ozeaniſche Urraſſe.

Hottentotten=Raſſe. Papua=Raſſe. Afrikan. Neger=Raſſe. Kaffern=Raſſe. Auſtraliſche Raſſe. Arktiſche Raſſe. Amerikaniſche Raſſe. Malayiſche Raſſe. Mongoliſche Raſſe. Dravida=Raſſe. Kuba=Raſſe. Mittelländiſche Raſſe.

Auf der unterſten Stufe ſteht bei ihm (ähnlich wie wir oben ſchon ausführ=
ten) der Auſtralier, ein Weſen, welches faſt ans Thier ſtreift, ein Weſen nur mit
thieriſchen Bedürfniſſen. Der Auſtralier lebt, gleich dem Thiere, meiſtens von der
zufällig gefundenen Nahrung; er hat eine ſehr mangelhafte Wohnung. Sein Ge=
müth iſt ſtumpf, nur die Befriedigung thieriſcher Triebe, wie Hunger, Durſt u. ſ. w.,
vermögen es einigermaßen zu erregen. Von beſtimmten religiöſen Ideen, von
der Verehrung beſtimmter Gottheiten ſind nur geringe Spuren vorhanden.

Höher ſteht bereits der Papua. Er ſammelt Nahrung ein, züchtet einige
Thiere und bebaut das Land, wenn auch Alles mangelhaft. Seine Hütten ſind
meiſtens am Ufer aufgebaut und ganz den in Mitteleuropa an den Seen ge=
fundenen Pfahlbauten ähnlich. Sein Gemüth iſt heiter; er findet auch an anderen
Dingen, als an Befriedigung thieriſcher Triebe, ſein Gefallen. Sein Aberglaube
hat eine beſtimmte Form; er ſchnitzt ſich Götzen aus Holz und baut ihnen Tempel.

Einen höhern Fortſchritt zeigt der Malayo=Polyneſier. Neben den
auf Befriedigung ſinnlicher Genüſſe abzielenden Einrichtungen finden ſich
bereits einige Kulturelemente vor. Wir finden ein Familienleben entwickelt.

Die einzelnen Stämme werden von Häuptlingen regiert. Es lassen sich durch Sitte und Gewohnheit geheiligte Gesetze nachweisen. Man baut Schiffe, mit denen man sich ins Meer hinauswagt. Die religiösen Ideen sind bestimmt ausgeprägt und nehmen bereits die Form der Sage an. Freude und Leid äußern sich in Gesängen, welche im Gedächtniß aufbewahrt werden. Der Einfluß des Häupt= lings gründet sich nicht nur auf die rohe Gewalt und Stärke, sondern theilweise auch auf die Kraft und Kunst der Rede. Zu dieser Raffe gehören die Mela= nesier, die Polynesier und endlich die Malayen. Keine der bekannten Raffen hat so viele Wanderungen unternommen, wie die malayische, welche sich von Madagaskar im Westen bis zur Osterinsel im Osten, und von den Sandwich= inseln im Norden bis nach Neuseeland im Süden verbreitet findet. Der Ur= bewohner des australischen Festlandes scheint keine über seine ursprüngliche Heimat hinausgehende Wanderungen unternommen zu haben; fraglich bleibt es, ob dies sein unmittelbarer Nachbar, der Papua, je gethan hat.

Hierauf folgen die Neger. Afrika beherbergt gegenwärtig fünf von ein= ander verschiedene Raffen, nämlich die hottentottische im äußersten Süden und Südwesten, die Kaffernraffe von den Hottentotten aufwärts bis an und über den Aequator, die Negerraffe im sogenannten Sudan, die Fulah=Raffe, ein= gekeilt zwischen der Negerraffe und von Osten nach Westen in einer Linie sich hinziehend, und endlich die mittelländische Raffe im Norden und Nordosten bis zum Aequator herab. Von diesen fünf Raffen sind nur die vier ersten Autoch= thonen (d. h. Landeseingeborene), während die letzte erwiesenermaßen aus Afien eingewandert ist.

Der Neger steht noch höher als der Malayo=Polynesier. Seine Wohnungen sind massiver und kunstvoller; der Landbau wird ungleich besser betrieben. Ein bemerkbarer Fortschritt zeigt sich besonders in Industrie und Handel.

Der Neger baut größere Städte und lebt in organisirten Staaten. Er strömt nicht nur die augenblicklichen Stimmungen seines Gemüthes in Liedern aus, sondern giebt sich auch der Reflexion hin, welche sich in Sprüchwörtern und Räthseln äußert.

Der Amerikaner ist im Allgemeinen Jäger und Fischer und steht in dieser Hinsicht hinter dem Neger und theilweise auch hinter dem Malayo=Poly= nesier zurück. Bedenkt man jedoch, daß er dies nur in Folge der Gestaltung und Lage seines Landes, und der beschränkten Hilfsmittel wurde, und daß dort, wo günstigere Bedingungen vorhanden waren, auch eine nicht unbedeutende Kultur sich entwickelte, so kann man nicht umhin, den Amerikaner in Betreff der letzteren (wir erinnern an Mexiko und Peru) über die Neger zu stellen.

Die Bauten und Bildwerke der beiden Kulturstaaten Amerika's übertreffen Alles, was der Neger in dieser Richtung geleistet hat, und die verschiedenen Mittel zur Befriedigung von Bedürfnissen, wie sie nur in Kulturstaaten vor= kommen, sind so umfassend, daß manche zur Erklärung derselben fremde Ein= flüsse annehmen zu müssen glaubten.

Auf der nächsten Stufe stehen die Hochasiaten, zu denen die Ural=Altaier (Samojeden, Finnen, Tataren, Mongolen, Mandschu), die Japaner, Koreaner, Tibeten, Birmanen, Himalaja=Völker, Siamesen, Annamiten, Aboriginer Hinterindiens und China's und die Chinesen gerechnet werden.

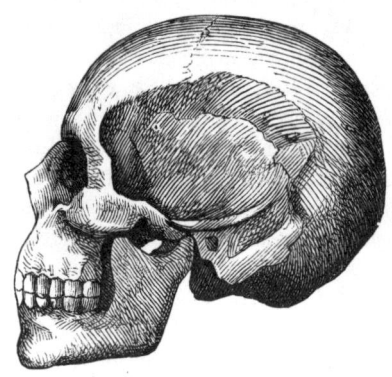

Als Urheimat dieser Rasse, die man auch die mongolische nennt, muß das mittlere Asien angenommen werden.

Obgleich die meisten Völker dieser Rasse Nomaden sind, die nur als Welterschütterer einen Namen sich gemacht haben, so ist wiederum besonders jenen der hierher gehörenden Staaten, Japan und China, ein bleibender Name in der Kulturgeschichte zu Theil geworden. Diese beiden haben in gewisser Beziehung das

Typus eines Orthognathen.

Höchste erreicht; die materielle Kultur derselben steht der abendländischen in nichts nach.

Den höchsten Grad ihrer idealen Entwickelung erreicht die Menschheit in der mittelländischen Rasse. Zu derselben gehören die Basken, Kaukasier,

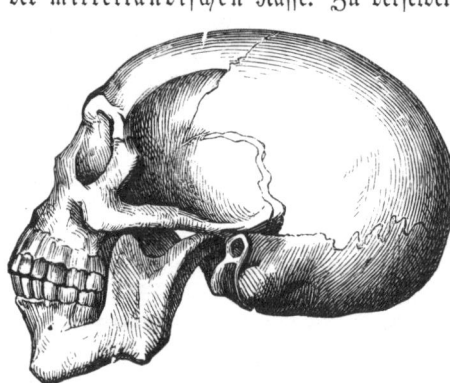

Hamiten, Semiten und die Indogermanen (Inder, Eranier, Kelten, Griechen, Thrako=Illyrer, Romanen, Slaven und Germanen).

Man verlegte anfangs den Ursitz der Indogermanen in das Quellengebiet der beiden Flüsse Oxus und Jaxartes, auf der Hochebene Pamir; in neuerer Zeit aber sucht man denselben in der lithauisch=russischen Ebene, also im Südosten Europa's, wohin sie vom

Typus eines Prognathen.

armenischen Hochlande in unvordenklicher Zeit eingewandert sein müssen. Der indogermanische Stamm theilte sich früh in die asiatischen und die europäischen Arier. Zuerst mögen sich die Illyrier von dem gemeinsamen Grundstock losgelöst haben und nach Süden gezogen sein, wo sie die Balkanhalbinsel und die Küsten der italischen Halbinsel in Besitz nahmen. Darauf lösten sich von der

erſten Gruppe die Kelten los, gegen Weſten ziehend, während Italer und Grie=
chen noch geraume Zeit beiſammen blieben; ebenſo ſonderten ſich die Germanen
von den Ariern und den Slaven, gegen Norden ſich wendend. Zuletzt endlich
löſten ſich die Italer
von den Griechen,
und die Slaven von
den Ariern, welche
ihrerſeits auch in
Iraner und Inder
zerfielen. Nach die=
ſem in Kürze ent=
worfenen Stamm=
baume der Indoger=
manen haben die
dahin fallenden Völ=
ker bedeutende Wan=
derungen unternom=
men. Weit nach
Oſten zogen die Ira=

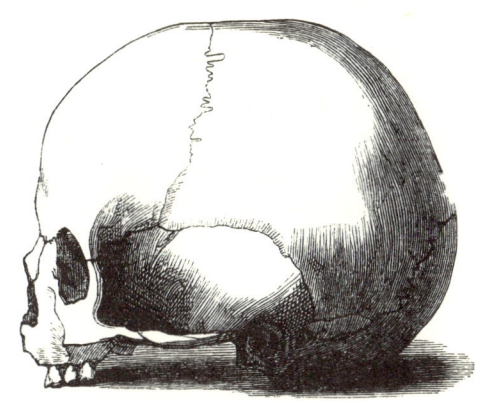

Typus eines Brachycephalen.

ner, zu denen die heutigen Kurden, Perſer, Oſſeten, Armenier, Belutſchen
und Afghanen gehören, und zu denen im Alterthume die meiſten Völker Klein=
aſiens, wie die Phrygier, Kappadokier zählten, und die Inder, welche gegen=
wärtig die Halbinſel
Indien vom Norden
bis zum Dekan, mit
Ausſchluß einiger
Gegenden im gebir=
gigen Innern, be=
wohnen. Weit nach
Weſten und Süd=
weſten kamen zuerſt
die Kelten, wo ſie
die Basken vorfan=
den und verdräng=
ten, ſpäter kamen die
Italer, von der
Halbinſel aus durch
Roms Waffenglück

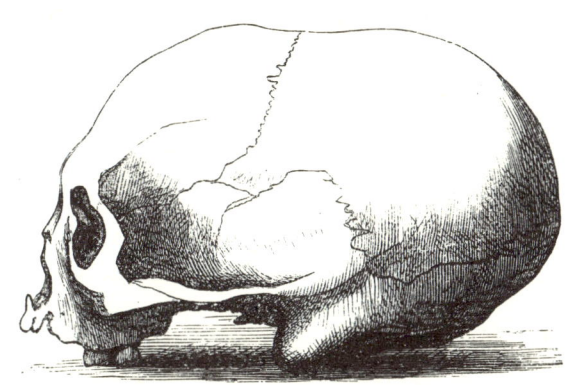

Typus eines Dolichocephalen.

über den ganzen Südweſten Europa's ſich verbreitend und die Kelten ver=
drängend, zuletzt endlich erſchienen die Germanen und Slaven, die beiden
mächtigſten Volksſtämme der Jetztzeit. In der erſten Zeit ihres geſchichtlichen
Auftretens (der Herrſchaft der hamitiſchen Völker) ſteht die mittelländiſche

Raſſe nicht höher als China. Erſt mit dem Erſcheinen der Semiten und Indo=
germanen bricht ſich eine freie, ideale Kultur Bahn, die nach und nach ſieg=
reich alle Schranken, welche Zeit und Raum ihr geſetzt zu haben ſcheinen,
durchbricht und Alles ihren Einflüſſen unterwirft. Durch ſie iſt es möglich,
daß der Menſch zu dem werde, als was ihn die Sage der Semiten dar=
ſtellt, nämlich zu einem Ebenbilde Gottes. Dies war der Menſch anfangs
gewiß nicht, ebenſo wenig, als es der Auſtralier iſt. Jahrtauſende mußten an
ihm vorüber gehen, ehe er es zu den einfachſten Lebenseinrichtungen brachte,
weitere Jahrtauſende, ehe er die einfachſten ſittlichen Ideen zu faſſen begann.
Erſt die Kultur hat die wilden Züge des Menſchen vergeiſtigt, und ihn Gott
gleich gemacht. Dieſe Kultur aber iſt ein Produkt tauſend= und abermals tauſend=
jähriger harter Arbeit, nicht eine Gabe von oben. Schon Heſiod bemerkt:

„Vor die Tugend ſetzten den Schweiß die unſterblichen Götter!"

Oskar Peſchel endlich theilt das Menſchengeſchlecht in 7 Gruppen.
Es ſind dies:

1) Die Bewohner Auſtraliens und Tasmaniens;
2) die Papuanen Neuguinea's und benachbarter Inſeln;
3) die mongolenartigen Völker, zu denen er nicht blos Feſtlands=
   aſiaten, ſondern auch die Malayopolyneſier und die Eingebornen
   Amerika's zählt;
4) die Dravida, oder die Bewohner Vorderindiens von nichtariſcher
   Abkunft;
5) die Hottentotten und Buſchmänner;
6) die Neger;
7) die mittelländiſchen Völker, welche den Kaukaſiern Blumenbach's
   entſprechen. —

Anbetrachts der Thatſache, daß alle körperlichen Merkmale, die Schädelform,
die Größenverhältniſſe der Gliedmaßen, die Farbe der Haut innerhalb der näm=
lichen Menſchenraſſe mit der Zeit beträchtlich ſchwanden, daß ſelbſt die Be=
ſchaffenheit des Haares nicht zu den beharrlichen Wahrzeichen gerechnet werden
dürfen, und daß daher bei der Vertheilung des Menſchengeſchlechts in größere
Gruppen oder Raſſen alle vorherrſchenden Eigenthümlichkeiten, nicht minder
auch die Sprachverhältniſſe berückſichtigt werden müſſen, erſcheint uns die eben
angeführte Gruppirung unſeres Peſchel den mehr oder weniger paſſenden
Raſſeneintheilungen anderer Gelehrten vorzuziehen, und werden wir ſie des=
halb nachſtehender Abhandlung zu Grunde legen.

Eingeborener von Südaustralien.

III.

Die Bewohner Australiens und Tasmaniens.

Lage. — Klima. — Pflanzenwelt. — Thierwelt. — Eingeborene. — Stammes-
eintheilung. — Aberglaube. — Lebensweise. — Waffen. — Belustigungen. —
Familienleben. — Eingeborene von Tasmanien. — Aussterben der Aboriginer.

Australien liegt in jenem unermeßlichen Ozean, welcher sich zwischen Südafrika und Südamerika ausbreitet.

Nirgendwo läßt sich die verspätete Entwickelung des Menschengeschlechts
durch die mißliche Gestaltung der Individuen besser rechtfertigen, als in Australien.

Das Land ist so gut wie völlig abgeschlossen geblieben, denn es hat nächst
Afrika die am meisten abgerundete Gestalt. Trotz seiner vielen Buchten und

Baien konnte nur vom Golf von Carpentaria im Norden ein Verkehr mit höherer Gesittung, mit den Papuanen Neu-Guinea's, durch die Torresstraße stattfinden.

An größeren schiffbaren Flüssen ist das Land sehr arm. Viele der Flüsse im Innern verlieren sich im Sande, andere sind ungewöhnlich starken Flutungen unterworfen, und zwar so, daß in der nassen Jahreszeit ein großer Theil des Landes, durch welches sie ihren Lauf nehmen, in Sümpfe oder Seen verwandelt wird, während wiederum in der trockenen Jahreszeit deren Bett fast ganz austrocknet, so daß nur eine unzusammenhängende Kette von Wasserlöchern das Vorhandensein des Flusses andeutet.

Nur wenige von den Flüssen, welche sich in das Meer ergießen, sind schiffbar, und diese haben wiederum durchgehende Sandbänke oder andere Hindernisse der Schifffahrt vor ihren Mündungen.

Im Allgemeinen leidet Australien an Wassermangel, sei es in Form von Quellen oder Flüssen, oder Seen. Das ist auch der Grund, weshalb so viele der unternommenen Entdeckungsreisen verhältnißmäßig wenige Resultate geliefert haben, da sie wegen solchen Mangels an Wasser abgekürzt oder aufgegeben werden mußten.

Man nahm früher an, daß das Innere von Australien ein großes Bassin, ein großer, ringsum von Hügelketten eingeschlossener See sei, welcher die Gewässer aller jener Höhen aufnehme. Jetzt ist dargethan, daß das Land in nicht großer Entfernung von der Küste zu nicht unbedeutender Höhe ansteigt und selbst im Innern einige bedeutende Berge sich aus der großen Hochebene erheben.

Der Wendekreis des Steinbocks theilt Australien in zwei ungleiche Theile, so daß das durchschnittliche Klima des kleineren, nördlichen Theils ein tropisches, das des größeren, südlichen Theils ein gemäßigtes ist. Der bemerkenswertheste, aber auch zugleich der ungünstigte Theil des Klima's sind die oft lange Zeit anhaltenden Dürren. Eine andere Eigenthümlichkeit ist der schnelle Wechsel von Hitze und Kälte, sodaß nicht selten in einer Stunde das Thermometer um 10 bis 11° R. fällt. Im südlichen Theile Australiens ist der Südwestwind des südlichen Ozeans der herrschende Wind. Ihm gegenüber steht der glutheiße Nordwestwind, der aus dem Innern über die trockenen, dürren, von den Sonnenstrahlen erhitzten Ebenen nach der Küste weht, und auf alles organische Leben nachtheilig wirkt. Beim mitunter plötzlichen Umsprunge dieses Windes findet innerhalb einer Viertelstunde öfter eine Steigung von 20° R. statt, und ebenso schnell sinkt im entgegengesetzten Falle das Thermometer. Mit Ausnahme dieser heißen Winde ist das Klima Australiens als ein durchschnittlich günstiges und gesundes zu bezeichnen.

Der Mangel eines ausgebildeten weitverzweigten Stromsystems läßt keine eigentlich üppige Vegetation aufkommen; fast allen Reisenden ist die Einförmigkeit derselben aufgefallen. Hierzu kommt noch, daß einzelne und noch dazu wenig Abwechselung bietende Gattungen und Familien vorherrschen, so z. B. die Eukalypten (Gummibaum), die Akazien und dergl.

Australischer Eukalyptenwald.

Die Eukalypten geben dem Lande eine ihm eigene Physiognomie. Die
Blätter sind von derber, lederartiger Beschaffenheit, und länglicher, meist

lanzettförmiger Gestalt. In der Jugend horizontal gestellt, nehmen sie im Alter, durch eine Drehung des Blattstils, jene vertikale Stellung an, welche so eigen= thümlich für die australischen Bäume ist. Das junge Laub erscheint röthlich, um dann in blaugelbe und schwarzgrüne oder bräunliche Farbe überzugehen. Eine andere Eigenthümlichkeit des Baumes ist, daß derselbe alljährlich seine Rinde abwirft, wodurch er höchst seltsam bald glatt, bald halb, bald schuppen= artig berindet erscheint. Man zählt über 130 Arten. Nicht minder stark ver= treten sind die Akazien, von denen mehrere Arten einen brauchbaren, dem Gummi arabicum ähnlichen Klebstoff ausschwitzen. Zur Vollendung des eigenthümlich landschaftlichen Charakters gehören, außer den erwähnten, noch baumartige Farren und die Grasbäume. An Palmen hat Australien nur zwei Arten auf= zuweisen, die Bangelapalme (Ptychosperma elegans) und die Kohlpalme (Livi- stonia australis). An saftigen Nahrungsmitteln steht das Land allen anderen Erdtheilen nach, weshalb der Eingeborene alles genießt, was eßbar ist.

Die Thierwelt Australiens ist, wie die Pflanzenwelt, von der der übrigen Erdtheile verschieden. Vorherrschend ist der Mangel an Säugethieren; dagegen gehören ihm eine Anzahl Thiere eigenthümlich an, unter denen sich die Schnabel= thiere und Beutelthiere auszeichnen. Das größte Beutelthier ist das Känguruh, ferner gehören dazu der Beutelmarder, das Opossum, das fliegende Eichhorn u. s. w. Von sonstigen Vierfüßlern sei einer Dachsart (des Wombat) und des Koala (australischer Bär) Erwähnung gethan. Reich vertreten an Anzahl und Gat= tung sind die Vögel, von denen sich viele durch prachtvolles Gefieder auszeichnen. Der größte ist der australische Strauß (Kasuar, Emu). Zahlreiche Kakadus und Papageien beleben die Wälder.

Die Eingeborenen hängen, wie leicht begreiflich, von der Natur des Landes ab. Wollen sie ausreichend Nahrung finden, so müssen sie hin= und herziehen, um sie aufzusuchen, da, wie wir gesehen haben, wegen der Dürre und des Wassermangels weder Pflanzen= noch Thierreich überall genügende Ausbeute liefern. Außerdem dürfen die Wanderscharen nie zu groß sein, damit die Vor= räthe des Landes reichen und so ist auch die Zersplitterung des Landes in so viele kleine Stämme nothwendige Folge ihres Landes. Auch liegt es auf der Hand, daß sie sich mehr an den Küsten aufhalten müssen, schon deshalb, weil durch die Seethiere ihre so kärgliche Nahrung um ein bedeutendes vermehrt wird.

Sehen wir uns die australischen Eingeborenen einmal genauer an.

Der Australier ist durchschnittlich nur klein und von verhältnißmäßig schwachem Gliederbau; auffallend ist der Mangel an Waden. Die Schädel= bildung ist bei den Männern immer schöner, als bei den Weibern; im Ganzen ist sie schmal und länglich. Die Stirn ist oft hoch und gerade. Die Augen sind groß, glänzend und ausdrucksvoll. Die Nase ist an der Wurzel schmal, wodurch die Augen zusammengedrückt erscheinen, gegen unten zu wird sie breit und eingedrückt; die Zähne sind stark und weiß, der Mund ist groß, das Haar dunkel, glänzend und etwas gekräuselt, ohne jedoch wollig zu werden. Viele

Männer haben lange, glänzende gelockte Bärte, die den Neid manches Europäers erwecken würden. Die Haut ist nicht schwarz, sondern von dunkler Kupferfarbe. Der Gebrauch von Fett, Holzkohle und Ocker indessen, obschon von Nutzen gegen die Einwirkung der Sonnenstrahlen, hat ihre Farbe anscheinend verdunkelt.

Sie zerfallen, wie wir oben zu bemerken Gelegenheit nahmen, in eine große Menge von Stämmen (besser Horden), deren Zahl sehr verschieden ist. Jeder steht unter einem erblichen Häuptlinge, aber die Familienväter besitzen über ihre Angehörigen eine uneingeschränkte Gewalt, sogar über Leben und Tod ihrer Frauen.

Eingeborene der Kolonie Viktoria in Australien. Mann und Frau.

Eine ganz abscheuliche Erscheinung im Leben dieser Wilden ist ihr Kannibalismus, der sich auf eine gräßliche Weise äußert. Die Eltern ermorden nicht selten ihre neugeborenen Kinder, um sie aufzufressen. Auch herrscht ein entsetzlicher Aberglaube, demzufolge ein älterer Bruder in dem Wahne lebt, daß er sofort auch die Körperkraft seines jüngeren Bruders sich aneignen könne, wenn er diesen erschlägt und verzehrt.

Viele Eingeborene haben drei oder vier Frauen, obwol die herrkömmliche Zahl sich eigentlich nur auf zwei beschränkt.

Ueber den Tod haben die Australier allerlei seltsame Vorstellungen. Der allgemeinen Annahme zufolge stirbt Niemand, wenn nicht ein Feind es ihm unmittelbar oder durch Zauber angethan hat. Die Richtung, nach welcher hin die Füße des Todten liegen, zeigt, wie sie meinen, nach der Gegend hin, in welcher man den Mörder entdecken kann. Dann machen sich die Verwandten des Todten auf und ermorden jeden, welchen sie in jener Richtung treffen.

Die Leichen werden verbrannt oder eingescharrt; zuweilen legt man sie auch auf Bäume oder Gerüste, läßt sie dort verwesen und übergiebt wol auch späterhin die Ueberreste dem Feuer. Der Mond gilt ihnen für eine Person, wie jeder Stern auch. Jeder Himmelskörper hat seine eigene Lebensgeschichte und seinen besonderen Einfluß. Die Sonne ist aus einem Kasuarei entstanden, das erst im Weltenraum mit irgend einem anderen Körper zusammenstieß.

Die weisen Männer, welche man indessen keineswegs als Priester bezeichnen kann, halten es, wenn man nach langer Dürre Regen haben will, für sehr er= sprießlich, Menschenhaare zu verbrennen.

Die Sprache ist bei den verschiedenen Horden so völlig abweichend, daß die Bewohner etwas entfernt liegender Distrikte einander gar nicht verstehen. Die australischen Eingeborenen haben keine festen Wohnplätze. Schon oben sahen wir, daß sie nach Nahrung weit und breit umherfuchen müssen; deshalb können sie sich mit Errichtung von festen Wohnstätten nicht befassen. Wenige Stangen und Aeste, einige Zweige gegen einen umgestürzten Baum gelehnt, oder der Schutz einer aufgehängten Opossumfelldecke ist alles, was sie wünschen und bedürfen. Zuweilen ist ihr Wirlie oder Mia Mia (wie die Eingeborenen der Kolonie Viktoria im Süden des Landes diese Schutzdächer nennen) von Binsen oder Stöcken gebildet, und mit Zweigen, Rinde, Gras, Lumpen oder alten Kleidern, welche von den Eingewanderten weggeworfen wurden, bedeckt. Je nach dem Windwechsel drehen sie diese sogenannten Wohnungen herum.

Durch Aneinanderreiben zweier Stücken Holz machen sie Feuer an. Das eine Stück ist etwas mehr als einen Meter lang, und das andere ein kurzer, runder Stock. In den ersteren befindet sich in der Mitte ein Loch, das mit fein zerkleinerter Rinde des Faserrindenbaumes (einer Eukalyptenart) angefüllt ist. Indem sie das eine Ende des größeren Holzes gegen einen Baum stemmen, und das andere Ende in der Hand halten, drehen sie den Stock in diesem gefüllten Loche schnell und so lange herum, bis sich die Rinde entzündet.

Ueber die Nahrung haben sie gewisse feste Bestimmungen. So z. B. kön= nen Kinder unter 10 Jahren alles essen. Knaben dürfen kein Känguruhfleisch genießen, ebensowenig das Weibchen oder Junge irgend welchen Thieres. Den Mädchen ist nicht gestattet vom Kranich und männlichen Wallaby (Haematurus wallabatus) zu essen. Jungen Männnern ist der Genuß von schwarzen Enten, Kranichen, Adlern, Schlangen, Wallabies und der Jungen im Beutel verboten. Verheiratete Männer müssen sich bis zum vierzigsten Jahre des Genusses von Adlern und Kranichen enthalten. Erwachsene Mädchen und Frauen dürfen kein männliches Opossum, rothes Känguruh, auch keine Schlangen genießen; eben so wenig ist es ihnen gestattet, während der Laichzeit Fische zu essen. Alte Leute können, gleich den Kindern, essen was sie wollen. Ein gestrandeter oder ge= fangener Wallfisch ist ein Fest für die Eingeborenen, welche dann ganz unmäßig essen, ja selbst ganz faules, stinkendes Fleisch und Fett. Auch Käferlarven, Ameiseneier, Engerlinge u. s. w. gelten als Leckerbissen.

Alles Fleisch wird am Feuer oder auf Kohlen geröstet. Größere Thiere, wie Känguruhs und Kasuare, werden vorher zerlegt, während man die kleineren Thiere mit Haut und Haar auf glühende Kohlen legt, ausgenommen, wenn die Felle benutzt werden sollen. Eine ihnen eigenthümliche Kochweise ist die mit Dampf. In einem in die Erde gegrabenen Loche wird ein Fisch oder ein Stück Fleisch auf heiße Steine gelegt und mit reinem Gras bedeckt. Darauf wird ein Stock senkrecht gehalten, und das Loch mit Erde ausgefüllt und festgestampft. Der Stock wird herausgezogen und in die dadurch zurückbleibende Röhre Wasser gegossen. Das Wasser verdampft auf dem heißen Steine und der durch das Gras zurückgehaltene Dampf kocht Fisch oder Fleisch fertig, und zwar sehr schmackhaft. Fleisch wird auch bisweilen in hohle Baumrinde dicht vors Feuer gelegt, um den Saft zu erhalten. Schildkröten werden deshalb auch in der eigenen Schale geröstet. Eier werden in der Asche gekocht, Ameiseneier und Engerlinge auf Stücken Rinde geröstet. Die Eingeweide der Thiere werden, nachdem sie vollständig durchgewärmt sind, herausgezogen, gewaschen, besonders zubereitet und als Extraleckerbissen für den Jäger oder einen Freund desselben aufbewahrt. Wäre diese Art, Thiere zuzubereiten mit mehr Reinlichkeit verbunden, so würde sie sehr zu empfehlen sein, da das Fleisch einen einladenden Geruch bekommt, und voll Saft und Kraft ist; allein die Unreinlichkeit der Aboriginer ist so groß, daß sie sich oft nicht einmal die Mühe nehmen, die Gedärme auszuwaschen.

Für gewöhnlich lieben die Eingeborenen den Zwang der Kleidung nicht. In kalten Wintern, und (laut polizeilicher Vorschrift) sobald sie in die Nähe von Ansiedlungen der Weißen kommen, werfen sie eine aus Opossum- oder Känguruh- fellen, mit Sehnen oder einer Grasart künstlich zusammen genähte Decke über sich.

Ihr Schmuck ist einfach. Zierrathen werden nicht so hoch geschätzt, wie bei anderen wilden Nationen. Selten schmückt man sich bei großen Gelegenheiten mit den Federn des schwarzen Schwans oder Emus, oder befestigt Känguruh- zähne, Moos oder Vogelkrallen im Haar. Auch trägt man um den Hals Fäden, an denen kleine Stücken Binsen gereiht sind. Die Weiber werden ohne solchen Putz für genügend schön erachtet; sie bedürfen keiner künstlichen Hilfsmittel, um ihre natürlichen Reize (?) zu erhöhen. Bei festlichen Gelegenheiten bemalen sich die Männer mit Ocker oder Töpferthon, Gesicht, Arme und Oberleib, letzteren oft mit skeletähnlichen Strichen, und binden sich das Haupthaar mit einem Bande auf. Beiden Geschlechtern eigen sind die erhabenen Hautnarben auf Brust, Unterleib, Schenkeln und an den Schultern. Dieselben werden unter besonderer Festlichkeit mit scharfen Muschelstücken eingeschnitten, und da man die Haut zwischen den Einschnitten zu heben sucht, so ist diese Art der Tätowi- rung oft höchst schmerzhaft.

Im Allgemeinen sind die Eingeborenen im Stande, mit ihren Waffen, wenn diese auch von sehr einfacher Beschaffenheit sind, dem von ihnen aus- ersehenen Opfer mörderische Wunden zu versetzen, da die Speere oftmals mit scharfen Muscheln oder Quarzstücken besetzt werden, die mit Baumharz angeklebt, oder mit Thiersehnen festgebunden sind. Die größten Speere bis zu vier oder gar fünf Meter Länge werden mit einem besonderen Wurfstocke geschleudert. Letzterer hat gewöhnlich eine Länge von zwei Drittel Meter, besteht aus einem Stück harten, flachen Holzes und ist an einem Ende mit einem Haken versehen, während an dem anderen ein Stück Baumharz und ein Büschel Opossumhaare befestigt wird, letzterer um zu verhindern, daß der Wurfstock (Wamera) beim Schleudern des Speeres aus der Hand führt. Der Haken, gewöhnlich ein Känguruhzahn, wird in ein am unteren Ende des Speeres befindliches Loch gelegt, und Wurfholz und Speer mit den verschiedenen Fingern der rechten Hand gehalten. Ist die Waffe nun in die Höhe des Auges gebracht, so kann sie geworfen werden, und das Wurfholz, welches dem Speere die Richtung giebt, verstärkt durch seine hebelartige Wirkung die Kraft des Wurfes bedeutend. Diese Vorrichtung ist um so charakteristischer, da sie sich nirgends sonst auf der Erde findet.

Nicht weniger eigenthümlich als der Wurfstock ist eine andere, jedoch weitaus bekanntere australische Waffe: der Bumerang. Die Australier verfertigen ihn aus den Aesten oder Zweigen der Akazie, oder aus einem anderen Baum von ähnlicher Art des Wuchses, denn die Krümmung muß so gewachsen sein. Bekanntlich fliegt der Bumerang, sich um sich selbst drehend, nachdem er sich eine Strecke vorwärts bewegt hat, zu dem Standpunkt seines Schleuderers zurück: nicht dann natürlich, wie die irrige Angabe einiger Mittheilungen ist, wenn er nach einem bestimmten Ziele geworfen worden und dies trifft, denn dann fällt er zu Boden. Ein erfahrener Werfer kann dieser Waffe fast jede beliebige Richtung geben; zur Verstärkung des Schlages wird sie indessen gewöhnlich flach gegen den Erdboden geschleudert, von dem sie abprallt und sich zu bedeutender Höhe erhebt. Die Eingeborenen sind im Stande, mit dem Bumerang Vögel oder kleine Säugethiere bis zu der bedeutenden Entfernung von ungefähr 200 m. zu erlegen. Im Kriege ist diese Waffe besonders dadurch gefährlich, daß es fast unmöglich ist, in dem Augenblicke, in welchem man sie in der Luft erblickt, zu beurtheilen, welchen Weg sie nehmen oder wo sie niederschlagen wird.

In mehr oder weniger allgemeinerem Gebrauche sind noch die folgenden Waffen: der Katta-Twirris, eine Art zweischneidiges Schwert, furchtbar durch die Quarz- und Muschelstücke, welche die Ränder der Wunde zerreißen, und der Bwirri, ein kurzer Stock mit eiförmigen Knoten, der im Feuer gehärtet wurde, also eine Art Todtschläger; ferner der Waddy, ein starker, keulenförmiger Stock; endlich der Tomahawk, der eigentlich aus einem scharfen Stück Quarz bestand, welches an einem Stocke festgebunden und mit Harz u. s. w. befestigt wurde, in neuerer Zeit aber durch ein gewöhnliches Beil ersetzt wird. Der Tomahawk dient besonders dazu, Einschnitte in die glatten und starken Stämme der Bäume zu machen, welche von den Eingeborenen mit außerordentlicher Fertigkeit erklettert werden.

Ihre Werkzeuge sind äußerst einfach. Wir erwähnen nur einen etwa 10 bis 13 dm. langen und 2 bis 5 cm. dicken Stab, dessen unteres Ende im Feuer gehärtet und meißelförmig geschärft wird.

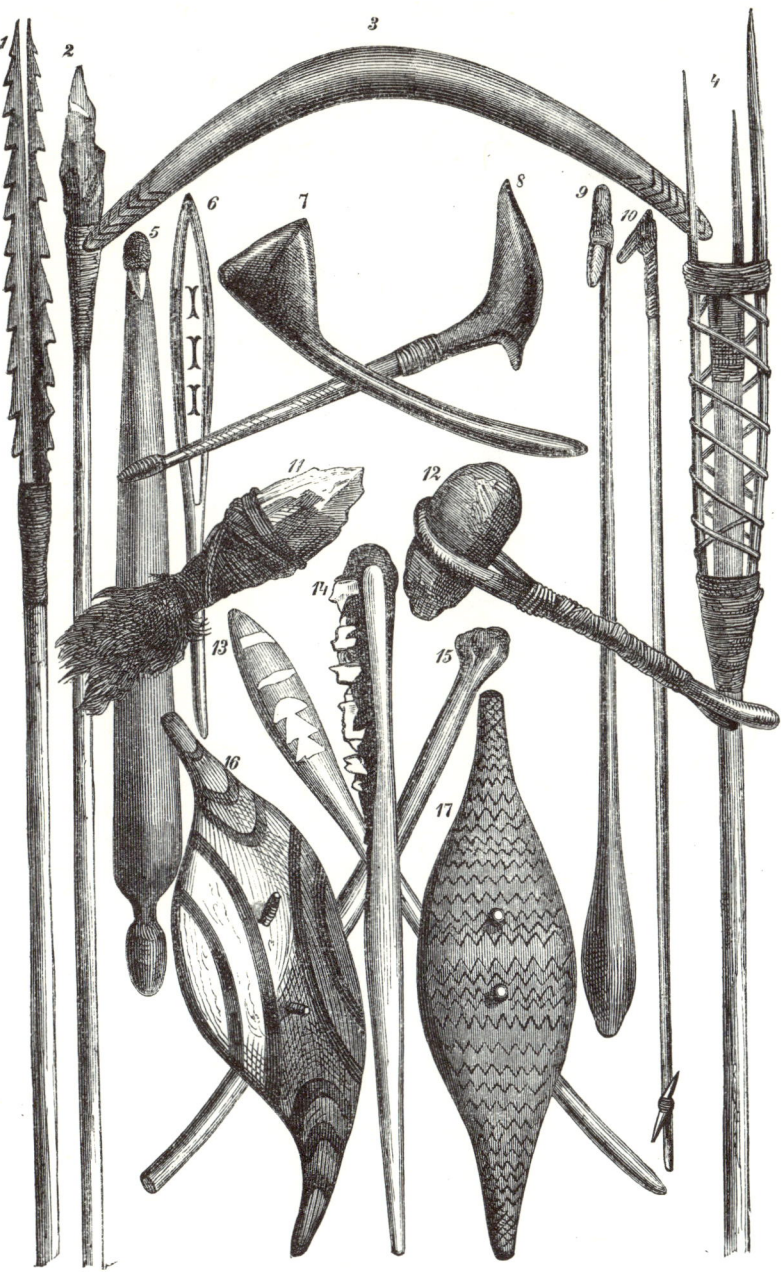

Australische Waffen.

1. Speer mit Spitze aus Eukalyptusholz. 2. Speer mit Feuerstein. 3. Bumerang. 4. Fischerspeer
mit Knochenspitzen. 5. 9. 10. Wurfstöcke. 6. 7. 8. 13. 15. Keulen (Waddy). 11. 12. Hämmer mit
Steinen. 14. Säge mit Obsidianzähnen. 16. 17. verzierte Schilde aus Eukalyptusholz.

Er dient zum Ausgraben der Wurzeln, und da dies hauptsächlich das Geschäft der Weiber ist, so ist dieser Stab deren beständiger Begleiter. Das sonderbarste Werkzeug besteht in einem 30 cm. langen und 20 bis 25 cm breiten Streifen Baumrinde, in der Form einer offenen Dachrinne. Mit diesem Instrument schaufelt man im Frühjahre (September und Oktober) die Ameisenhaufen aus, und entfernt damit, indem man es wie eine Schwinge handhabt, das Gemülme und die zahllosen kleinen rothen Insekten, sodaß nur die darunter befindlichen großen weißen Maden zurückbleiben. Diese letzteren wickeln die Aboriginer in ein Büschel trockenen Grases, welches sie kauen und saugen. Dabei nehmen sie jedesmal den Mund entsetzlich voll, so behagt ihnen diese Speise. Waffen und Werkzeuge werden nebst anderen Geräthen in dem Reisesack getragen, der mit einem Seile über die linke Schulter und unter dem Arm derselben Seite getragen wird. Er besteht ent= weder aus dem Känguruhfelle, das mit einer Schnur zusammengezogen wird, oder aus einem groben, aus Binsenwerk verfertigten Netze. Dieser Reise= sack enthält regelmäßig eine große flache Muschel zum Trinken, einen runden Kieselstein zum Zerbrechen der Thierknochen, mehrere Sorten Erdfarben, eine kleine hölzerne Schaufel, die beim Rösten von Wurzeln gebraucht wird, einige Stücken Quarz, oft auch zerlegtes Wild und eßbare Wurzeln, sowie die ganz erhaltene Haut eines kleinen Thieres, die als Tasche für ganz kleine Gegen= stände dient, wie z. B. für Känguruhsehnen als Zwirn, gespitzte Knochen als Nadeln, scharfkantige Knochen zum Abschaben der Wurzeln, ferner Federbüsche, Bastspitzen, Speerhaken u. s. w. Damit nichts durch die weiten Maschen des Netzes fällt, wird dasselbe mit trockenem Gras ausgelegt. Die Waffen legen sie oben darauf, und um das Herunterfallen zu verhüten, verschlingen sie die= selben in den Stricken. Die Säcke (Nudla) der Weiber sind, da die Weiber die Lastthiere der Männer abgeben, umfangreicher und werden, wenn sie sehr schwer sind, auf dem Rücken an einem Brustbande getragen.

Die Art, wie die Australier Bäume erklettern, ist durchaus eigenthümlich. Der Eingeborene gebraucht nämlich dazu eine Art Tau, aus einer wilden Rebe, oder aus anderen zähen Zweigen bestehend, von drei bis vier Meter Länge. Dasselbe wird um den Stamm geworfen und während er nun die beiden Enden fest in den Händen hält, geht er mit kurzen Schritten, sich gegen den Baum stemmend, hinauf, wenn der Stamm nämlich rauh genug ist, oder bereits die erforderlichen Einschnitte von einem früheren Kletterer gemacht worden sind. Fehlen diese Einschnitte, so macht sie sich der Wilde, indem er das eine Ende der Rebe, das zu diesem Zwecke mit einer Schleife versehen ist, zum Fuße her= unterführt, von dem er die große Zehe in die Schlinge steckt, und dadurch die Hand frei macht, mit welcher er das in einer Art Gürtel getragene Beil faßt und damit etwa 2 cm. tiefe Stufen einhaut, so weit er am Stamme hinauf= reichen kann. Man muß sicherlich gestehen, daß diese Art Bäume zu er= klimmen, eine außerordentliche Gewandtheit und Muskelkraft voraussetzt, denn minutenlang ruht das ganze Gewicht des Körpers auf der einen, in eine so schmale Stufe eingesetzten Zehe.

Die einzige Vertheidigungswaffe der Australier ist ein Schild von weichem Holze oder Rinde, ³/₅ bis 1¹/₁₀ m. lang und etwa ¹/₁₀ m. breit, roh geschnitzt und nur selten etwas bemalt. Alle übrigen Geräthe beschränken sich fast nur auf Netze zum Fisch= oder Vogelfang, aus Baumrinde oder einer Art Flachs gefertigt, und auf rohe Gefäße zum Tragen von Lebensmitteln und Wasser. Letztere werden aus Rinde oder Blättern gemacht, auch aus Gras geflochten.

Korrobori.

Die meistens sehr schlecht gebauten Kanoes bestehen aus nichts anderem, als aus einem einzigen Stück Baumrinde von 4 bis höchstens 5 m. Länge, dessen Enden zusammengezogen und gebunden werden, während der mittlere Theil durch einige Stücke Holz auseinander gehalten wird.

Ihre Kämpfe werden auf eigenthümliche Art geführt. Die beiden Parteien, vollständig nackt, stellen sich einander gegenüber, im zweiten Gliede die Weiber

(Lubras) und die beiden Entzweiten, deren Streitfrage ausgefochten werden
soll, treten vor, beschimpfen sich gegenseitig in ungemessensten Ausdrücken und
spucken sich schließlich einander an, bis Einer, aufs höchste gereizt, seinem Gegner
mit dem Waddy einen Schlag auf den Kopf versetzt, der diesen auf kurze Zeit
zu Boden streckt. Nachdem der Getroffene sich emporgerichtet, versetzt er dem
Gegner einen ebensolchen Schlag, und sobald dieser gefallen, stürzen die beiden
Parteien unter allgemeinen Gebrüll, namentlich der Weiber, auf einander los.
Wenn man nun denkt, von den Kämpfern müßten bei diesem wüthenden Zu=
sammentreffen nur wenige am Leben bleiben, so irrt man sich. Man hat dort
harte Köpfe und kann schon einen tüchtigen Schlag vertragen.

In ihren Tänzen, welche nur des Nachts ausgeführt werden, ahmen sie meist
die Bewegungen der Thiere nach, so haben sie z. B. einen Känguruhtanz, einen
Emutanz u. s. w. Der beliebteste Tanz ist der Korrobori, zu dem sich die Männer
mit Fett einreiben und phantastisch mit Thonerde und Ocker bemalen. Beim
Dunkelwerden zünden die Weiber ein mächtiges Feuer an, und setzen sich in
einiger Entfernung davon auf den Boden, fangen ein eintöniges Getrommel
auf einem über die Kniee ausgespannten Opossumfell an und singen dazu eine
eintönige Weise. Hierauf erscheinen die Tänzer mit Speeren und Fackeln,
d. h. flammenden Feuerbränden in den Händen, die Knöchel mit Bündeln von
Gummiblättern umwickelt, und beginnen mit grimmigen Geberden ihren Tanz,
der zuletzt in ein wildes Rennen und Jagen im Kreise oder in verschiedenen
Richtungen von= und ineinander ausartet, wobei sie phantastische Stellungen
ausführen, von Zeit zu Zeit ein wildes Geheul ausstoßen, die Speere gewaltig
aneinander schlagen und die Fackeln auf die Erde stoßen, daß die Funken weit
umher sprühen.

Die eigentliche Bedeutung dieser Tänze ist noch ganz unaufgehellt. Na=
mentlich muß dahingestellt bleiben, ob die darin unzweifelhaft vorhandene all=
gemeine Tradition einen religiösen Hintergrund hat; wenigstens ist sonst bei den
Australiern von einer Götteridee oder dergleichen nicht die geringste Spur zu
finden, man müßte denn den Glauben an Zauberei und an einen bösen Geist,
der in den dunkelsten Wäldern sein Wesen treibt, dahin rechnen.

Eben so wenig ist ein anderer weit verbreiteter, wenn auch nicht allgemeiner
Brauch aufgeklärt, der seine symbolische Bedeutung zu haben scheint, nämlich
das Ausschlagen einiger Vorderzähne. Dieser Operation müssen sich die Knaben
im siebenten oder achten, bei anderen Stämmen im elften oder zwölften Jahre
unterziehen, und es finden dabei viele Feierlichkeiten statt. Das Ganze wird
aber so heimlich veranstaltet, daß es den Weißen sehr selten, wenn jemals,
gelingt Zeuge zu sein.

Die ausgeschlagenen Zähne werden von der Mutter des Jünglings in
die Rinde eines jungen Gummibaumes, an einer Stelle, wo zwei Zweige
im Gipfel eine Gabel bilden, versteckt. Dieser Baum wird nur gewissen Per=
sonen des Stammes kenntlich gemacht, und der Jüngling erfährt durchaus

nichts davon. Im Falle nun die Person, welcher der Baum auf diese Art gewidmet ist, stirbt, wird vom Fuße die Rinde abgestreift, der Baum durch Feuer getödtet, und er bildet somit ein Denkmal für den Verstorbenen.

Das Familienleben ist nur nothdürftig ausgebildet, und in einzelnen Gegenden ist schon der Anfang der Ehe mit grauenhaften Roheiten verknüpft. Wenigstens geht immer noch die Sage, obschon dem von anderer Seite widersprochen wird, der Mann schlage das Mädchen, welches er zu seiner Frau nehmen will, mit der Keule nieder, und schleppe sie dann fort. Wie aber der Anfang auch sein mag, der Fortgang des Familienlebens ist nichts als eine einzige Kette von Grausamkeiten gegen die armen Geschöpfe von Weibern, welche nur die Sklaven und die Lastthiere ihrer Männer sind. Um die Kinder bekümmert sich zwar die Mutter in den ersten Jahren noch etwas, später hört aber jeder familienartige Zusammenhang auf, und zwar so vollständig, daß Eltern und Kinder ihr gegenseitiges Verhältniß entschieden vergessen. Indessen mag hierbei Folgendes berücksichtigt werden: einmal, daß die Australier sehr schnell wachsen und mit 10 bis 12 Jahren ausgewachsen sind, und zweitens, daß der Kreis der geistigen Entwickelung zu klein ist, als daß nicht ein halberwachsenes Kind so weit vorgeschritten sein könnte wie der Aelteste im Stamme. Sie zählen z. B. nicht weiter als bis Vier, alles andere ist Viel. Die Zeitrechnung wird bei vielen Stämmen nur „nach Schläfen" gemacht, so daß bei ihnen nicht einmal von Mondwechseln, noch viel weniger von Jahreszeiten die Rede ist.

Gewisse Eigenthümlichkeiten, die bei anderen Völkern nur der Kindheit angehören, werden bei den australischen Schwarzen, auch wenn sie erwachsen sind, nie abgelegt. Die Lust an kindischen Tändeleien und Spielen, an endlosen Possen hängt sicherlich mit der unbegrenzten Sorglosigkeit zusammen, mit der sie in der Gegenwart stehen, vollkommen unbekümmert um Alles, was außer derselben liegt. Vergangenheit und Zukunft sind Begriffe, welche die Australier nicht fassen können, welche für sie nicht existiren.

An die Eingeborenen Australiens schließen sich so unmittelbar die Aboriginer der benachbarten Insel Tasmanien an, daß das Gesagte um so mehr von ihnen gelten mag, als zur Stunde der letzte Tasmanier zu seinen Vätern heimgegangen ist.

Noch im Beginn unseres Jahrhunderts schätzte man die Zahl der Eingeborenen Tasmaniens auf 4000 bis 5000 Seelen. Ein halbes Jahrhundert hat genügt, sie gänzlich vom Erdboden zu verwischen. Nach verschiedenen Vernichtungskriegen der civilisirten und civilisirenden Europäer, unter Anführung ihrer Gouverneure Collins, Darey und Arthur, deren Namen die Geschichte aufbewahren sollte, brachte man in den Jahren 1835 bis 1845 die Tasmanier in einzelnen Scharen auf die benachbarte Flindersinsel.

Die Schwarzen aber, von Natur den Wanderzügen ergeben, konnten auf dem kleinen Eilande ihrem alten Hange nicht nachgehen. Sie haben dort ihr Grab gefunden und sind nun von der Erde verschwunden. Man fand sie als Wilde, sie lebten als solche und sind nun auch so gestorben.

Europa's „Civilisation" war es, die ihnen das Ende brachte; sie war auch hier, wie in so manchen anderen Gegenden der Erde, die wahre — Menschenfresserin.

Nicht viel besser sind die eingeborenen Australier daran, auch sie gehen mit Riesenschritten ihrem Untergange entgegen. Die zusammenwirkenden Ursachen sind sehr verschieden: der Branntwein und von Europäern mitgebrachte Krankheiten, wie die Pocken, haben dazu beigetragen; aber alle diese Ursachen können wol kaum größere Verheerungen unter den Söhnen der Wildniß Australiens als seiner Zeit unter den Indianern Amerika's angerichtet haben. In der That trägt in Australien ein ganz anderer Umstand die Schuld an dem Verschwinden der Rasse, nämlich der, daß die Ansiedelungen der Hirten große Räume Landes für die Herde in Beschlag nehmen, und ganze Stämme auf einmal ihrer Opossum- und Kängurureviere beraubt werden. Mit solcher Vertreibung der Wilden ist es aber nicht abgethan. Dadurch, daß ein Stamm von seinem Jagdgrunde vertrieben wird, geräth er in Feindschaft mit anderen Stämmen, in deren Gebiet er einzubrechen gezwungen wird, und so beginnt nun auch schon zwischen den verschiedenen Stämmen der Eingeborenen ein Vernichtungskrieg; der eingebrochene Stamm muß nicht nur für seinen Lebensunterhalt, sondern auch für sein Leben selbst kämpfen. Soviel Mühe sich auch die englische Regierung anscheinend giebt, sie zu kleiden und mit passender Nahrung zu versehen, um ihr Aussterben zu verhindern, so wird doch binnen kurzer Zeit auch hier der Ureinwohner ganz verschwunden sein. Gegenwärtig dürfte ganz Australien kaum 40,000 Ureinwohner zählen, von denen weitaus die meisten auf Queensland fallen.

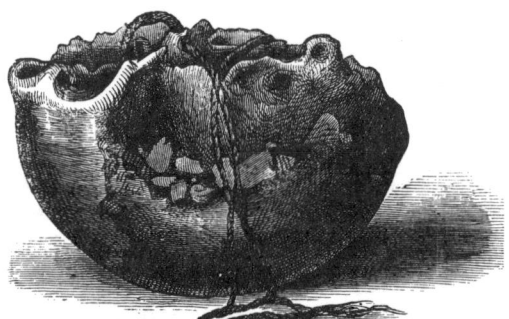

Trinkgefäß australischer Eingeborener aus einer Hirnschale.

Der Mensch vormals etc.   Leipzig: Verlag von Otto Spamer.

Papuanen von den Loyalitäts-Inseln.

Papua von Doreh.

IV.

Die Papuanen Neu-Guinea's und der benachbarten Inseln.

Rasseneigenthümlichkeiten. — Sage über die Herkunft der Papuanen. — Sitten. — Gebräuche. — Lebensweise. — Papuanen in verschiedenen Distrikten Neu-Guinea's. — Götzendienst. — Waffen rc.

Im Westen des Stillen Ozeans liegen eine Menge Inseln und Eiland-gruppen zerstreut, die wir bei einem Blick auf die Karte genau in sechs ver-schiedene Abtheilungen zerlegen können. In ihrer Richtung von Westen gegen Osten und später gegen Südosten ziehen sie sich kranzförmig um den austra-lischen Kontinent.

Vor allen lenkt sich unsere Aufmerksamkeit auf die zwischen dem Aequator und dem 10. Breitengrade liegende, von Australien durch die Torresstraße ge-trennte größere Insel Neu-Guinea mit dem Luisiaden-Archipel. Von da wenden wir uns nördlich zu den Palau-Inseln und dem Archipel von Neu-Britannien und den Admiralitätsinseln, treffen dann auf die Archipele der Salomonsinseln, der Königin-Charlotte-Inseln und der Neuen Hebriden und schließen mit der Insel Neukaledonien, nebst der Gruppe der Sozietätsinseln und mit den Fidschi-Inseln.

4*

Diese Eilande, welche zusammen einen Flächeninhalt von 18- bis 19,000 Quadratmeilen haben, und welche man mit dem Gesammtnamen Melanesien (d. h. Inseln der Schwarzen) bezeichnet, werden von den Papuas bewohnt, einem schönen, großen, gut gebauten, kräftigen Menschenschlage.

Dieser weitverzweigte Volksstamm, den man mit Rücksicht auf einige Aehnlichkeit mit den Afrikanern früher auch „Australneger" oder „Negritos" zu nennen pflegte, trägt zwei typische Merkmale an sich. Eine matte und stets rauh anzufühlende Haut ist nach George Windsor Earl „Native Races of the Indian Archipelago" ein stetes Kennzeichen des Papua. Eine weitere Eigenthümlichkeit besteht darin, daß das Haar in Büscheln von der Größe einer Erbse zu beträchtlicher Länge, bisweilen von 45 cm., wächst. Auf diesen Schmuck sind die Papuanen stolz und schneiden ihn selten ab. Damit das Haar nicht über die Augen herabfällt, behandeln sie es in mannichfacher Weise, gewöhnlich so, daß es rechtwinkelig vom Kopfe absteht; bisweilen drehen sie aus jedem Büschel ein Löckchen, dann aber auch krämpeln sie das ganze Haar mit einem vier- bis fünfzinkigen hölzernen Kamme in die Höhe, so daß es wie ein Besen emporsteht, und den Kopf ungeheuer groß erscheinen läßt. Selbst im Gesicht und auf der Brust wächst das Haar nur in Büscheln. — Von dieser Eigenthümlichkeit des Haarwuchses wird auch der Rassenname abgeleitet, da im Malayischen (pua pua) soviel als gekräuselt bedeutet.

Die Papuanen sind von sehr dunkelbrauner Hautfarbe, die aber, wie erwähnt, nicht die Glätte und den Glanz der Negerfarbe hat. Ihre Gesichtsbildung ist ziemlich gut, obwol die Nase an den Flügeln sehr breit und die Lippen aufgeworfen sind; doch ist die Nase nicht platt gedrückt, wie beim Neger, sondern fast bogig und soweit heruntergewachsen, daß, von vorn gesehen, die Spitze fast die Oberlippe erreicht.

Vom Malayen unterscheidet sich der Papua durch seinen fröhlichen Sinn; er ist fast ausgelassen, in seinem Betragen naiv und ungezwungen, voll von Neugierde, und trägt sein Inneres im Auge förmlich zur Schau. Der Papua findet großes Vergnügen an lärmendem Gesang und buntem, schillerndem Schmuck. Selbst Kinder und Frauen nehmen an der Unterhaltung Theil und erscheinen dem Fremden gegenüber durchaus nicht zurückhaltend. Die papuanische Sprachgruppe zeigt weit härtere Lautverbindungen als die malayische, und ihre einsilbigen Wörter endigen stets mit einem Konsonanten, was bei den malayischen nie oder selten der Fall ist. Der Malaye dagegen ist ernst, würdevoll, in seinem Betragen gemessen, verräth wenig Neugierde und versteht es, die Regungen seines Gemüths zur rechten Zeit zu unterdrücken. Er ist sehr rachsüchtig und wird leicht zum Fanatiker.

Während der Australier fast theilnahmlos Allem zusieht und nach Befriedigung seines Hungers dumpf dahinstarrt, denkt der Papua bereits an Verschönerung seines Daseins. Er nimmt Antheil an dem, was um ihn her vorgeht, besonders an seinen Nebenmenschen; er ergötzt sich durch Anhören von

Gesängen, welche von einer Person vorgetragen und von den Zuhörern zeit=
weilig mit einem eigenthümlichen Brummen begleitet werden. Der Papua ist
ein leidenschaftlicher Raucher und wendet dem Rauchwerkzeuge nicht geringe
Aufmerksamkeit zu.

Mit den Australiern und Tasmaniern scheinen die Papuanen Reste einer
uralten Menschenfamilie zu sein, welche einst weit größere Territorien bevölkerte,
aber aus diesen durch höher entwickelte, begabtere Völker mehr und mehr ver=
drängt wurde und noch verdrängt wird. So sind die Papuas früher sicherlich
auf fast allen Inseln des Indischen Archipels heimisch gewesen, sind aber von
den Malayen immer mehr zurückgedrängt oder zum Theil gar vernichtet worden.

Es ist eine von Forschern gemachte Beobachtung, daß auf Kontinenten
oder größeren Inseln eine Vermischung verschiedener Rassen niemals eintritt;
so groß ist die Abneigung, welche den civilisirten Stamm von dem auf niedriger
Stufe stehenden trennt. Ein Beweis dafür sind die Hottentotten in Südafrika,
die Neger gegenüber den Weißen auf dem Kontinente, endlich auch die Malayen
gegenüber den Papuas auf den großen Inseln des Indischen Archipels.

Außer den Malayen haben sich noch Polynesier unter die ältere Bevölke=
rung jener oben genannten Gruppen gedrängt, und besonders auf Sprache,
Sitten, viel weniger aber auf die körperlichen Kennzeichen gewirkt, so daß die
Bewohner der Palau= und Fidschigruppe noch unbedenklich zu der papuanischen
Rasse gezählt werden können. Auf den Karolinen und Marianen hat sich eben=
falls polynesisches und papuanisches Blut gekreuzt, aber das erstere überwiegt,
so daß jene sogenannten Mikronesier als Mischvölker richtiger in die nächste
Völkergruppe gestellt werden.

Um solcher Mischverhältnisse wegen eine richtige ethnographische Schilde=
rung des Papua zu liefern, müssen wir ihn da beobachten, wo er im freien Be=
sitze des Landes und aller jener Hülfsmittel, deren der Mensch zu seiner Ent=
wickelung bedarf, sich befindet, und wo seine Sitten sich am ursprünglichsten
erhalten haben mögen. Dies scheint nur auf Neu=Guinea der Fall zu sein.

Die Sage der Papua über ihre Herkunft ist höchst romantisch. Es heißt:
„In der ältesten Zeit lebte auf Biak, einer der Myforischen Inseln, Mangundi,
der auch wol Mansaridscha oder Manamakrie genannt wird, welches alles Beides
„alter Mann" bezeichnet. Dieser siedelte, da er sich zu einsam fühlte, nach
Meiokowondi, einer der im Nordosten von der Großen Geelvinksbai gelegenen
Verräther=Inseln, über und legte hier einen Garten an, in dem er Palmen=
bäume pflanzte, aus deren Saft er den jetzt noch überall gebräuchlichen Sago=
wein bereitete. Der Saft wird gewonnen, indem man ein Loch in die Rinde
bohrt und das dann reichlich fließende Naß in einer untergehängten Flasche oder
einem ausgehöhlten Bambus auffängt. Auch Mangundi verfuhr auf gleiche
Weise, bis ihm nach einiger Zeit einige Nächte hinter einander die Bambus=
büchsen regelmäßig entwendet wurden. Da ihn dies verdroß und er von den
Dieben keine Spur entdecken konnte, legte sich der Alte auf die Lauer und brachte

eine Nacht auf dem Baume zu. Dies hatte den erwünschten Erfolg, denn plötzlich, beim Anbruch des Tages, erschien Sampari, der Morgenstern, um den gefüllten Behälter wegzunehmen; kaum hatte er aber die Hand ausgestreckt, als
er sich mit eiserner Faust von dem Alten erfaßt fühlte und sich, trotz aller Anstrengung, nicht befreien konnte. Sampari begann daher zu unterhandeln, und
obwol viele seiner Vorschläge nicht die gewünschte Wirkung hatten, gefiel doch
der, einen Marisbon zu erhalten, dem Alten ausnehmend. Dieser Talisman
sollte unter Anderem die Zauberkraft besitzen, eine Jungfrau, deren Busen damit berührt würde, sofort zur Mutter zu machen. Kaum hatte daher Mangundi den Marisbon in den Händen, als er sogleich Experimente mit demselben
vorzunehmen beschloß. Er bestieg deshalb wieder seinen Palmbaum und warf
einem der unten arglos vorbeiwandelnden Mädchen, dem schönsten von ganz
Meiokowondi, seinen Zauberstab auf den Busen. Infolge dieser Berührung
wurde denn das unschuldige Kind, das sich keines Fehltritts bewußt war, zu
seiner größten Bestürzung alsbald Mutter und schenkte einem Sohne, Konori,
das Leben. Dieser bewies seine wunderbare Abkunft, indem er Mangundi seiner
Mutter als Vater nannte, worauf sich dieser mit derselben ehelich verband. Da
man den Neuvermählten aber allerlei Unannehmlichkeiten bereitete, so beschlossen
sie auszuwandern; der Alte machte deshalb in den Sand die Zeichnung einer
Praue (Boot), die er mit seinem Zauberstabe alsbald in eine wirkliche verwandelte. Mit dieser segelten sie nach Masoz, und hier verrichtete Mangundi
ein anderes Wunder, indem er aus vier in die Erde gesteckten Hölzchen vier
Häuser erschuf, aus denen später vier Kampongs entstanden. Nachdem Mangundi noch lange Jahre der glückliche Stammvater einer zahlreichen Nachkommenschaft geworden war, ging er nach Mesra (einer Insel etwas nördlich
von Masor), um sich hier lebend zu verbrennen."

Die Papuanen an der im Südwesten der Insel belegenen Mariana-(oder
Durga)straße sind die rohesten und wildesten Stämme in Neu-Guinea. Sie leben
ohne ein Oberhaupt lediglich von Jagd und Fischfang; ob man sie aber als
Menschenfresser bezeichnen kann, wie manche Reisende thun, dürfte zu bezweifeln sein.

Sie sind nur von mittlerer Größe und leichtem Körperbau, aber von
höchst unangenehmem Aeußern. Dazu tragen namentlich die aufgeworfenen
Lippen und die Nase mit den weitgeöffneten Nasenlöchern bei, während das
blitzende schwarze Auge eine gewisse thierische Gier verräth.

Ihr tiefschwarzes Haar tragen sie verschiedentlich. Die Meisten flechten
es in eine Menge Zöpfe, die auf die Schultern herabfallen; Andere machen nur
zwei Zöpfe; manche sieht man auch mit einem besonderen Kopfputz von Binsen,
deren Enden fest mit den Haaren zusammengeflochten werden. Die Weiber
sind noch weit häßlicher als die Männer und überdies kleiner und schmäch-
tiger gebaut.

An Bekleidung ist bei den Männern nicht zu denken, dagegen tragen sie
mancherlei Schmuck. Gewöhnlich haben sie einen Gürtel, der, aus Blättern oder

Binsen geflochten, etwa 12 cm. breit und so lang ist, daß, wenn er hinten zu=
gebunden wird, die Enden ungefähr 30 cm. lang herabhängen. Manche ver=
zieren den Gürtel mit einer großen Muschel, die genau in der Mitte angebracht
ist. Ohrringe aus geflochtenem Rotang sowie Arm und Halsbänder aus dem=
selben Stoff werden männiglich getragen. Einige hatten ein ganz eigenthüm=
liches Armband, das 5—8 cm. breit war. Es war aus Rotang geflochten
und so fest an den Arm gelegt, daß der Eingeborene, wenn er es behufs Ver=
kaufs ablegen wollte, den Arm mit Koth beschmieren und es von einem Andern
herunterziehen lassen mußte. Die Weiber tragen nichts weiter als einen kleinen
dreieckigen Lendenschurz.

Diese Küstenbewohner wissen ihre Prauen (Segelboote) vortrefflich zu
handhaben und rudern mit außerordentlicher Geschicklichkeit und Kraft. Sie
pflegen beim Rudern zu stehen und geben als Grund dieser Sitte an, daß sie
dabei besser, als beim Sitzen, die Schildkröten sehen und beobachten können,
wenn diese untertauchen, nachdem sie verwundet worden.

Ihre Hütten bestehen in der Regel nur aus eingerammten Aesten, über
die ein Dach aus Baumrinde gelegt ist, und sind so niedrig, daß ein Mensch
nur gebückt darunter sitzen kann.

Wendet man sich von der Marianastraße nordwärts, so kommt man an
den Utanatafluß, der einer der beträchtlichsten der Südwestküste von Neu=
Guinea ist; doch ist er für größere Schiffe unfahrbar, weil eine große Sand=
barre das Einlaufen hindert.

An der Mündung des Utanata wohnt ein Stamm, der sich von dem
eben beschriebenen sehr unterscheidet. Es ist ein schönerer, größerer Menschen=
schlag als der an der Marianastraße. Ihre Farbe ist ein tiefes Dunkelbraun
mit einem bläulichen Anflug, wahrscheinlich weil sie sich mit einer aromatischen
Substanz einreiben, die einen angenehmen Geruch verbreitet. Der oben er=
wähnte Reisende Earl glaubt, daß dieser wohlriechende Stoff die Rinde eines
Baumes ist, den man Rosamala nennt. Der bläuliche Anflug findet sich nie
bei Papuasklaven, und dieser Umstand spricht für jene Vermuthung.

Ihr Mund ist breit, die Lippen sind wulstig, die Augen klein; ihr Gesicht
drückt im Allgemeinen Falschheit und List aus. Die vorherrschende Sitte, die
Zähne spitz zu feilen, trägt zu ihrer Verschönerung eben so wenig bei als die
Gewohnheit, das Nasenbein zu durchbohren und ein Stück weißen Knochens,
den Hauer eines Ebers oder sonstigen Schmuck darin zu tragen.

Das Haar wird in sechs bis neun Streifen geflochten, die von der Stirn aus
parallel mit einander nach dem Rücken laufen. Die Weiber beschmieren das Haar,
das sie in natürlicher Länge wachsen lassen, bisweilen mit Schlamm, Sand u. s. w.

Auch die Utanaten gehen fast ohne alle Bekleidung, legen dagegen um so
größeren Werth auf Armbänder, Knöchelspangen und sonstigen Schmuck.

Vielweiberei ist bei den Utanaten gebräuchlich; es nimmt Einer eben so
viel Weiber, als er ernähren kann. Besondere Feierlichkeiten kommen dabei nicht

vor, wie denn auch die Utanaten keine religiösen Begriffe haben. Doch legen sie bei Versprechungen eine Art von Eid ab, indem sie sich die Haut ritzen, so daß Blut herausfließt, und dieses Blut dann mit Seewasser vermischt trinken.

Die Utanaten sind, wie die Neger in Afrika, Freunde lärmender Musik. Zu diesem Behufe bedienen sie sich der Tifa, eines trommelartigen Instrumentes. Es fehlt ihnen aber auch nicht an Gesängen, welche stets Einer mit näselnder Stimme vorträgt, während die Andern von Zeit zu Zeit mit einem Gebrumm einfallen; den Schluß bildet ein gellender Schrei, der refrainartig von Allen zugleich wiederholt wird.

Im Hausbau sind sie ihren Landsleuten an der Marianastraße überlegen; wenigstens traf man ein Haus an, das mindestens 34 m. lang, aber nur 2 m. breit und gar nur 1,6 m. hoch war, so daß ein Mann nicht aufrecht darin stehen konnte. In das Haus führten 19 Thüren, jede zu einer besondern Abtheilung im Innern, die für eine einzelne Familie bestimmt zu sein schien. Neben den Thüren befand sich je eine Feuerstätte. Der Fußboden war mit Sand bedeckt und die Bewohner saßen auf Matten. Ueber das Dach war ein Fischernetz gebreitet, um in der Sonne zu trocknen, während eine Anzahl Waffen unter dem Dache hingen.

In diesen räucherigen Löchern, in denen es der Europäer nicht aushalten würde, liegen Alt und Jung, Mann und Weib bunt durch einander. Mit der Zubereitung des Essens machen sie keine großen Umstände; Fische oder Krabben werden nur ein wenig in die glühende Asche geworfen, selbst größere Thiere mit sammt den Eingeweiden nur etwas über dem Feuer geröstet. Aber Alles wird mit großem Appetit verzehrt. Töpfe und sonstiges Hausgeräth kennen sie nicht. Beim Schlafen legen sie den Kopf auf einige Blätter. Rauchen ist der liebste Zeitvertreib der Männer.

An Waffen besitzen die Utanaten Bogen und Pfeile, Speere und Keulen, die aus Bambusrohr oder aus Palmen- oder Kasuarinenholz gemacht werden. Aus einem scharfen Kieselsteine machen sie eine Art Beil, das sie mit Stricken an einem Stiele befestigen. Mit diesem einfachen Werkzeuge verrichten sie alle Art Zimmerarbeit. Die Keulen sind 90—125 cm. lang; ihr Stiel ist rund und das breitere Ende entweder mehreckig oder glatt, oft auch mit rohen menschlichen Bildern verziert oder mit spitzigen Steinen besetzt. Die Bogen sind 157 cm. lang und mit einer Sehne von Bambus oder von Rotang versehen. Die Pfeile sind etwa 126 cm. lang und aus Rohr oder Schilf gemacht; oben ist ein Stück hartes Holz befestigt. Gewöhnlich wird das Holz in eine scharfe Spitze geschabt und im Feuer gehärtet. Die besseren Pfeile versieht man mit Widerhaken und mit einer Knochenspitze. Man verwendet dazu gewöhnlich die Zähne des Sägefisches, bisweilen jedoch auch die Krallen des Känguruh. Vergiftet sind dieselben niemals.

Den Utanaten ähneln die Bewohner des Distriktes Aiduma. Derselbe erstreckt sich nordwestlich vom Utanatafluß vom Kap Buru bis zur Hälfte

der Tritonsbai. Auf der Stirn zwiſchen den Augenbrauen brennen die hier
hauſenden Papuanen einen kleinen Fleck ein; das Naſenbein durchbohren ſie
ebenfalls und ſchmücken es mit einer Feder.

Außer Sago dienen den Eingeborenen hauptſächlich Fiſche, größere Vögel
und Säugethiere zur Nahrung. Letztere, namentlich die wilden Schweine, ſuchen
ſie mit Hülfe kleiner, ſehr ſcheuer Hunde zu jagen.

Auffälliger Weiſe findet man in ihren Hütten eine Art Stöcke aus hartem
Holz, die faſt 1½ m. lang, etwa 2½ cm. dick ſind und in ein mit Halbringen und
anderem Schnitzwerk ausgeſtattetes, ſtumpfes viereckiges Ende auslaufen. Mit
dieſen Stöcken bearbeiten ſie bei ihren Feſten einander den Rücken; aber wenn
es auch derbe Schläge ſetzt, ſo iſt das doch kein Grund zu ernſtem Streit.

Papuanen von der Tritonsbai.

Vom Diſtrikte Aiduma nordweſtlich zieht ſich der Diſtrikt Namatotte bis
in die Kamroabai. Die Tritonsbai iſt ein ruhiges Waſſerbecken mit gutem
Ankergrund. Die Bewohner letztgenannter Küſtenſtrecken ſind weniger kräftig
gebaut als die bisher beſchriebenen und ſind kaum mittlerer Größe. Das Durch=
bohren des Naſenbeins und das Feilen der Zähne kommt bei ihnen nicht vor.

Ihre Hütten ſind beſſer als am Utanata und ſtehen meiſt auf Pfählen;
doch wohnen auch viele Familien auf ihren Segelprauen. Dieſe Fahrzeuge,
welche ſie von den Cerameſen eintauschen, haben einen trogförmig ausgehöhlten
Kiel, auf dem in ſchiefer Richtung mittels hölzerner Keile zwei bis drei dünne
Breter befeſtigt ſind, die den Bord bilden. Einige führen zwei Maſte mit

einem großen, viereckigen Segel aus Mattenwerk. Eine kleine Hütte, die aus Palmenblättern hergestellt wird, dient zum Aufenthalte der Familie, und ein hölzerner, mit Sand gefüllter Trog als Feuerstätte. Die kleinen Boote, die sie selbst aus hohlen Baumstämmen machen, fassen nur zwei bis drei Mann.

Auf ihren Fahrzeugen betreiben sie den Fischfang; sie locken dabei die Fische Nachts mit Fackeln herbei und erlegen sie mit Speeren oder Pfeilen. Sie beschäftigen sich außerdem mit dem Fange der Karettschildkröten, mit Aufsuchen des Trepangs und mit Perlenfischerei; auch machen sie Jagd auf die Paradies= vögel, die sie mittels mit Harz bestrichener Ruthen fangen, und auf die schönen Kronentauben, denen sie Schlingen legen. Etwas Landbau betreiben sie eben= falls; sie ziehen Bataten (Convolvulus batatus), Bananen, Zuckerrohr, Yams= wurzeln, spanischen Pfeffer, Katjang (Dolichos), Mais und Sirie (Piper betle), da auch hier viel Betel gekaut wird.

Die Waffen dieses Stammes sind die gewöhnlichen, doch haben sie von den Ceramesen auch einige Feuergewehre eingetauscht. Von letzterem Stamme sind sie auch äußerlich zum Mohammedanismus bekehrt worden; sie halten sich aber an denselben blos insofern, als sie kein Schweinefleisch essen. So dürfen sie in gewissen Flüssen nicht baden, dort kein Holz fällen u. s. w. Die Todten bestatten sie zwar nach mohammedanischer Weise, graben aber die Gebeine nach Jahres= frist wieder aus und setzen sie in einer Felsenhöhle bei. Das giebt Anlaß zu einem achttägigen Feste, bei welchem wacker gezecht und furchtbar gelärmt wird.

Die Küsten vom Kap Buru an bis über die Bucht von Kaimani hinauf sind sehr gebirgig, aber ziemlich dicht bevölkert. Ueber diese Bergvölker, die man Wuka nennt, hat man noch keine genauere Kunde. Sie sind natürlich kräftiger und stärker gebaut, auch roher und in ihren Sitten einfacher als die Thalbewohner. Ihre einzige Kleidung besteht aus einem Gurt aus Baumbast, der zwischen den Beinen durchgesteckt und hinten befestigt wird. Außer Bast= ringen um Hals und Arme tragen sie keinen Zierrath. Fast immer erscheinen sie bewaffnet mit Bogen und Pfeil. Jagd ist ihre Hauptbeschäftigung; insbesondere legen sie sich auf den Fang der Paradiesvögel, deren Häute sie nebst Masoirinde an die Strandbewohner vertauschen. Zuweilen opfern sie der Sonne, indem sie etwas Eßbares in die Höhe halten, es der Sonne anbieten und wegwerfen. Sie schwören auch bei der Sonne oder bei einem hohen Berge. Hat ein Jüngling sein Auge auf ein Mädchen geworfen, so macht er ihr bei passender Gelegenheit einen Antrag und bespricht, wenn er Gehör gefunden, mit ihr zugleich den Tag der Flucht. Bis dahin läßt er sich nichts merken, arbeitet vielmehr unverdrossen an der An= lage eines Gartens. Am festgesetzten Tage entflieht das Pärchen in die Wälder. Das hat jedoch keine weitern Folgen, als daß die Angehörigen den Flüchtlingen nachsetzen und, wenn sie dieselben aufgestöbert haben, den Brautschatz feststellen. Darauf folgt die eigentliche Trauung, die darin besteht, daß sich die Verlobten gegenseitig an der Stirn eine kleine Wunde beibringen, so daß Blut fließt; dasselbe thun dann auch die Verwandten zum Zeichen der innigsten Verbindung.

Vormals hielt man verschiedene Stämme, die man Haraforen, Alfu=
ren und Alfoërs nennt, für einen besonderen Menschenschlag; es ist jedoch
neuerdings festgestellt worden, daß die Küstenbewohner allgemein das Wort
„Alfur" oder „Alfoër" auf die Bewohner des Innern, insbesondere auf die
Bergbewohner, anwenden. Diese Stämme waren früher sehr verrufen, als seien
sie höchst abstoßend und wild, als hielten sie sich in den dichtesten Wäldern auf
und mordeten jeden Fremden, der ihnen in den Weg komme. In diesen schlechten
Ruf sind sie durch die Küstenbewohner gekommen, die nicht wünschen, daß
fremde Handelsleute mit jenen in Berührung kommen; denn sie selbst tauschen
von den Händlern Waffen, Geräthschaften und Schmucksachen ein, um sie dann
mit ungeheurem Gewinn an die Stämme im Innern, die hier einfach Alfuren
genannt werden mögen, abzusetzen, und in diesem Geschäft wollen sie sich nicht
durch unmittelbaren Verkehr der Händler mit den Alfuren stören lassen. Neuere
Entdeckungen haben die Berichte der Küstenbewohner vollständig Lügen gestraft.
Die Alfuren haben keine eigentliche Regierung: ihre Streitigkeiten werden
durch die Aeltesten entschieden; aber sie sind rechtschaffene Leute und haben
ganz besondere Achtung vor dem Eigenthum; ja, sie gehen hierin so weit, daß
Jemand, der das Haus eines Abwesenden betritt, zur Verantwortung gezogen
wird und eine Buße zahlen muß.

Ihre Leichenfeierlichkeit ist eigenthümlich. Alle Anverwandten eines Ab=
geschiedenen erhalten, auch wenn sie noch so entfernt wohnen, vom Ableben
alsbald Nachricht. Um den Leichnam bis zu ihrem Zusammenkommen vor
Verwesung zu schützen, besprengen sie ihn mit Kalkwasser und zünden wohl=
riechendes Harz an, um dem Leichengeruch entgegen zu wirken. Kommen die
Verwandten, so geht es ans Zechen, und zwar genoß man, ehe die Händler
Arak schafften, ein durch Gährung von Früchten gewonnenes Getränk. Sie
geben dem Todten von Allem Etwas, stecken ihm auch ein wenig Speise in den
Mund und flößen ihm Etwas von ihrem Getränk ein. Inzwischen stoßen die
Weiber ein lautes Klaggeschrei aus; man trommelt auf Tifas, und dieser ent=
setzliche Lärm dauert während der ganzen Leichenfeier.

Sind alle Verwandten beisammen, so trägt man den Leichnam auf einer
Bahre vor das Haus und lehnt ihn in sitzender Lage an einen Pfahl. Nun
versammeln sich die Dorfbewohner zu einem allgemeinen Fest und bieten dem
Todten alles Mögliche an. Will er trotz allen Nöthigungen weder essen noch
trinken, so schafft man ihn in den Wald, wo man ihn auf ein über 1 m. hohes
Gestell legt. Die Weiber beschließen dann die Feier damit, daß sie sich ganz
entkleiden und neben das Gestell einen jungen Schößling pflanzen, zum Zeichen,
daß der Todte sich des Leibes entäußert hat.

Spaßhaft für einen Fremden ist ihre Art zu grüßen. Wenn sie Jemand
begrüßen wollen, so kneipen sie sich mit der rechten Hand die Nasenspitze, wäh=
rend sie sich mit der linken in der Mitte des Bauches kneipen und dabei das
Wort „Nagafuka" aussprechen.

Die Papuanen von Doreh, mit denen wir uns nun beschäftigen wollen, sind wie zu Seeleuten geschaffen, und ausgezeichnete Fischer. Sie haben verschie= dene Arten Kanoes. Das gewöhnlichste Kanoe, „Katanwrae" genannt, ist mehr Floß als Boot. Es besteht aus drei mit einander verbundenen Planken. Der Schiffer sitzt oder kniet vielmehr etwas nach hinten zu und bewegt das Fahrzeug mit großer Schnelligkeit. Die größeren Kanoes, oft 7—8 m. lang, aber kaum mehr als 40 cm. breit, welche 10—12 Menschen nebst Ladung fassen, bestehen aus drei großen Klötzen, die neben einander liegen und unter einander fest verschlungen sind. Sie haben weder Bug noch Steuer, dagegen ist der mittlere Klotz länger und ragt an beiden Enden über die anderen Klötze hinaus, ist auch in der Regel mit Schnitzwerk und Farben verziert. Freilich spült die See flott über das Schiffchen hin; darum errichten die Eingeborenen in der Mitte eine Art Gestell, auf welches sie die Güter legen, die durch die Nässe leiden würden. Solche Boote sind auch mit Seitenausliegern versehen, einer Reihe von Pfählen, die vom oberen Theile des Kanoes auf beiden Seiten in horizontaler Richtung hervorragen, und am äußeren Ende an Stangen ein Trittbret tragen, das ins Wasser herabreicht. Bei günstigem Winde benutzt man ein Segel, das aus ineinander verflochtenen Palmblättern besteht.

Man findet auch hier, wie anderwärts in Neu=Guinea, unter den Ein= geborenen große Vorliebe für Schweine; sie sind die Lieblinge der Frauen und Mädchen. Manches junge Mädchen, das sich behaglich im Freien ergeht, hält in den Armen zärtlich ein junges Schwein, liebkost es und schwatzt mit ihm, wie es in Europa die Mädchen mit ihren Puppen oder mit Schoßhündchen machen. Diese Schweine sind langbeinige, schwarzhäutige, starrborstige Thiere, die mit unseren Begriffen von Sauform durchaus nicht übereinstimmen.

In der Baukunst ist man hier weiter als an der Marianastraße. Die Hütten stehen auf Pfählen, deren jeder etwa 1⅓ m. vom Boden aufwärts durch eine breite hölzerne Scheibe geht und so einen wirksamen Schutz gegen Ratten und Schlangen bildet, die sonst von der Wohnung Besitz ergreifen würden. Die Pfähle sind ungefähr 1⅔ m. vom Grunde aufwärts durch Balken verbunden, auf welche das Dielenwerk gelegt wird. Man befestigt zunächst über die Balken eine Reihe Stangen neben einander und legt dann kreuzweise darüber andere, schwächere Stangen; auf diese Weise stellt man ein Lager her, auf welchem die Dielen, Planken, die man dem Kokosnußbaume entnimmt, gelegt werden können. Die Grundpfähle sind etwa 3 m. lang und oben durch horizontale Stangen verbunden, auf denen ein zweiter Boden angebracht ist, auf welchem man Waffen, Geräthschaften, Lebensmittel und was man sonst im untern Stock nicht unterbringen kann, aufbewahrt.

In das Haus gelangt man durch ein viereckiges Loch im Boden, und die Stiege, auf welcher die Eingeborenen in ihre Hütten steigen, ist eben so einfach als zweckmäßig. Natürlich muß die Stiege so eingerichtet werden, daß, wäh= rend menschliche Wesen leicht Zutritt zum Hause erlangen können, Ratten und

Schlangen ausgeschlossen werden. Dem entsprechend verfährt der Eingeborene. Unter dem Loch des Bodens schlägt er zwei derbe Pfähle so ein, daß sie ungefähr 1 m. über den Erdboden emporragen. Diese Pfähle laufen oben in eine Gabel aus, und in diese wird eine Querstange gelegt und fest angeschnürt. Auf diese Stange legt man dann schräg einen Balken nach dem Erdboden, so daß dieser eine schiefe Ebene bildet, auf welcher die Hüttenbewohner gehen können. Wandelt also Jemand den Balken hinauf, so geht er auf der Querstange in gebückter Stellung bis an die Luke und kriecht durch diese auf den Boden.

Papuamädchen mit ihrem Lieblingsschweinchen.

Die Wände und der Dachstuhl der Hütte bestehen aus leichten Sparren, die durch Latten verbunden werden, auf denen man das aus gewöhnlichem Grase bestehende und mit Kokosnußblättern belegte Dach anbringt. Ist die Hütte groß, so hat sie an beiden Giebelseiten und in der Mitte je eine Thür, die durch geflochtene Matten geschlossen wird. Bisweilen, namentlich an der Nedscarbai, bestehen aber die Hütten wie Zelte nur aus zwei Wänden, die oben spitz zusammenlaufen, so daß sich Dach und Wand gar nicht unterscheiden lassen.

Die Bewohner dieses Küstenstriches haben eigenthümliche Pfeile, die in eine Art spitzer Schaufeln auslaufen. Aehnliche, aber nur größere Schaufeln oder Kellen aus Bambus benutzen sie als Messer und schärfen sie einfach dadurch, daß sie am Rande Holzstücke abbeißen.

Die Dorehſen ſind leibliche Schmiede und haben insbeſondere ſehr natur=
wüchſige Blaſebälge. Sie nehmen ein paar weite, etwa 1¹/₃ m. lange Bambus=
rohre, ſtecken ſie mit dem unteren Ende in den Boden und verbinden die unteren
durch Züge mit dem Loch, an welchem ſie oben das Feuer anmachen. Die Pump=
ſtangen machen ſie aus Bambus und befeſtigen Federbüſchel daran. Dieſe
Stangen gehen nun in den Rohren auf und nieder und bringen einen ausrei=
chenden Luftzug hervor. Als Ambos benutzen ſie in der Regel einen Stein.
Ihre Hütten bauen ſie auf Pfählen an der Seeküſte. Den Bau beginnen ſie
mit einer Brücke, die weit in die See hinein geht und die Verbindung des Hauſes
mit dem Ufer herſtellt. Am Ende dieſer Brücke befindet ſich die Hütte, deren
Wände aus Bretern oder Baumrinde und deren Dach aus den Blättern der
Sagopalme gemacht iſt. In der Mitte läuft ein breiter Gang hin, der zu bei=
den Seiten Räumlichkeiten hat, die von einander durch Matten abgeſchieden ſind.
An dem Ende nach der See zu iſt keine Wand, ſondern nur ein Dach in Geſtalt
einer Veranda, woſelbſt ſich die Einwohner oft aufhalten. Ein ſolches Haus iſt
etwa 22 m. lang, 8 m. breit und 5 m. hoch und beherbergt etwa zwanzig Männer
mit ihren Familien, zuſammen gegen fünfzig Köpfe. Jede Familie kocht in ihrem
eigenen Raume. Obwol nicht gerade kriegeriſch, gehen ſie doch immer bewaffnet.
Ihre Waffen beſtehen in Pfeil und Bogen, Lanzen, Schilden und einer Art
großer krummer Meſſer, Klewang genannt. Am linken Handgelenk tragen ſie
ein ſehr dickes, ſtarkes Armband, das aus Rotang geflochten iſt und gegen das
Zurückſchnellen der Bogenſehne ſchützt. Ihre Pfeile bringen mittels ihrer vielen
künſtlich eingeſchnittenen Widerhaken ſehr gefährliche Wunden bei. Dieſe Waffen
verfertigen ſie jedoch nicht ſelbſt, ſondern tauſchen ſie ein.

Der Hauptzweck ihrer Kriege iſt der Fang von Sklaven, die auf 50 Mark
per Kopf geſchätzt werden. Zu dieſem Behufe überfallen ſie ein Dorf und
ſchleppen die Bewohner in die Knechtſchaft; doch behandeln ſie ihre Gefange=
nen gut und ſehen ſie theils als Hausgeſinde, theils als ein ſtets verwend=
bares Kapital, wol auch als ein Tauſchmittel an, wenn etwa einer ihrer Freunde
von feindlichen Männern gefangen genommen werden ſollte.

Die Regierung der Dorehſtämme iſt dem Namen nach einem Häuptling
übertragen, iſt aber in der That oligarchiſch. Der Sultan der Molukkeninſel
Tidore nimmt die Oberherrſchaft über dieſes Gebiet in Anſpruch und ernennt den
Häuptling. Stirbt dieſer, ſo überbringt einer der Verwandten dem Sultan die
Nachricht und überreicht ihm zum Zeichen ſeiner Unterthänigkeit Geſchenke an
Sklaven und Paradiesvögeln. Dieſer Mann wird faſt immer für die erledigte
Stelle ernannt, hat aber einen gewiſſen Tribut in Sklaven, Lebensmitteln und
Kriegskanoes zu entrichten. Sollte er dieſe Bedingung nicht erfüllen, ſo wird
ſein Dorf von der Flotte des Sultans angegriffen und der ganze Bezirk ge=
brandſchatzt. Seine Amtsgewalt iſt ſehr unbedeutend, indem er nur gering=
fügige Sachen entſcheidet; wichtige Fälle kommen vor den Rath der Alten, die
nach dem Grundſatz „Auge um Auge" richten.

Die Weiber sind hier in der That die Lastthiere ihrer Männer. Sie ver=
fertigen nicht nur das Bischen Hausgeräth, das nur aus einigen geflochtenen
Körben, Säcken und Matten besteht, sondern sie müssen auch das Land bestellen
und die Männer auf Jagd und Fischfang begleiten. Daher kommt es wol
auch, daß eine Dorehanerin selten mehr als zwei Kinder am Leben läßt, indem
sie die übrigen schon im Keime erstickt.

Die Ehen werden auf sehr einfache Art geschlossen. Braut und Bräutigam
sitzen vor einem Götzenbild Korwar einander gegenüber, und die Braut giebt
dem Bräutigam Betelblätter und Tabak. Die Annahme des Geschenkes und das
Erfassen der Hand der Geberin durch den Bräutigam bilden die ganze Ceremonie.

Der Korwar, ein Hausgötze, den man fast in jedem Hause findet, ist eine
etwa 10 cm. hohe hölzerne Figur, mit großem Kopfe und langer Nase, den der
Dorehse in jeder Angelegenheit befragt. Sie verehren außerdem einen guten
Geist Narvojé und einen bösen Manuwel. Sie bringen aber nur dem guten
Geiste Opfer.

Die Bewohner von Doreh rauchen gern und tauschen den Tabak von den
Bergvölkern ein. Ihre Sitten sind weniger barbarisch, als man erwarten
sollte; sie haben sogar manche lobenswerthe Eigenschaft. Diebstahl halten sie
für das schwerste Verbrechen.

Sie lieben Gesang und Musik und singen wol auch ein Liedchen aus dem
Stegreif. Ihre musikalischen Instrumente bestehen in einer walzenförmigen
Trommel, einer Tritonsmuschel, die als Trompete dient, und einer pandeanischen
Pfeife von sechs bis sieben, fest aneinander gebundenen Rohren von verschie=
dener Länge; sie bedienen sich auch einer $^3/_4$ m. langen Bambusröhre zum Blasen.

Mit diesen Instrumenten wird bei ihren sonderbaren Tänzen aufgespielt.
Sie springen dabei in raschen Sätzen vorwärts und rückwärts, schlagen dazu
Takt und begleiten sich mit Gesang. Ihre Haltung bei diesen Tänzen ist eigen=
thümlich: der Rücken steif, das Kinn vorgestreckt, die Kniee in kauernder Lage,
die Arme vorgehalten. Bisweilen tanzt Einer vor. Der Vortänzer hat in der
einen Hand einen großen hölzernen Schild, in der anderen eine Waffe, die
furchtbar aussieht, nämlich ein Stück von der Schnauze eines Sägefisches mit
langen scharfen Zähnen, die auf beiden Seiten hervorstehen. In hockender
Stellung deckt er sich mit dem Schilde und hält die Waffe in schlagbereiter Lage.
Dann rückt er in raschen, kurzen Sprüngen vor, schlägt bei jedem Sprunge
mit dem linken Knie an die innere Seite des Schildes und macht, daß die
Muscheln, mit denen er sich die Lenden und Knöchel behängt hat, furchtbar
rasseln. Gleichzeitig singt er mit wilden Geberden und lauter Stimme einen
herausfordernden Gesang. Wenn sie zur Nachtzeit tanzen, so treten etwa zwölf
Personen, deren jede eine lodernde Fackel trägt, zum Tanz an. Bald dehnen
sie sich in eine Linie aus, bald schließen sie sich zusammen, theilen sich in zwei
Gruppen, rücken vor und gehen zurück, durchkreuzen einander und mischen sich
unter einander. So geht es ungefähr eine halbe Stunde fort.

Stirbt Jemand, so wickeln sie die Leiche in weißen Kattun und legen sie ins Grab, indem sie den Kopf auf einem irdenen Geschirr ruhen lassen. Seine Waffen und Schmucksachen geben sie dem Todten mit ins Grab, füllen es mit Erde zu und überdachen es mit Stroh. War der Verstorbene das Haupt einer Familie, so wird auch der Korwar in Anspruch genommen. Man stellt ihn neben das Grab und überhäuft ihn mit Vorwürfen, daß er den Mann sterben ließ. Ist das Dach fertig, so legt man den Korwar darauf und läßt ihn mit dem Stroh verfaulen. Nach Beendigung der Feierlichkeit wird der Leichenschmaus veranstaltet.

Die Leiche eines Erstgeborenen, der im Jünglingsalter stirbt, wird auf ein Pfahlgerüst gelegt, und die Mutter muß unter demselben so lange ein Feuer unterhalten, bis sich der Kopf vom Rumpfe löst. Der Todte wird nun begraben, aber der Kopf in der elterlichen Wohnung aufbewahrt, bis er vollends getrocknet ist. Dann werden alle Verwandte versammelt; der Vater sitzt traurig in kauernder Stellung da, die Uebrigen stimmen einen Trauergesang an, währenddessen Einer dem Kopfe künstliche Ohren, Augen und Nase einsetzt. Auf diese Weise werden die Todtenköpfe zu Korwars geweiht.

Trotz der niederen Kulturstufe, auf welcher diese Papuas stehen, besitzt ihre Sprache doch Namen für mehrere Sterne und Sternbilder, deren Stand sie bei ihren Seereisen beobachten. Die Sonne (Orie) und der Mond (Paik) bewegen sich in einer Weise, die den papuanischen Astronomen, wie sie gestehen, unerklärlich ist. Von den Sternen unterscheiden sie Venus als Morgenstern (Samfari) und Venus als Abendstern (Maklendi), ferner heißt Jupiter Maksra und Orion Kokori. Das Jahr zertheilen sie in zwölf Monate, indem von einem Vollmond zum anderen ein Monat gerechnet wird. Die einzelnen Monate werden nach den während derselben kulminirenden Sternen benannt, sowie auch nach den gewöhnlich eintretenden atmosphärischen Ereignissen.

Der Zeitraum vom ersten bis vierten Monat heißt die Schlange (Munguanja), nach dem zu dieser Zeit hochstehenden Sternbild; die einzelnen Monate dieses Zeitraums bilden die Unterabtheilungen desselben, so daß der erste Monat der Kopf (Roweri), der zweite der Hals (Rawansi), der dritte der Leib (Wepurri) und der vierte der Schweif (Purari) genannt wird. Der fünfte Monat, analog mit der Zeit des April oder Mai, heißt der Sterbemonat (Mandi), weil zu dieser Zeit, nach dem Aufhören der Regenzeit, in der Regel weit mehr Menschen, als sonst im Jahre, am Fieber sterben. Der sechste Monat heißt der Fiebermonat (Wamhabis). Es folgen nun noch die Monate Romuri, Samuri, Konembi, Jawi und Swabi.

Die Papuanen der Humboldtsbai endlich haben, da sie von allem Verkehr mit anderen Stämmen abgeschieden sind, ihre ganze Ursprünglichkeit bewahrt. Sie scheinen unter allen Stämmen Neu-Guinea's die besten Anlagen zu besitzen.

Im Ganzen sind die Bewohner der Humboldtsbai schöner und kräftiger gebaut als die anderen Papuastämme, auch ist ihre Hautfarbe viel dunkelbrauner. Sie haben schwarzes, wolliges Haar, dunkle, feurige Augen, welche Muth,

Verschlagenheit und Geist verrathen; ihre Lippen sind dick, die Nase breit. Einige
Mädchen und Frauen, die sich bisweilen durch eine hellere Hautfarbe aus=
zeichnen, kann man fast hübsch nennen.

Die Männer gehen fast ganz nackt und haben eigenthümliche Ohr= und
Nasenverzierungen. Sie durchbohren das Nasenbein und stecken in die Oeffnung
ein Stück Bambus oder einen glatten Quarzstein, der bisweilen ⅛ Kg. schwer
ist; Andere tragen in der Nase zwei an einander befestigte Eberhauer, die mit
den Spitzen nach oben gekehrt werden und fast bis an die Augen reichen, was
schrecklich aussieht. In den Ohren tragen sie Ringe von Schildpatt.

Das Haar schneiden Kinder und Unerwachsene gewöhnlich ab und lassen
nur in der Mitte des Kopfes einen zwei Finger breiten, hohen Kamm stehen.
Viele Männer flechten ihr langes Haar in einen Zopf, den sie um den Kopf
legen; andere machen eine viel größere Flechte aus Kasuarfedern oder Baum=
fasern. Fast Jeder aber bestreut das Haar mit einer gepulverten rothen Erde,
schmückt es mit Federn und steckt einen langen Bambuskamm hinein.

Die Zähne der wilden Schweine verwenden sie besonders gern zum
Schmuck. Sie machen daraus recht nette Brustschilder, die 20 cm. breit sind,
und Leibbänder. Dazu haben sie Gürtel, die sie mit Geschick aus Bambus=
stücken und Muscheln machen. Um Arm und Hals tragen sie ebenfalls Ringe,
die bisweilen aus Schweinshauern bestehen.

Die Weiber flechten das Haar in eine Menge kleiner Zöpfe, die um den
Kopf herumhängen. Sie tragen auch Lendenschurze, die für festliche Gelegen=
heiten aus feinen Pisangfasern gefertigt werden und schwarz und weiß gefärbt
sind. Unten sind sie mit kleinen Muscheln verziert, die beim Gehen klappern.
In den Ohren tragen sie große Ringe aus Schildpatt, deren Zahl mit dem
Alter vermehrt wird, so daß sie deren oft zwanzig in den Ohren hängen haben.
Einige durchbohren sich auch die Nase, ziehen aber nur eine Pisangfaser hin=
durch, an die sie kleine Muscheln oder Korallen hängen. Sonderbarerweise
kommt das Tätowiren nur bei den Frauen vor.

Die Eingeborenen haben als Waffen nur Pfeil und Bogen, seltener Lan=
zen; dann und wann trägt Einer im linken Armbande eine Art Dolch, der aus
einem menschlichen Schenkelknochen verfertigt ist. Mit ihren Pfeilen schießen
sie sehr sicher. Ihre Kähne bestehen aus Baumstämmen, die oben etwas aus=
gehöhlt und zum Schutz gegen das leichte Umschlagen an den Seiten mit 1 m. vor=
stehenden Querbalken versehen sind; sie führen eine Matte als Segel und haben in
der Mitte ein Verdeck von Bambus, auf dem die Mitfahrenden sitzen und ihre Waf=
fen niederlegen. Diese Kanoes laufen vorn und hinten spitz zu und sind an beiden
Enden, sowie an den Seiten, mit geschnitzten und eingebrannten Figuren verziert.

Ihre Häuser stehen auf Pfählen im Wasser und sind durch Brücken mit
einander verbunden. Jedes Dorf hat zwei Reihen Häuser und in der Mitte
einen Tempel. Die starken Grundpfähle ragen 1 m. über das Wasser und
tragen Querbalken, auf denen eine Decke von Nipablättern ruht. Auf dieser

Grundlage befinden sich 1 m. hohe Wände aus Bambus= und anderen Blättern, und darüber erhebt sich das sechs= oder achteckige, spitz zulaufende Dach, das oft eine Höhe von 14 m. erreicht und dessen Dachstuhl in der Regel aus schräg in einander gefügten Stämmen besteht. Das Dach ist mit Atap (Sagopalmen= blättern) dicht gedeckt. Das Innere des Hauses, das keine Fenster hat, ist in mehrere Abtheilungen geschieden, die von den männlichen, weiblichen und un= verheiratheten Familiengliedern bewohnt werden. Längs der Wände sind Schä= del, Schweinshauer, Waffen 2c. aufgehängt; sonst enthält das Innere hübsche irdene Töpfe und Schüsseln und einen Feuerplatz, über dem sich eine Art Schorn= stein zum Räuchern der Fische befindet.

Die Tempel sind noch künstlicher gebaut und haben Dächer, die oft bis 24 m. hoch sind. Die Dächer sind gut gedeckt und haben vier Oeffnungen, um das Innere zu erhellen. An den Seiten des Daches ragen Stöcke hervor, an denen Holzschnitzereien, Vögel, Fische u. dgl. angebracht und durch Guirlanden verbunden sind. Das Innere des Tempels ist in ähnlicher Weise ausgeschmückt; doch sind außerdem noch Köpfe und Zähne von Schweinen, Pfeile, Bogen und Lanzen, auch ausgehöhlte Baumstämme in der Gestalt von Kähnen aufgestellt. Neben den vier Thüren befinden sich große, mit Sand gefüllte hölzerne Kasten zum Feueranmachen und daneben hölzerne Kopfkissen für die Jünglinge, die im Tempel beständig Wache halten.

Zum Tempel gelangt man durch einen Vorhof, der durch eine Einfriedi= gung von Palmenblättern gebildet wird. Götzenbilder hat man nicht bemerkt und über die religiösen Gebräuche nichts erfahren können; auch eigentliche Prie= ster hat man nicht angetroffen; doch scheint die Bambusflöte mit der Religion in Verbindung zu stehen, denn während die Eingeborenen Alles gern ver= kauften, wollten sie eine Flöte durchaus nicht hergeben, und als man doch end= lich einen Papu dazu bewog, geschah es nur unter der Bedingung, sie vor keinem Menschen sehen zu lassen.

Von ihren sonstigen Gebräuchen ist nichts bekannt. Jagd und Fischfang sind ihre Hauptbeschäftigungen. Landbau betreiben sie weniger, obwol man Ländereien antrifft, die mit Pisang, Kokospalmen und Tabak bepflanzt sind. Die Frauen verfertigen außer ihren Putzsachen auch hübsche irdene Gefäße; die Männer bauen die Häuser und sind Meister im Holzschnitzen.

Ihre Anlage zum Zeichnen ergiebt sich daraus, daß ein Papua mit Bleistift allerlei Thiere aus dem Kopfe zeichnete, die ganz gut zu erkennen waren. Auch vom Rechnen scheinen sie einige Begriffe zu haben, da sie nach Monaten rechnen und bis Hundert zählen können. Vorm Schießen haben sie große Furcht, und selbst vor den Spiegeln hatten sie Anfangs eine bemerkenswerthe Scheu.

Starke Getränke kennen sie nicht. Sie stehen vielleicht deshalb mit andern Stämmen und mit Händlern außer Verkehr, weil bei ihnen der Trepang zu fehlen scheint, der den Verkehr zwischen allen diesen Völkern vermittelt.

Chinefifche Häuptlinge auf Borneo.

V.

Mongolifche Völker.

Urheimat. — Muthmaßliche Wanderungen. — Verbreitung. — Die Malayen in Su=
matra. — Sprache. — Literatur. — Charakter. — Staatseinrichtung. — Gewerb=
thätigkeit. — Häusliches Leben. — Gefetze. — Hochzeitsgebräuche. — Krankheiten. —
Spiele. — Kleidung. — Die Samoaner. Deren Sitten, Lebensweise und Gebräuche. —
Die Malayochinefen. — Chinefen u. f. w.

Wir kommen nun zur dritten Raffe, zu den mongolifchen Völkern, wie
fie Pefchel nennt. „Zu diefer Raffe zählen die polynefifchen und afiatifchen
Malayen, die Bevölkerungen im Südoften und Often Afiens, die Bewohner
Tibet's fowie etliche Bergvölker des Himalaja, ferner alle Nordafiaten fammt
ihren Verwandten in Nordeuropa, endlich die amerikanifche Urbevölkerung.
Gemeinfam ift allen das lange, ftraffe, im Querdurchfchnitt walzenförmige Haar,
Armuth oder gänzlicher Mangel an Bartwuchs wie an Leibhaaren, eine Trü=
bung der Hautfarbe, vom Ledergelb bis zum tiefen Braun, bisweilen ins Röth=
liche fpielend, vorftehende Jochbogen, begleitet bei den Meiften von einer fchiefen
Stellung der Augen. Für alle fonftigen Merkmale find Uebergänge vorhanden,
fo daß die örtlichen Typen in einander verfchmelzen."

5*

Vor anderen Stämmen dieser Rasse gehören hierher die Malayen.

Müller begreift unter dem Ausdrucke Malayen die lichtgefärbte, schlicht=
haarige Bevölkerung der Inseln des Indischen Archipels und der Südsee von
den Andamanen und Nikobaren im Westen bis zur Osterinsel im Osten, und von
Formosa und den Sandwichsinseln im Norden bis Neuseeland im Süden.

Die Urheimat der malayischen Rasse ist im südöstlichen Theile Asiens,
wahrscheinlich auf den großen Sundainseln oder auf den Ausläufern des Fest=
landes zu suchen. Nach und nach verbreiteten sich die Malayen über die Inseln
des Indischen Archipels bis zur Samoa = und Tongagruppe, und von da aus
mitten über die Inseln der Südsee. Für letztere Annahme spricht der Umstand,
daß auf allen östlich gelegenen Eilanden der Südsee überall Kunde von den
gegen Westen gelegenen Inseln sich findet, während sich im Westen nirgends
eine genauere Kenntniß der östlichen Inseln nachweisen läßt. Fast alle Tra=
ditionen der Polynesier weisen auf die Samoa = Insel Savaii als auf die Ur=
heimat des Stammes hin.

Wie die Tonga = Insulaner erzählen, daß Tangaloa die Welt aus dem
Meere gezogen habe, als er mit der Leine fischte, und die Tahitier sagen, daß
Taroa aus den Scherben der Muschel, in der er gefangen gewesen und die er
zerbrochen, den Grund zu dem „großen Lande" (Tahiti) gelegt und aus den klei=
neren Bruchstücken jener Muschel die anderen kleineren Inseln gebildet habe,
so besitzen auch die Neuseeländer eine Schöpfungssage, die mit derjenigen der
Tonga=Insulaner eine ganz auffallende Uebereinstimmung zeigt und nebenbei auch
den Namen der nördlicheren der beiden größeren neuseeländischen Inseln erklärt.

Diese Insel heißt Ahi=na=Maui oder Te=Ika=a=Maui, der Fisch des Maui.
Maui war aber ein gewaltiger neuseeländischer Held, der, wie der griechische
Herakles, eine ganze Reihe großer und erstaunlicher Thaten vollbracht hatte.
Er war nicht nur der Lehrer im Kahn= und Häuserbau, der Erfinder der Kunst,
aus Flachs Stricke zu drehen und Schlingen zu binden, er hatte auch der Sonne
und dem Monde ihre Bahnen angewiesen, war der Herr des Wassers und des
Feuers, der Luft und des Himmels und endlich der Schöpfer der Erde, welche
er aus dem Meere gefischt hatte.

Maui hatte nämlich fünf Brüder, die alle fleißig dem Fischfang oblagen,
während er selbst träge zu Hause saß, so daß Alle über ihn und seine Trägheit
klagten. Eines Tages sagte Maui, er wolle fischen gehen, aber er werde einen
Fisch fangen, so groß, daß ihn die Brüder nicht würden aufessen können. Da
nun die Brüder wohl wußten, welch' mächtiger Zauberer Maui war, und ihn
wegen seiner Zauberkünste fürchteten, so wollten sie ihn nicht mit sich ins Boot
nehmen. Maui kam aber dennoch mit. Er verwandelte sich in einen kleinen
Vogel und flog in das Kanoe; erst auf offener See gab er sich zu erkennen.

Als sie nun weit draußen im Meere waren, wollte Maui fischen. Er hatte
einen kostbaren Angelhaken bei sich, der aus der Kinnlade seines Großvaters
gemacht war; die Brüder aber wollten ihn auf jede Weise an der Ausführung

seines Vorsatzes hindern und weigerten sich, ihm einen Köder zu geben. Da schlug sich Maui ins Gesicht, daß seine Nase blutete, und tränkte etwas Flachs, den er neben sich im Kanoe fand, mit diesem Blute. Das war der Köder. Maui warf die Angel aus und ließ die Schnur ablaufen. Es dauerte nicht lange, so biß es an und zog mit solcher Gewalt, daß die Brüder fürchteten, das Kanoe möchte umschlagen, und riefen: „Maui, laß los!" — „Ka mauta Maui, ki tona ringa ringa e kore e taia te ruru." („Was Maui hält, läßt er nicht wieder los"), war die Antwort, die bei den Neuseeländern seitdem zum Sprüchwort geworden ist. Dabei zog Maui mehr und mehr und zog ein Land heraus. „Ranga whenua", riefen die Brüder, „der Fisch ist ein Land". Maui fragte sie, ob sie den Namen des Fisches wüßten, und als sie diese Frage verneinten, sagte er ihnen: „Haha whenua" („das gesuchte Land"). Als der Fisch vollends aus dem Wasser war, eilten die Brüder, ihn unter sich zu vertheilen; sie zogen und zerrten von allen Seiten, und daher kamen die Unebenheiten auf der Insel. Das Kanoe aber strandete, als das Land in die Höhe kam, und heute noch erzählen die Eingeborenen, es liege auf dem Gipfel des Berges Ikaurangi bei Waipiro, nahe dem Ostkap der Insel, wo auch Maui begraben liegt.

Die Zeit, wann sich die polynesischen Malayen von ihren asiatischen Geschwistern trennten, läßt sich bis jetzt auch nicht annähernd begrenzen. Müller schließt aus dem Vorhandensein von fremden, besonders altindischen Elementen in den Sprachen der östlichen Abtheilung, von denen in den Idiomen der östlichen Abtheilung keine Spur sich nachweisen läßt, daß jene Theilung ums Jahr 1000 v. Chr. stattgefunden haben muß. Wenn man aber auch zugeben muß, daß seit der Trennung der Polynesier von den Malayen geraume Zeit vergangen sein mag (derart verschieden sind ihre Sprachen und Sitten), so kann man doch in der großen Aehnlichkeit der polynesischen Sprachen und Sitten untereinander nur annehmen, daß die Spaltung der Polynesier in verschiedene Stämme viel später stattgefunden haben muß.

Fragen wir nach den Ursachen, welche die malayische Rasse bewogen haben können, solche weite Wanderungen zu unternehmen, so geben uns das Land, die Umgebungen und der Charakter der Rasse selbst darauf genügende Antwort. Wenn wir das Land, welches von der malayischen Rasse bewohnt wird, betrachten, so muß uns vor allem Anderen der Umstand auffallen, daß es durchweg aus Inseln besteht. Man kann die malayische Rasse mit gutem Fug und Recht eine Inselrasse nennen; so groß ist ihre Vorliebe für das Meer, daß, wo immer Abkömmlinge derselben auf dem Festlande sich niederlassen, wir sie nur an der Küste finden.

Während aber der Kontinent für eine wachsende Volksmenge genug Land darbietet, macht auf den Inseln das beschränkte Land eine Wanderung nach einigen Menschenaltern nothwendig. Es wird daher auch das Inselvolk der Malayen von Eiland zu Eiland so lange gedrängt worden sein, bis ihm das unermeßliche Meer Halt gebot.

Freilich gewinnt es den Anfchein, als fei es mit befonderen Schwierigkeiten verbunden gewefen, vom Indifchen Archipel oftwärts zu Schiff zu den Infel= gruppen Polynefiens zu gelangen; denn die große Aequatorialftrömung, die im tropifchen Theile fortwährend gegen Weften führt, erleichtert in Verbindung mit dem in derfelben Richtung wehenden Paffatwinde die Schiffahrt von Often nach Weften, während fie diefelbe von Weften nach Often erfchwert. Allein im Gegen= fatz dazu fließt eine mächtige Strömung, die etwa 10 Breitengrade vom Aequator nach Norden zu einnimmt, von den Malayifchen Infeln (Malayifien) aus oftwärts bis zur Küfte von Amerika, indem fie die Karolinen, die Marfchall= und Gilbert=Infeln, fowie die dicht am Aequator liegenden Infeln Polynefiens berührt. Diefe Strömung ift es auch hauptfächlich, welche Mikronefien mit Treibholz, Schleiffteinen u. f. w. verforgt und manche unfreiwillige Fahrt von Weften nach Often herbeigeführt hat. So find japanifche Schiffe durch die große japanifche Strömung nach Hawaii verfchlagen worden. Leicht konnten alfo in unvordenklicher Zeit die Bewohner des Indifchen Archipels, freiwillig oder gezwungen, zu Schiffe nach unferen Infelgruppen getragen werden.

Die von der malayifchen Raffe bewohnten Infeln liegen um den Aequator herum zwifchen den beiden Wendekreifen; nur Neufeeland geht bis zum 46.° füdl. Br. herab. Im Befonderen find es folgende:

A. Malayonefien. Die Philippinen, Borneo, Sumatra, Java, Celebes, die Halbinfel Malakka, die Nias=Gruppe, Banka, Billiton, Madura, Bali, Lom= bok; Sumba, Sumbawa, Timor; ferner die Molukken und endlich die Marianen.

B. Polynefien. Die Samoagruppe, Tongagruppe, Neufeeland, die Gefellfchaftsinfeln, die Rarotonga=, Tubuai=, Mangareva=, Paumotu=, Mar= kefas= und Hawaii=Gruppe, ungerechnet verfchiedene im Großen Ozean zer= ftreut liegende Eilande.

Bei dem uns zu Gebote ftehenden befchränkten Raume darf es uns nicht beikommen wollen, die hierher gehörigen Volksftämme einzeln fchildern zu wollen und uns mit den ihnen eigenen Sitten und Gebräuchen zu befchäftigen.

In Sumatra mag man einen Ausgangspunkt der Malayen fuchen. Denn während diefe im ganzen übrigen Archipel vorzüglich an den Küften ge= funden werden, in den centralen Theilen der Infeln dagegen die Ureinwohner feßhaft find, fehen wir auf Sumatra das Malayenvolk im Innern der Infel feit undenklichen Zeiten heimifch. Das alte Reich Menang=Karbau war felbft entfernt von den Küften. Sein Sitz war auf der Hochebene Agam. Die Sage erzählt, daß an der Stelle der alten Hauptftadt einft ein großer Kampf zwifchen den Büffeln und Tigern wüthete. Erftere blieben Sieger, und da man dies für ein gutes Vorzeichen anfah, fo baute man auf der Stelle die Stadt, deren Name „Sieg des Büffels" bedeutet. Gegenwärtig erftrecken fich die Malayen im Often Sumatra's von dem Fluffe Sink bis Palembang, im Weften der Infel aber von Indrapura bis Sinkel, fo daß fie den mittleren Theil der Infel völlig einnehmen. Nördlich von ihnen wohnen die Battaer und Atfchinefen, füdlich die Rejang und Lamponger. Man glaubte früher allgemein, daß die Malayen von der Halbinsel Malakka abstammen und sich von dort aus über Sumatra und die übrigen Inseln des Archipels ausgebreitet hätten; neuere Forschungen aber haben gezeigt, daß, wie schon früher erwähnt, von Sumatra aus die Kolonisation Malakka's stattfand, wo die Malayen noch jetzt Orang Menang-Karbau heißen. Der Name Orang Malayu, herumschweifende Menschen, wurde ihnen erst später gegeben, als sie, handeltreibend und erobernd, sich im ganzen Archipel ausbreiteten.

Die malayische Sprache hat einen großen Wortreichthum; auch ist sie wohlklingend, besonders wenn sie von Frauen mit weicher, biegsamer Stimme gesprochen wird. Man berechnet, daß von dem bedeutenden Wörterschatz der malayischen Sprache nur 27 Prozent der Ursprache eigenthümlich zukommen, während 50 Prozent polynesischen, 16 sanskritischen, 5 arabischen und 2 Prozent unbestimmten Ursprungs sind. Die Erlernung der Sprache ist nicht mühsam, da die grammatischen Regeln sehr einfach sind und weder eine Beugung der Hauptwörter, noch eine Konjugation stattfindet, sondern Beides durch einige, den Haupt- und Zeitwörtern vorgesetzte Präpositionen geschieht. Eine nicht geringe Zahl malayischer Wörter ist selbst nach Europa gedrungen, da nicht blos eine Menge der in der Geographie bekannten Namen von Inseln, Vorgebirgen,

Gesichtstypus und Kopfputz der Malayen.
(Nach Molins.)

Küsten und Ortschaften aus malayischen Wörtern bestehen, sondern auch die Benennungen einiger Thiere und Pflanzen der malayischen Sprache entnommen sind, wie Orang-Utang, wilder Mensch, Kaju Puti, weißes Holz, und andere. Die Malayen bedienen sich gegenwärtig der arabischen Buchstaben, doch haben sie vor der Annahme des Islam eine eigene Schrift gehabt, die noch auf den Inschriften einiger Denkmäler zu sehen ist.

Nicht unbedeutend ist die Literatur der Malayen. Dieselbe besteht außer Uebersetzungen und Kommentaren zum Koran auch aus juristischen und historischen Werken sowie aus poetischen Erzählungen, die theils originell, theils aus anderen orientalischen Sprachen übertragen sind. Die poetischen Erzeugnisse aus der vorislamitischen Zeit, welche vielleicht von den Göttern der alten Malayen handelten, mag wol der Religionseifer der mohammedanischen Priester

zerstört haben. Die Kultivirung der Theologie und der mit derselben innig ver=
bundenen Jurisprudenz, da die richterlichen Sprüche bei den Mohammedanern
sich auf Aussprüche des Koran stützen, geschah vorzüglich in dem ehemaligen
Reiche Menang=Karbau, dessen Hauptstadt auch als Wallfahrtsort galt, wo=
hin Diejenigen zogen, die sich näher mit dem Koran und seinen Lehren bekannt
machen wollten. Wer keine Gelegenheit hatte, nach Mekka zu wandern, konnte
seinem frommen Eifer und seinem Wissensdurst auch bei den Priestern von
Menang=Karbau Genüge leisten.

Als handeltreibendes Volk, welches mit vielerlei Nationen in Berührung
kommt, sind die Malayen duldsam gegen Bekenner anderer Glaubenslehren und
theilen den Fanatismus vieler ihrer Priester nicht. Auch nehmen sie es mit den
eigenen religiösen Vorschriften nicht allzu genau. Gegen diese Indifferenz in
religiösen Dingen eiferten die Priester von jeher, und insbesondere bildete sich im
Anfange dieses Jahrhunderts eine religiöse Sekte, die Padries, deren Geschichte
in vieler Beziehung Merkwürdiges bietet. Sie zeigt uns ein Bild der Priester=
gewalt, die, nicht zufrieden mit der Herrschaft über religiöse Gesinnungen, als=
bald, wenn sie sich mächtig genug fühlt, auch die politische Gewalt an sich reißt.
Andererseits waren diese Padries die mittelbare, unwillkürliche Ursache der
Ausbreitung der niederländischen Herrschaft auf Sumatra.

Werfen wir einen Blick auf den Charakter der Malayen, so zeigt sich bei
ihnen ein ziemlicher Grad von Stolz und Ehrgeiz. Die Geschichte einer rühm=
lichen Vergangenheit prägt sich in der Regel in den Gesichtszügen eines Volkes
und in seinem Charakter aus, ohne daß das Andenken an die Größe der früheren
Tage jedesmal vortheilhaft auf die weitere Entwickelung in der Kultur ein=
wirkt. Oefter bleibt bei einem Volke, das in früheren Jahrhunderten in der That
durch Bildung und Fortschritte vor seinen Nachbarn sich auszeichnete, noch immer
ein schädlicher Eigendünkel und die Verachtung gegen alles Ausländische zurück,
obgleich die Zeiten sich geändert haben, die Nachbarvölker vorangeschritten und
die früheren Rivalen überflügelt worden sind. Dies sehen wir bei den Chinesen
und Japanesen, die allerdings vor den europäischen Völkern geordnete soziale
Zustände hatten und lange vor ihnen den Kompaß, die Buchdruckerkunst und
das Schießpulver kannten, aber seit Jahrhunderten in ihrer Bildung stehen ge=
blieben sind, während welcher Zeit Europa Riesenschritte in der Kultur machte.

Die politische Staatseinrichtung der Malayen hat einen aristokratischen
Charakter. An der Spitze des Staates steht der Monarch mit dem Titel Raja,
Maha=Raja, Jang di Pertuan. Ihm zur Seite stehen die Großen des Reiches,
die Orang Kaja. Sie verwalten die einzelnen Provinzen als Vasallen des
Monarchen, dem sie ihren Tribut zusenden. Der Thronfolger heißt Raja=Muda,
junger König. Unter den Orang Kaja wählt der Fürst die höchsten Beamten
des Reiches, welche in dieser Eigenschaft Mantri geheißen werden. Unter den
Mantris ist der erste im Range der Perbara Mantri. Ihm zunächst steht der
Bandara oder Finanzminister, auf diesen folgt der Caksamana oder Kommandant

der Land= und Seemacht, endlich der Sabandara, der den Dienst eines Hof=
marschalls hat und über die Gewerbe und die Sitten wacht.

Um sich mit einem ungewöhnlichen Glanz zu umgeben und die Ehrfurcht
ihrer Unterthanen zu vermehren, legten sich die malayischen Fürsten phanta=
stische Titel bei, in welchen sie sich als Herren über nicht existirende Wunder=
dinge sowie über Naturereignisse und Naturkräfte bezeichnen.

In einem Dokumente, das einen Befehl des Sultans von Menang=Karbau
enthält, giebt sich dieser folgenden Titel:

Der Maha=Raja von Menang=Karbau, dessen Residenz zu Pagar=Rinjong
ist und welcher der König der Könige ist, ein Abkömmling des Königs Iskorden
Sul Karnain; Besitzer: Der Krone, die der Prophet Adam vom Himmel ge=
bracht; eines Drittels des Waldes Lamat, dessen äußerste Enden im Königreiche
Rom einerseits und in China andererseits sind; der Lanze, genannt Lambing
lambura, die geziert ist mit Hacken von Janggi; des Schwertes, genannt Se=
mandang Giri, das 190 Scharten erhielt im Kampfe mit dem Feinde Si Kati=
muro, den es tödtete; des Kriß, der aus dem Stahle gefertigt ist, welcher sich
unwillig zeigt, wenn er eingesteckt wird, und freudig, wenn er zum Kampfe aus=
gezogen wird; der Goldminen, genannt Kubarat=Kubarati, die reines Gold lie=
fern; der sich aus der Schöpfung der Welt datirt und Herr von süßem Wasser
ist im Umkreise einer Tagreise; der Sultan, der seine Steuern in Gold nach dem
Maße Lassong erhebt, dessen Siridose aus Gold und Diamanten gemacht ist;
Besitzer des Gewebes, genannt Sangsista Kola, das sich selbst webt und jährlich
einen mit Perlen verwebten Faden hinzusetzt, und wenn dieses Gewebe beendet
sein wird, ist das Ende der Welt zu erwarten; Besitzer der Pferde von der Rasse
Lorimborasi; Besitzer aller Gebirge, welche Palembang und Jambi trennen;
Besitzer des Elefanten, genannt Hasti Dewa, der göttliche Kraft besitzt; Herr der
Luft und der Wolken u. s. w. Er, der Sultan Sri Maha=Raja Duria erklärt.....

Die Malayen sind treffliche Arbeiter in Holz, Eisen, Kupfer und Gold.
Sehen wir uns um in den Werkstätten der Holzarbeiter, vornehmlich der Zimmer=
leute (Tukanan Kaju), an den Küstenplätzen Priaman, Ajer Banjis, Natal und
anderen Orten Sumatra's, so finden wir sie mit der Erbauung und Repari=
rung der Prauen beschäftigt, welche bekanntlich alle Eigenschaften von guten
Seeschiffen besitzen, obwol dieselben nicht einmal so groß wie unsere Schooner
sind. Das malayische Beil ist besonders zweckmäßig. Sein Stiel ist etwa $1/2$ m.
lang und besteht aus einem sehr harten, elastischen Holze, das mit Rotang an
den keilförmigen Eisentheil befestigt ist. Durch die Elastizität des Stiels und
die Leichtigkeit des Instruments kann man ihm eine ungeheure Schwungkraft
ertheilen, so daß mit demselben weit kräftigere Hiebe als mit unseren Beilen
geführt werden können.

. Ausgezeichnete Arbeiten liefern vornehmlich die malayischen Gold=
schmiede. Wenn man zu Padang bis ans nördliche Ende der Stadt geht, so
findet man noch einige Bambu=Häuschen, deren Bewohner sich mit Goldarbeiten

beschäftigen und so zierliche Schmucksachen zu Tage fördern, daß sie kaum von den besten europäischen Produkten dieser Art erreicht werden.

Uhrketten aus den feinsten Goldfäden, Ohrringe und andere Schmucksachen mit so feinen Verzierungen, daß man sich zu ihrer genauen Besichtigung einer Lupe bedienen muß, sowie Arbeiten der verschiedensten Art nach Modellen oder Zeichnungen, gehen aus den Werkstätten dieser geschickten Arbeiter hervor. Zur Anfertigung aller dieser Dinge hat der malayische Goldarbeiter nur sehr wenige Geräthschaften; ein kleines Hämmerchen, ein Amboß, ein Zängelchen, einige Kohlen und ein Bamburöhrchen, welches als Löthrohr dient, bilden das ge= sammte Werkzeug des malayischen Goldschmiedes. Das Gold gewinnen die Malayen aus dem Sande vieler Bäche auf Sumatra.

Nicht minder geschickt sind die Malayen als Waffenschmiede. Die Waffen von Menang=Karbau sind seit uralten Zeiten im ganzen Archipel be= rühmt, und von jeher wurde mit denselben viel Handel getrieben. Als Hand= waffe gebrauchen die Malayen den Klewang, ein bis zu 1 m. langes Schwert, dann den Pedang, den Pamondop und endlich den im ganzen Archipel einge= führten Kriß. Letzterer ist ein Dolch von 10 bis 50 cm. Länge und hat ent= weder eine gerade oder eine wellenförmig geschlängelte Klinge. Er wird von hartem Stahle verfertigt, und man prüft die Güte seiner Spitze gewöhnlich da= durch, daß man sie heftig auf eine Kupfermünze stößt. Biegt sich in diesem Falle die Spitze, so ist der Stahl schlecht, wird aber im Gegentheil ein Eindruck in die Münze hervorgebracht, ohne daß die Spitze der Waffe sich verändert, so wird die Klinge für werthvoll gehalten. Außerdem erkennen die Malayen und die übrigen Völker des Archipels am Kriß noch andere, abergläubische Zeichen, aus welchen man ersehen soll, ob die Waffe im Kampfe siegreich sein werde oder nicht. Die Malayen bedienen sich nämlich einer aus Citronensaft und noch einigen In= gredienzen bestehenden Mischung, um der Klinge eine schöne damaszirte Ober= fläche zu ertheilen, wobei sich auf dem Stahl allerlei Linien und Figuren bilden. Aus der Form dieser durch den Zufall gegebenen Linien weissagt der Aberglaube oder vielleicht der Betrug das Schicksal des mit dieser Waffe Kämpfenden. Die mit sehr günstigen Zeichen versehenen Krisse werden batua, unverletzlich genannt, und sie stehen in sehr hohem Werthe. Auch manche Personen, die im Kampfe sehr glücklich waren, kommen in den Ruf der Unverletzlichkeit. Die Scheide des Kriß ist gewöhnlich aus Holz oder Kupfer und der Griff bei hohen Personen aus Gold und mit Edelsteinen besetzt. Einen hohen Werth hat auch jene Waffe, welche schon einen Menschen getödtet hat. Die Malayen sagen dann: „Suda makan orang", er hat schon einen Menschen verzehrt. Selten findet man die Krisse vergiftet. In diesem Falle sind sie mit dem Safte des Giftbaumes (Antiaris toxicaria) bestrichen, und dann wird jede, auch noch so kleine Wunde tödlich.

Sehr geschickt sind die Malayen in Anfertigung von Flechtwerken aller Art, die auf vielfache Weise zum Nutzen und zur Bequemlichkeit verwendet werden. Als Material zu diesen Arbeiten werden die Rispen von Palmblättern,

mehrere Pandanusarten, Bambu und Reisstroh verwendet. Aus gröberen, aber
sehr dauerhaften Flechtwerken bestehen die größeren Körbe, die gewöhnlichen
Matten und häufig auch die Zwischenwände der Zimmer und selbst die Wände
der Häuser. Man kann mit solchem Flechtwerk, Bambupfählen und einigen
Bündeln Palmblättern zur Bedachung in wenigen Stunden ein ziemlich wohn=
liches Haus verfertigen, das gegen Sonne und Regen schützt und dabei luftig
ist, ohne dem Winde den Durchgang zu gestatten.

Malayischer Geräthhändler und Wagen.

Zierlich sind die feinen Flechtwerke der Malayen, welche die venetianischen
Arbeiten an Feinheit bei Weitem übertreffen, da sie so dünn wie Kattun sind,
an Dauerhaftigkeit nichts zu wünschen übrig lassen und überdies mit lebhaften
Farben in gestreiften oder karrirten Mustern versehen sind. Aus solchem feinen
Flechtwerk werden Matten für vornehme Personen, Siridosen, kleine Körbe und
Cigarrentaschen verfertigt.

Die Malayen haben eine weiche, gelblich=braune Haut. Vier charakte=
ristische Merkmale sind es, welche die Physiognomie des Volkes besonders kenn=
zeichnen, nämlich eine platte, mit großen Nasenflügeln versehene Nase, hervor=
stehende Backenknochen, wodurch sie ein breites Gesicht erhalten, ein großer
Mund mit wulstigen Lippen und endlich eine breite, niedrige Stirn. Sie haben
wenig Bart, hingegen sind sie am Kopfe mit reichlichen schwarzen, nicht ge=
kräuselten Haaren versehen.

Belauschen wir nun den Malayen in seinem häuslichen Leben. Wie ist sein Haus beschaffen? In welchem Verhältniß steht er zu seiner Frau oder seinen Frauen, und wie sucht er durch Familien= oder religiöse Feste sein Leben mit Lust und Freude zu würzen?

Einfach, aber zweckmäßig, den klimatischen Verhältnissen entsprechend, sind die Wohnungen der Malayen. Die Kunst hat daran wenig Antheil, nur an den Häusern der Vornehmen sind in Holz ausgeschnittene Arabesken, die an eine alte, seit der Einführung des Islam ziemlich erloschene Kunstperiode erinnern.

Steinerne Gebäude sieht man bei den heutigen Malayen nie. Abgesehen davon, daß des Landes Reichthum an Holz sie einladet, sich dieses leicht zu bearbeitenden Materials zum Bau ihrer Häuser zu bedienen, sind auch die häufigen Erdbeben ein vorzüglicher Grund, keine steinernen Wohnungen zu er= richten, unter welchen bei einem Erdbeben die Bewohner ein sicheres Grab finden, während die leichten elastischen Holz= und Bambuhäuser nicht nur den geringeren Erschütterungen widerstehen, sondern bei einem etwaigen Einsturze die Be= wohner in der Regel unbeschädigt bleiben. Ich selbst empfand öfter in meinem Bambuhause in Padang solche Erschütterungen, wobei Weingläser auf dem Tische umfielen und ich Anfangs der Meinung war, daß ein Karabau oder ein Rhinozeros an der Galerie sich reibe. Die Erdbeben gehen aber in der Regel auf Sumatra ohne viel Schaden anzurichten vorüber, während steinerne Gebäude durch dieselben sicherlich umgestürzt würden.

Jedes malayische Haus ruht auf Pfählen von 2 bis 2½ m. Höhe. Diese allgemein eingeführte und von den Europäern nachgeahmte Bauart ist in vieler Hinsicht nützlich und nothwendig. Vom Standpunkte der Gesundheit betrachtet, sind die auf Pfählen über der Erde ruhenden Häuser zweckmäßig, weil sie die feuchten, mit schädlichen Gasen vermengten Ausdünstungen aus dem Boden abhalten, welche sich über der Erde zerstreuen und von den Blättern der Pflanzen aufgesogen werden. In waldigen Gegenden würden die Landblutegel, eine Plage für Fußgänger, in die Häuser dringen, wenn der Eingang auf dem Niveau des Bodens wäre. Endlich gewähren die auf Pfählen ruhenden Häuser mehr Schutz gegen Tiger. Nachdem die Eckbalken und einige kurze Pfähle eingesetzt sind, werden für den Fußboden Bamburohre von 12 bis 15 cm. Durchmesser horizontal nebeneinander gelegt und durch Rotang (biegsames Rohr) verbunden. Die Vertiefungen des Bambu werden mit Stücken von gespaltenem Bambu ausgelegt und auf das Ganze als Fußteppiche gebreitet. Dieser Fußboden ist sehr fest, aber elastisch, so daß der Europäer sich Anfangs wegen seiner schwingen= den Bewegung beim Gehen etwas unsicher fühlt und kaum fest aufzutreten wagt. Die Wände des Hauses werden entweder aus Bretern oder aus gespaltenen, senkrecht nebeneinander gestellten, unten und oben durch Rotang oder Nägel befestigten Bambustücken verfertigt. Auch bedient man sich zu diesem Zwecke des sogenannten Kuli Kaju oder Rindenholzes. Dieses besteht aus der innern, sehr starken Rinde mancher Bäume, die zu diesem Zwecke in Stücken von 2 m. Länge abgeschält, getrocknet, dann mit Stöcken geschlagen und beim Gebrauche auf Bambustäben befestigt wird.

In der Regel werden die Häuser mit Atap, dem Laube der Nipahpalme, bedeckt. Man legt die Palmblätter mit ihren Rippen nebeneinander, entfernt die holzartige Ansatzstelle und bildet daraus Bündel von $1\frac{1}{2}$ m. Länge und $\frac{2}{3}$ m. Breite, welche durch dünnen Rotang zusammengehalten werden. Zu Padang und an anderen Orten verkaufen die Malayen diese auf solche Weise hergerichteten, zur schnellen Bedachung oder Reparirung der Häuser dienenden Blätter für ein Geringes, sowie man überhaupt alles Baumaterial sich kaufen und zugleich die (freilich nicht sehr gelehrten) Architekten dazu bestellen kann. Innerhalb zwei Tagen kann man sich auf diese Weise ein ganz bequemes und hübsches Haus herstellen. Zur Bedachung dienen auch wie auf Java halbirte Bamburohre, die man wie unsere Hohlziegel nebeneinander legt und an der Verbindungsstelle durch einen mit der konvexen Seite nach oben gerichteten Bambu befestigt. Das oben beschriebene Kuli Kaju wird ebenfalls häufig zur Bedachung der Häuser verwendet, sowie endlich das sogenannte Idschu eine sehr gute Bedachung liefert. Dieser vegetabilische Stoff, welcher unter der Rinde der Zuckerpalme gefunden wird, hat das Aussehen von groben Roßhaaren, ist sehr stark und läßt das Wasser nicht durch.

Der Zugang zum Hause des Malayen ist für den in Turnerkünsten unbe= wanderten Europäer etwas unbequem. Es sind nämlich keine ordentlichen Treppen angebracht, um zu der erhöhten Thür oder der Galerie zu gelangen, sondern ein mit einigen Einkerbungen versehener Block, oder ein dicker Bambu, liegt beim Hause, auf welchen man sich, mit der einen Hand sich oben festhaltend, hinauf= schwingt. Die einsam stehenden Gebäude, Talang genannt, stehen auf höheren, nämlich 3 bis 4 m. hohen Pfählen, und die zum Eingang führende Leiter wird Abends hinaufgezogen, so daß die Hausbewohner sich in einer kleinen Festung befinden, die wenigstens gegen Ueberrumpelung von Seiten eines Tigers schützt. Man erzählt sich, es sei schon vorgekommen, daß ein Elefant, deren es auf Sumatra viele giebt, zwischen die Pfähle eines solchen Talang sich drängte, dasselbe aus dem Boden hob und auf seinem Rücken eine Strecke weit fort trug.

Wie die Häuser selbst, so ist auch die innere Einrichtung derselben sehr ein= fach. Nur selten findet man eine Art Bettstätte (bali-bali); in der Regel schlafen die Malayen auf Matten, die auf dem Boden ausgebreitet werden. Oefter haben sie auch runde, mit Baumwolle gefüllte Kissen (Gulong). Ein Holzblock (Rulang) dient als Tisch, der Reisstampfer (Talam) wird in jedem malayischen Hause als unentbehrliches Möbel gefunden. Stühle haben die Malayen nicht nöthig, denn sie sitzen auf dem Boden, und zwar nicht wie die Javanen mit gegeneinander gekehrten Fußsohlen, sondern auf der linken Hüfte, wobei die linke Hand den Körper ebenfalls stützt, während die Rechte frei sich bewegt. Löffel und Gabel kennen die Malayen ebenfalls nicht, sie essen den Reis mit den Fingern, und zwar ohne ein Körnchen fallen zu lassen. Als Teller dient ein Stück Pisangblatt.

Die Speisen bereitet der Malaye in der Nähe seines Hauses, nicht in diesem selbst, da er darin keine Feuerstelle und kein Abzugsloch für den Rauch hat. Zum Feuermachen bedienen sich die Malayen des Stahls und des Feuersteins, welchen letzteren sie durch den Handel beziehen. Wahrscheinlich war in früheren Zeiten die noch jetzt häufig in Anwendung gebrachte Art, Feuer zu machen, in allgemeinem Gebrauche. Die Landbewohner nehmen ein Stück poröses, trockenes Holz, legen es horizontal nieder, und bohren mit einem anderen, sehr harten Holze ein Loch in dasselbe, indem sie es schnell zwischen den Händen umdrehen, wodurch das weiche poröse Holz Feuer fängt.

Viel Geschick zeigt der Malaye auch als Seemann, eine Beschäftigung, die mit seiner großen Verbreitung über die ganze asiatische Inselwelt zusammenhängt. Wol bei wenig Völkern ist der gemischte Typus von Land- und Seemann so ausgeprägt, wie bei den malayischen Stämmen, von denen viele Ackerbauer und Seefahrer zugleich sind, das heißt, beide Gewerbe in einer Person vereinigen. Der friedliche Ackerbauer, der heute seiner Reisernte nachgeht, segelt morgen vielleicht als Seeräuber in einer schnellen Praue dahin, oder er treibt Küstenschiffahrt. Das abenteuernde Leben auf den Schiffen, das Umherziehen von einem Hafenorte zum andern, von Sumatra im Westen bis zu den östlichen Sundainseln, sagt dem Charakter des Malayen ungemein zu und trug nicht wenig zur Besiedelung ferner Gegenden durch Menschen dieses Stammes bei.

Daß die Malayen keine sonderlichen Freunde der Arbeit sind, ist schon oben angedeutet worden. Sie liegen im Allgemeinen viel lieber auf der linken Hüfte in der bezeichneten Weise, als daß sie ihren Körper durch Bewegungen anstrengen. Die Folgen hiervon zeigen sich, wie bei allen arbeitsscheuen Völkern, vorzüglich durch zwei Uebel, nämlich durch Ausbreitung und Vervielfältigung der Sklaverei und durch üble Behandlung der Frauen, die selbst in einer großen Zahl der Ehen als Sklavinnen betrachtet werden. Abgesehen davon, daß Jemand bei den Malayen, wie bereits erwähnt, Schulden halber dem Gläubiger als Leibeigener verfallen kann, giebt es auch eine Art Heirath, Ampel anak genannt, wobei der glückliche Ehegatte ein Sklave seiner Schwiegereltern wird. Es wird hierdurch bei den Malayen eine Thatsache durch das Gesetz sanktionirt, die freilich auch bisweilen bei anderen Völkern und in anderen Ländern faktisch vorkommt. Der Malaye muß nämlich, den herkömmlichen Gebräuchen (Adat) gemäß, seine Frau kaufen. Er giebt den Eltern seiner Braut eine gewisse Summe, die sich in neuerer Zeit auf 150 spanische Matten beläuft, wofür er unumschränkter Herr über seine Frau wird, die er selbst wieder verkaufen darf und die nach seinem Tode seinen Erben zufällt.

Diese Art von Heirath heißt Tjutjur. Ist aber der Bewerber arm und will er nicht darauf verzichten, eine Frau zu besitzen, dann tritt die eben angeführte ehrenvolle Heirathsart des Ampel anak ein. Es giebt aber auch noch eine dritte, der Humanität und der Billigkeit mehr entsprechende Heirathsweise, welche von den holländischen Behörden besonders begünstigt wird und die Samundo

suka sama suka heißt. Bei solchen Ehen haben Mann und Frau gleiche
Rechte, und nach dem Tode eines Theils ist der überlebende Erbe. Der
Bräutigam giebt bei diesen Heirathen seinen Schwiegereltern nur ein kleines
Geschenk (Kasiarta).

Die Gesetze der Malayen sind theils dem Koran entnommen, theils sind
sie Ueberreste altmalayischer und indischer Rechtsgebräuche. Diebstahl wird bei
ihnen durch Geldbuße bestraft. Die Todesstrafe kann in den meisten Fällen
durch Zahlung abgekauft werden, wie überhaupt das Geld bei den Malayen
eine noch größere Rolle spielt als selbst in Europa. Nur eine Frau, die ihren
Mann getödtet hat, muß ohne Nachsicht wieder sterben.

Malayische Wohnhäuser.

Im Uebrigen zeigt sich das Malayenvolk auch in der Gesetzgebung als ein
kriegerisches, welches den Gebrauch der Waffen und die Selbsthülfe begünstigt.
Wer von Jemand thätlich beleidigt wird, hat das Recht, mit seinem Gegner
einen Kampf auf Leben und Tod zu beginnen. Wenn ein nicht verheirathetes
Frauenzimmer schwanger geworden ist, so muß es eine Geldbuße entrichten.
Bei Zahlungsunfähigkeit verliert sie ihre Freiheit. Höchst sonderbar ist die Einrichtung, daß bei dem Todesfall eines Mannes nicht die eigenen Kinder, sondern die Schwestersöhne und Töchter als Erben eintreten.

Wenn ein junger Mann Wohlgefallen an einem Mädchen hat und sie
als Frau zu besitzen wünscht, so gebraucht er gewöhnlich eine Matrone als

Unterhändlerin. Die Eltern werden davon benachrichtigt, und wenn man die
Zustimmung derselben erlangt und über die Art der Heirath übereingekommen ist,
dann schickt der Werber den Eltern ein Geschenk, und diese bestimmen dann die
Zeit der H o c h z e i t. Bei dieser Gelegenheit wird ein Fest (limbang) gegeben, das
1—7 Tage dauern kann. Ein Karabau und einige Ziegen werden geschlachtet,
alle Einwohner des Dorfes eingeladen und bisweilen noch Leute aus der ganzen
Umgegend herbeigezogen, um dem Feste beizuwohnen. Der Malaye betrachtet
die Gäste als „Zeugen" für die geschlossene Ehe. Kontrakte, sagt er, können
gefälscht und geleugnet werden, aber Hunderte von Zeugen können nicht Lügen
gestraft werden. Wir sehen schon hieraus, daß unter den Malayen Täuschung
und Betrug nicht zu den Seltenheiten gehören. In der That übertreffen sie
hierin an Schlauheit die meisten anderen Nationen. Die Heirathskontrakte wer=
den bisweilen in so zweideutiger Weise aufgesetzt, daß entweder der Schwieger=
sohn, ohne daß er es weiß, zum Leibeigenen der Schwiegereltern wird, oder es
werden diese und die junge Frau getäuscht, je nachdem der eine oder der andere
Kontrahent seinen Mitkontrahenten an Schlauheit übertrifft. Deshalb giebt es
nach der Hochzeit oft Prozesse, wobei die in der Redekunst sehr bewanderten
Malayen ihre Sache selbst vertheidigen.

Wenn das Mittagsmahl zu Ende ist, unterhält sich ein Theil der Gesellschaft
durch Spiel und Hahnenkämpfe, oder die jungen Leute tanzen nach dem Takte
der Musik. Bei den Malayen ist der Tanz nicht so verpönt wie bei den Javanen;
selbst die Töchter vornehmer Malayen geben sich dieser Unterhaltung gern hin.
Der Hochzeitsschmaus und die übrigen zum Feste gehörigen Vorgänge werden
gewöhnlich im Gemeindehause (Ducum) abgehalten. Dort findet auch die Trauung
durch einen Priester statt. Nach derselben kann der Bräutigam jedoch seine Braut
noch nicht in sein Haus führen, weil dies die aus alten Frauen bestehende Leib=
garde der letzteren verhindert. Erst nach Beendigung des Festes, das bei Be=
mittelten 7 Tage währt, bei weniger Bemittelten am siebenten Tage seine Wieder=
holung findet, wird die junge Frau ins Haus ihres Gatten gebracht. Zum Zeichen
der geschehenen Vermählung wird in manchen Distrikten ein Pflock in den Boden
vor dem Hause der Neuvermählten gesetzt, welche Ceremonie sie tako kaju nennen.

Den Malayen ist erlaubt, so viele Frauen zu nehmen, als sie ernähren
können, doch machen sie nur selten von dieser, von ihrer Religion und dem
Staate gegebenen Erlaubniß Gebrauch und leben in der Regel in Monogamie.
Die malayischen Frauen erfreuen sich indessen nicht jener schonenden Behandlung
von Seiten ihrer Männer, deren die Javaninnen theilhaftig sind. Sie müssen
nicht nur die häuslichen Geschäfte versehen, die Pflege der Kinder übernehmen,
Kattun weben und färben, Netze flechten, sondern auch einen Theil der Feld=
arbeit verrichten. Trotzdem gebären die malayischen Frauen leicht, doch sind sie
nicht sehr fruchtbar. Nach dem dreißigsten Jahre bekommen sie in der Regel
keine Kinder mehr und nach dem vierzigsten sind sie ergraute Mütterchen. Man
schreibt das frühzeitige Altern der Frauen in vielen Tropenländern in der Regel

dem Einfluß des Klima's zu. Aber abgesehen davon, daß es Tropenländer giebt, wo ein solches frühzeitiges Altern der Frauen nicht bemerkt wird, ist kein physiologischer Grund denkbar, weshalb das Tropenklima die Wirkung auf den Eingeborenen, und zwar ausschließlich auf das weibliche Geschlecht ausüben soll. Dazu kommt, daß wir diese Erscheinung bei den auf der Hochebene wohnenden Malayen ebenso wie bei den in den Niederungen wohnenden finden, obgleich erstere in einem ziemlich gemäßigten Klima leben. Der Grund des frühzeitigen Hinwelkens der Frauen in vielen Tropenländern liegt vielmehr, wie wir schon früher erörtert haben, in der zu frühen Verheirathung.

Nach der Geburt wird dem Kinde ein Name gegeben, den es aber selten während des ganzen Lebens behält. Eine Namensveränderung oder wenigstens eine Erweiterung des Namens findet statt, entweder bei einem wichtigen Familienereignisse oder nach Ausführung einer für wichtig gehaltenen That. Der erste Name, der dem Kinde gegeben wird, heißt namo daging, der spätere golar. Die Malayen sprechen ihren eigenen Namen nicht gern aus, da sie solches für unbescheiden oder schädlich halten. Wenn ein mit dieser Sitte unbekannter Europäer einen Malayen nach seinem Namen fragt, so kommt letzterer sichtlich in Verlegenheit, aus welcher ihn gewöhnlich einer der Anwesenden durch Beantwortung der Frage reißt.

Die malayischen Frauen tragen ihre Kinder gewöhnlich nicht auf dem Arme, sondern auf dem Rücken, mehr gegen die rechte Seite, und zwar in der sackartigen Höhlung eines vorn festgebundenen Tuches. Diese Sitte weist schon darauf hin, daß die Frauen bei dem Herumtragen der Kinder noch andere Arbeiten verrichten, bei welchen sie die Hände frei haben müssen.

Selten bedienen sich die malayischen Frauen der Wiegen zum Einschläfern der Kinder, sondern kleiner Hängematten, die an zwei entgegengesetzten Enden aufgehängt sind. Die Kinder entwickeln sich in der Regel bald und lernen frühzeitig laufen. Im Uebrigen bleiben sie sich selbst überlassen, gehen nackt und brauchen gegen Kälte nicht geschützt zu werden.

Sehr früh gehen die Knaben zu öffentlichen Versammlungen, wodurch sie mit den Verhältnissen der Gemeinde und des Landes bekannt werden. Auch wird dort ihr Rednertalent ausgebildet, worauf die Malayen, wie erwähnt, kein geringes Gewicht legen. Es ist nur zu verwundern, daß ein Volk, welches so gern lange Reden bei verschiedenen Gelegenheiten hält, dennoch die zum deutlichen Sprechen so nothwendigen Organe, nämlich die Zähne, absichtlich verstümmelt. Was die Europäer, und besonders die schönere Hälfte derselben, künstlich zu ersetzen suchen, wenn es durch Krankheit oder Alter verloren geht, zerstören die Völker des Archipels in absichtlicher Weise.

In Fällen von Krankheiten werden männliche oder weibliche Aerzte (Tukun) zu Rathe gezogen, welche theils durch Kräuter, theils durch abergläubische Gebräuche die Krankheit bekämpfen. Stirbt der Kranke, so wird die Leiche auf ein für solchen Gebrauch im Dusun aufbewahrtes Bret gelegt und dem

Grabe (Kubur, offenbar gleichen Ursprungs mit dem hebräischen „Keber", Grab) zugeführt. Letzteres wird so gegraben, daß in einer gewissen Tiefe eine Seitenhöhlung in die Erde gemacht wird, in welche man die in weiße Tücher ge= hüllte Leiche auf die rechte Seite legt. In diese Höhlung werden auch verschiedene Blumen gelegt und dann die senkrechte Oeffnung mit Erde zugeschüttet. Die Frauen weinen bei dieser Gelegenheit hergebrachtermaßen und heulen laut, bis die Bestattung vorüber ist. Im Umkreise des Grabes werden kleine Flaggen aufgesteckt. Auch pflanzen die Malayen gern den mit weißen Blüten versehenen Strauch Plumeria obtusa in die Nähe des Grabes. Nach Verlauf eines Jahres kommen die Verwandten des Verstorbenen wieder auf das Grab, verrichten Ge= bete und schlachten einen Karabau, dessen Kopf sammt den Hörnern auf dem Grabe der Verwesung überlassen wird. Die Malayen betrachten die Gräber als heilige Stätten und bestrafen eine Entweihung dieser Plätze sehr streng.

Zur Vervollständigung des ethnographischen Bildes der Malayen müssen wir nun auch noch einen Blick auf ihre Unterhaltungen und Spiele werfen. Außer dem Würfel= und Kartenspiel, bei welchem letzteren chinesische Karten gebraucht werden, spielen die Malayen häufig Schach (Main gadjah, Elefanten= spiel), in welchem Spiele sie es mit den Europäern wohl aufnehmen. Der König im Schachspiel heißt Radja, die Königin Mantri, d. i. Minister oder Feldherr. Die asiatischen Völker, von denen bekanntlich das Schachspiel nach Europa gekommen, kennen keine Königin im Spiele; die Dame wußte sich nur bei den galanten Europäern eine hohe Bedeutung im Schachspiel wie im Leben zu erringen. Der Läufer heißt Gadjah (Elefant), der Springer Kuda (Pferd), der Thurm Ter und die Bauern Bidak. „Schach dem König!" wird durch „Sah" ausgedrückt und „Schachmatt" heißt Mati (todt), aus welchem Worte vielleicht das deutsche „Matt" sich gebildet hat.

Die Malayen wissen sich in zierlicher und höflicher Sprache auszudrücken. Sie sprechen nie die Person selbst an, sondern nennen entweder den Rang der Person oder das Wort „Duan" (Herr), wie: „Duan suka djalang por Natal?" (Beliebt der Herr nach Natal zu gehen?)

Unzertrennlich von dem Malayen erscheint auch die Siri=Dose, in der er die Blätter der Betelpfefferrebe in Verbindung mit Arekanüssen und unge= löschtem Kalke aufbewahrt. Durch das Sirikauen werden die Zähne roth, die Lippen gelbroth, Zahnfleisch und Gaumen braun gefärbt, sodaß ein geöffneter Mund wie eine dunkle Höhle erscheint. Es erfordern indessen Anstand und Sitte, daß Jedermann Siri kaue, denn es erhöht und fördert die Verdauung und erzeugt einen wohlriechenden Athem. Daher ist es allen indischen Völkern ein so unentbehrliches Lebensbedürfniß geworden, daß Jeder, der ein Stückchen Ackerland besitzt, sich seine Betelblätter gern selbst zieht. Doch kommen sie auch auf dem Markte zum Verkaufe. An Stangen von 10 m. Höhe klettern die Siripflanzen mit ihren großen herzförmigen Blättern in die Höhe, so daß die Pflanzungen von ferne unseren Bohnenfeldern gleichen; nur stehen die einzelnen

Stangen weiter auseinander und das schön geformte Blatt mit seinem lichten
Grün gewährt der ganzen Anpflanzung eine viel lieblichere Erscheinung.

In der voranstehenden Schilderung haben wir namentlich diejenigen Ma=
layen im Auge gehabt, welche auf Sumatra seßhaft sind. Da das merkwürdige
Volk jedoch über den ganzen ostasiatischen Archipel verbreitet ist, so hat es hier
und da auch Manches von den Sitten der anderen Stämme, mit denen es in
Berührung kam, angenommen und hiernach wäre das Bild denn abzuändern.
Die weite Ausdehnung der Malayen hängt entschieden mit ihrer Begabung
zur Schifffahrt zusammen, und diese wurde wieder ein Grund, daß sie sich
als Seeräuber einen berüchtigten
Namen machten.

Von der Kleidung der Ma=
layen müssen wir hier auch noch
einige Worte sagen. Sie ist im All=
gemeinen hübsch und geschmackvoll
zu nennen, und wie zerrissen und
elend auch ihre Werktagskleider sein
mögen, an Festtagen erscheinen sie
stets sauber und nett. Die Tracht
der Männer besteht aus dem Baju,
einer meistens weißen Jacke, dem
Sluar, einer kurzen Hose, und dem
Sarong, der um die Hüfte gewun=
den wird und bis an die Kniee reicht.
Um das Haupt wird der Sapu=
targan getragen. Die Kleidung der
Frauen ist noch einfacher. Ein Sa=
rong fällt bei den jungen Mädchen
von dem Busen bis auf die Knöchel
herab, während er bei den älteren
Frauen nur von den Hüften bis
zu den Füßen reicht. Ueber die

Vornehmer Malaye (Javane).

Schultern wird die Kabia, ein vorn offenes, loses Gewand, geworfen. Einzelne
tragen auch, wie die Männer, ein Tuch um den Kopf gewunden; die Meisten
aber sind baarhaupt und schmücken ihr Haar mit Kupfer= und Goldzierrathen.

Da, wie wir oben schon erwähnt haben, die östliche Abtheilung der ma=
layischen Volkswelt eine viel ältere Stufe der Entwickelung darstellt als die
westliche, und hier vor Allem die Samoagruppe als jener Punkt gelten kann,
wo Sprache und Sitte sich in ungetrübtester Reinheit erhalten haben, so werden
wir bei Darstellung des malayischen Volksthums besonders auch auf die dort
geltenden Gebräuche zurückgehen müssen. Die zu Polynesien gehörende Samoa=
gruppe, bereits im Jahre 1722 von Roggeveen entdeckt und früher mit dem

Namen der Navigator= oder Schiffer=Inseln belegt, liegt unter 13 bis 15°
südl. Br. und etwa 170° östl. L. von Greenwich. Sie besteht aus den sechs
Inseln Sawaii, Upolu, Tutuila, Manua tele, Ofu und Olosinga.

Alle Berichte stimmen darin überein, daß die Samoaner gutmüthig, ehr=
lich, heiteren Sinnes, höflich und gastfrei sind. Freilich hat ihr Charakter auch
seine Schattenseiten. Man wirft ihnen Habsucht, Trägheit, Veränderlichkeit und
Neigung zum Betruge vor. Abgesehen von den guten und schlechten Seiten ihres
Charakters sind die Samoaner ein schöner, kräftiger Menschenschlag, und die
hellfarbigsten in Ozeanien. Die Männer sind groß, stark und von schönem,
kräftigem Wuchs. Den Mädchen fehlt es nicht an natürlicher Grazie; die Weiber
sind vielleicht etwas zu stämmig gebaut.

Das schwarze Haar tragen sie verschiedentlich; manche schneiden es kurz
und färben es röthlich, andere lassen es lang wachsen und entweder beliebig
herabhängen, oder sie fassen es mit einem Ringe in einen großen Büschel zu=
sammen, der an den Spitzen röthlich gefärbt wird. Mancher Kopfputz ist sehr
schön, indem man eine Art Stirnband um den Kopf legt, der aus zwei oder drei
Reihen großer weißer Perlen besteht, und noch durch die geschmackvoll im Haar
angebrachten scharlachrothen Blumen des Hibiscus gehoben wird. Die Häupt=
linge tragen im Kriege und bei friedlichen Gelegenheiten einen absonderlichen
Kopfputz, der den Kopf ungeheuer vergrößert, nämlich außerordentliche Perrücken
ihres eigenen Haares, die mit mächtigen Federn verziert werden, welche oft
$2/3$ m. über den Kopf emporragen.

Die gewöhnliche Bekleidung der Samoaner besteht in einem Gürtel aus
den Blättern einer Dracäna, der um die Lenden gebunden wird und bis an die
Schenkel hinabreicht; doch tragen die Frauen auch häufig lange, weiße, zottige
Mäntel, die aus den Fasern des Hibiscus gewebt sind. Man hat überdies sehr
feine und sehr schöne Matten, die mit einem Saum von rothen Federn geziert
und so weich sind, daß sie sich wie Baumwolle anfühlen. Dergleichen werden
aber nur von den Häuptlingen bei großen Festen als Mäntel getragen.

Wie nothdürftig aber auch immer die Samoaner bekleidet sein mögen, so
erscheinen sie dem Auge doch stets, als ob sie es vollständig wären. Dies kommt
daher, daß sie sich am ganzen Leibe sehr stark und sorgfältig tätowiren. Das
Tätowiren ist auf Samoa ein förmliches Handwerk, das gut bezahlt und selbst
jetzt noch in gewissem Umfange betrieben wird. Die Operation ist sehr schmerz=
haft und langwierig, und doch können die jungen Burschen sie kaum erwarten,
weil sie sonst nicht für Männer angesehen werden.

Der junge Mann, der tätowirt werden soll, streckt sich auf eine Matte aus
und legt den Kopf in Jemandes Schoß, während einige Andere ihn an den
Beinen halten und aus Leibeskräften singen, um das Schmerzensgeschrei und
das Stöhnen des Burschen zu übertäuben. Nun erscheint der Künstler mit
einem Hammer und mehreren Kämmen, die aus Menschenknochen gemacht und
an einem Griffe befestigt sind. Den Kamm taucht der Künstler in eine Mischung

von Kokosnußasche und Wasser, setzt die Zinken auf die Haut des jungen Mannes
und treibt sie mit raschen Hammerschlägen in die Haut. Zur Seite stehen Leute,
die das aus den zerstochenen Theilen hervorquellende Blut abwischen. Auf diese
Weise überzieht der Tätowirer den ganzen Leib mit Mustern, die er einschlägt;
aber er bringt in einer Stunde kaum eine Fläche von 9 cm. im Geviert fertig;
dann läßt er den Burschen aufstehen, und es legt sich ein Anderer an seiner
Stelle nieder. Nach etwa einer Woche geht es von Frischem los, und so wird das
Geschäft drei bis vier Monate fortgesetzt, bis der ganze Körper tätowirt ist.

Häuptling der Samoa-Inseln mit Familie.

Während der Zeit, welche von der Operation in Anspruch genommen wird,
sieht der arme Teufel jämmerlich aus; die zerstochenen Körpertheile sind ge-
schwollen und entzündet und lassen noch nichts von einem Muster sehen. Er
humpelt unter entsetzlichen Schmerzen umher und sucht sich mit einem Wedel
der Fliegen, die ihn quälen, zu erwehren. Endlich aber kommt der Lohn: sobald
die Wunden geheilt sind, treten die Muster in ihrer ganzen Pracht zu Tage, und
dieses Ereigniß wird durch einen tüchtigen Tanz gefeiert.

Das Tanzen ist bei den Samoanern überhaupt sehr beliebt. Sie tanzen
in verschiedenen Gruppen, die sich unter mannichfachen Geberden in entgegengesetzten Richtungen bewegen. Dabei bilden Singen, Händeklatschen, Takt-
schlagen und Trommeln die musikalische Begleitung. Ihr Gesang ist freilich sehr einförmig; sie beginnen langsam, steigern aber den Takt immer
mehr, bis sie endlich so rasen, daß ihnen der Schweiß den Leib hinabläuft.

Die Trommeln entsprechen europäischen Begriffen eben so wenig. Sie bestehen aus einem ausgehöhlten, 2 bis 3 m. langen Block, den man mit einem Stock oder einem Hammer schlägt. Auch trommelt man in der Weise, daß man ein Bambusrohr, das oben offen und unten geschlossen ist, gegen den Boden stößt. Als Würze dient bei Tänzen der Hanswurst; kein ansehnlicher Häuptling geht zu einer solchen Festlichkeit ohne einen oder etliche Narren, die durch ihre tolle Kleidung, Geberden und Witze Gelächter hervorzurufen suchen.

Neben dem Tanz sind noch manche zeitvertreibende Spiele im Gange; auch Boxen, Ringen und andere Kraftspiele werden geübt.

Im Flechten von Matten sind besonders die Frauen außerordentlich geschickt; dagegen leisten die Männer das Ihrige im Schiffs= und Hausbau. Die gewöhnlichen Fischerkanoes bestehen blos in einem ausgehöhlten Baumstamme; aber die besseren Kähne werden von berufsmäßigen Schiffszimmerleuten gebaut. An dem Kiele, der in der Länge von 8 bis 15 m. gelegt wird, werden die Schiffs= wände befestigt, indem man Planke an Planke ansetzt und diese nicht durch Nägel, sondern mit Bindfaden so geschickt und so fest unter einander verbindet und die Fugen dermaßen mit dem Harze des Brotfruchtbaumes überstreicht, daß das Ganze wasserdicht ist. Am Bug und am Stern ist je ein kleines Ver= deck, das erstere ein Ehrenplatz, das letztere für die Mannschaft bestimmt. Die Kähne werden nicht angestrichen, wol aber werden die beiden Verdecke mit Reihen weißer Muscheln verziert. Diese Kähne sind 1/2 m. breit, 5 bis 17 m. lang und mit Auslegern versehen; sie führen sowol ein dreieckiges Segel als auch Ruder. Doppelkanoes bauen die Samoaner nicht mehr.

Der Hausbau liegt ebenfalls in der Hand berufsmäßiger Zimmerleute. Denkt man sich einen ungeheuren Bienenkorb von 10 m. im Durchmesser und gegen 35 m. im Umfang, der durch eine Anzahl kleiner Pfähle, die in Zwischen= räumen von 1 1/2 m. ringsum angebracht sind, etwa 1 1/4 m. über den Erdboden erhöht, so hat man das Bild eines samoanischen Hauses. Die Zwischenräume zwischen den Pfählen werden zur Nachtzeit mittels Blenden von Kokosnußblatt geschlossen, die bei Tage aufgezogen werden, um der frischen Luft freien Zugang zu schaffen. Den Fußboden bildet eine 15 bis 20 cm. hohe Lage gewöhnlicher Steine, auf welche erst eine Schicht glatter Kiesel, dann Matten aus Kokosnuß= blättern und schließlich eine Lage feiner Matten kommt. Das ganze Gebäude stützt sich auf zwei bis drei starke Balken, die in der Mitte eingerammt sind und das Dach tragen. Der Zwischenraum zwischen den Sparren ist mit dem Holze des Brotbaumes ausgefüllt, das in lange, vom First bis zur Dachtraufe hinab= reichende Stäbe geschnitten wird. Darüber wird das Dach mit großer Sorg= falt gelegt. Man verwendet dazu die trockenen Blätter des Zuckerrohres, die an 2 m. langen Rohren aufgereiht und in diesen Lagen so auf dem Dach angebracht werden, daß die obere Schicht die untere oben überragt. Ein solches Haus hat blos ein Gemach; aber zur Nachtzeit hat jeder Schläfer einen Raum von etwa je 2 1/2 m. Länge und Breite für sich, der durch Mattenvorhänge abgeschlossen ist.

Letztere dienen zur Abwehr der Musfiten und werden bei Tage eben so wie die Matten und das hölzerne Kopffissen, worauf man schläft, entfernt. In der Mitte des Gemaches befindet sich die Feuerstätte, die in einem runden Loche besteht. In demselben verbrennt man Abends dürre Kokosnußblätter zur Beleuchtung des Hauses.

Neben anderen in der Südsee gebräuchlichen Waffen ist den Samoanern eine besonders eigenthümlich: ein Paar Handschuhe aus Kokosnußfasern, die mit mehreren Reihen einwärts stehender Haifischzähne besetzt sind. Packt man damit den Gegner, so ist er durch die Zähne festgehalten. Gegen diese furchtbare Waffe suchen sich die Samoaner durch breite, dicke Gürtel zu schützen, die vom Arme bis zur Hüfte hinabreichen und aus Kokosfasern so fest und dicht gemacht sind, daß der Haifischzahn sie nicht durchschlägt. Zur größeren Vorsicht trägt man bisweilen förmliche Panzerhemden, die auf dieselbe Weise verfertigt werden.

Die Samoaner müssen sich früh im Gebrauche der Waffen üben, weil Kriege bei ihnen häufig vorkommen, oft nur um einer Frau willen. Will ein Häuptling in den Krieg ziehen, so bietet er die Mannen seines Gebietes auf, die sich, um nicht in einander zu gerathen, auf beiden Seiten durch besondere Haartrachten und sonstige Abzeichen unterscheiden. Der Kampf beginnt nach homerischer Weise, indem die Häuptlinge einander zum Zweikampf herausfordern, und wird erbittert geführt. Aber die Mannschaft hält das Feld blos so lange, als es ihr beliebt. Fühlt sich ein Krieger zurückgesetzt, oder denkt er die Ernte einbringen zu müssen, so schultert er seinen Streitkolben und zieht ab.

Was die sonstigen Sitten und Gebräuche der Samoaner betrifft, so halten es die Häuptlinge unter ihrer Würde, sich persönlich um ein Weib zu bewerben; sie verwenden dazu einen Mittelsmann und übersenden, wenn die Bewerbung beifällig aufgenommen wird, dem Vater der Braut Geschenke, die mit Gegengeschenken erwiedert werden. Am Hochzeitstage muß sich die Braut, mit Oel gesalbt und mit den feinsten Matten bekleidet, auf einem offenen Platze mitten im Dorfe ausstellen, um die Stimme der öffentlichen Meinung über sich ergehen zu lassen. Wird sie eines Häuptlings für würdig befunden, so wird sie als dessen Weib vorgestellt und in sein Haus geführt; entgegengesetzten Falles würde sie auf der Stelle getödtet werden. Die Häuptlinge nehmen zwar das Recht in Anspruch, so viel Weiber zu nehmen als ihnen beliebt, doch werden die Weiber durchgängig gut behandelt.

Bei Todesfällen ertönt zunächst ein unbeschreibliches Wehklagen; dann schickt man sich sofort zur Beerdigung an, weil sich der Körper nicht lange frisch erhält. So lange die Leiche im Hause ist, genießt die Familie nichts unter demselben Dach, sondern ißt außerhalb des Hauses. Am folgenden Tage wird die Leiche auf eine Matte gelegt, mit wohlriechendem Oel gesalbt und in Tuch eingewickelt; dann bringen die guten Freunde Geschenke und geleiten den Todten zu Grabe. Früher begrub man die Leichen ohne Sarg; jetzt stellt man einen solchen dadurch her, daß man die Enden eines Kanoes abschneidet und an einander fügt.

Die Gefetze der Samoaner haben manches Eigenthümliche. Mord wird
mit dem Tode beftraft. Da aber die ganze Familie, um vor Rache ficher zu
fein, den flüchtigen Mörder begleiten und ihre Pflanzungen und Alles im Stich
laffen muß, fo löft fich praktifch die Strafe für Mord in eine Geldbuße auf.
Einen Fruchtbaum befchädigen, eine Einfriedigung zerftören, von einem Häupt=
ling unehrerbietig fprechen oder Fremde roh behandeln wird hart geftraft.
In leichteren Fällen kommt freilich der Uebelthäter damit los, daß er vor dem
Häuptling und feinem Beirath eine recht beißende Wurzel kauen muß; andern=
falls muß er wol mehrmals einen ftacheligen Seeigel fangen und mit demfelben
Fangball fpielen, oder fich den Kopf mit fcharfen Steinen zerfchlagen. Die här=
tefte und erniedrigendfte Strafe befteht darin, daß man dem Uebelthäter Hände
und Beine zufammenbindet, ihn wie ein Schwein, das zum Kochofen gebracht
werden foll, auf den Stamm eines fehr dornigen Baumes befeftigt und ihn fo
zu dem Haufe oder dem Dorfe, gegen das er gefündigt hat, fchafft.

In Rechtsftreitigkeiten entwickeln die Samoaner eine Schlauheit und Ge=
wandtheit, die dem geriebenften Sachwalter Ehre machen würden. Sie find
unerfchöpflich in Kniffen und Winkelzügen und winden fich wie die Aale, um
durchzufchlüpfen; fie fchützen eine Ausflucht nach der anderen vor und ftrecken
erft die Waffen, wenn fie fich auf allen Punkten gefchlagen fehen.

Die Regierungsform auf Samoa hat etwas Patriarchalifch=Demokratifches,
obwol die Infeln unter Häuptlingen ftehen. Diefe theilen aber die gewöhnlichen
Gefchäfte des Tages mit dem gemeinen Manne: fie gehen auf den Fifchfang,
bearbeiten ihre Anpflanzung, helfen beim Hausbau u. dgl. Der Häuptling eines
Dorfes bildet in Gemeinfchaft mit den Familienhäuptern den gefetzgebenden
Körper und die entfcheidende Behörde für Rechtsftreitigkeiten im Ort. Die ein=
zelnen Dörfer treten zu acht oder zehn wieder zu einem Bezirk oder Staat zu
gegenfeitigem Schutze zufammen, an deren Spitze bisweilen ein König fteht. Die
Häuptlinge und Familienhäupter des Bezirkes entfcheiden über Streitigkeiten
zwifchen einzelnen Dorffchaften und über Krieg und Frieden, Alles in einer parla=
mentarifchen Sitzung, Fono, die im Freien gehalten wird.

Die Vertreter jedes Dorfes haben ihre beftimmten Sitzplätze unter alt=
ehrwürdigen, fchattigen Brotfruchtbäumen und bilden Gruppen rings um einen
offenen Platz, genannt Malae, etwa dem alten römifchen Forum entfprechend.
Die Sitzungen find öffentlich und die Redner find zum Zeichen ihrer Würde
mit einem Fliegenwedel ausgeftattet.

Tangaloa, der polynefifche Jupiter, genießt nicht gleiche Verehrung
wie die Kriegsgötter Tamafarga, Sinleo und Onafanua, deren erfterer
die Kriegsflamme fchürt, während der zweite die Streiter in den Kampf führt,
der dritte fie aber während des Gefechtes ermuthigt. Mafaie ift der Gott
der Erdbeben, hat aber nur einen Arm. Daneben kennt man noch den Gott
Safu, der die Erde ftützt, die Götter des Blitzes, des Regens, der Winde und
eine Menge kleinere Götter.

In die Unterwelt gelangt man nach den Vorstellungen der Samoaner am westlichen Ende von Sawaii. Ist Jemand dem Tode nahe, so glaubt man, daß sein Haus von einer Schar Geister umschwärmt wird, die insgesammt die Seele in die Unterwelt zu bringen wünschen. Daher geht zur Nachtzeit Niemand aus, indem er fürchtet, von den Geistern weggeschnappt zu werden. Sobald die Seele den Körper verlassen hat, geht sie in Begleitung des Geisterschwarmes nach dem westlichen Ende von Sawaii. Freilich hat sie einen großen Marsch zu Lande zu machen, wenn der Verstorbene auf einer der östlichen Inseln lebte. Endlich am Tafa, dem Eingang der Unterwelt, angelangt, gewahrt der Geist einen Kokos- nußbaum, den er nicht berühren darf, wenn er nicht als Wiederbeleber zurück- geschickt sein will. Berührt er den Baum nicht, so geht er ohne Weiteres durch den Eingang und gelangt an zwei Wasserbecken, wo die Geister hinabsteigen; das eine ist für die Häuptlinge, das andere für das gemeine Volk bestimmt. Hier in der Unterwelt giebt es Himmel, Erde und Meer, und die Bewohner haben leibhaftige Körper und treiben die Beschäftigungen ihres früheren Lebens, Fischen, Kochen u. dgl. In diesem Zustande kehren sie als Aitus im Dunkeln nach der Oberwelt beliebig zurück, und verursachen unter den Familien Krank- heit und Tod. Daher sucht sich Jeder mit einem Sterbenden auf möglichst guten Fuß zu setzen. Die Häuptlinge, meint man, haben in der Unterwelt einen Platz, Pulota genannt, für sich, wo sie Lebensmittel in Ueberfluß und Vergnügen nach Herzenslust haben.

Daß die Samoaner auch auf Vorbedeutungen viel Gewicht legen, versteht sich hiernach ganz von selbst. So betrachten sie es als ein günstiges Anzeichen, wenn der schwarze Storch vor einem Kriegerzuge in derselben Richtung hinfliegt. Ein verschleierter Mond, eine helle Sternennacht, ein Komet bedeuten stets den Tod eines Häuptlings, und der bei uns friedliche Regenbogen gilt dort für ein Zeichen des Kriegs. Damit hängt auch sonstiger Aberglaube zusammen. Wenn z. B. Jemand wünscht, daß ein Schwertfisch Einen, der ihm Etwas stehlen möchte, durchbohren möge, so flicht er einige Kokosnußblätter in Gestalt eines Schwertfisches zusammen und hängt sie an die Bäume, die er zu schützen wünscht. Jeder gewöhnliche Dieb würde sich an einem solchen Baume nicht zu vergreifen wagen; er würde fürchten, bei der ersten Gelegenheit werde sich ein Schwert- fisch auf ihn stürzen und ihn tödlich verwunden.

Die Sprache der Samoaner ist wohllautend und der einzige polynesische Dialekt, in welchem das s vorkommt; doch vermochten die Missionäre mit vier- zehn Buchstaben alle Laute dieser Sprache schriftlich zu bezeichnen. Wollen die Samoaner Wörter einer anderen Sprache aussprechen, so sagen sie L für R (Malae für Marae), S für H, T statt K und sprechen G durch die Nase.

Beide Geschlechter bekleiden sich gleichmäßig mit einem Stück Tapatuch, das etwa 2 m. breit und 2½ m. lang ist und gerade hinreicht, um andert- halbmal um die Hüften geschlungen zu werden. Es wird mittels eines Gürtels festgehalten und hängt wie ein Unterrock bis auf die Mitte der Beine hinab.

Oberhalb des Gürtels ist das Zeug in Falten geschlagen, so daß es, wenn man diese aus einander legt, recht füglich um die Schultern emporgezogen werden kann.

Das Tapatuch wird von den Weibern aus dem Baste des Gnatu oder Papier=maulbeerbaumes (Broussonetia papyrifera) verfertigt, den man zu diesem Be=hufe anbaut und 2—2¼ m. hoch aufschießen läßt. Von den 6—10 cm. dicken Stämmchen streift man die Rinde ab, schabt die äußere Schale weg, rollt das Bast auf und weicht es eine Zeit lang in Wasser ein. Hierauf legt man es quer über einen Baumstamm und schneidet es in gleich lange Stücke, die man mit einem viereckigen Holze, das etwa ⅓ m. lang und gerieft oder flach ist, schlägt; ein Vorgang, der zur größeren Verdichtung des Stoffes mehrmals wiederholt wird. Auf diese Weise gewinnt man Stücke Zeug, die 1½—2 m. lang und etwa halb so breit sind, und die man nun zum Trocknen auslegt. Nach dem Trocknen fügt eine andere Person die verschiedenen Zeugstücke zusammen, indem sie den Rand derselben mit dem klebrigen Safte einer Beere, Tuu, bestreicht. Nunmehr bringt man die Stücke unter eine Art Stempel, um die Muster auf=zuschlagen. Man braucht dann blos noch ein solches Stück Tuch in eine Brühe aus der Rinde des Koka (Erythroxylon Coca) zu tauchen und es rasch und kräftig zu reiben, — es gewinnt alsbald eine glänzend braune Farbe.

Das Zeug ist natürlich für die unteren Klassen zu kostspielig; sie tragen es höchstens in kleineren Stücken, oftmals auch nur eine Schürze aus Blättern.

Die dritte Gruppe von Malayenvölkern finden wir östlich von den Philippinen, nördlich vom oder hart am Aequator auf den Marianen, der Karo=linenkette, sowie in den Ralik=, Rattak= und den Gilbert=Völkern. Neuerdings faßt man diese Mischvölker von Polynesiern und Papuanen unter dem Namen Mikronesier zusammen.

Wir haben nun die Malayen auf verschiedenen Stufen ihrer Entwickelung und unter dem Einfluß verschiedener äußerer Einwirkungen so kennen gelernt, daß wir uns von ihnen verabschieden können, um einen nächsten Stamm der mongolischen Völker kennen zu lernen. Es sind dies zunächst die Bewohner Hinterindiens, von Peschel als Malayochinesen bezeichnet, an die sich gegen Westen die Bevölkerungen von Tibet und der südlichen Abhänge des Himalaja und gegen Norden und Nordosten die Chinesen anschließen. Ihnen allen sind gleichfalls langes, straffes Haar, Mangel an Bartwuchs, eine farbige, meist ledergelbe Haut und schiefgestellte Augen eigen.

Müller faßt sie unter dem Namen „Völker mit einsilbigen Sprachen" zu=sammen und theilt sie in 1) Tibeter und Himalajavölker, 2) Barmanen und Lohitavölker, 3) die Aboriginerstämme der indo=chinesischen Halbinsel, 4) Thai=völker, 5) Annamiten, 6) die Aboriginer China's und 7) die Chinesen.

Wie wir überall als Typus des Stammes nur ein Volk aufgeführt und dessen Sitten und Gebräuche geschildert haben, so greifen wir aus den hierher gehörigen, sich mehr oder minder ähnelnden Rassenangehörigen die Chinesen heraus, mit denen wir uns kurz beschäftigen wollen.

Müller schildert die Chinesen mit folgenden Worten: „Die Gestalt ist mittelgroß, gut gebaut, etwas schwächer als die des Europäers, mit einer Neigung zum Fettwerden. Die Frauen sind klein und zierlich. Das Gesicht ist rund und glatt, die Backenknochen hoch. Die Nase ist klein und etwas eingedrückt. Die Augen sind klein, schräg geschnitten und schwarz; die Lippen fleischig, aber nicht wulstig. Das Haupthaar ist grob, schlicht, schwarz und glänzend; der Bartwuchs schwarz; meistens findet sich nur der Schnurrbart und ein schwacher Anflug am Kinn; die Behaarung am übrigen Körper mangelt ganz. Farbe der Haut gelblich, mit einem Stich ins Bräunliche. Frauen, welche sich der Luft wenig aussetzen, bekommen einen krankhaft weißen Teint, die Männer dagegen sind stets etwas dunkler gefärbt. In der Jugend, etwa vom fünfzehnten bis zwanzigsten Jahre, ist der Chinese oft von hübschem, einnehmendem Ansehen; dagegen wird er bald darauf in der Regel häßlich, da die breiten Backenknochen hervortreten.‘

Die bemerkenswertheste Eigenschaft des Chinesen ist eine Ausdauer, die nicht leicht die einmal eingeschlagene Bahn verläßt. In ihren Handlungen, Gebräuchen und Vergnügungen beweisen die Chinesen eine Anhänglichkeit an das Alte, die sich bis jetzt als ziemlich unerschütterlich gezeigt hat; alle ihre Arbeiten, so z. B. die Elfenbeinspielsachen, sind Proben einer Geduld, die, wie es scheint, dem Chinesen vom Schöpfer verliehen ist, um damit die im Vergleich mit anderen Völkern sich ergebende geringere Geistesfähigkeit zu ersetzen.

Typus des Chinesen.

Dem Chinesen ist ferner ein heiterer, geselliger Sinn eigen. Ueberall tritt uns der Ausdruck der Gutmüthigkeit, freundliche Stimmung und Bereitwilligkeit, die Munterkeit und den Frohsinn Anderer zu theilen, entgegen. Der gesellschaftliche Umgang ist dem Chinesen etwas Unentbehrliches, im Umgang mit seinen Freunden ist er Etwas, für sich allein aber Nichts.

Die Unterwürfigkeit der Chinesen ist der übrigen Welt zum Sprüchwort geworden. Es ist dies nicht geradezu die gewöhnliche des Despotismus. Die Ehrerbietung, die der Chinese nach allen Richtungen hin bezeigt, ist nicht stets aus der Furcht hervorgegangen, die er vor Höhergestellten empfinden könnte; der Umgang der Eingeborenen besteht vielmehr, den geschäftlichen Verkehr abgerechnet, aus diesen Höflichkeitsformen. Stehen bleiben und Jemand blos mit Kopfneigen grüßen, ist ein Zeichen der geringsten Unterwürfigkeit; mit einem Knie die Erde berühren, bedeutet schon etwas mehr; noch mehr aber, wenn beide Kniee die Erde berühren, wenn man ganz niederkniet, und überdies noch mit der Hand und mit der Stirn die Erde berührt. Die öftere Wiederholung dieser Handlung beweist die größere oder geringere Erhabenheit der Stelle, die der so Begrüßte bekleidet. Außerdem beugen die Chinesen ihre Häupter zu Boden zu dem Schatten ihrer Vorfahren und der Weisen, welche im Alterthum durch ihre Herzensgüte und ihr wohlthätiges Leben sich auszeichneten. Im Allgemeinen ist die Zuvorkommenheit, die im geselligen Verkehr China's sich äußert, eine Aeußerung desselben ethischen Systems, aus dem sie alle moralischen Pflichten ableiten, der Achtung und Ehrfurcht, welche die Jugend dem Alter schuldet. Nach ihren Ansichten wird der Nachbar als ein älterer Bruder angesehen, der deshalb die dem höheren Alter zukommende Achtung in Anspruch zu nehmen berechtigt ist.

Der Chinese ist den geselligen Vergnügungen und öffentlichen Lustbarkeiten leidenschaftlich ergeben; sein Bemühen ist daher auch dahin gerichtet, sich mit Allen, mit denen er in Berührung kommt, auf den besten Fuß zu stellen. Je genauer wir sein Benehmen beim Verkehr mit Anderen betrachten, desto mehr drängt sich uns die Ueberzeugung auf, daß das, was wir sehen, nicht blos Form ist, sondern wirklich gefühlt wird. Die strenge Beobachtung der Höflichkeitsformen läßt zwar die gesellige Berührung als steif und formell erscheinen, dadurch aber, daß wir den dabei thätigen Grundsatz: „einander gegenseitig höher zu achten", ins Auge fassen, und die ungezwungene Anmuth, mit der diese Regeln befolgt werden, berücksichtigen, söhnen wir uns damit wieder aus.

Dieselbe Eigenschaft der Ehrerbietung ist zugleich auch die Quelle der Unterthanentreue des Chinesen. Das Gefühl der Ehrfurcht ist ihm gewissermaßen angeboren, und durch die vielseitige moralische Ausbildung so sehr entwickelt, daß er auf alle bestehenden Autoritäten mit einer gewissen religiösen Scheu blickt und Gehorsam ihm dadurch zur beständigen Gewohnheit wird. Dazu kommt aber noch eine andere Ursache der bürgerlichen Folgsamkeit. Er liebt Ehre, Reichthum und Freundschaft, weiß aber auch, daß alle diese Vortheile nur Derjenige genießen kann, der das Gesetz achtet und dem Vorgesetzten gehorsam ist.

Im Allgemeinen ist das sittliche Gefühl bei den Chinesen sehr ausgebildet. Von Kindheit an wird der Werth der gegenseitigen Pflichten dem Geiste durch stete Unterweisung eingeprägt, und Alles, was von starker Beweiskraft ist, oder was sich Schönes in der Natur findet, muß zu diesem Werke mitwirken. Ehrfurcht gegen Eltern und Bejahrtere, Gehorsam vor dem Gesetze, Güte, Sparsamkeit, Klugheit und Selbstbeherrschung sind die beständigen Gegenstände der Unterweisung und der Erläuterung durch Beispiele. Damit wollen wir jedoch keineswegs behaupten, daß dem Chinesen die höhere Moralität eigen sei; im Gegentheil steht sein sittlicher Zustand in genauem Verhältniß zu der geringen Entwickelung seiner Geisteskräfte. Fassen wir weiterhin den ökonomischen Zustand der weniger bemittelten Klassen ins Auge, so können wir dreist die Behauptung aufstellen, daß vielleicht dreimal mehr Zufriedenheit unter den Dorfbewohnern, aber auch nur ein Drittel jenes Geistes herrscht, der sich unter dem europäischen Volke kund giebt. Wir führen dies auf folgende Wahrnehmungen zurück. Der Chinese verachtet keine Mühe, sondern arbeitet bereitwillig selbst

um den geringsten Lohn. Es kümmert ihn wenig, ob die Beschäftigung ehren=
voll oder entehrend ist; er hat vielmehr nur die bedungene Löhnung im Auge,
und widmet sich mit Eifer der Arbeit. Er kann dies um so eher, da außer=
ordentlich wenig dazu gehört, sich den Lebensunterhalt und die Kleidung zu ver=
dienen; seine Erziehung ist vor Allem darauf berechnet, in Allem zu sparen, wo
es nur immer thunlich ist. In keinem Lande drängt sich die Bevölkerung so
dicht auf jedem benachbarten Punkte zusammen, wie in China; in keinem Lande
stehen dem armen Volke so viele Bequemlichkeiten und Annehmlichkeiten des
Lebens zu Gebote. Die Läden in China enthalten einen Ueberfluß an Gegen=
ständen, die dem Auge gefallen und die Begierde erregen, wozu der niedrige
Preis das Seinige beiträgt. Er wird dadurch versucht, sich durch deren Er-
werbung Genüsse zu verschaffen, was ihm einen neuen Sporn zur Thätigkeit
verleiht. Die Leichtigkeit, mit der man eine Familie ernähren kann, treibt ihn
dazu, frühzeitig zurückzulegen, um sich einen eigenen Herd zu gründen.

Vom zehnten Jahre an pflegt man Knaben und Mädchen von einander zu
trennen. Letztere bleiben ohne Schulunterricht und müssen sich ausschließlich mit
Besorgung der häuslichen Wirthschaft sowie mit den Künsten der Nadel be=
schäftigen. Sie nehmen an gesellschaftlichen Vergnügungen, selbst an der Tafel
des Hausherrn nicht Theil; im Theater sitzen sie in der Art, daß sie die Schau=
spieler wol sehen, selbst aber von dem übrigen Publikum nicht erblickt werden
können. China ist gewiß das Land der Welt, wo der Elementarunterricht am
meisten verbreitet ist. Es giebt kein Dorf, ja keine Pachterei, in denen man
nicht einen Lehrer träfe. Die Grundlage des Unterrichts ist, die chinesischen
Schriftzeichen kennen zu lernen, sie gut auszusprechen und mit dem Pinsel zu
schreiben. Die Chinesen geben viel auf eine schöne Schrift. Ein Kalligraph,
oder, wie sie selbst sagen, ein schöner Pinsel, wird stets bewundert.

Die Ehe ist für jeden Chinesen Pflicht, und man sucht die Kinder so früh
wie möglich zu verheirathen. Die Frau ist dem Manne unterthänig; der Mann
kann sich, wenn ihm die Frau nicht behagt, Nebenfrauen nehmen; thatsächlich
jedoch ist die Vielweiberei selten und kommt fast nur bei den Reichen vor. Ein
rechtes Familienleben giebt es überhaupt nicht, theils weil die Frauen nur durch
ihr Aeußeres den Mann an sich zu fesseln suchen und ihm in geistiger Hinsicht
meist nichts zu bieten vermögen, theils weil die Kinder den Eltern so absoluten
Gehorsam schuldig sind, daß die Pietät mehr den Charakter einer unvermeid=
lichen Pflicht als eines natürlichen Ausflusses des Gemüthslebens trägt.

Der Eintritt in das Jünglingsalter wird bei Knaben (vom zwölften bis
fünfzehnten Jahre) durch die Verleihung einer Mütze gefeiert; bei Mädchen gilt
als entsprechendes Zeichen das Schmücken mit der Nadel, dem Kopfputz der Frauen.

Sehr zahlreich sind die Ceremonien bei der Leichenbestattung wohlhabender
Personen; Arme werden ohne Pomp bestattet und meist am dritten Tage. Bei
Reichen steht die Leiche oft vierzig Tage über der Erde; Männer werden in kost=
bare Seidenstoffe gekleidet, Frauen in Weiß und Silber, und in einen hölzernen

Sarg gelegt, der in feierlichem Zuge zum Begräbnißplatz geleitet und in die Erde versenkt wird, nachdem die bösen Geister ausgetrieben sind. Die Trauer= zeit für Vater und Mutter soll eigentlich drei Jahre dauern. Die Trauerfarbe ist weiß und aschgrau; Kleider von blauer Farbe sind ein Zeichen ganz be= sonders tiefer Trauer.

Chinesin.

Die Wohnungen der Aermeren sind Hütten aus Zweiggeflecht oder Block= häuser. Viele leben ganz in Booten; die Wohlhabenderen unter diesen haben außer dem Wohnschiff noch ein oder zwei Boote, die als Ställe für Kleinvieh und als Gemüsegarten dienen. Die Häuser der Reicheren sind aus Backsteinen und im Viereck gebaut; sie haben meist nur einen niedrigen Stock (in den Städten jedoch zwei Etagen) und erhalten das Licht aus dem umschlossenen Hofe. Ein besonderes Gemach ist den Ahnen gewidmet, denen eine große, fast göttliche

Verehrung gezollt wird. Bei den Wohnungen der Vornehmen sind Parks und Gärten, auf die viel Sorgfalt verwendet wird. Der Hausrath ist im Ganzen einfach und, im Vergleich zu unseren europäischen Bedürfnissen, spärlich zu nennen. Selbst von der Einfachheit und der Beschaffenheit der offiziellen Wohnungen hoher chinesischer Beamten kann man sich kaum einen Begriff machen.

Chinese.

Schon das Sprüchwort „Beamte bessern ihre Wohnungen eben so viel aus, wie Reisende die Wirthshäuser am Wege“ weist auf ihren Zustand hin. Die Ausstattung des Empfangsaales ist überaus einfach; dem Eingange gegenüber steht ein etwa 75 cm. hohes Kanapee von gefirnißtem Holze, das in der Mitte einen kleinen, 20 cm. hohen Tisch mit zwei Theetassen trägt; zu beiden Seiten desselben liegt ein flaches, mit weißer Matte bedecktes Kissen; ein zweites lehnt sich an die Wand, rund, hart mit Stroh ausgestopft und mit rothem Tuch überzogen.

Zu beiden Seiten des Kanapees steht ein Nipptischchen von 4 cm. Höhe und dann ein schwerer Lehnstuhl von hartem Holze. Wände und Decke sind mit einer weißen Papiertapete mit silbernen Mustern beklebt, und von der Decke hängt eine Laterne, deren vier Glasfenster mit Landschaften in schreienden Farben bemalt sind. Der Fußboden besteht aus großen, grauen, schlecht polirten Ziegeln, welche die Feuchtigkeit durchsickern lassen. Die Rückwand ziert eine Aquarelle, eine Jagd darstellend, auf der man grüne und gelbe Pferde, eine violette Antilope und die sonderbarsten Felsbildungen sieht. Rechts und links von diesem Gemälde hängen zwei Streifen rothen Papieres, auf denen in Goldschrift und chinesischen Lettern steht: „Die Dinge dieser Welt gehorchen den Befehlen des Schicksals" und „Ihre Leitung hängt nicht von den Menschen ab."

Die Nahrung der Chinesen ist sehr mannichfach; der gewöhnliche Mann ißt so ziemlich Alles, was genießbar ist. Die gewöhnlichste Nahrung sind Fische, Reis und allerlei Gemüse, in deren Anbau die Chinesen unübertroffene Meister sind. Fleischspeisen werden vergleichsweise nur wenig genossen, da aber die überaus dichte Bevölkerung des Landes zur Ausnutzung aller Nahrungsquellen nöthigt, so werden außer Schweinen, Schafen, Wild und Geflügel auch Ratten, Hunde, Katzen und dergleichen Gethier gegessen. Das gewöhnliche Getränk ist Thee und Arak; Wein wird warm und aus Tassen getrunken. Die Kochkunst hat eine hohe Stufe erreicht, und setzt ihren Stolz besonders in die Bereitung feiner Brühen und feinen Zuckerwerks. Die Genügsamkeit der Chinesen ist in der Regel ganz erstaunlich; allein wenn sich, wie bei Gastmahlen, die Gelegenheit bietet, so wird unmäßig gegessen und getrunken.

Die Kleidung ist für alle Stände genau vorgeschrieben und nicht von der Mode beherrscht. Sie ist für die beiden Geschlechter nur durch die Farbe unterschieden und besteht aus einem Hemd, das nicht gewechselt wird, bis es zerrissen ist, weiten Beinkleidern, einer ärmellosen Weste, einem langen, an der rechten Seite offenen Rock und einem kürzeren Unterkleide mit einem Gürtel, an dem Waffen, der Fächer und die elfenbeinernen Eßstäbchen hängen. Im Winter tragen die Reichen kostbares Pelzwerk. Den Kopf bedeckt ein kegelförmiger Hut aus Stroh oder Bambus. Lange, in Bambuskapseln getragene Nägel und kleine Füße gelten für vornehm. Den Frauen werden in der Kindheit die Füße durch Einzwängen verkrüppelt. Die Kleidungen der Stände sind nicht sowol durch den Schnitt als durch Farbe und Stoffe, sowie durch kleinere Abzeichen von einander verschieden.

Der Hang der Chinesen zu geselligen Vergnügungen ist sehr stark. Die erste Stelle unter denselben nehmen die Theater ein. Prozessionen und öffentliche Schaugepränge, die mit den allgemeineren Festen verbunden sind, üben gleichfalls eine große Anziehungskraft auf das Volk aus. Die bedeutendsten Feste sind das Laternenfest, das Fest der Drachenboote, der Neujahrstag, das Fischerfest u. s. w.

Die Bewohner der Halbinsel Korea und des Japanischen Archipels theilen mit den Völkern des vorigen Abschnittes die Merkmale der mongolischen Rasse. Nur ihre mehrsilbigen Sprachen verhindern es, daß sie in die nämliche Gruppe wie die Chinesen und Malayochinesen gestellt werden. Die Japaner sind ein geistig hochbegabtes Volk; ihre Gesittung entlehnten sie bisher immer aus China, doch haben sie das Empfangene selbständig weitergebildet. ·

Chinesisches Wohnzimmer.

Von den mongolischen Völkern sind die Japaner diejenigen, die sich an Sinnesart den Abendländern am nächsten anschließen, und durch ihren Reinlich= keitstrieb wieder am günstigsten von den Chinesen abstechen. Ferner stehen Kunst und Literatur bei weitem nicht unter jenem Formenzwang, dem der Chinese sich beugt. Selbst die Musik zeigt eine reichere Ausbildung des Gemüthslebens und unterscheidet sich wesentlich von dem Instrumentenlärm der Chinesen. Die Ja= paner besitzen endlich Vaterlandsliebe — einen in Ostasien seltenen Charakterzug.

Mongolen.

Altaier und mongolenartige Völker.

Die chinesische Mauer. — Tungusen. — Mongolen. — Türken. — Finnen. — Chaso= waren (Samojeden). — Mongolenartige oder Berings=Völker. — Kamtscha= dalen. — Korjäken. — Tschuktschen. — Namollo. — Eskimo. — Aleuten. — Van= couverstämme. — Die amerikanische Urbevölkerung.

Ueber dreihundert deutsche Meilen an dem Nordrande des chinesischen Hochlandes zieht sich die Chinesische Mauer (Wan=li=tschang=tsching, d. i. große Mauer von 10,000 Li) hin. Sie beginnt im Westen der Provinz Kan=su und läuft in einem weiten Bogen bis zum Golf von Pe=tsche=li und von da nach Nordosten bis zum Songarifluffe, nur durch einzelne mit Kastellen gekrönte Berge und das Flußbett des Hoang=ho (Kummer der Söhne Hona's oder Gelber Fluß) unterbrochen. Die erste Anlage wurde von dem kräftigen Kaiser Schi= hoang=ti im Jahre 214 v. Chr. begonnen, um die Einfälle der räuberischen Nachbarn abzuhalten; spätere Kaiser setzten den Bau fort, bis das Werk im Wesentlichen vollendet und im Anfang des 7. Jahrhunderts durch Yang=ti seine jetzige Ausdehnung erlangte. Sie ist an manchen Stellen, wie nördlich von Peking, zwei= und selbst dreifach, und besteht zum größten Theile aus einem

3½ m. dicken, durchschnittlich 11 m. hohen Erdwalle, der oben mit gebrannten oder natürlichen Steinplatten belegt, und an den Seiten mit einem 1 m. starken Unterbau aus schönen Granitquadern, der ½ m. vor den Backsteinen hervortritt, besetzt ist. An der Außenseite der Plattform läuft eine etwas über dieselbe vor=springende, 1½ m. hohe Brustwehr hin, in welche von 2 zu 2 m. Schießscharten angebracht sind. Bis 13 m. hohe Thürme aus Ziegelwerk oder Stein über=ragen, 200—300 m. von einander entfernt, die Mauer, aus welcher sie um 6 m. hervortreten. An einzelnen Punkten erreicht dieses Mauerwerk eine Höhe von 26, an einem sogar von 38 m. An den zum Theil eisernen Thoren befinden sich noch besondere Bastionen. Doch nicht in ihrer ganzen Ausdehnung zeigt die Chinesische Mauer so treffliche Ausführung; sie besteht vielmehr an manchen Orten nur aus lose aufgeworfenem Steinwerk oder einem bloßen Erd=walle, im östlichen Theile selbst nur aus Palissadenwerk.

Diese Mauer scheidet zwei Völker, die sich auf verschiedenen Kulturstufen befinden: das angesessene, Ackerbau treibende chinesische Volk und die nomadi=sirenden Mongolen, deren Körpermerkmale alle Uebergänge von den streng mon=golischen Kennzeichen bis zur gänzlichen Uebereinstimmung mit den gesitteten Bewohnern des Abendlandes aufweisen. Die Hautfarbe ist eine gelbe oder gelb=braune, das Kopfhaar walzenförmig, straff und schwarz, der Bart sproßt nur spärlich oder fehlt ganz, die Augen sind meistens schief gestellt, die Jochbeine stark vorspringend, die Nase platt, der Schädel sehr platt und auffallend niedrig.

Diese mongolische Gruppe, von Peschel in Uebereinstimmung mit Alexander Castrén Altaier genannt, zertheilt sich in fünf große Aeste, nämlich in Tun=gusen, in wahre Mongolen, in Türken, in Finnen und in Chasowaren.

Nach alten mongolischen Ueberlieferungen hieß einer von den acht Söhnen Japhet's Turk. Er saß am Ili und Issikol, und von einem seiner Nachkommen stammen die Zwillinge Tatar und Mongol.

Zu den Tungusen gehören zunächst die Mandschu, ferner die Orotschonen, Lamuten, Tschapogiren u. s. w.

Die Mongolen, zuweilen fälschlich auch Tataren genannt, zerfallen wiederum in Ostmongolen, welche die östliche Hälfte der Wüste Gobi bewohnen; in Kalmüken, zu denen die vier Horden Dschungar, Turgut, Choschod und Turbet gehören, in Burjäten und in Hazareh oder Aimaq.

Die dritte altaische Gruppe, mit der wir es zu thun haben, sind die Türken. Zu diesen rechnet Peschel folgende Völkerschaften: Uiguren, Uzbeken, Osmanen, Jakuten, Turkmanen, Nogaier, Basianen, Kumüken, Karakalpaken und Kirgisen; er geht dann an vierter Stelle zur gliederreichen finnischen Gruppe über, die er wiederum in vier Zweige, in den ugrischen, bulgarischen, permischen und in engerem Sinne finnischen gliedert. Unser Gewährsmann be=merkt aber ausdrücklich, daß die Bulgaren an der Donau nicht mehr zu dem bul=garischen Zweige gerechnet werden dürften, da sie zur slavischen Familie gehören, vielmehr dürften hierher nur die Wolgabulgaren zu rechnen sein.

7*

Den fünften Aft der sogenannten altaischen Völkergruppe bilden, wie oben schon ausgeführt, die von den Russen Samojeden genannten Chasowaren. Die Samojeden (wie wir sie nun doch einmal nennen müssen) bewohnen haupt= sächlich die Oft= und Westabhänge des Urals, und, wo dieses möglich ist, diesen selbst. Sie sind ein zum Theil noch heidnisches Volk. Ihre Obergottheit heißt Num oder Jilibeambärtje (d. i. Hüter des Viehstandes), ihre Untergötter Tadebtsio; ihre Stammgötzen Ja=Zieru=Hahe, ihre Hausgötzen Hahe oder Sjädäi. Die Samojeden sind träge, leicht eingeschüchtert und gehorsam, brausen aber doch bei Beleidigungen leicht auf. Sie treiben meist Renthierzucht und Jagd auf Eisbären, wilde Renthiere und Walfische. Feste Wohnsitze haben sie nicht, son= dern sie hausen in Wanderhütten.

Mongolenartige oder Beringsvölker, welche keinem der vorgenannten Aeste angehängt werden können, nennt Peschel die Kamtschadalen, die Korjäken und Tschuktschen, die Namollo und Eskimo, die Aleuten und die Vancouverstämme.

Bei Betrachtung der Chinesen und der jenseit der Mauer wohnenden mon= golischen Völker kann man deutlich sehen, wie die Beschäftigung und die Civili= sation des Menschen von dem Bau des Landes abhängig ist, das er bewohnt, das ihn erzeugt hat.

Einerseits sehen wir die fruchtbare, warme, reichbewässerte und von Ge= birgen durchschnittene chinesische Niederung, andererseits aber die hochbelegene kalte und wüste Hochebene, deren Gestaltung das historische Geschick zweier Völker entschieden hat. Unähnlich nach Lebensweise und Charakter müssen die Völker, welche so verschiedene Landstriche bewohnen, einander fremd und feind= lich gegenüber stehen. Wie dem Chinesen ein ewig bewegliches, mit Entbeh= rungen verbundenes Nomadenleben unbegreiflich sein und ihn abschrecken muß, so muß wiederum der Nomade auf die mühevolle Arbeit des benachbarten Land= bauers mit Verachtung blicken und seine wilde Freiheit höher als alle Erden= güter schätzen. Hier entsprang auch der Charakter beider Völker, der so voll greller Widersprüche ist; der arbeitsame Chinese, welcher in unvordenklichen Zeiten eine relativ hohe, wenn auch eigenartige Civilisation erreicht hat, hat sich immer vom Kriege fern gehalten und betrachtete ihn als das größte Uebel, wo= gegen der leichtbewegliche, wilde und gegen physische Beschwerden abgehärtete Bewohner der kalten Wüsten der heutigen Mongolei immer zu Eroberungs= und Raubzügen bereit war. Beim Mißlingen verlor er wenig; im Falle des Gelin= gens aber gewann er Güter, welche die Arbeit vieler Generationen angehäuft hatte.

Dieses die Ursache der beständigen Einfälle der Nomaden in China, wozu ihnen die äußere Region der Hochebene Gelegenheit gab. Hier konnten sich große Horden ansammeln und in einem Augenblicke in friedliches Gebiet ein= dringen. In historischen Zeiten haben die Mongolen und Mandschuren einige solche Anfälle ausgeführt; die große Mauer konnte die Flut der Barbaren nicht aufhalten, welche wiederum ihrerseits keinen Staat, der die festen Be= dingungen der inneren Entwicklung in sich trägt, hervorzubringen vermochten.

Die große Chinesische Mauer.

Nachdem sie eine gewisse Zeit geherrscht hatten, verloren die Barbaren in der Be=
rührung mit der ihnen bisher fremden Civilisation das einzige Fundament ihrer
Macht, den kriegerischen Geist, und wurden nicht nur auf ihre Hochebenen zurück=
getrieben, sondern sogar zeitweise in China unterjocht. Das letztere verstand es
oft, nicht sowol durch Gewalt als vielmehr durch List die ihm seitens der No=
maden drohenden Gefahren von sich abzuwenden.

Im Jahre 1871 unternahm N. von Prschewalski, Oberstlieutenant im
russischen Generalstabe, im Auftrage der Regierung eine Expedition nach dem
nördlichen China, in die außerhalb der Mauer des Himmlischen Reichs gelegenen
Gegenden. Drei Jahre lang hatten er und seine Reisegefährten mit allen
Schwierigkeiten zu kämpfen, welche mit einer Pilgerfahrt durch die wilden
Gegenden Asiens verknüpft sind; doch hatte er das ungewöhnliche Glück, bis
an den See Kuku=nor und selbst nach Nordtibet an den oberen Lauf des Gelben
Flusses zu gelangen.

Aus der Feder unseres vortrefflichen Mitarbeiters Albin Kohn besitzen
wir seit Kurzem eine Uebersetzung dieses interessanten Werkes, aus dem wir
einige Charakterzüge der nomadisirenden Mongolen mittheilen wollen.

Nach Prschewalski hat sich die mongolische Rasse am reinsten in Chalcha
erhalten. Ein breites, flaches Gesicht mit hervorragenden Backenknochen, eine
Plattnase, kleine, schmal aufgeschlitzte Augen, ein eckiger Schädel, große vom
Kopfe abstehende Ohren, schwarzes, hartes Haar, das im Barte sehr sparsam
wächst, dunkle, sonnverbrannte Haut, endlich ein gedrungener, kerniger Körperbau
von mäßiger, oft aber auch mehr als mäßiger Größe — dieses sind die äußeren
Merkmale jedes Chalchas.

Wie die Chinesen rasiren auch die Mongolen ihren Kopf, wobei sie im
Genick so viel Haare stehen lassen, als nothwendig sind, um aus ihnen eine lange
Flechte zu machen. Die Lamas rasiren aber den ganzen Kopf, wozu sowol sie
als auch die Laienmongolen sich chinesischer Messer bedienen, nachdem sie vorher
das Haar, um es zu erweichen, mit warmem Wasser anfeuchten. Bärte und
Schnauzbärte tragen weder Lama noch Laie; sie wachsen ihnen auch sehr schlecht.
Die Sitte, Flechten zu tragen, ist von den Mandschuren nach China verpflanzt
worden, als sie gegen Mitte des 16. Jahrhunderts das Himmlische Reich
eroberten. Seit dieser Zeit wird die Flechte als ein Zeichen der Unterwürfigkeit
unter die Dynastie Da=tsyn betrachtet, und diesen Schmuck müssen alle China
unterworfenen Völker tragen.

Die Kleidung des Mongolen besteht in einem langen, schlafrockähnlichen
Rocke, der gewöhnlich aus blauem chinesischen Baumwollstoff gefertigt ist, chine=
sischen Stiefeln und einem niedrigen Hute, dessen Krämpe nach oben gebogen ist.
Hemden und Unterkleider tragen die Nomaden gewöhnlich nicht. Im Winter
ziehen sie warme Beinkleider und Schafpelze an, und den Kopf bedecken sie mit
einer warmen Mütze. Der Eleganz wegen werden die Sommerkleider häufig
aus chinesischem Seidenstoffe gefertigt. Außerdem tragen die Beamten noch

Abzeichen ihrer Würde. Sowol der Sommerrock als auch der Pelz sind immer mittels eines Gürtels in der Taille umbunden, an welchem entweder an der Seite oder hinten die für einen Mongolen unentbehrlichen Gegenstände, der mit Tabak gefüllte Beutel, die Pfeife und der Feuerstahl hängen. Außerdem haben die Chalchas immer noch eine Dose mit Schnupftabak zwischen Leib und Ober= rock stecken, denn das Anbieten einer Prise gehört zum ersten Bewillkommnen eines Gastes. Der Hauptstolz des Nomaden besteht in seinem Reitzeuge, das oft mit Silber verziert ist.

Das Kleid der Frauen ist von einem etwas andern Schnitte als das der Männer, und sie tragen es ohne Gürtel; dafür haben sie aber einen kurzen Ueberwurf ohne Aermel. Uebrigens ist die Kleidung und die Frisur des Haares beim schönen Geschlecht in verschiedenen Theilen der Mongolei verschieden.

Ihre dürftigen Wohnungen sind so praktisch eingerichtet, wie es nur der natürliche Verstand und die lange Erfahrung zu lehren vermochte. In drei bis vier Stunden ist ein Zelt aufgebaut, oder in noch kürzerer Frist abgenommen und auf das Kameel geladen. Eine solche Jurte (hier Ghr' genannt) hat die Form einer Käseglocke, 14—20 Quadratmeter Grundfläche und 3—4 m. Höhe in der Mitte. Viele mit Riemen zusammengebundene Holzstäbe bilden das Gerippe, welches mit zuweilen beinahe 2½ cm. dickem Filze bedeckt und mit handbreiten, aus Roßhaar geflochtenen Bändern oder Stricken umbunden ist. Den Eingang verdeckt ebenfalls eine mit Leinwand gefütterte Filzdecke. In der Mitte der Zeltdecke, über dem Feuerherd, welchen ein paar Steine bilden oder ein guß= eiserner Dreifuß vorstellt, befindet sich eine etwa 1 m. weite Oeffnung, welche vermittels zweier Roßhaarstrice auf= und zugemacht werden kann, und sowol zum Austritt des Rauches wie als Lichtöffnung dient. Das Zelt ist durch ein= geschlagene Pfähle an den Boden befestigt. Ihrer zweckmäßigen Gestalt wegen ist so eine Jurte sturm= und regenfest. Im Winter packt man zwei bis drei Schichten Filz übereinander und bedeckt sie unten herum mit Schnee. Zum Heizmaterial dienen trockener Kuh= oder Pferde=, auch Kameeldünger. Das Innere stellt ein Durcheinander der ganzen Wirthschaft des Nomaden vor. Filzdecken, Schafpelze, Kochkessel, Lumpen, Lebensmittel, Filzhüte und Stiefel, viereckige Kasten, hölzernes Geschirr, Sättel und andere Sachen liegen ohne jegliche Ordnung und Reinlichkeit umher. Da der Boden nur zum Theil mit Filzdecken, welche als Ruhelager dienen, bedeckt ist, so ist der übrige Theil kahle Erde, welche, ausgetrocknet und aufgewühlt, bei jeder Berührung stäubt. Der auf dem Herde brennende Dünger füllt die Jurte stets mit Rauch; außerdem herrscht darin, ungeachtet aller Oeffnungen, ein saurer, eigenthümlicher Geruch, welcher bei Nacht wahrhaft entsetzlich wird, wenn in so engem Raume bisweilen acht Personen schlafen. Ungeziefer jeglicher Art hat sich in Pelzen, Matten und selbst in den Decken des Zeltes eingenistet. Besonders unerträglich ist das Woh= nen in einer solchen Jurte im Winter, wo die Aermeren genöthigt sind, junge Kälber, Lämmer und Füllen mit ins Zelt zu nehmen.

Die Unreinlichkeit und der Schmuz, in welchem die Nomaden leben, sind theilweise von der Scheu vor dem Wasser und jeglicher Feuchtigkeit bedingt. Nicht genug, daß der Nomade um keinen Preis durch ein Gewässer geht, in dem man sich kaum den Fuß naß machen kann, er vermeidet auch aufs Aengstlichste, seine Jurte in der Nähe eines feuchten Ortes, ob einer Quelle, eines Baches oder eines Sumpfes, zu erbauen. Die Feuchtigkeit übt auf ihn einen eben so verderblichen Einfluß aus wie auf das Kameel, das nur durch die Angewöhnung des Organismus an ein trockenes Klima erklärt werden kann. Der Mongole trinkt auch nie ungekochtes, kaltes Wasser, sondern ersetzt es immer durch ein aus Ziegelthee gekochtes Getränk. Diese Waare erhalten die Mongolen von den Chinesen, und sie haben sich so leidenschaftlich an sie gewöhnt, daß ohne dieselbe kein Nomade, Mann oder Frau, auch nur einige Tage leben kann. Während des ganzen Tages, vom frühen Morgen bis zum späten Abend, steht der Kessel auf dem Herde, und die ganze Familie trinkt ohne Unterlaß Thee und bewirthet damit vor allen Dingen jeden Gast.

Die Zubereitung des Thees findet in der ekelhaftesten Weise statt; das Gefäß, ein gußeiserner Kessel, in welchem man den Nektar braut, wird nie einer Reinigung unterzogen, selten nur wird das Innere mit trockenem Argall, d. h. mit Exkrementen vom Rind oder Pferd, ausgerieben. Das Schüsselchen, aus dem die Nomaden ihren Thee trinken oder essen, ist persönliches Eigenthum dessen, der sich desselben bedient. Auch dieses Gefäß wird nie gewaschen, sondern nach dem Gebrauche ausgeleckt und in den Busen gesteckt, wo ganze Schwärme Ungeziefers hausen.

Zum Kochen wird Salzwasser genommen, der Ziegelthee zerstoßen und eine Handvoll dieses Pulvers ins kochende Wasser geworfen, dem noch einige Tassen Milch zugesetzt werden. Um den Ziegelthee, der hart wie Stein ist, zu erweichen, wird er vor seiner Verwendung einige Minuten auf heißen Argall gelegt, wodurch er weder an Geschmack noch an Aroma gewinnt. Nun ist er zum Serviren fertig. So zubereitet dient der Thee jedoch nur als Getränk; um aus ihm eine gehaltvollere Nahrung zu machen, schüttet der Mongole in sein Schüsselchen mit Thee eine Handvoll gerösteter Hirse und legt, um die Delikatesse vollständig zu machen, ein Stück Butter oder rohen Kurdjukfettes (von der Fettdrüse, welche das mongolische Schaf an der Schwanzwurzel ent= wickelt) dazu. Dies wird dem Leser einen Begriff über das Ekelhafte der Spei= sen geben, welche die Mongolen in unglaublicher Menge vertilgen. Man ißt und trinkt den ganzen Tag, wenn es Jedem beliebt, da bei den Mongolen keine bestimmte Zeit für die Mittagstafel festgesetzt ist.

Neben dem Thee bildet die Milch in verschiedener Form die Nahrung des Mongolen; aus ihr werden Butter, Schaum, Areka und Kumys bereitet. Schaum, den die Buriäten Burdjuk nennen, wird aus süßer Milch gemacht, die man über gelindem Feuer kocht; später läßt man sie sich setzen, um sie hierauf, nachdem man die Sahne abgeschöpft hat, zu trocknen. Um den Geschmack zu erhöhen, wird diesem Gebräu häufig geröstete Hirse hinzugesetzt. Die Areka wird aus saurer Milch, von welcher die Sahne abgeschöpft wurde, bereitet und ist etwas dem Quarke Aehnliches. Aus ihr fabrizirt man den Arell, eine Art kleine trockene Käsestückchen. Der Kumys, mongolisch Tarasunn, wird aus Stuten= oder Schafmilch bereitet.

Im Winter ist Hammelfleisch, von dem sie unglaubliche Quantitäten ver= schlingen können, die Lieblingsspeise der Nomaden. Fische und Vögel werden von ihnen nicht gegessen; sie halten eine solche Speise für unrein!"

Bei unserer weiteren Umschau unter den mongolischen Völkern wollen wir nun noch mit Dr. W. Radloff aus Barnaul (am Obi) eine Ansiedlung der Kalmüken im Altai besuchen.

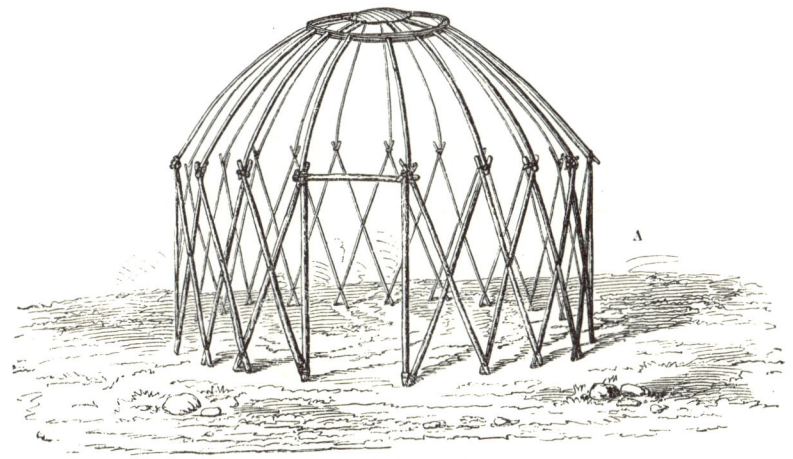

Gestell einer Jurte.

„Wenden wir uns vom Wege, der am Fuße des Gebirges sich entlang zieht, abwärts zum Flusse und besuchen wir eine Kalmükenansiedlung, die dort zwischen den Bäumen liegt. Sie besteht aus drei Filzjurten, welche eher einigen Ameisenhaufen als menschlichen Wohnungen ähnlich sind. Zwei derselben sind größer, die dritte ist nur sehr klein. Vor der einen sind zwei Stangen aufgestellt, zwischen welchen ein mit allerlei Lappen und Bändern behangener Strick aus= gespannt ist. Dies ist die dem Schutzgeist geweihte Stätte. Nicht weit von der Jurte steht ein aus vier aufrecht stehenden Stangen gebautes Gerüst, auf dem an einer schräg darüber gelegten Stange eine Pferdehaut aufgehängt ist; diese Erscheinung ist ein dem Kösmös (Teufel) geweihtes Krankenopfer.

Wir finden aber keine Zeit, diese Wohnstätte genau zu mustern, denn kaum haben wir uns derselben genähert, so stürzt eine Meute halbverhungerter Hunde auf uns zu und springt bellend und heulend an den Pferden empor, so daß unsere Knuten sie kaum abzuwehren vermögen.

Endlich erhebt sich der Filzvorhang, der die Thüre der Jurte bildet, und langsam steigt aus derselben eine breitschultrige Gestalt, die mit steifem Nacken sich höchst ehrerbietig vor uns verbeugt; eine ganze Menge halb nackter Kinder folgen ihr. Während die Kinder Steine und Stöcke ergreifen und mit lautem Geschrei „Tschyk, Tschyk!" sich auf die Hunde stürzen, so daß diese nach allen Seiten davon laufen und die getroffenen ein klägliches Geschrei erheben, führt der Herr der Jurte mein Pferd zur Thür und ist mir beim Absteigen behülflich. Wir treten jetzt durch die niedrige Thüröffnung ein. Die innere Einrichtung ist höchst einfach. Der Thür gegenüber, etwas nach links, ist das Bett, das aus Filzdecken besteht; rechts von demselben sieht man eine Reihe Packsäcke an der Jurtenwand aufgestellt; sie enthalten die bewegliche Habe der Familie. Ueber diesen dem Bette zunächststehenden Säcken ist gewöhnlich eine Filzdecke oder ein Teppich ausgebreitet und über diesen sind an den Dachstangen die Götzenbilder aufgehängt. Zwischen den Säcken und der Thür hängen an der Wand die Uten= silien des Hausherrn, Sattel, Reitzeug und die Flinte mit der Lunte. Rechts vom Bette befinden sich die Küchengeräthe, der Schlauch, in dem der Kumys gesäuert wird, einige Kessel, Schalen, Näpfe, Eimer, Dreifüße, und dazwischen hängen Fleischvorräthe. Gegenüber der Thür, zwischen Feuerstelle und Bett, ist der Platz der Hausfrau, und neben ihr links nach den Säcken zu jener des Hausherrn. Rechts zwischen der Stelle der Hausfrau bis zur Thür sitzen die zur Familie gehörigen Weiber, an der anderen Seite und in der Nähe der Thür sitzen die Männer. Dicht neben dem Hausherrn ist die Stelle für den Ehrengast, dem man gewöhnlich als Sitz eine Filzdecke ausbreitet. So sieht ohne Ausnahme jede Jurte aus. Reich und Arm begnügt sich mit den angeführten Hausgeräthen; nur hat der Reichere größere Kessel und mehr Säcke. Der Inhalt der letzteren besteht bei den Wohlhabenden aus Zeugen, Fellen und Kleidungsstücken, bei den Armen meist nur aus Schafwolle und abgetragenen Lumpen.

Die Kleidung der Kalmüken ist ebenso gleichmäßig wie die Wohnungen. Im Allgemeinen tragen Alle die Kleider so lange, bis sie vom Leibe fallen, so daß nur der ein stattliches Ansehen hat, der zufällig ein neues Gewand besitzt.

Die Kinder laufen bis zum siebenten Jahre fast nackt umher, nur bei Kälte werden ihnen Schafpelze umgeworfen und Filzstrümpfe angezogen. Männer und Weiber tragen kurze Hemden und bis zum Knie reichende Hosen von blauem Daba (Baumwollenzeug), Filzstrümpfe oder Stiefeln aus Reh= oder anderen Fellen, mit der behaarten Seite nach außen; über dem Hemd tragen sie meist einen Pelz ohne Ueberzug. Außer dieser Allen gemeinsamen Bekleidung haben die Männer noch eine Jacke mit nach außen herabhängenden Taschen (Tschejmäk), die sie über dem Hemd tragen, und die Weiber, d. h. die verheiratheten, einen langen Rock mit weit ausgeschnittenen Armlöchern (Tschödök), der theils über dem Hemd, theils über dem Pelz getragen wird. Männer, Weiber und Kinder haben als Kopfbedeckung einerlei Mützen; diese sind dreieckig, spitz und außen mit schwarzem Lammfell besetzt; am hinteren Ende hängen lange rothe Bänder herab.

Diese Mützen werden von den verheiratheten Frauen nie abgenommen, selbst dann nicht, wenn sie vor Gericht erscheinen.

Kalmükenfrauen in der Jurte.

Die Männer scheren den Kopf bis auf eine kleine kreisrunde Stelle am Scheitel, an der sie einen Zopf mit einem langen Zopfbehange und einer Quaste

daran tragen. Die Weiber flechten das Haar in zwei lange Zöpfe, die Mäd=
chen in viele kleine Zöpfe, an denen sie allerlei Muscheln und Glasperlen be=
festigen; vorn lassen sie zwei Haarbüschel zur Seite der Schläfe herabhängen.

Die Männer gehen bei großer Hitze mit nacktem Oberkörper. Die Frauen
hingegen haben meist Alle die oben genannten Kleidungsstücke, wenn dieselben
sich auch oft in einem gar jämmerlichen Zustande befinden. Unterschiede zwischen
Sommer= und Winterkleidung kennt der Kalmük nicht. Im Gürtel trägt er
einen Feuerstahl mit Schwammtasche und ein Messer, und in den Stiefeln
Pfeife und Tabaksbeutel.

Wir sind in die Jurte eingetreten und haben auf den Filzdecken, welche
man am Ehrenplatz für uns hingelegt, Platz genommen. Unsere Begleiter sitzen
mit untergeschlagenen Beinen zu unserer Rechten und der Wirth sitzt uns zur
Linken; uns gegenüber kauern die Frauen auf einem Knie.

Zuerst herrscht allgemeines Schweigen, denn sämmtliche Anwesende sind
damit beschäftigt, die Pfeifen aus den Stiefeln heraus zu ziehen, sie zu stopfen
und anzuzünden. Aber bald beginnt ein allgemeines Ueberreichen der Pfeifen
mit der gewöhnlichen Begrüßungsformel „Nä tabysch bar?" (was giebts Schlech=
tes), worauf die stehende Antwort: „Tabysch jogula" (nichts). Eine Weile hört
man nichts als diese Worte, denn ein Jeder ist damit beschäftigt, die Pfeife
des Anderen auszurauchen und neu zu stopfen; selbst die Frauen thun dies,
ja auch die Kinder; die Mutter steckt sogar dem Säugling die Pfeife in den Mund.
Allgemeiner als bei den Kalmüken ist wol nirgends das Tabakrauchen verbreitet.
Jetzt wird dem Gaste Kumys, Milch und Milchbranntwein gereicht. Letzterer
erfrischt die ins Stocken gerathene Unterhaltung und vernichtet die letzten Spu=
ren von Ehrfurcht vor den hohen Gästen. Ist der Branntweinvorrath ein auch
noch so bedeutender, so ruht doch die Gesellschaft nicht eher, als bis der letzte
Tropfen ausgetrunken wurde; ja man macht im Falle des Mangels an diesem
Getränke sofort Anstalt, einen neuen Kessel Branntwein überzudestilliren. Zu=
letzt sinkt Einer nach dem Andern auf der Stelle um, wo er sich gerade befindet,
und Diejenigen, welche nicht abgefallen sind, machen durch Geplauder einen
schrecklichen Lärm. Nur die jungen Weiber und Kinder bleiben nüchtern, denn
Frauen, die keine erwachsenen Kinder haben, dürfen sich nicht betrinken.

Um Kumys zu bereiten, wird ein großer flacher Kessel auf einen Dreifuß
gestellt und zu drei Viertheilen mit Milch angefüllt, darauf mit zwei runden
Deckelhälften aus Holz bedeckt, welche genau auf den Kessel passen. Die Ritzen
werden sorgfältig mit Lehm verschmiert. In jeder Deckelhälfte befindet sich ein
rundes Loch von etwa 4 cm. im Durchmesser; in diese Löcher steckt man zwei
herumgebogene Holzröhren, die in zwei hölzerne Kannen münden. Die Ritzen
werden nun wieder sorgfältig verschmiert und ein helles Feuer unter den Kessel
angemacht; die dadurch ins Kochen gerathene Milch destillirt nun in die Holz=
krüge über, womit der Prozeß zu Ende, der aber nur im Sommer bei Ueberfluß
an Milch vorgenommen wird.

Die Kalmüken sind meist mittelgroß, aber untersetzt und breitschulterig; ihre Gesichtszüge tragen den mongolischen Typus, etwas schief liegende
Augen, breite Backenknochen, nach hinten liegende Stirn und flache Nasen.
Ueber ihre Gesichtsfarbe vermag man auf den ersten Blick nicht gut zu urtheilen,
da der immerwährende Rauch der Jurte die Haut gelbbraun färbt und außerdem (da der Kalmük sich grundsätzlich nie wäscht) sich auf der Haut ein schwarzer
Ueberzug bildet, der nichts erkennen läßt. Die Gesichter sind häßlich, aber es
liegt in ihnen ein kindlich gutmüthiger Zug, der Jedem Vertrauen einflößen muß.

Kalmüken.

Der Kalmük ist zu Fuß schwerfällig, seine lange, dicke Pelzkleidung und
der schleppende Gang tragen nicht wenig dazu bei; aber nicht wieder zu erkennen
ist er, wenn er sein Pferd besteigt; er scheint, auf dem hochwandigen Sattel, und
in die kurzen Steigbügel sich stemmend, wie verwachsen mit seinem Pferde.
Im schnellsten Galopp sprengt er auf den schlechtesten Wegen dahin, die steilsten
Felsen erklimmt er zu Pferde und reitet mit diesem die abschüssigsten Abhänge
hinunter. In gestrecktem Galopp und bei den gefährlichsten Wegen holt er seine
Pfeife aus dem Stiefel hervor, schlägt Feuer an und raucht, ohne des Weges
und der Gefahr zu achten.

Das Leben der Kalmüken ist so einförmig, wie ihre Jurte und ihre Kleidung. Sie wohnen zwischen den mächtigen Gebirgszügen ganz vereinzelt, zerstreut; das Flußgebiet, das sie mit ihren Nachbarn bewohnen, bildet die Welt,
in der sie aufwachsen und bleiben. Mit seinen nächsten Nachbarn fühlt der
Kalmük sich eins, aber schon seine Stammgenossen an anderen Flüssen sind ihm
fremd, denn es ist in ihm noch nicht das Bewußtsein einer Gemeinsamkeit mit
ihnen wach geworden. Ja, er besitzt nicht einmal einen Namen für sein Volk,

denn Kalmak oder Tatar ist von den Russen ihm überkommen, und er wendet
diese Benennung an, um sich von den Russen zu unterscheiden. Die Benennung
Altai Kischi (Altai=Mensch) ist auch nur eine Benennung nach dem Wohnplatze
Gewöhnlich nennt er sich nach dem Flusse, an dem er lebt: Tschui=Kischi (Tschuja=
Mensch); Urusur=Kischi (Urusul=Mensch) und giebt dadurch am deutlichsten zu
erkennen, wie er sich nur mit seinen engsten Nachbarn als ein gewisses Ganzes fühlt.

Da des Kalmüken Leben im wahrsten Sinne des Wortes ein Familienleben
ist, so hat hier auch nur das weibliche Geschlecht Pflichten und Beschäftigungen.
Die Frauen bereiten die Speisen, nähen die Kleidungsstücke für die Familie und
beforgen das Vieh, besonders die
Kühe und die Schafe, die allabend=
lich von den Bergen ins Thal zur
Jurte zurückkehren, um gemolken
zu werden.

Schamane von vorn gesehen.

Die Männer bringen den
ganzen Tag mit Nichtsthun in
der eigenen Jurte oder bei den
Nachbarn zu; essen, trinken, rau=
chen und schlafen. Nur im Herbst
hängen sie die Flinten um und
streifen mehrere Wochen auf
Schneeschuhen in den Gebirgen
umher, um die für die Abgaben
nöthigen Felle herbeizuschaffen.
Im Sommer besucht er seine
Freunde und Bekannte und labt
sich an dem edlen Milchbrannt=
wein. Man kann als gewiß an=
nehmen, daß während des Som=
mers fast die ganze männliche
Bevölkerung des Altai nur selten

nüchtern wird. Im Winter sitzt der Kalmük, wenn er nicht der Jagd nachgeht,
daheim in seiner Jurte, wärmt sich am Feuer, raucht seine Pfeife und verschläft
die Zeit. Er führt seiner Meinung nach ein herrliches Leben. Von seinem Stand=
punkte aus hat er Recht, denn keine Sorge drückt ihn und kein Wunsch nach irgend
einer Veränderung steigt in ihm auf. Hat er keine Kleidung oder keine Speise, so
erhält er sie vom reicheren Nachbar, denn die sämmtlichen Bewohner der Gegend
bilden ja gleichsam eine Familie, und der Reiche ist nur reich, um alle ihn um=
gebenden ärmeren Faullenzer mitzufüttern. Dies wird ihm auch nicht schwer,
denn seine bessere Lage ist nicht durch mühevolle Arbeit errungen, er war nur
glücklicher, seine Heerden vermehrten sich und blieben gesund, während Seuchen
dem armen Nachbar das letzte Vieh hinwegrafften. Dieser im höchsten Grade

ausgeprägte Kommunismus ist besonders bei jenen Kalmüken im Schwange,
die sich noch am meisten im sogenannten „Naturzustande“ befinden, bei jenen
in den Thälern des Tschulyschman, der Baschkaus und des Teleskischen Sees;
hier herrscht vollständige Standesgleichheit, aber mit Schrecken müßten sich die
Kommunisten neuerer Zeit von ihrem Ideale abwenden, wenn sie hier die Folgen
der Gütergemeinschaft beobachten würden. Der Kommunismus, welchen die
vergleichende Völkerkunde bei sehr tief stehenden Stämmen heimisch, nicht aber
als ein für gesittete Menschen ersehnenswerthes höheres Kulturideal erkennt,
dieser ist es, der hier jedes Streben nach Fortschritt unmöglich macht, und sicher-

lich würde jeder Kommunismus
zu derselben Unthätigkeit, zu denselben Versumpfungen führen, wie
wir ihn bei den sogenannten Naturvölkern finden. Den Menschen
zwingt nur die Noth oder der
Wunsch nach Eigenthum, also der
Egoismus, zum Arbeiten und somit zum Fortschritt.

Deutlich läßt sich dies dort
erkennen, wo die Nähe russischer
Besitzungen einigen Einfluß auf
die benachbarten Kalmüken aus-
geübt hat; hier fängt auch der
Wunsch nach Besitz und damit in
unlöslichem Zusammenhang das
Streben nach Standesunterschie-
den an, Wurzel zu schlagen. Zugleich sieht man größere Rührig-
keit in das einförmige Leben der
Bergbewohner eindringen. Dort
beginnen die Männer Handel zu

Schamane von hinten gesehen.

treiben und auch den Acker zu bebauen. Freilich dringen mit diesem Fortschritt
auch viele Uebel ein; Leidenschaften und Laster werden erregt, die der „wilde
Naturmensch“ nicht kannte.

Der Kalmük stiehlt nicht, weil er keine Bedürfnisse hat; kennt weder Lug
noch Trug, weil es in seinen Bergen nichts zu verheimlichen giebt und er viel
zu träge ist, sich zu verstellen; doch kann man das Nichtvorhandensein der bedeutenden Laster mehr civilisirter Völker nicht als Sittlichkeit bezeichnen, die
dem Kalmüken beiwohne; es ist das nicht etwa das festgewordene Bewußtsein
des Guten in ihnen, denn die leiseste Berührung mit anderen Elementen würde
die Ehrlichkeit und Aufrichtigkeit dieses Volksstammes augenblicklich in das
Gegentheil verwandeln.

Die innere Zufriedenheit und die dadurch hervorgebrachte geistige Träg=
heit hält den Bergnomaden auch ab, sich viel Kopfzerbrechens um religiöse Ver=
hältnisse zu machen. Wenn man es so eigentlich betrachtet, dann kümmert er
sich, wie man zu sagen pflegt, herzlich wenig „um Gott und die ganze Welt".
Die Kalmüken bekennen sich zwar zum Schamanismus, ob aber dieser überhaup=
ten Namen Religion beanspruchen kann, scheint mir sehr zweifelhaft. Die Prie=
ster des Schamanismus sind die Schamanen (Kam); sie sind die Klasse der
Eingeweihten, welche durch Zauberformeln die Geister beschwören und von ihnen
durch dargebrachte Opfer Glück und Gesundheit für die Opferbringer herbei=
flehen. Die Gabe des Schamanisirens wird ihnen angeblich durch die Gottheit
selbst verliehen, aber, wie sie behaupten, erweise Gott diese hohe Gnade nur
den Kindern eines Schamanen. Es hat jedoch den Anschein, als ob die Scha=
manen selbst wenig an die Offenbarungen der Gottheit glaubten, und meist nur
von ihren Vätern erlernte, ihnen selbst unverständliche Gebetformeln auswendig
lernten, um von den Leuten beschenkt zu werden.

Ueber ihre Gottheit haben sie selbst nur eine ganz unklare Vorstellung.
Es giebt bei ihnen zwei Hauptgottheiten, eine gute, den Uelgän, von Manchen
Tängiri=Kan (Himmelsfürst) oder Pajana genannt, und eine böse Gottheit
Erlik, Kösmös oder Schaitan genannt. Neben diesen Hauptgottheiten existiren
viele Nebengottheiten. Außerdem verehren sie noch die Berge und Flüsse als
Herren des sie ernährenden Landes und die Seelen der Vorfahren. Aber alle
diese höheren Wesen sind ein dunkles Chaos von Vorstellungen, die ins Unge=
wisse in einander verschwimmen. Selbst die Prinzipien der guten und bösen
Gottheit sind nicht streng von einander geschieden, denn Erlik erscheint bald als
Vater der Menschen, bald als Vernichter derselben. Im Allgemeinen kümmert
sich das Volk wenig um die überirdischen Wesen, und ihr ganzer Kultus besteht
darin, daß man in jeder Jurte rechts am Bette eine den Göttern geweihte Stelle
hat, wo verschiedene Götzenbilder aufgehängt sind. Auch vor der Jurtenthür
ist zwischen zwei Stangen ein Strick mit bunten Lappen zur Ehre der Götter
aufgehängt. Nie sieht man einen altaischen Kalmüken beten; er denkt genug
gethan zu haben, wenn er die Götzenbilder in seiner Jurte aufgehängt hat. Erst
wenn Unglück, Krankheit oder andere Leiden an ihn herantreten, wendet er seine
Aufmerksamkeit den Göttern zu; dann läßt er den Schamanen kommen, der mit
Hülfe der Schamanentrommel die Geister beschwört und den Urheber des
Mißgeschicks zu erkennen sucht. Nachdem er diesen angeblich erfahren hat, be=
redet er sich mit seinen Geistern über die Abhülfe des Uebels, welche durch Opfer
von Pferden und Schafen bewerkstelligt wird. Entweder opfert man dem guten
Geiste, den man um seine Hülfe anfleht, oder dem bösen, um durch die Gabe
sich loszukaufen. Dem Uelgän opfert man weißes Vieh, dem Erlik schwarzes.
Das Fleisch der Opferthiere wird von den versammelten Gästen, die der Cere=
monie beiwohnen, verzehrt, und nur die Haut mit den Knochen des Kopfes und
den unteren Extremitäten wird an den Stangen des Opfergerüstes aufgehängt.

Opferschmaus bei den Kalmüken.

An Bergpässen, die mit Gefahr zu passiren sind, und bei gefährlichen Flußübergängen sind Steinhaufen (Obo) errichtet, bei denen der Passirende dem Schutzgeiste ein Opfer darbringt, indem er ein Steinchen, einen Zweig oder einige Haarbüschel aus der Mähne seines Pferdes auf den Steinhaufen wirft.

Die Sprache der Altai-Kalmüken ist ein rein türkischer Dialekt. Von nicht geringem Interesse sind ihre Heldengesänge, unter denen sich Stücke von hohem poetischen Werthe befinden. Merkwürdig ist ihre Abneigung, bei Klagen zu schwören oder einen Anderen zum Schwure zu veranlassen, so daß sie oft lieber ihr Recht aufgeben als schwören. Der Eid ist bei ihnen doppelter Art; bei unbedeutenden Sachen schwören sie auf das abgezogene Fell eines Bärenkopfes, bei wichtigeren auf ein scharf geladenes Gewehr, dessen Mündung mit einer Kupfermünze bedeckt wird, die der Schwörende küssen muß. Das Gewehr stellen sie dabei an eine gabelförmige Stange, nehmen es nach dem Eide weg und feuern es in die Luft ab. Dann suchen alle Zeugen und Verwandten dessen, der den Eid gefordert hat, den Gegner anzuspucken, welcher sich deshalb möglichst schnell zu verbergen bemüht ist.

<hr />

Ihrer Körperbeschaffenheit nach bilden den Uebergang zwischen den mongolenartigen Sibiriern und den Eingeborenen Amerika's die Beringsvölker, Volksstämme, die meistens entweder die Ufer des Beringsmeeres bewohnen oder sich von dessen Ufern durch Wanderungen (wie die Eskimos bis nach Grönland) verbreitet haben.

Wir finden bei ihnen eine röthliche oder bräunliche Färbung der Haut, straffes, walzenförmiges Haupthaar und Mangel an Bartwuchs.

Zu den Beringsvölkern rechnen wir die Itelmen oder Kamtschadalen, die Korjäken und Tschuktschen, die Namollo und die Eskimos, die Aleuten und die Urbewohner der Bancouverinsel.

Die Beringsvölker, welche am äußersten Saume der Welt, zwischen ewigem Eis und Schnee hausen, gehören nicht zu den bevorzugten Stämmen der großen Menschenfamilie. Die Polarnatur ist eine harte und karge Mutter, sie verhätschelt ihre Kinder nicht; und gleichwol lieben diese Menschen ihre Natur und ihre Heimat bez. ihre angeborenen Verhältnisse mit einer Stärke, die wir an uns nicht kennen. Die allgemeine Erscheinung, daß ein Menschenstamm um so inniger mit seinem Mutterboden verwachsen ist, je tiefer er im Urzustande lebt, tritt gerade bei den Polarvölkern am deutlichsten hervor.

So verschieden der natürliche Charakter der Erdtheile Asien, Europa und Amerika immer sein mag, so schwinden doch alle Unterschiede und Gegensätze dort, wo diese Kontinente ihre nördlichsten Fortsätze in den Polarkreis vorschieben; diese Ländertheile, kreisförmig um den Nordpol herumgelagert, bilden einen Komplex, in dem die Kälte Alles gleich macht. Ueberall dieselbe öde, starre Natur und überall auch derselbe Mensch. Gleichviel, welche Sprache er redet, welcher Rasse man die verschiedenen Stämme zutheilen möge, — Einrichtungen und Lebensweise, Wohnung, Kleidung und Geräthschaften sind bei allen fast gleich, und was z. B. von den Eskimos gesagt wird, paßt so ziemlich auch auf jedes andere Polarvolk, sei es auch noch so weit von diesen entfernt. Es ist eben die Natur des Landes, welche den Menschen zwingt, so und nicht anders zu leben. Die Sorge für den Lebensunterhalt drängt alles Andere in den Hintergrund; Ernährung des Leibes und Beschützung desselben gegen die Kälte sind die beiden großen Bedürfnisse, deren Befriedigung die Lebensarbeit ausmacht; in der Art und Weise, wie er hierbei zu Werke geht, zeigt er im Allgemeinen guten Geschmack und viel Geschick; ein höheres Geistesleben ist ihm jedoch fremd, und einer Kultur nach unseren Begriffen scheint er wenig zugänglich.

Die unermeßliche Erde der Polarländer bietet unmittelbar fast nichts zur Ernährung des Menschen; seine Hauptunterhaltungsquelle bildet das Thierreich, er ist Fischer und Jäger.

Wir wollen uns bei gegenwärtiger Schilderung der Berings- oder Polarvölker auf den Polarmenschen Amerika's, den Eskimo, beschränken, jenen eigenthümlichen Menschenstamm, der in ungeheurer Ausdehnung, aber in spärlicher Vertheilung, die Inseln und Küstenpunkte des amerikanischen Nordens beſetzt hält, wo das Meer ihm ſeine Hauptnahrungsmittel, Seehunde und Fiſche, liefern kann. Die Weſtküſte von Grönland kann man als ein Hauptquartier des Eskimoſtammes anſehen; hier erſtrecken ſich ſeine Niederlaſſungen bis zum Eingange vom Smithſſund hinauf, während die unwirthliche Oſtküſte, die faſt ſtets von Eis umwallt iſt, nur Spuren ehemaliger Niederlaſſungen aufweiſt.

Auf den Inſeln im Weſten von Grönland ſind an vielen Punkten Eskimos angetroffen worden, wenigſtens auf den ſüdlich der Barrowſtraße gelegenen, während die Länder weiter nördlich, die großen Strecken, welche die Namen Nord-Lincoln, Elleśmereland, Grinnellland, Waſhingtonland führen, keinem menſchlichen Weſen Herberge geben. Auf dem amerikaniſchen Feſtlande finden wir Eskimos die Küſte von Labrador entlang, wie auf der ganzen langen Nord-küſte bis zur Beringsſtraße und ſelbſt noch viel weiter ſüdlich bis zum Elias-berge hin. Hier verlaufen ſie ſich allmählich in andere verwandte Völker und hängen ſo mit den Bewohnern der Aleu-ten, mit den aſiatiſchen Tſchuktſchen u. ſ. w. zuſammen. Noch in unſeren Tagen findet regelmäßig jedes Jahr Verkehr über die Beringsſtraße ſtatt; in jedem Hochſommer ſegeln von Aſien aus die Tſchuktſchen in offenen Fellkähnen, die zwanzig und mehr Perſonen mit ihrem Gepäck aufnehmen können, über die Beringsſtraße und die Diomedinſeln nach dem Kap Prince of Wales und unterhalten dort mit den Ein-geborenen in der Nähe des Nortonſundes und von Port Clarence einen Tauſch-handel, bei welchem Tanzvergnügen und Schmauſereien die Einförmigkeit des Le-

Eskimo.

bens unterbrechen. Die Aſiaten bringen Keſſel, Meſſer, Tabak, Glasperlen und Zinn zu Pfeifen als Zahlmittel gegen Pelze. Die Leute von Nunatak, d. h. die Bewohner des Binnenlandes, verbreiten die von den Ruſſen erhaltenen Gegen-ſtände durch Binnenhandel an der ganzen Nordküſte entlang. Die Eskimos von Point Barrow gehen während des Sommers auf Booten und Schlitten bis nach der Harriſonbai und treffen am Colville mit den öſtlichen Stämmen zuſammen. Hier wiederholen ſich mehrere Tage hindurch die Gelage, auf welche ſich beide Parteien ein ganzes Jahr lang hindurch gefreut haben.

Die Sprache der Eskimos mit ihren oft übermäßig langen Worten, die freilich eher Sätze zu nennen ſind, iſt eine vielfach zuſammenſetzende. Hier heißt z. B. innuvoc, er lebt, iſt ein Menſch; daraus entſteht durch Anhängſel: innurdlukpok, er iſt ein übelgeſtalteter Menſch; innugigpok, er iſt ein hübſcher Menſch; innuksiſivavok, er iſt ein Menſch wie ein Grönländer; innungorpok, er fängt an ein Grönländer zu werden. Innuit, menſchliche Weſen, Männer,

8*

nennen die Eskimos sich selbst; ihre bei uns gangbare Bezeichnung ist eigentlich ein Ekelname, der ihnen von den nördlichen Indianerstämmen des Festlandes beigelegt worden ist; er lautet ursprünglich Eschkimai (nach einer anderen Les= art Eskimantik) d. h. rohe Fischesser. Merkwürdiger Weise ist die Sprache dieser Menschen, die in so weiter Ausdehnung, so zerstreut und fast ohne Verkehr mit einander leben, im Allgemeinen wenigstens ganz dieselbe, und Dolmetscher, die sich diese Sprache an einem Punkte aneigneten, konnten sich überall verständigen, wo sie irgend mit Eskimos zusammentrafen.

Außer der Sprache fehlt diesen Völkern jedes gemeinsame geistige Band; sie haben keine Ueberlieferungen über ihre Herkunft und etwaigen Schicksale. Als um die Mitte des 10. Jahrhunderts die Normannen die amerikanischen Küsten befuhren, scheinen sie Eskimos bis an das jetzige Gebiet der Vereinigten Staaten gefunden zu haben. Grönland war menschenarm; die 500 Jahre später kommenden Entdecker trafen in den Vereinigten Staaten statt der Eski= mos Indianerstämme an, und so läßt sich vermuthen, daß Erstere von Letzteren in der Zwischenzeit vertrieben und weiter nach dem Norden hinaufgedrängt wurden. Einen gewissen Zusammenhang vermögen wir noch heute zu erkennen. Allenthalben schließen sich auf dem Festlande Indianerstämme an die Eskimos an. Mit den Mamelun=Indianern auf Alaska haben die Eskimos viele Aehn= lichkeit. Am unteren Mackenzie sind die Kutschin=Indianer (Louchaux) ihre und der Eskimos erbitterten Feinde. Südlicher wohnen zahlreiche Stämme, die unter dem gemeinschaftlichen Namen der Tinnes zusammengefaßt werden. Die Hundsrippen= und Hasenindianer sind die bekanntesten unter ihnen. Die Roth= messer=, Biber=, Straffbogen= und Schafsindianer gehören ebenfalls zu den Tinnes.

Die Ebenen von Saskatschewan bis zu den Sümpfen der Hudsonsbai wer= den von den Krihs oder Knistinoeux eingenommen, und an diese schließen sich südlicher die Tschibbewäer oder Sauteurs. An der Westseite der Felsengebirge breiten sich andere Indianerstämme aus, unter denen die Flachkopfindianer (Tschinucks) am Columbia die bemerkenswerthesten sind. Nördlicher von diesen haben die Babines oder Dicklippen ihren Sitz, während zwischen dem Columbia und der Nordgrenze der Vereinigten Staaten die Chualpays wohnen.

Kehren wir zu den Eskimos zurück.

Unter einander leben die Eskimos im besten Einvernehmen; selten kommt es zu Zank und Streit, und dann in der Regel nur um der Weiber willen. Der Eskimo ist ruheliebend, selbst träge, wenn er nicht etwa auf der Jagd ist, aber in der Regel bei recht guter Laune, zu Scherz und Witz aufgelegt. Was nicht unbedingt nöthig ist und ihn nicht ganz nahe berührt, läßt ihn gleichgiltig und stört seine Ruhe nicht. Sie bilden weder einen Staat noch haben sie eigent= liche Häuptlinge oder sonst Personen, die ihnen Etwas zu befehlen hätten. Alles Eigenthum ist rein persönlich und die See ernährt sie Alle. Jeder lebt so gut er kann, ohne den Anderen zu beeinträchtigen. Hat der Eskimo eine gute Jagd gehabt, die ihm rechtviel Fleisch, Fisch und Thran lieferte, so hat er keinen Wunsch weiter.

Die einzigen Personen, welche unter den heidnischen Eskimos eine hervor=
ragende Stellung einnehmen, sind die Zauberer oder Angekos, die, wie sich von
selbst versteht, zugleich ihre Aerzte sind. Auch bei den rohesten Völkern finden
sich immer einzelne Personen, welche verschmitzter als die Anderen sind und aus
der Leichtgläubigkeit der Letzteren Vortheil ziehen; ebenso auch hier. Ein Eskimo=
zauberer hat Macht über die Geister, und mit ihrer Hülfe bannt er Krankheiten,
die von bösen Menschen angehext wurden; er schafft Rath, wenn es an See=
hunden fehlt, oder diese sich nicht fangen lassen wollen. Die bösen Geister
halten sie in den Tiefen zurück, sagt er dann, oder die bösen Geister haben
ihnen unsere Jagdkünste offenbart, und ich will hinab, um sie zu züchtigen.
Dann wird der Zauberkreis geschlossen; der Beschwörer legt sich auf den Boden
und sein Gehülfe bedeckt ihn mit einer großen Matte. Nun tönen seltsame, un=
verständliche Laute und Worte unter der Matte hervor; die Stimmen werden
immer gedämpfter, und die aufs Aeußerste gespannten Zuhörer merken deutlich,
daß der Zauberer immer tiefer in die Erde hinabsteigt. Endlich ist Alles still
geworden und athemlos harren die Umstehenden, bis das erste dumpfe Murmeln
sich wieder hören läßt. Nunmehr gehen die Stimmen crescendo, der Wunder=
mann kommt wieder nach oben, und endlich wird die Matte weggezogen. Er hat
triumphirt und zeigt zum Beweise ein blutiges Messer, womit er dem Geiste
im harten Kampfe einen, zwei oder mehrere Finger abgeschnitten hat. Zeigen
sich trotz des Hokuspokus keine Seehunde oder Bären, so ist der Zauberer wenig
um eine Ausrede verlegen.

Mit dem Glauben an Hexen und Geister und allenfalls an ein künftiges
Paradies mit dem Seehunde sind die übersinnlichen Ideen des Eskimo so
ziemlich erschöpft. Religiöse Gebräuche hat er nicht, und die Idee eines Gottes
ist ihm fremd.

Die veränderte Lebensweise beider Geschlechter macht sich bei vorgerück=
terem Alter auffallend bemerklich. Während die Männer im Kajak (Kanoe)
und mit dem Hundeschlitten sich vielfach herumtummeln und kräftigen, sitzen die
Frauen fast immer in den engen Winterhäusern. Schon nach dem zwanzigsten
Jahre verlieren sie die Jugendfrische, bei vorgerücktem Alter kümmern sie sich
gewöhnlich nicht mehr um ihr Aussehen, ergeben sich der möglichsten Faulheit
und Unreinlichkeit und werden bald wieder häßlich. Die krumme Stellung, in
der sie auf dem Boden ihrer Hütte sitzen, macht ihren Gang schleppend und
watschelnd; die frühere Fettheit hat nur noch unzählige Runzeln im Gesicht
zurückgelassen, und sieht man sie so aus dem engen Hausgang säbelbeinig und
gekrümmt herauskommen, halb kahlköpfig und die wenigen übrig gebliebenen
Haare von der Seite abstehend, von oben bis unten mit Lampenruß und Schmuz
bedeckt, dann denkt man unwillkürlich an Dämonen und Hexen.

Typus des Tolteken.   Typus des nordamerikanischen Indianers.

Die Eintheilung der amerikanischen Völker, mit denen wir uns nun beschäftigen wollen, bietet mancherlei Schwierigkeiten. Man hat sie gesondert in Tolteken und in die eigentlichen amerikanischen Stämme.

Die Tolteken umfassen die ackerbautreibenden Indianer Mexiko's, welche ein eigenthümliches Kulturreich auf der Hochebene von Anahuac und in Yucatan gegründet hatten, die ihnen gleich stehenden, aber weniger kriegerischen Peruaner im Reiche der Söhne der Sonne (der Inkas), und die Muyscas auf der Hochebene von Cundinamarca im heutigen Columbia. Diese alten Kultur= völker sind es, die bis auf die gegenwärtige Zeit sich stark vermehren, ja das Uebergewicht über die in ihrem Lande wohnenden Spanier errungen haben.

Die zweite große Familie, die eigentliche amerikanische, zerfällt wiederum in verschiedene Unterabtheilungen. Der appalachische Zweig umfaßt die Nord= amerikaner, jene in Mexiko ausgenommen, sowie die Stämme des Amazonen= stroms. Diese Völker sind kriegerisch, grausam, dem Zwange, welchen das civi= lisirte Leben mit sich bringt, im tiefsten Innern abgeneigt und haben in geistiger Entwicklung und nützlichen Künsten nur geringe Fortschritte gemacht. Ihre Hauptbeschäftigung bildet die Jagd, während den Frauen die häusliche Arbeit obliegt. Ackerbau wird bei ihnen nur ausnahmsweise betrieben, zu festen Wohn= sitzen gelangt nur der kleinere Theil derselben.

Ihr Körper ist kräftig, jedoch an Arbeitsleistung dem der Weißen und Neger nachstehend; der Schädel bald rund, bald mehr länglich und nach hinten gezogen, das Hinterhaupt oft förmlich abgeplattet, die Stirn niedrig und breit und der mittlere und untere Theil des Gesichts stark hervortretend; die Augen= höhlen sind sehr groß, beinahe viereckig, die Augen tiefliegend, klein und schwarz, die Nase erscheint groß, lang und etwas gebogen, der Mund breit, das Haar schlicht, lang und von schwarzer, glanzloser Farbe. Bart und Augenbrauen sind sehr schwach entwickelt. Die Hautfarbe schwankt zwischen Schmuziggelb und Schwarzbraun. Der Grundzug des geistigen Charakters des Indianers ist Ernst, Schweigsamkeit und Verschlossenheit; seine Rede ist langsam und eintönig, er wählt seine Worte vorsichtig und versteht ebensowol seine inneren Bewegungen zu verbergen, als den körperlichen Schmerz zu ertragen. Tapferkeit paart sich mit List und Grausamkeit; er achtet das Leben seines Feindes nicht höher als sein eigenes, und sein stark ausgeprägtes Ehrgefühl erklärt seine Rachsucht.

Die Indianer Nordamerika's sind aus dem Gebiete zwischen dem St. Lorenzstrom, den großen kanadischen Seen, dem Mississippi und dem Meere von den Weißen bis auf die geringen Ueberreste einzelner Stämme fast ganz verdrängt oder vernichtet worden. Ihre Zahl wird in Britisch-Nordamerika auf 69,000 geschätzt, ungefähr die Hälfte davon lebt in der Provinz Britisch-Columbia, 11,000 bewohnen das Gebiet der ehemaligen Hudsonsbai-Compagnie. Nach offiziellen Angaben beläuft sich die Zahl der indianischen Bevölkerung der Vereinigten Staaten auf 321,000, nach anderer Berechnung auf 383,000 Seelen; hiervon entfallen allein auf Alaska 70,000, auf das Indianer-Territorium 60,000 und auf die organisirten Territorien 143,000. Der Rest vertheilt sich auf die Staaten, von denen die pacifischen allein noch gegen 56,000 aufweisen. Etwa 7 % der Indianer auf dem Unionsgebiete haben ihr nomadisches Stammesleben aufgeben müssen und sind infolge dessen der europäischen Kultur, meist zu ihrem Nachtheil, näher gerückt. Mit Ausnahme einzelner Reitervölker (Apachen, Komanchen, Kiowas, Wichitas u. s. w.) im Südwesten, sind sie in Reservationen eingeschlossen, in denen sie der Jagd, dem Fischfang oder dem Ackerbau obliegen können, und deren Grenzen von ihnen wie von den Weißen respektirt werden sollen. Die größten dieser Reservationen liegen im Indianer-Territorium und in Dakotah, wo das abgegrenzte Gebiet der Sioux über 28,000 Indianer umschließt; keine einzige befindet sich im Osten des Mississippi, dort leben die Indianer zerstreut unter der weißen Bevölkerung.

Diese Völker zerfallen in die Kenai, welche im äußersten Nordwesten wohnen; die Athabasken, deren Gebiet sich vom Ausfluß des Mackenzie bis zum 51.° nördl. Br., und vom Yukon bis an die Hudsonsbai erstreckt, und zu denen die Tschibbewähs, die Biber-, Hasen-, Kupferminen- und Bergindianer gehören. Mit den Athabasken sind als versprengte Theile die Navajoes und die Apachen eng verwandt. Die Algonkin, die im Westen zwischen dem Churchill und dem südlichen Arme des Saskatschewan sitzen, im Osten die Gebiete zwischen den Großen Seen und der Hudsonsbai und den größten Theil der Halbinsel Labrador einnehmen, und die Stämme der Krihs, Tschibbewäer, Ottawas, Sauteurs, Chiemns, Schwarzfüße u. A. umfassen, die Irokesen im Gebiete der Großen Seen, welche vorzüglich durch die Huronen repräsentirt werden, die Dakotah oder Sioux am oberen Missouri und im Südosten bis an den Arkansas, zu denen auch die Krähenindianer, Kansas, Osagen, Omahas und Jowas gehören, die Oregonindianer in Oregon und Washington und der Nordwestküste

(Nutka, Koluschen u. A.); die **Pahnies** zwischen der oberen Platte, dem Ar=
kansas und den Felsengebirgen mit den Kioway und die isolirten Völker von
Kalifornien und den südwestlichen Ländern der Union, wie die Schoschonen, Utah,
Yuma, Komanchen, von denen mehrere Stämme eine sprachliche Verwandtschaft
mit den Indianern Mexiko's zeigen.

Wann und auf welche Weise die heutigen Indianer in das Land gekom=
men sind, bleibt im Dunkel. Ihre Ueberlieferungen sind reich und mannichfach.
Dem Geschlechte, welches vor dreihundert Jahren jenen Boden bewohnte, sind
andere Völker von einer höheren Kultur vorausgegangen, die im Westen der
Alleghanygebirge bis über den Mississippi hinaus wohnten. Aber von ihnen
sind keine anderen Spuren übrig geblieben als Erdhügel, Festungswerke, künst=
liche Muschelhügel, entsprechend den dänischen Kjökkenmöddings, und Begräbniß=
plätze, mit welchen insbesondere das mittlere Mississippithal gleichsam übersäet
erscheint. Diese Erdbauten sind allgemein unter dem Namen Mounds bekannt;
sie sind alle symmetrisch gebaut und enthalten Werkzeuge, Waffen und Geräthe,
zumeist aus Stein und Kupfer.

In den ältesten Zeiten waren fast alle Völker im Osten des Mississippi
Ackerbauer; die Verdrängung aus den fruchtbaren Marschen an den Strö=
men und am Meere hat aber die meisten Indianer Nordamerika's gezwungen,
ihren Lebensunterhalt sich durch die Jagd und den Fischfang zu erwerben.
Ausgedehnte Landwirthschaft treiben gegenwärtig besonders die südlichen Sioux.
Berauschende Getränke, welche neben den Blattern und anderen epidemischen
Krankheiten so wesentlich zur Verminderung der Indianer beigetragen, haben
sie erst von den Weißen erhalten. Als narkotisches Mittel wurde allgemein
der Tabak benutzt. Die Jägervölker erlegten für ihre Nahrung vorzugsweise
Büffel, Hirsche, Rehe und Elenthiere und waren deshalb zu häufigen Wan=
derungen gezwungen; infolge des Verkehrs mit den Weißen nahm die Jagd
auf Pelzthiere einen großen Aufschwung. Die Hausthiere sind ihnen von den
Europäern zugebracht worden. Für die Fischervölker ist der Lachs in den
nördlichen und westlichen Strömen von der größten Bedeutung. Das elendeste
Leben führen, infolge der Abnahme des Wildes, mehrere Athabaskenstämme.
Die Wohnungen bestehen bei den nomadischen Stämmen aus Zelten (Wig=
wams), die entweder mit Birkenrinde oder mit Häuten bedeckt sind. Der
Wigwam bildet eine Art Halbkugel und gleicht gewissermaßen einem umgestülp=
ten Vogelneste. Im Wigwam gebietet die Hausfrau. Sie weist jedem Familien=
gliede einen Platz zum Sitzen und Schlafen an, welcher ohne ihre ausdrückliche
Einwilligung nicht gewechselt werden darf. Dadurch wird Ordnung in einem
Gebäude von so beschränktem Raume erhalten; der Mann hat über die innere
Einrichtung der Hütte keine Stimme und maßt sich auch niemals eine solche an.

Den Boden bedeckt die Hausfrau gern mit Matten, welche sie aus Binsen
und Hanf bereitet. Ihr Hauswesen ist leicht besorgt; sie säet etwas Mais aus
und bereitet ganz nach ihrer Bequemlichkeit Häute zu. Unter den Genossen ein

und desselben Stammes herrscht insgemein das beste Einvernehmen. Die Gast=
freundschaft ist unbegrenzt; der Jäger, der gute Beute heimbringt, ladet allemal
zum Schmause seine Freunde, welche Schüffel und Löffel mitzubringen haben.

Indianer in Nordamerika.

Die seßhaften Indianer wohnen in Holzhäusern; in den südlichen Küstenland=
schaften des Großen Ozeans kommen Steinhäuser vor, welche einen ganzen
Stamm beherbergen; in den nördlichsten sogar Schneehütten, wie bei den Eskimos.
Als Waffen bedienen sich jetzt die Indianer vorzüglich des Beiles (Toma=
hawk), des Schlachtmessers und der Flinte; nur bei wenigen Stämmen spielen
Bogen und Pfeil noch eine hervorragende Rolle.

Die Kriege werden mit List, Tapferkeit und Grausamkeit geführt. Als werthvollste Trophäe gilt die Kopfhaut (Skalp) des Feindes. Der Friede wird beim Rauch der Friedenspfeife (Kalumet) geschlossen. Die meisten noma= dischen Indianerstämme, besonders die Apachen und Komanchen, sind vor= treffliche Reiter.

Ehe der Jüngling zum Krieger wird, hat er sich allerlei Ceremonien zu unterwerfen, und während seiner ersten drei Feldzüge manche läftige Bräuche zu beobachten, deren die älteren Krieger überhoben sind. Er muß stets sein Ge= ficht schwarz bemalen, eine Kopfbedeckung tragen und den alten Kriegern auf dem Fuße folgen. Nie darf er vor ihnen hergehen; ihm ist verboten, sich den Kopf oder irgend einen anderen Theil des Körpers mit den Fingern zu kratzen, er muß dazu ein Stückchen Holz nehmen. Seine Geräthe und Waffen darf außer ihm Niemand anrühren. Am Tage darf er weder essen noch trinken, noch sich setzen; wenn er einen Augenblick Halt macht, um sich auszuruhen, wendet er sein Antlitz der Heimat zu, damit der große Geift erfahre, daß er wieder in seine Hütte zurückzukehren wünscht. Keinem Indianer kann geboten werden, sich bei einem Kriegszuge zu betheiligen; er ist allemal und unter allen Um= ständen ein Freiwilliger. Wer den Kriegsgesang anstimmt, den Kriegstanz aus= führt und eine Gefolgschaft zusammenbringt, die sich ihm anschließt, ist An= führer. Auf dem Lagerplatze, der mit Baumgruppen oder in der Prärie mit kleinen Stäben oder Stengeln rings umstedt wird, hat der Anführer seinen Platz unweit vom Eingange; in seiner Nähe schlafen die alten Krieger; Alle ohne Ausnahme liegen so, daß ihr Gesicht der Heimat zugewandt ist. Nie dür= fen zwei auf oder unter derselben Decke ruhen. Während des Zuges setzt der Krieger sich nie auf die nackte Erde; er muß wenigftens etwas Rasen oder einen Zweig unter sich legen und dahin trachten, daß ihm nie die Füße naß werden. Nie gehen sie auf einem schon betretenen Pfade, wenn sie es irgend vermeiden können. Niemand darf über einen Gegenstand hinwegschreiten, der einem Krieger gehört, z. B. über eine Decke, ein Messer oder eine Streitart, auch nicht über die Beine, die Hände oder überhaupt den Körper eines liegenden oder sitzenden Mannes. Ueberhaupt beobachtet der Indianer gerade während eines Kriegs= zugs eine große Menge von Förmlichkeiten. Er setzt auf dem Hinwege seinen Mund nur an die eine Seite seines Bechers, auf der Heimkehr aber an die andere. Der Anführer sendet junge Krieger voraus, die das Pufchkwagumme= genaghun bereiten, d. h. einen Fleck Landes von Gras und Geftrüpp reinigen. Auf diesem vollzieht man den Zauber, durch welchen die Stellung des Feindes ausgemittelt wird. Man sticht zu diesem Behufe den Rasen ab, durchwühlt die Erde und bezeichnet den Platz mit kleinen Zweigen. Der Häuptling setzt sich an das Ende, welches dem Lande des Feindes gegenüber liegt, singt und betet, legt an den Rand zwei kleine runde Steine, fleht noch einmal den großen Geift an, damit er ihm den rechten Pfad zeige, und ruft dann die bedeutendften Krieger zu sich, mit denen er die Berathungspfeife raucht. Inzwischen sind die

Steine herabgefallen, und von der Beschaffenheit des Eindrucks, den sie in der weichen Erde zurückgelassen haben, hängt es ab, welche Richtung man einschlägt. Auf seinen Zügen beobachtet der Indianer sorgfältig den Flug der Raubvögel. Sie gelten ihm für Symbole des Muthes und der Tapferkeit, und Federn aus ihrem Schweif trägt der Krieger als ehrenvolle Auszeichnung. Deshalb spielen diese Vögel in den Kriegsgesängen eine große Rolle.

Die Heirath ist bei den Indianern Nordamerika's ein reines Kaufgeschäft, und die Ehe wird gewöhnlich sehr früh geschlossen; Polygamie ist gestattet, doch hält meist nur der Häuptling oder ein Reicher mehrere Frauen, auf denen die Geschäfte des Hauses lasten, während der Mann in den Krieg oder auf die Jagd geht.

Der Glaube an einen Großen Geist, welcher als Schöpfer aller Wesen betrachtet wird, findet sich bei allen Stämmen, wenn auch häufig sehr verschwommen; außer diesem giebt es aber noch eine Menge anderer Geister, aus denen sich der Einzelne einen besonderen Schutzgeist wählt, und von denen vorzüglich die bösen Geister verehrt und durch Tänze besänftigt werden. Der Tanz ist bei den Indianern ein gottesdienstlicher Akt und wird häufig in Verkleidungen aufgeführt. Christen sind fast nur unter den seßhaften Indianern zu finden. Eine höhere Kultur und besonders Schulen sind blos bei den Bewohnern des Indianer=Territoriums anzutreffen, doch haben es die Aboriginer zu einer originellen Bilderschrift gebracht, und ihre Lieder, vorzüglich ihre Kriegsgesänge, zeichnen sich durch poetischen Schwung aus. Die vielfachen Betrügereien, welchen die Indianer der Vereinigten Staaten ebensowol von Seiten der Beamten des offiziellen Indianeramtes in Washington wie von den Unterhändlern und Kaufleuten ausgesetzt gewesen sind, und die Vertreibungen von Jagdgründen, welche ihnen von der Regierung auf ewige Zeiten zugewiesen worden waren, haben in den letzten Jahren überaus blutige Kriege hervorgerufen, die nur durch kurze Waffenstillstände unterbrochen werden und schließlich mit einer Vertilgung der nomadischen Indianerstämme enden müssen.

Während die nordamerikanischen Indianer den Charakter von Naturvölkern haben, hat die Urbevölkerung von Mexiko eine sehr beachtenswerthe Kultur entwickelt. Man schätzt die indianische Bevölkerung auf 4,800,000 Seelen.

Die Ureinwohner Mexiko's bewohnen vornehmlich die Plateauländer in der Höhe von 800—1000 m., die sogenannte tierra templada, deren mittlerer Theil ein Klima ähnlich dem des südlichen Spanien aufweist. Gleich anderen Gebirgsländern zeigt auch Mexiko eine seltsame Mischung verschiedener Stämme, deren Zahl nach Orozco y Berra 700 betragen soll. Neben den seßhaften, christlichen Indianern stehen die freien Indianer (indios bravos), welche noch Heiden sind und theilweise ein Jagd= und Fischerleben führen. Die mexikanischen Indianer scheiden sich in fünf Gruppen; zur ersten gehören die auf einer sehr tiefen Kulturstufe stehenden Bewohner der Halbinsel Kalifornien, besonders die Cora, Guaycuros und Uchitis; die zweite bilden die Eingeborenen der nordwestlichen Staaten, welche zur sonorischen Sprachgruppe

gehören, z. B. die Opatas, Pimas, Papagos, Yaqui, meist friedlich den
Ackerbau betreiben, in der Weberei geschickt und für den Bergbau wohl zu ge=
brauchen sind. Die dritte Gruppe umfaßt die Nachkommen der Ureinwohner
des Landes, über welche sich die Schicht aztekisch=toltekischer Völker gelagert hat;
dieselben haben sich auf den höheren Theilen des Plateaus in den chichimekischen
Völkern der Pamas, Capuce, Guamanes, in den Zapoteken, den Oto=
mis, Totonaken, Zacateken und Chiapaneken erhalten; sie waren, als die
Spanier in das Land kamen, nomadische, dem Kannibalismus ergebene Jagd=
völker. Jetzt sind sie meist dem Christenthum gewonnen und seßhaft, haben aber
in Sitte, Religionsgebräuchen und Sprache noch viel Alterthümliches bewahrt.
Das eigentliche Kulturvolk sind aber die Azteken gewesen, deren Sprache noch
in den Staaten Mexiko, Puebla, Veracruz, Queretaro, Oaxaca, Tamaulipas,
Mechoacan und Jalisco vorherrscht. Die fünfte Gruppe bildet das alte Kultur=
volk der Maya in den östlichen Provinzen und ganz besonders in Yucatan.
Die Indianer Mexiko's sind meist von dunkelbrauner Hautfarbe, kräftig ge=
baut, ausdauernd und fleißig, zum größten Theil seßhaft und selbst städtischen
Gewerben eifrig zugethan. Doch ist auch ihnen die melancholisch=cholerische
Grundstimmung des indianischen Temperamentes eigen, aus welcher der Hang
zum Aberglauben mit folgert. Daß diese Indianer auch bedeutende Staats=
männer hervorbringen, beweist der ehemalige Präsident Benito Juarez, welcher
dem Stamme der Zapoteken angehörte. Der eingeborene Vollblutindianer in
Mexiko ist rothbraun; er hat eine sammetartige Haut, dichtes, glattes, glänzen=
des schwarzes Haar — „so glänzend, daß es aussieht, als sei es beständig
durchnäßt", sagt Humboldt —, die niedrige Stirn senkt sich nach hinten, wäh=
rend der starke Hinterkopf in die Höhe gedrückt ist. Das Gesicht hat, trotz der
beiden Backenknochen, eine gefällige ovale Form, und die großen dunklen Augen
stehen gegen die Schläfen hin ein wenig in die Höhe, aber bei weitem nicht so
auffallend wie bei den Chinesen. Eine sanft gebogene Nase mit gedehnten Flü=
geln bildet eines der besonders charakteristischen Merkmale des Ureinwohners;
der bei vollen Lippen gewöhnlich große Mund zeigt blendendweiße Zähne, das
runde Kinn des Mannes, wie auch in einigen Gegenden die Oberlippe, ist dünn
mit Bart bewachsen; ein kurzer Hals, ein breiter, starker Nacken und die hoch=
gewölbte Brust kennzeichnen weiterhin den Abkömmling der alten Azteken. Seine
Hände und Füße sind klein, die der Frauen und Mädchen meist rund und zier=
lich; seltsamer Weise haben Handflächen und Fußsohlen eine helle, beinahe weiße
Farbe; seine Kniee stehen auf der inneren Seite ein wenig auseinander.

In seiner äußeren Erscheinung ist der rothe Mensch sehr einfach. Der
Mann trägt weite, hirschlederne oder baumwollene Beinkleider, die nur bis an
die Kniee reichen, während eine lange Jacke, manchmal auch ein kurzer, kragen=
loser Kittel, mit einem Gürtel versehen, den Oberkörper deckt; Hemd und Weste
sind für ihn entbehrliche Luxusartikel. Der Fuß wird durch Sandalen ge=
schützt, das Haupt durch einen groben, schwarzen Filzhut mit niederem Deckel.

Der Mensch vormals etc.

Indianer der Tierra templada.

Leipzig: Verlag von Otto Spamer.

Ein grobwollener Teppich, entweder einfarbig oder gestreift, ist die toga virilis des Indianers; bei Tage bietet er ihm Schutz gegen Regen und Kälte, bei Nacht dient er ihm zur wärmenden Ueberdecke.

Die Frauen tragen meist ein baumwollenes Hemd und darüber eine vier-eckige, wollene oder baumwollene Decke, die, mit einem Gürtel über den Hüften befestigt, gleich einem Rocke bis beinahe zu den Knöcheln herabfällt. Die Füße bleiben immer unbeschuht; höchstens dienen ihnen leichte Sandalen von Leder oder vom Geflechte der Agavenblattfasern zur Bedeckung. In manchen Gegen-den haben die Frauen das Haar lang und frei den Nacken herabhängen, andere flechten dasselbe in zwei Zöpfe, die, über den Rücken gekreuzt, am Gürtel be-festigt werden; zuweilen winden sie die Flechten auch um den Kopf. Große Ohr-ringe und breite Halsketten aus Glasperlen vollenden den Staat. Das Haupt tragen sie gewöhnlich unbedeckt. Eben so einfach als seine Persönlichkeit erscheint die Wohnung des Indianers. Dieselbe ist, je nach dem Klima, verschieden. In heißen Thälern und den Küstengegenden gleicht die Indianerhütte einem großen Vogelkäfige. Sie ist dann aus indischem Rohre erbaut und im Inneren zuweilen mit Matten bekleidet. An Fenster denkt Niemand: durch die stets offen stehende Thür dringt ja Licht und Luft genug herein. In anderen Theilen des Landes bestehen die Hütten aus einem mit Lehm überzogenen Geflecht von Stangen und Aesten. An Orten, wo wärmere Wohnungen nöthig, sind dieselben aus unbehaue-nen, der Länge nach auf einander gelegten und mit Pflanzenstricken fest zusammen-gebundenen Baumstämmen errichtet und haben Dächer aus gespaltenen Bretern.

Dem kunstlosen Bau entspricht die innere Einrichtung der Indianerhütte. Meist dient der ganzen Familie ein einziger Raum zum Wohn- und Schlaf-zimmer. Den Herd sollen einige am Boden im Viereck zusammengefügte Steine vorstellen. Daneben stehen der Metate und Metlapile, ersterer ein flacher, der zweite ein walzenförmiger Stein zum Zermalmen des Mais. Eine irdene Pfanne dient zum Backen der Maiskuchen. Diese Welschkorn-Pfannkuchen werden auf folgende Weise bereitet: nachdem der Mais die Nacht hindurch mittels Kalk und heißen Wassers in einem irdenen Geschirr aufgeweicht worden und sich die Hül-sen hierdurch abgelöst haben, wird der Teig von der Indianerin auf dem flachen Steine, dem Metate, mittels des Metapile in dünne Pfannkuchen (Tortillas) geformt und in dieser Form in der Pfanne gebacken. Zuletzt werden die Kuchen mit einer Brühe aus spanischem Pfeffer überstrichen. Noch ehe sie erkaltet sind, womöglich noch rauchend, verzehrt sie der Indianer mit dem größten Wohl-behagen. Höchst einfach sind die Gefäße des Indianers. Ein paar Schalen aus Kürbis, ein großer Schöpfkrug, unglasirte irdene Töpfe, etliche Kannen und Schüsseln bilden sein ganzes Besitzthum; geschnitzte Holzfiguren, Heilige dar-stellend, sowie duftende Sträuße, aus Tropengewächsen gewunden, den Haupt-schmuck seiner Hütte. Tische und Bänke betrachtet er als sehr überflüssige Möbel; Binsenmatten oder Geflechte aus Palmblättern leisten ihm viel bessere Dienste. In einen Knäuel zusammengezogen und in ihre Decken gewickelt, genießen die müden Hüttenbewohner auf ihren Matten die sanfteste Ruhe nach angestrengtem Tagewerk. Als Arbeitsgeräth des Familienvaters finden wir Axt, Haue und Hacke, sowie einige Stricke und Netze, daneben das Webegeräth der Frau, aus nur wenigen Stäben bestehend. Die geringen Vorräthe an Salz, Bohnen, Reis, Eiern u. s. w. sind in Körben aus Palmblättern aufbewahrt und hoch oben an den Deckenbalken befestigt, damit weder Hunde, noch Ameisen, noch kleine zweibeinige Diebe zu ihnen gelangen können. An einem längeren Stricke schaukelt ein eigenthümliches Möbel hin und her, ähnlich den Fallen, in denen muthwillige Knaben bei uns die Meisen fangen, eine Matte überkleidet sein Inneres — es ist die Wiege brauner Säuglinge. Der Mann behandelt die Frau mit roher Gleichgiltigkeit: die Aermste ist mehr Lastthier als Frau.

Die Indianer Centralamerika's bilden die Mehrheit der Bevölkerung, in Guatemala sogar 80 % derselben, während in Costa Rica das Verhältniß für die Weißen am günstigsten ist. Die westlichen Landschaften, besonders Guate= mala, zeigen in den Baudenkmälern deutlich die Einwirkung toltekischer Kultur; diese alte Civilisation ist aber durch die Spanier vernichtet, und die Indianer sind durch dieselben auch in sittlicher Beziehung verdorben worden. Zum größten Theil haben sie die spanische Sprache und das Christenthum angenommen, für letzteres haben die Dominikaner im 16. Jahrhundert sehr vortheilhaft gewirkt. An den nördlichen Küsten von Honduras wohnen Ueberreste von Karaiben, den Ureinwohnern der Westindischen Inseln, auf denen die indianische Bevöl= kerung ausgerottet ist.

Die Indianer Südamerika's zeigen einen viel größeren Wechsel in Sprache, Körperformen und Farbe, als diejenigen Central= und Nordamerika's. Den Norden bevölkern die Karaiben und Arowaken, von denen Erstere sich von der Küste bis zum Amazonenstrome verbreiten und von hier wahrscheinlich erst auf die Westindischen Inseln ausgewandert sind. Die Karaiben haben eine zwischen Gelbbraun und Dunkelbraun wechselnde Hautfarbe, hervortretende Backenknochen, schlichtes, grobes Haar, eine lange Nase, spärlichen Bart, kurzes Kinn, großen Mund mit vorstehendem Unterkiefer und fast vertikalen Zähnen, und geringe Augenbrauen. Einzelne von ihren Stämmen, besonders die im Innern, zeichnen sich durch ihre helle Farbe aus. Nicht selten finden sich unter ihnen Frauen von beinahe tadellos schöner Gesichtsbildung. Die meisten Män= ner erscheinen fast vollständig unbekleidet, und auch die Weiber, welche die Baum= wolle vortrefflich zu verweben wissen, betrachten die Kleidung mehr als fest= lichen Schmuck, den sie bei der Arbeit ablegen. Die Frauen leben in absoluter Abhängigkeit und werden von den Männern oft mit außerordentlicher Rohheit behandelt; ihnen liegen die Hauptgeschäfte und die Bearbeitung des Feldes ob, das sie mit sehr primitiven Werkzeugen, wie einem spitzen Stocke, bearbeiten und besonders mit Mais und Melonen bestellen. In der Kultur vorgeschrittener als die meisten Völkerstämme im Gebiet des Amazonenstroms, bauen die Ka= raiben große Häuser aus Holz und vereinigen dieselben zu Dörfern, welche sie häufig mit Gräben und Palissaden befestigen. Unter den Indianern sind sie die kühnsten Seefahrer. Schon vor Columbus' Ankunft durchkreuzten ihre Schiffe, die 50 Mann fassen konnten und gewaltige baumwollene Segel trugen, das Karaibische Meer und erlitten selten Schiffbruch, obschon sie des Kompasses entbehrten. Noch gegenwärtig machen die Bewohner von Cumana in offenen Booten mit 120—150 Mann Fahrten bis Guadeloupe. Nicht blos der See= raub, sondern auch der Handel war der Zweck dieser kühnen Unternehmungen; ihre Märkte waren stark besucht und mit Waaren reich versehen.

Die Indianer Brasiliens werden auf ungefähr 1½ Million veran= schlagt; von den Küsten sind sie mehr und mehr in das Innere gedrängt worden und haben sich vielfach mit Negern vermischt.

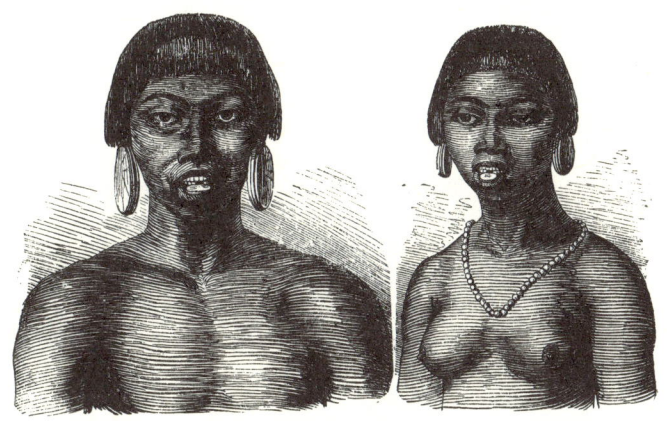

Botokuden. Mann und Frau.

Zwischen dem Amazonenstrome und dem Paranahiba wohnen Gês= stämme, in den östlichen Theilen Tupis, zwischen dem San Francisco und der Küste Botokuden und im Süden des Landes Guaranis.

Die Botokuden nennen sich selbst Engeräckmung und sind auch noch unter den Namen Aymores, Aimbores, Ambores und Gungmures bekannt. Der Name Botokude wird von dem portugiesischen Worte „botoque" (Faß= spund) abgeleitet, weil dieses Volk mit einigen anderen die Sitte gemein hat, einen kurzen, runden Holzpflock in einem Schlitze der Unterlippe zu tragen. Sie gelten für eins der wildesten und rohesten indianischen Völker Brasiliens, sind wohlgebaut, von mittlerer Größe, stark, breit von Brust und Schultern, mit zierlichen Händen und Füßen. Ihr Gesicht hat starke Züge, breite Backen= knochen, schwarze, lebhafte Augen; Mund und Nase sind auffallend dick. Ihre Farbe ist röthlich=braun, bald heller, bald dunkler, ihr Kopfhaar schwarzbraun, die Zähne schöngeformt und weiß. Ohren und Unterlippen werden im siebenten oder achten Jahre durchstochen und in die Löcher immer größere Pflöcke gesteckt, bis sie Scheiben fassen können, welche bisweilen 9½ cm. Durchmesser bei einer Dicke von fast 2½ cm. haben und aus dem Holze des Barrigadobaums, das leichter als Kork und sehr weich ist, gefertigt werden. Eine andere, ihnen eigenthümliche Tracht ist die Haarkrone auf dem sonst glatt geschorenen Kopfe. Hans Staden von Homberg, der sie in den Jahren 1547 bis 1554 besucht hat, erzählt: „Sie machen eine platten auff irem haupt, laſſen drumb her ein kreutz= lein von hare, wie ein Münch. Ich hab sie offt gefragt, woher sie das muster der haar erhalten. Sagten sie, ire Borältern hettens an einem Manne gesehen, der hatte Meire Humane geheißen, und hatte viel wunderliches dings inen gethan, und man wil es sei ein Prophet oder Apostel gewesen. Weiter fragte ich sie, womit sie hatten die haar können abschneiden, ehe inen die Schiff hatten scheeren bracht, sagten sie hetten einen stein keil genommen, hetten ein ander Ding darunter gehalten, darauf die haar abgeschlagen, dann die mittelste platte hatten sie mit einem schieben, eines geſellen steins, welche sie viel brau= chen, zum scheren gemacht."

Sie sind ein Wandervolk und bauen sich auf ihren Zügen durch die Wäl= der Hütten aus Palmblättern. Sie haben keinen Kultus, fürchten aber böse Geister und verehren den Mond als den Urheber der Schöpfung. Ihre Geräthe sind sehr einfach, ihre Waffe ein bis 2,5 m. langer Bogen, mit dem sie gewandt und sicher 1½—2 m. lange Pfeile schießen. Zur Nahrung dient ihnen Alles, was das Thier= und Pflanzenreich nur irgend Eßbares und ihnen Erreichbares liefert; auch gelten sie für Anthropophagen.

Die ungeheuren Waldgebiete zwischen dem Tocantins und den Cordilleren werden von einer Menge einzelner Völker bewohnt, welche trotz ihres nahen Beisammensitzens in Sprache und Sitte als ganz verschiedene kleine Nationali= täten erscheinen. Einzelne schwärmen als Reitervölker auf den Campos umher, andere pflegen auf gut gezimmerten Booten des Fischfangs oder bestellen in den Lichtungen des Urwaldes das Feld. Nicht wenige huldigen noch dem Menschen= fraß; dem Christenthume sind nur etwa 133,000 gewonnen. Im Ganzen aber ist der Verkehr zwischen Indianern und Weißen ein weit mehr friedlicher als in Nordamerika. Die größte Kultur hatten die Guaranis unter der Leitung der Jesuiten in Paraguay 1610—1767 erreicht; nachdem aber der eigenthüm= liche theokratische Staat sein Ende erreicht hatte, sind sie wieder größtentheils in ihre frühere Unkultur und in das Heidenthum zurückgesunken.

Zwischen dem oberen Paraguay und den Anden und dann weiter nach Süden bis an das Feuerland dehnen sich die Gebiete der Pampasindianer aus, kriegerische, der Kultur und dem Christenthum unzugängliche noma= dische Reitervölker, von denen die Guaycurus zwischen Paraguay und Pilco= mayo, die Abiponer zwischen letzterem Fluſſe und dem Salado, die Puelchen im Westen der La=Platamündung und die Tehuelchen in Patagonien die gefürchtetsten Stämme sind.

Zu den unkultivirtesten, rohesten Indianern gehören die Feuerländer. Die Feuerländer sind dunkelrothbraun von Farbe, plump und häßlich. Die Männer kleiden sich, trotz der Ungunst des Klimas, fast nur in Fellstücke, die sie über den Oberkörper werfen, oder umschlingen sich nur mit einer Binde aus Fell die Hüften. Die südlichen Feuerländer, auch Pescherähs (Freunde), unter sich aber Yoranha genannt, sind ein überaus ärmliches, häßliches und schmuziges Volk von kleinem Körperbau und sehr niedriger Kultur; selbst Menschenfresserei soll noch unter ihnen vorkommen. Sie leben meist vom Fischfang. Als Waffen dienen ihnen Spieße und Dolche von Walfischknochen, Steinmesser, Keulen und Schleudern, Bogen und Pfeile. Ihre Hütten sind ärmlich und klein und bestehen aus Zweigen, die mit ihrem oberen Ende zusammengebunden und mit Häuten, Baumrinden, Gras und Laub bedeckt sind.

Feuerländer. Mann und Frau.

Die Plateaux der Anden und der Westabfall zwischen 4° nördl. Br. und 30° südl. Br. werden von den Quichua-Völkern bewohnt. Das Hauptvolk, die Quichua, welches bei der Ankunft der Spanier das herrschende war, hatte seinen Ursitz in der Umgegend von Cuzco; seine Sprache war aber durch die Eroberungen der Inkas weit nach Norden und Süden verbreitet worden.

Im südlichen Chile wohnen die Araukaner oder, wie sie sich selbst nennen, die Morache, d. i. Leute des Westens, im Gegensatz zu den mit ihnen verwandten, in der Argentinischen Republik lebenden Pehuenchen, d. i. Leute des Ostens. Die Araukaner sind von mittlerer Größe, muskulös, wohlgebaut, und haben ein kriegerisches Aussehen. Die Farbe ist ein helles Kupferbraun. Als Oberkleid dient die ponchoartige Chiripa, deren Stoff von den Weibern aus Wolle selbst gewebt und blau oder schwarz gefärbt wird. Hauptwaffe ist die Lanze; doch ist auch jetzt das Feuergewehr unter ihnen sehr verbreitet.

Ihr Land theilen die Araukaner (wie wir sie mit den Spaniern nennen müssen) in verschiedene Mapu (Distrikte), deren jeder von einem Stamme mit erblichen Häuptlingen bewohnt wird. Die Häuptlinge (Apo=Gelmenes in der eigenen Sprache, Kaziken von den Chilenen genannt) stehen unabhängig von einander; sie schlichten die Streitigkeiten und üben die Justiz; aber Steuern empfangen sie nicht. Sie besitzen das Recht, Land zu verkaufen, aber niemals an die Weißen. Die Würde erbt auf den ältesten Sohn; bei mangelnder männ= licher Nachkommenschaft wählt der Stamm einen neuen Kaziken. Ueber diesem steht das Provinzialoberhaupt, der von ihnen erwählte Toki, deren es im ganzen Araukanerlande vier giebt. Besondere Gesetze giebt es nicht; an ihrer Statt werden alte Ueberlieferungen und Gebräuche heilig gehalten. Die Blutrache ist in allgemeiner Geltung. Ein besonderer Priesterstand besteht bei den Arau= kanern nicht. Jedermann ist in Bezug auf Religion sich selbst überlassen. Weder Tempel noch Götzenbilder existiren, auch werden keine sichtbaren Körper ver= ehrt. Im Allgemeinen gilt der Glaube an einen guten (Pillau) und einen bösen Geist (Guecubu). Kriegsgefangene werden als Zeichen der Verehrung für einen im Kriege gefallenen Tapfern geschlachtet.

Vielweiberei ist bei ihnen allgemein verbreitet. Die Frau wird aus dem Hause des Vaters geraubt, einige Tage nachher aber Letzterem eine Hochzeits= gabe in Gestalt von Ochsen und Pferden überbracht.

Die einfachen Rohr= oder Holzhütten liegen in kleinen Dörfern beisammen an Flußufern. Die Hauptnahrung liefern die Herden; sie bauen etwas Reis und Mais und brauen daraus ein Bier (Mudai).

Auf den Hochländern von Ecuador und Columbia sitzen die Stämme der Chibcha oder Muisca mit verwandten Völkern.

Araukaner.

Chonds.

VI.

Die Dravida oder Urbewohner Vorderindiens.

Unterschied zwischen den Dravida und den mongolenartigen Völkern. — Die Dravida und die Sanskrit redenden Arier in Indien (Hindu). — Eintheilung der Dravida. — Die Brahui. — Die Chonds. — Sitten und Gebräuche. —Menschenopfer (Meriahs). — Die Bhils. — Kulis. — Bewohner von Ceylon. — Das Elu. — Die Singhalesen, Kandier und Weddah. — Die Rodiyos (Rodias).

~~~~~~~~~~

In Indien lassen sich zwei Hauptstämme unterscheiden: die Urbewohner Indiens, Tamulier oder Dravida genannt, und die von Nordwesten eingedrungenen Sanskrit redenden Arier oder Hindu. Dieser Einbruch fand etwa
ums Jahr 2000 v. Chr. statt, da die ältesten literarischen Denkmäler der Arier,
Hymnen und Sagen, blos von den Ansiedlungen derselben im heutigen Pendschab
Kunde geben und von dem Gangesthal und dem Dekan noch nichts wissen.
Wie es scheint, wurden von diesem Zeitpunkt an infolge des immer kräftigeren

Vordringens der Arier die Dravida theils unterworfen, indem sie als dienende
Kaste den drei alten, freien Kasten der Priester, Krieger und Landbebauer an=
gereiht wurden, theils in die wilden, unwegsamen Gegenden des Inneren zu=
rückgedrängt, wo sie als vogelfreie Barbaren ein kümmerliches Dasein fristeten.
Am schwersten war die Unterwerfung derselben im Süden (im Dekan), wo sie
durch das gebirgige Terrain gegen die Invasion der Arier ungleich besser geschützt
waren, als in dem ebenen, größtentheils offenen Norden. Die Unterwerfung
wurde hier auch nicht mit dem Schwerte, sondern, wie die Sage selbst berichtet,
durch die brahmanische Civilisation vollzogen, weshalb auch im Gegensatz zum
Norden, welcher Sprache und Sitten des fremden Eroberers annahm, der Sü=
den bis zur Gegenwart der alten Sprache und Sitte treu geblieben ist. Daher
finden sich jetzt die Dravida nur als Aboriginer des Dekan und einzelner Ge=
birgsgegenden des nördlichen Binnenlandes.

Ein ehemals im Norden sitzender Stamm, der wahrscheinlich den ersten
Anprall der Arier auszuhalten hatte, scheint damals in die gebirgigen Gegen=
den Beludschistans abgedrängt worden zu sein, wo er noch jetzt in den Brahuis
fortlebt, mit denen wir uns weiter unten eingehend beschäftigen werden.

Die Haut der Dravida ist meist stark gedunkelt, oft geradezu schwarz. Da=
rin würden sie den Negern gleichen, doch fehlt ihnen der widerliche Geruch der
Letzteren. Vor Allem aber haben sie langes, schwarzes, niemals büschelförmiges,
auch nicht straffes, sondern krauses oder gelocktes Haar. Dadurch lassen sie sich
leicht von den mongolenartigen Völkern trennen, zumal bei ihnen auch das
Bart= und Leibhaar reichlich sproßt.

Die Dravida in weiterem Sinne sondern sich in zwei scharf geschie=
dene Stämme, nämlich den sogenannten Munda= oder Kolh=Stamm, und den
Dravida=Stamm in engerem Sinne. Der Munda=(Kolh=)Stamm umfaßt
eine Reihe von Völkern dunkler Hautfarbe und verschiedenartiger Sprachen,
welche auf dem Hochlande und den Gebirgen des nördlichen Indien wohnen.
Zu ihm werden gerechnet: die Kolh auf dem Hochlande von Tschota=Nagpure
(Chota=Nagpore), zu denen auch die Santhal und Ho gehören, die Bhils auf
den Anhöhen der Flüsse Tapti, Nerbudda und Mahi, die Mera und Mina in
der Gegend von Adschmir und andere kleine Stämme. Gegenwärtig bilden die
Munda=Dravida fast den vierten Theil der Gesammtbevölkerung Ostindiens.

Zum Dravidastamme in engerem Sinne gehören: 1) die Tamulen
im sogenannten Karnatik, dem darüberliegenden Hochlande und im nördlichen
und nordwestlichen Ceylon; 2) die Telingas oder Telugu, im Norden der Ta=
mulen von Palicat und der Ostküste bis gegen Gandscham, südlich von Orissa
und dem Lande der Chond und südöstlich vom Mahrattalande; 3) die Kanaresen
in Mysore und in Kanara; 4) die Malabaren oder Malayalas auf der Küste
von Malabar von Mangalur bis gegen Trivanderam; 5) die Gondhs im
sogenannten Gondwana. An diese Völker sind zahlreiche andere kleinere
Stämme anzuschließen.

Typus eines Dravida.

Ein englischer Geistlicher, Caldwell, hat eine vergleichende Grammatik der dravidischen Sprachen veröffentlicht und nachgewiesen, daß die Zahl der dravidisch redenden Menschen gegenwärtig 48,600,000 beträgt. Die dravidischen

Sprachen sind Tamul, Telugu, Kanaresisch, Malayalam, Tulu, Kurgh, Toda, Kora, Gondh, Chond, Rabschmahal und Oraon. Davon entfallen auf die Te= lugu etwa 15,000,000 Seelen, auf das Tamul 14,500,000, das Kanaresisch 9,250,000, das Malayalam 3,750,000, das Gondh 1,135,000, das Tulu 300,000, das Chond 268,000, das Oraon 263,000, das Kurgh 150,000, das Rabschmahal 41,000, das Kora 1112, das Toda nur 752.

Unter den dravidisch redenden Völkern ist bei manchen ein Zug zum Aus= wandern lebendig, namentlich bei den Tamulen. Deshalb ist ihre Sprache noch weit verbreitet; sie wird auch im Telugugebiete, unter den Kanaresen und in Travankur vielfach geredet; ferner hört man sie häufig auf den Sundainseln, zu Ranguhn in Britisch=Birma, auf Ceylon, Réunion, im Natallande, auf den Antillen, kurz überall wo Tamul=Kulis hinkommen.

Das zweite Hauptvolk Indiens sind, wie wir oben schon sahen, die von Nordwesten eingewanderten, Sanskrit redenden Arier, welche die Draviba nach und nach in die Berge zurückdrängten, sich mit ihnen verschiedentlich misch= ten, in Hindostan aber durch den verschiedenen Grad der Mischung mit den neu eingewanderten Arabern, Mongolen, Afghanen unter sich verschieden wurden. Ihre Sprache, das Sanskrit, ist jetzt todt; aus diesem gingen das Pali, die Religionssprache der Buddhisten, und die Prakritdialekte, zunächst das Hindi hervor, daraus durch geringe Beimischung von persischen und arabischen Wörtern das Hindui, stärker gemischt das Hinduftani. Daneben entstanden noch mehrere Dialekte ohne solche Mischung, die Sprache von Orissa, das Bengali in Ben= galen, die Sprache der Mahratten im nordwestlichen Dekan, das Guzerati in der gleichnamigen Landschaft, das Scindi, Multani, Pendschabi u. f. w.

Man bezeichnet, wie erwähnt, im Allgemeinen die Bevölkerung Indiens, soweit sie arischer Abkunft ist, mit dem Namen Hindu, und werden wir später= hin Gelegenheit nehmen, uns mit denselben eingehender zu beschäftigen.

An dieser Stelle haben wir es nur mit den Draviba, als einer beson= deren Rasse, zu thun.

Im Osten Belubschiftans finden wir die Brahui. Schon sehr früh ge= schieht der Vorfahren dieses Volkes Erwähnung, und zwar in einer der interessan= testen und ältesten ethnographischen Urkunden jener herobotischen Beschreibung des buntscheckigen Völkergewimmels, welches das Machtgebot des Großkönigs Xerxes im vorderen Kleinasien selbst aus den entferntesten Provinzen zusammen= gebracht hatte, um im Jahre 480 v. Chr. Hellas zu unterdrücken. Dort im 7. Buche, Kap. 70, führt Herodot zweierlei Arten von Aethiopiern oder dunkel= farbigen Menschen auf: afrikanische, den Griechen wohlbekannte, und asiatische aus Gedrosien, dem heutigen Belubschiftan. „Die Aethiopen aus dem Often", sagt er, „bildeten mit den Indern ein Corps; von den Anderen unterscheiden sie sich im Aussehen durch nichts als durch den Haarwuchs. Denn diese orienta= lischen Aethiopen haben glatte, schlichte Haare, die afrikanischen dagegen das krauseste Wollhaar unter allen Menschen. Sie waren ganz wie die Inder bewaffnet, nur trugen sie auf dem Kopfe Stirnhäute von Pferden, welche mit Ohren und Mähnen abgezogen waren. Die Mähnen dienten als Helmbüsche und die Pferdeohren standen gerade in die Höhe. Ihre Schilde waren mit Kranichbälgen überzogen."

Unbezweifelte Nachkommen dieser Aethiopen sind nun die heutigen Brahui, welche bis jetzt, wenn auch nicht ihren sonderbaren Kopfputz, so doch ihren kör=perlichen Typus bewahrt haben.

Die Brahui sind von mittlerer Größe oder darunter und von schwarzbrauner Farbe, von breitem Gesicht und hohen Backenknochen. Schon dadurch unterscheiden sie sich von ihren Nachbarn, den arischen Beludschen, welche fast alle schlank, hochgewachsen und von herkulischem Körperbau sind, auch lange Gesichter haben. Kinn= und Schnurrbart ist kurz und spärlich, dafür aber der Schädel mit einem Busche langer, geflochtener, meist pechschwarzer Haare bedeckt, die Augen sind schwarz und blitzend. Der Körper ist untersetzt, die Knochen sind kurz und dick.

Im Landbau sind die Brahui fleißig und arbeitsam, auch sonst abgehärtet; vortrefflich ertragen sie namentlich die Hitze.

In unzählige Stämme oder Chel getheilt, ziehen sie mit Weib und Kind, mit Zelten und Viehherden umher und wechseln ihren Aufenthaltsort je nach der Jahreszeit; nur wenige sind dauernd ansäßig und Ackerbauer. Namentlich Fleisch lieben sie über Alles und verschlingen es halb roh und ungesalzen; die Kälte auf den Gebirgen, sagen sie, erfordere diese Nahrung.

Ihre Kleidung besteht Jahr aus, Jahr ein in einem weiten, weißen Hemde und eben solchen Beinkleidern aus dickem Kamelot; das Haupt wird von einer kleinen Zeugkappe bedeckt. Abgesehen von ihrer Gefräßigkeit ist ihr Charakter ein vortrefflicher; sie sind gastfrei, treu und dankbar.

Von ganz besonderem Interesse sind die Steinbauten, welche dieses Volk bis auf den heutigen Tag zum Andenken an Familienereignisse errichtet. Sie zerfallen in zwei Hauptgattungen und feiern sehr verschiedenartige Begeben=heiten: die einen, Tschap genannt, erinnern an die Hochzeiten dieser Nomaden, die anderen, die Tscheda, sind Denkmäler für Diejenigen, welche ohne Nach=kommenschaft sterben.

Der Tschap ist ein Kreis aus flachen, neben einander gelegten Steinen, in dessen Mittelpunkt ein 75 cm. hoher Stein aufrecht steht und dessen Durch=messer von 3—10 m. wechselt. Diese Denkmäler werden genau an demselben Platze errichtet, wo die Tänze aufgeführt werden, die einen Hauptbestandtheil der Hochzeitsfeierlichkeiten ausmachen. Der aufrecht stehende Pfeiler bezeichnet die Stelle des Musikanten, die Platten der Peripherie den Kreis der Tänzer, welche bald einzeln hüpfen, bald insgesammt in gemessenem Schritt sich nach der Musik drehen, deren Rhythmus sie mit Händeklatschen begleiten.

Der Tscheda ist ein Pfeiler von 3 m. und mehr Höhe und einem Durch=messer von etwas mehr als 1 m., von cylindrischer Form und sorgfältig aus einzelnen Steinen dicht gefügt. Oben endet er in einer Kuppel, aus deren Spitze ein einzelner Stein gerade aufsteigt. Die Basis ist eine kleine quabratische Plattform, die sich wenig über den Boden erhebt. Sie werden solchen Stammes= genossen zu Ehren errichtet, die ohne Nachkommen sterben; die Verwandten der= selben pflegen den Jahrestag des traurigen Ereignisses durch Schenkungen an den Familienpriester und durch ein Fest für den Stamm beim Denkmal zu feiern.

Die fernerhin zu dem Dravidastamme gehörigen Chonds (auch Khund, Kand und Ku genannt) wohnen in der ostindischen Landschaft Orissa zwischen Gumsir, Daspalla und Boad, im Westen Gandschams und des Tschillasees. Das Chondland, ein waldreiches Hügelland, ist unter etwa dreißig kleine Rad= schas vertheilt, die der englischen Regierung tributpflichtig sind.

Die Chonds sind von kräftigem, ebenmäßigem Körperbau und die Mus= keln sehr gut entwickelt. Die glänzende Hautfarbe nüancirt von heller Bambus= bis zu dunkler Kupferfarbe. Der Vorderkopf ist voll und breit, die Nase selten, aber doch bisweilen gebogen, an der Spitze gewöhnlich breit; die Lippen sind voll, aber nicht dick, der Mund sehr breit; Gesichtsausdruck sehr intelligent; die Züge deuten auf Entschlossenheit und guten Humor.

Die Bekleidung besteht aus langen und breiten Stücken groben Zeuges, das entweder weiß oder gewürfelt ist. Die Frauen tragen in manchen Bezirken Ringe an Hand= und Fußknöcheln und kleine Zierrathen in Nase und Ohren.

Die Dörfer haben durchgängig eine sehr hübsche Lage zwischen Baum= gruppen, am Fuße bewaldeter Hügel oder auf Bodenerhöhungen in der Ebene.

In den südlichen Bezirken bestehen sie aus zwei langen Häuserreihen, welche eine Straße bilden; diese läuft etwas gekrümmt und ist an beiden Enden durch ein starkes Holzthor geschlossen.

Der Priester befragt den Willen der Gottheit und bestimmt dann die Lage der Ortschaft. In der Mitte des Dorfes liegt die Wohnung des Pa= triarchen (Abbaya).

Der Ackerbau steht in hohen Ehren; im Süden gilt dasselbe auch von den Eisenarbeitern und Töpfern. Lohnarbeiter giebt es nicht; Jeder bearbeitet als Freigut einen Theil des Bodens, der genau abgetheilt ist; die eine Hälfte desselben liegt im Thal und wird bewässert, die andere und zugleich größere auf der Höhe.

Die väterliche Gewalt ist unbedingt und hat keine Schranken, und ein Sohn kann vor des Vaters Ableben keinerlei Art von Eigenthum besitzen: Grund und Boden vererbt, sammt dem Vieh, nur auf die Söhne; Töchter können kein Land besitzen. In manchen Bezirken bekommt der älteste Sohn einen Extra= antheil; Schmucksachen, Hausgeräth, Geld, überhaupt bewegliche Sachen fallen den Töchtern zu, welche von den Brüdern erhalten werden, bis sie heirathen; dann erhalten sie eine Ausstattung. Ein Grundbesitzer, der ohne Manneserben stirbt, wird von der Dorfgemeinde beerbt, und diese vertheilt den Nachlaß.

Kein anderes Volk versteht sich auf den Ackerbau so gut und betreibt den= selben mit solchem Eifer wie die Chonds. Der Mann steht bei Tagesanbruch auf, genießt einen Brei aus Hirse oder Hülsenfrüchten mit Ziegen= oder

Schweinefleisch, spannt seine Ochsen an und nimmt die Axt auf die Schulter. Er pflügt bis Mittags 3 Uhr und nimmt alsdann ein Bad; bei schweren Arbeiten, z. B. im Walde beim Fällen der Bäume, macht er früher Mittag und hält eine Mahlzeit. Abends genießt er ein geistiges Getränk und raucht Tabak. Zur Zeit der Aussaat und der Ernte arbeiten auch die Frauen auf dem Felde.

Die Maliah-(Gebirgs-)Chonds haben sehr viel Groß- und Kleinvieh und dazu Geflügel in Menge. Sie bauen Reis, Oelpflanzen, Hirse, Hülsenfrüchte, Gemüse, Tabak, Curcumä (Gelbwurz) und ganz vortrefflichen Senf; diese Produkte werden ihnen von Hindu-Kaufleuten, namentlich von der Sudakaste, abgekauft, oder man bringt sie auf die Märkte zu Kolada und Kodanda, wo der Dorfweber (Panua) den Handel vermittelt, als Mäkler auftritt und den Eintausch von Salz, Zeugen, Messinggefäßen, Schmucksachen und dergleichen mehr besorgt. Landverkäufe kommen oftmals vor, und die Uebertragung findet in folgender Weise statt.

Der Verkäufer meldet beim Vorsteher (Patriarchen, Abbaya) sein Vorhaben an, damit dasselbe kund werde. Mit dem Käufer geht er, im Beisein von fünf achtbaren Männern, die als Zeugen aufgerufen werden, auf das Grundstück. Dort ruft er die Dorfgottheit an, damit auch sie Zeuge sei, daß er einen Theil seiner Ländereien an einen Anderen übertragen habe. Alsdann nimmt er eine Hand voll Erde und überreicht dieselbe dem Käufer, der nun seinerseits den Kaufpreis bezahlt. Die Chonds im Gebirge haben erst in der jüngsten Zeit den Gebrauch des Metallgeldes kennen gelernt, aber sie hatten Kaurimuscheln. Als Werthmesser diente „Lebendiges", z. B. ein Büffel, ein Stier, eine Ziege, ein Schwein oder ein Huhn; außerdem aber auch ein Sack voll Getreide oder ein Paar Messingtöpfe. Im Durchschnitt rechnet man 100 Leben gleich 10 Ochsen oder Büffeln, 10 Sack Korn, 10 Paar Messingtöpfen, 20 Schafen, 10 Schweinen oder 30 Hühnern.

Die Maliah-Chonds sind in der Lage, sich ganz dem Ackerbau zu widmen, weil fünf Pariah- oder Hindukasten unter ihnen wohnen, und diese alle anderen Geschäfte besorgen. Diese sind: der Panua (Weber), der Lohara (Schmied), der Komaru (Töpfer), der Guro (Hirt) und der Tundi (Destillateur), der Letztere aber nur in den östlichen Bezirken.

Der Weber ist in jedem Dorfe eine ganz unentbehrliche Person. Er mußte, bis zur Abschaffung der Menschenopfer, dafür sorgen, daß an letzteren kein Mangel sei; er ist Bote und überbringt Mittheilungen an berathende Versammlungen oder in Kriegszeiten an die Heerführer. Auch macht er bei festlichen Gelegenheiten Musik und versorgt die Dorfbewohner mit Kleidung.

Diese Kasten wohnen seit uralter Zeit im Lande der Chonds, die aber keine Speise genießen, welche von jenen berührt worden ist. Man erblickt in ihnen untergeordnete Schützlinge, die sich nicht einfallen lassen dürfen, sich den Chonds gleich zu stellen. Uebrigens halten sie ihr Blut unvermischt und haben manchmal auch Grundbesitz.

Gaftfreundschaft gilt für heilige Pflicht; jeder Fremde ist willkommen und mag im Dorfe als Gast bleiben, so lange es ihm beliebt; man kann ihn niemals wegweisen, und er wird als Glied der Familie behandelt. Wer sich in das Haus seines Feindes flüchtet, darf dort nicht angetastet werden, selbst wenn er Gegenstand der Blutrache seines Wirthes wäre. Die Patriarchen sind sehr stolz auf ihr Blut und schätzen sich für besser als die Hindu. Sie rühmen sich, daß sie Vater und Mutter in Ehren halten, während die Hindu den ihrigen keine Hochachtung erweisen; sie, die Chonds, seien von gleichartiger Rasse, die Hindu nicht. Daher sind sie so stolz, wie unabhängige Leute zu sein pflegen, und führen keine Schmeichelreden.

Zum Zeichen des Grußes halten sie die Hand senkrecht über den Kopf; beim Begegnen auf der Straße sagt der Jüngere: „Ich bin auf meinem Wege," und der Aeltere entgegnet: „Geh vorwärts!"

Die Frauen haben eine recht gute Stellung, sind nicht ohne Einfluß, werden mit Achtung, und Familienmütter sogar mit Auszeichnung behandelt. Man beräth mit ihnen sogar öffentliche Angelegenheiten; im Hauswesen üben sie großen Einfluß.

Heirathen können nur zwischen Angehörigen verschiedener Stämme ge= schlossen werden, nicht einmal mit Fremden, die seit längerer Zeit in den Stamm aufgenommen worden sind. Solche Heirathen finden auch statt, während zwei Stämme in langwierigen Fehden mit einander liegen. Man verheirathet zehn= jährige Knaben mit sechzehnjährigen Mädchen; der Vater der ersteren zahlt 20 oder 30 „Leben" Kaufgeld und damit ist die Angelegenheit abgemacht. Man trägt Reis und starke Getränke in das Brauthaus, der Priester kostet das Ge= tränk, bringt den Göttern eine Spende, worauf die beiderseitigen Eltern er= klären, daß die Ehe geschlossen sei. Nachher Gesang und Tanz und allerlei Lust= barkeiten, zu welchen auch eine fingirte Entführung der Braut gehört.

Die junge Frau lebt gemeinschaftlich mit dem ihr vermählten Knaben in dessen väterlichem Hause und hilft der Schwiegermutter, bis der Herr Gemahl so weit herangewachsen ist, um selbst einem Hauswesen vorstehen zu können.

Jeder Stamm hat ein bestimmtes Gebiet, dessen Vorstand der Patriarch als Vertreter des Allen gemeinsamen Urahns ist. Er theilt sich in Zweige, die unter Familienältesten stehen, und jedes einzelne Dorf hat zum Vorsteher einen Abkömmling des Vorstehers, welchen die ersten Gründer erwählt hatten. Eine Gruppe von Stämmen steht unter einem gemeinsamen Bundespatriarchen, welchem ein aus den Häuptlingen der verschiedenen Stämme zusammengesetzter Rath zur Seite ist; diese müssen ihrerseits mit den Dorfpatriarchen berathen, welche hinwiederum mit den Aeltesten ihres Dorfes im Einvernehmen zu han= deln haben. Dazu kommen noch Volksversammlungen. So ist die politische Gliederung abgeschlossen.

Das Amt des Patriarchen ist in der Familie erblich, aber aus derselben kann das Volk den Mann wählen, welcher ihm genehm ist. Er steht als der

Erste unter Gleichen da; nicht etwa so wie der Häuptling eines Clans, der über den anderen Leuten steht. Er hat keine Burg und keine Leibwache, bekommt weder Tribut noch Abgaben, außer dann und wann, und allemal als freie Gabe Etwas vom Ernteertrag. Doch wird auf die Würde selbst großer Werth gelegt.

Krieger der Chonds.

Er thut nie Etwas ohne Zustimmung der Abbayas oder der Volksversammlung; er verhandelt mit anderen Stämmen und mit den Zemindars, ist Anführer im Kriege, hält die öffentliche Ordnung aufrecht, schließt Streitigkeiten und Prozesse, aber dabei entscheidet lediglich seine persönliche Autorität.

Die vom Patriarchen berufenen Volksversammlungen werden am Abhange eines Hügels gehalten. Den inneren Kreis bilden die Distriktspatriarchen, den äußeren Ring die Dorfpatriarchen. Das Volk steht umher; Jeder trägt Waffen; Weiber und Kinder halten sich bei Seite, doch so, daß sie Alles hören können. Der Patriarch präsidirt und hält den ersten Vortrag, leitet die Verhand=lungen und faßt am Ende das Resultat zusammen. Ihm liegt die Verkün=digung der Beschlüsse ob.

Ein Stamm wird als Bengasikia bezeichnet, und zur Bezeichnung eines besonderen Stammes setzt man den Namen seines Gründers vor das Wort, z. B. Baska Bengasikia, d. h. Stamm des Baska; ebenso wird der Zweig eines Stammes mit dem Namen des Gründers bezeichnet.

Der Name für Dorf ist Nadsu. Die Namen der Chonds sind immer natürlichen Gegenständen entlehnt und drücken niemals Eigenschaften aus. So hat man den Mininga, Fischstamm; Janinga, Krabbenstamm; Potschangia, Eule; Saialinga, Stamm des gefleckten Hirsches u. s. w.

Die Chonds zeichnen sich durch großen persönlichen Muth aus; sie geben und nehmen kein Quartier. Bei ihren Fehden mit Leuten von anderer Rasse oder auch wol mit solchen von verschiedenen Stämmen geloben sie zuweilen der Erdgöttin ein Menschenopfer, und Loha Peneu, dem Gott der Waffen, opfern sie Hühner und Ziegen vor der Schlacht. Nachdem das Blut geflossen ist, giebt der Priester, der niemals Waffen tragen darf, das Zeichen zum Gefechte, indem er eine Axt schwingt und die Krieger zur Tapferkeit ermahnt. Diese schmücken sich zum Kampfe, als ob sie zu einem Feste gingen, flechten ihr Haar, legen dasselbe in einem flachen Kreise auf die rechte Seite des Kopfes und be=festigen an demselben eine Feder, umwinden wol auch das Haupt mit einem scharlachrothen Tuche.

Die Waffen bestehen in einer leichten, mit beiden Händen zu schwingenden Axt, die eigenthümlich gekrümmt ist und einen langen Stiel hat, in Bogen und Pfeilen und in der Schleuder; Schilde haben sie nicht. Krieg ist die Regel, Frieden die Ausnahme. Innerhalb eines jeden Stammes herrscht Ruhe und Ordnung, aber was darüber hinausgeht, ist eitel Zwietracht und Verwirrung; Wiedervergeltung und Blutrache sind an der Tagesordnung.

Die Chonds zerfallen in zwei große Sekten; sie glauben Alle an ein höch=stes Wesen, einen Gott des Lichtes, der Quell alles Guten ist und sich eine Gattin geschaffen hat, die Erdgöttin, Göttin der Finsterniß, von der alles Uebel ausgeht. Viele halten dieselbe für besiegt, Andere nicht. Sie hält in letzterem Falle die Wage des Guten und Bösen in ihrer Hand, lenkt die Schicksale der Menschen, und jede Wohlthat, welche diesen zu Theil wird, muß dadurch erkauft werden, daß man sie durch Opfer günstig stimmt. Unter diesen sind die Menschen=opfer am wirksamsten, und diese sind ein heiliger Gebrauch. Daß die Kinder gesund heranwachsen, daß die Ernte gedeiht, die Herde sich vermehrt, der Feind besiegt wird, keine Krankheit kommt, kein Blitz trifft — das Alles hängt von

der gewissenhaften Beobachtung dieses heiligen Brauches ab, und deshalb beob=
achtet das ganze Volk denselben gegenüber der Erdgöttin, der Tari Pennu.
Angekaufte Personen werden zu Meriahs (Schlachtopfern) verwandt; auf Alter,
Geschlecht oder Religionsbekenntniß kommt es weniger an; doch zieht man er=
wachsene Leute in kräftigem Alter vor, weil diese theurer bezahlt werden müssen
und deshalb der Gottheit willkommener sind als wohlfeil angekaufte Kinder
oder Greise. Ein recht wohlbeleibtes Opfer ist das Angenehmste. Die Liefe=
rung der Meriahs ist eine gewinnbringende Handelsspekulation in den Händen
von besonderen Agenten oder Aufkäufern.

Diese Menschenaufkäufer, meist Weber (Panua), ziehen, namentlich zur Zeit
einer Hungersnoth, in den Dörfern der Ebene umher und handeln den armen
Leuten Kinder ab, stehlen auch wol dergleichen und verlocken junge Bursche und
Mädchen ins Gebirge unter dem Vorwande, ihnen dort eine lohnende Arbeit
nachzuweisen. Dort werden sie manchmal Jahre lang aufgespart und immer
gut behandelt; sie wissen sehr wohl, was ihnen bevorsteht, ergeben sich aber mit
orientalischem Fatalismus in ihr Schicksal. Inzwischen arbeiten sie auf dem
Felde, die Mädchen verheirathen sich auch wol mit einem Chond oder mit einem
männlichen Meriah, und die Kinder werden dann ebenfalls Schlachtopfer.

Der Einkaufspreis wechselt von 60 bis 300 Rupien (à 2 Mark), wird
aber selten in baarem Gelde bezahlt, sondern lieber in Rindvieh, Schweinen,
Ziegen und Bronzegefäßen. Die religiöse Feierlichkeit muß unbedingt öffentlich
sein. In dem Monate vor dem zum Opfern bestimmten Tage werden viele
Festlichkeiten veranstaltet; man hält Trinkgelage und tanzt um das Meriah
herum, welches mit Blumen bekränzt und mit den besten Kleidern geschmückt
wird. Am Abend vor dem Todestage führt man das berauschte Meriah an
einen großen Pfahl, auf welchem das Sinnbild einer Gottheit angebracht ist,
ein Elefant z. B. oder ein Pfau. Man macht Musik, tanzt und stimmt heilige
Gesänge zu Ehren der Gottheit an folgenden Inhalts: „Wir bieten dir dieses
Opfer; gewähre uns gute Jahreszeiten, gieb uns gute Ernte und Gesundheit";
dann wird das Schlachtopfer angeredet: „Du bist unser, nicht durch Gewalt;
wir haben dich gekauft, und jetzt sollst du geopfert werden nach altem Brauch.
Auf uns fällt keine Schuld."

Am andern Tage muß das Meriah sich abermals berauschen und wird
mit Oel eingesalbt, namentlich an gewissen Körpertheilen. Jeder Anwesende
berührt dieselben und streicht das an seinen Fingern haftende Oel in sein Haar.
Dann beginnt der feierliche Umzug mit Spielleuten voran, und man trägt das
Meriah um das Dorf herum und auf die Felder. Der Priester geleitet den
Zug um den Pfahl, welcher allemal neben dem Ortsgötzen steht; dieser wird
durch drei große Steine repräsentirt. Dann übt er den heiligen Brauch aus,
d. h. er läßt durch ein Kind, welches noch nicht sieben Jahre alt sein darf,
Blumen und Weihrauchdüfte darbringen. Das Kind ist auf Gemeindekosten
gekleidet und ernährt, auch immer abseits gehalten worden, damit es rein bleibe.

Inzwischen ist am Pfahl eine Grube gegraben worden, und am Rande derselben opfert man ein Schwein. Das Blut fließt in das Loch, und in dieses muß nun das trunken gemachte Meriah hinabsteigen. Man drückt den Kopf in den blutigen Schlamm und erstickt es. Nachher schneidet der Priester ihm ein Stück Fleisch vom Leibe und rennt damit zu den Götzensteinen, wo er der Göttin der Erde dieses zum Opfer bringt. Sobald das geschehen ist, schneidet jeder Anwesende sich auch ein Stück ab; wer aus einem anderen Dorfe gekommen ist, rennt mit seinem Stücke heim, damit er es recht bald unter seinem Orts= götzen vergraben könne. Der Kopf des Meriah bleibt unberührt in dem blutigen Schlammloche, das zugeschüttet wird.

Man bringt dann einen jungen Büffel an den heiligen Pfahl, haut ihm alle vier Beine ab und läßt ihn liegen bis zum anderen Tage. An diesem er= scheinen Frauen, die wie Männer gekleidet und bewaffnet sind; sie trinken, singen und tanzen um den Büffel herum, der nachher verspeist wird.

Diese hier beschriebene Opfermethode ist noch die am wenigsten grausame, denn in manchen Oertlichkeiten wird dem armen lebendigen Meriah ein Stück nach dem andern abgeschnitten.

An der Grenze von Bengalen werden Meriahs besonders dann geschlachtet, wenn man gute Safranernten haben will. In manchen Gegenden zerquetscht man das Meriah zwischen Bambusbretern, die nach und nach immer mehr zusammengepreßt werden; zuletzt schlägt der Priester mit einer Axt den Kopf ab. In anderen Gemeinden werden die Leichen nicht verstümmelt; in diesem Falle bringt das Opfer aber nur dem Einzelnen, welcher dasselbe bezahlt hat, die Gunst der Göttin ein. Aus solchem Wahne erklärt sich die Hast, mit der Jeder ein Stück Fleisch haben will, denn es kommt ja darauf an, die göttliche Gunst auf eine möglichst große Fläche von Ländereien herabzuziehen. Auch ist das Opfer nur wirksam, wenn das Fleisch des Meriah noch an demselben Tage auf einer Gemeindeflur eingescharrt wird. Es kommt sehr oft vor, daß an bestimmten Punkten Eilboten aufgestellt sind; einer übergiebt das Stück Fleisch dem anderen, der dann wie besessen weiter läuft; so geht es fort, bis es an seinem weit entfernten Bestimmungsorte anlangt.

Einem britischen Offizier, Kapitän Campbell, gelang es in der Zeit von 1857 bis 1862, durch feierliche Verträge einen Stamm nach dem andern zur Entsagung dieses grauenvollen Gottesdienstes zu vermögen.

Das Land der ebenfalls zu den Dravida gehörigen Bhils ist der wilde und unkultivirte Theil des Windhja, eines Theiles des Nordrandgebirges von Dekan; man findet diesen eigenthümlichen Volksstamm indessen auch in dem nördlichen Theile der östlichen Ghats.

Die Bhils leiten ihren Ursprung von den Göttern her. Mahadeva hatte eine Familie von Kindern, die ihm eine irdische Mutter gebar. Einer seiner Söhne, mißgestaltet und verdorben, erschlug Siva's heiligen Stier und wurde in die Berge verbannt, wo er Vater der Rasse wurde.

Die Berg=Bhils wohnen in Haufen kleiner Hütten unter Häuptlingen.
Sie sind klein von Statur, kräftig und können große Anstrengungen aushalten.
Sie tragen selten Kleidung, ausgenommen ein kleines Stück Tuch um die
Lenden; ihre Waffen sind Bogen und Pfeile.

Als geschickte Diebe suchen sie selbst in Indien ihres Gleichen. Man er=
zählt, daß sie einem auf der Erde schlafenden Manne, dem vorher eingeschärft
war, auf der Hut zu sein, die Decke unter dem Körper weggezogen haben.

Räuberische Bhils, verfolgt.

Dies geschah einfach dadurch, daß der Dieb das Gesicht des Schlafenden kitzelte,
und als sich derselbe danach unwillkürlich bewegte, ward langsam und bedäch=
tig nach und nach die Decke weggezogen. Nackt und am ganzen Körper eingeölt,
bewegen sie sich geräuschlos und entschlüpfen wie die Aale, wenn man sie anfaßt.
Ist dies nicht der Fall, so läßt der Angreifende gewiß los, wenn ihm das
scharfe Messer über die Hand gezogen wird, das der Bhil stets an einem
Faden um den Hals trägt.

Einstmals verfolgte ein englischer Offizier mit einer Abtheilung Reiterei
eine solche räuberische Horde. Die Soldaten hatten die Wilden beinahe ein=
geholt, als Letztere plötzlich hinter Felsen verschwanden, und obschon man bis
Dunkelwerden eifrig nach ihnen suchte, blieben sie unentdeckt. Der Tag war
überaus heiß gewesen, und der ermüdete Offizier ließ an einigen verbrannten

Baumresten in der Meinung Halt machen, daß bei so offenem Terrain die Räuber nicht entkommen würden. Selbst ermüdet, warf er sich auf die Erde nieder, hing seinen Helm an einen verbrannten Ast und lehnte sich mit dem Rücken gegen den Baumstumpf. Zu seinem Erstaunen bekam der Baumstumpf Leben und begann laut zu lachen; in der nächsten Sekunde ward er von dem, an den er sich gelehnt, zu Boden geworfen und sein Helm von dem Zweig erfaßt, an den er ihn gehängt hatte. Auch die anderen umstehenden Baumreste bekamen Leben, und ehe er und seine Soldaten sich von ihrem Erstaunen erholt hatten, waren sie verschwunden und nahmen den Offiziershelm als Kriegsbeute mit sich. Die nackten Bhils hatten sich so geschickte Stellungen zu geben gewußt, daß ihre Verfolger in dieser lächerlichen Weise getäuscht werden konnten.

Die Kulis sind ein anderer Stamm von Gebirgsbewohnern, welche im Norden Indiens hausen. Sie wohnen auf der Westseite derselben Gebirgskette, auf deren Ostseite die Bhils seßhaft sind. Sie werden oft für Bhils gehalten, doch sind sie weniger barbarisch und räuberisch. Nie wird der Kuli den Namen seiner Frau sagen; wenn hart bedrängt, sagt er den der Frau seines Nachbars.

Mädchen werden mit zwölf oder dreizehn, Knaben mit sechzehn oder siebzehn Jahren verheirathet.

Die Urbewohner Ceylons, des „Gartens der Welt", scheinen mit den Dravida eines Stammes zu sein, da die einheimische Sprache, das Elu, noch am meisten mit den Dravida=Idiomen zusammenhängt. Jedoch, gleichwie auf dem Festlande, trat auch hier frühzeitig eine Vermischung der eingeborenen Bevölkerung mit den eingewanderten Indern ein, von welcher auch die Sprache ein vollgiltiges Zeugniß ablegt.

Das singhalesische Volk läßt sich in drei große Stämme, die eigentlichen Singhalesen, die Kandier und die wilden Waddah oder Weddah, welche als Aboriginer der Insel betrachtet werden, zerspalten.

Außerdem wohnen noch neben diesen Völkern von der Malabarküste, namentlich aus Tandschur, Madura, Tritschinapaly und Tinnevelly, übergesiedelte Kulis vom Volke der Tamulen. Man kann die tamulische Bevölkerung auf der Insel zu reichlich einer halben Million annehmen; sie sind viel energischer als die Singhalesen, die ihnen überall weichen müssen in Ackerbau, Manufakturwesen, als Fischer, Hirten und Plantagenarbeiter. Die Tamulen glauben an ein höheres Wesen, aus dem sie sich nicht etwa viel machen, weil dasselbe ihnen nichts Böses zufügt; dagegen haben sie großen Respekt vor dem bösen Geiste Muncaudy, den sie durch Opfer zu versöhnen trachten.

Die Weiber der Singhalesen sind gewöhnlich gut gebaut und gut aussehend, oft hübsch. Keine Frau würde für eine vollkommene Schöne gelten, wenn sie nicht folgende Eigenschaften hätte: ihr Haar muß reichlich sein, wie der Schwanz eines Pfaues, lang, bis zu den Knieen reichen und in zierlichen Locken enden. Ihre Augenbrauen müssen dem Regenbogen gleichen, ihre Augen dem blauen Saphir und den Blumenblättern der blauen Manillablume.

Ihre Nase muß wie der Schnabel des Habichts sein; ihre Lippen glänzend und roth wie Korallen oder die jungen Blätter des Eisenbaums; ihre Zähne klein, regelmäßig, dicht aneinander stehend wie Jasminperlen; ihr Hals groß und rund, ihr Thorax geräumig; ihre Brüste fest und konisch wie die gelbe Kokos=nuß, und ihre Taille klein, fast klein genug, um mit der Hand umfaßt zu wer=den; ihre Hüften weit, ihre Glieder spindelförmig zulaufend, die Sohle ihrer Füße ohne Höhle und die Oberfläche ihres Körpers im Allgemeinen weich, zart, sanft und abgerundet, ohne Rauhigkeit vorstehender Knochen und Sehnen.

Die Kleidung der Singhalesen entspricht dem heißen Klima und der Be=quemlichkeitsliebe dieser trägen Leute. Insgemein schlagen sie ein einfaches Stück weißen oder farbigen Zeuges (Komboye) um die Hüften; dasselbe fällt bis auf die Füße herab; dazu tragen sie eine weiße oder gestreifte Jacke, welche der Edelmann bis an den Hals zuknöpft. Sie gehen stets barhaupt; die langen Haare werden hinten in die Form eines Chignon gebracht und durch einen Schildpattkamm zusammengehalten, dessen oberer Theil, der oftmals sehr künst=lich gearbeitet ist, über den Kopf emporsteht; vermittels eines zweiten kleineren Kammes werden die Haare vom Vorderkopf nach hinten gekämmt.

Schon vor 1700 Jahren bezeichnete der griechische Erdbeschreiber Ptole=mäos die Bewohner Ceylons als „Männer mit Weiberhaaren". Strümpfe und Schuhe sind erst allmählich bei den höheren Ständen in Gebrauch gekommen. Männer und Frauen tragen Ohrringe.

Die Frauen bedienen sich statt jener Kämme großer, etwa 15 cm. langer Nadeln, welche sie durch den Knollenchignon stecken; wohlhabende tragen außer=dem einen kleinen, halbmondförmigen, mit Gold oder Silber verzierten Kamm.

Die Kandier unterscheiden sich nicht mehr von den Singhalesen, als die Bewohner der Gebirge in irgend einem Lande von denen an der Seeküste. Die Kandier sind von derberem Bau und hellerer Farbe, aber nicht schlanker. Ihre Sitten sind weniger verfeinert, und das beständige Tragen von Bärten vermehrt die Wildheit ihres Aussehens.

Der Verkehr mit den Europäern hat an ihren Sitten und Gebräuchen nur wenig geändert; sie standen früher unter Feudalherrschaft, zeigen über=raschende Energie und einen sehr unabhängigen Sinn. Aber sie sind sehr träge und haben eine Abneigung nicht nur gegen Alles, was Gewerbfleiß heißt, son=dern auch gegen den Handel. Um sich von den Ausländern so fern als möglich zu halten, bauen sie ihre Dörfer im Walde und immer mehr oder weniger von den Landstraßen entfernt. Die Wohnungen der Kandier sind kleine niedrige Lehmhütten. Sie bestehen meist nur aus einer Stube ohne Rauchfang, mit hohem und weit vorspringendem, auf Säulen ruhendem Dache, welches von dem in einem Winkel brennenden Feuer geschwärzt wird. Die Stube ist dunkel und hat höchstens ganz schmale Luken statt der Fenster. Die Wände sind mit weißem Thon bestrichen oder auch gleich dem Dache mit Palmen= oder Bananenblättern und Zweigen bedeckt. An denselben entlang läuft eine Bank von Lehm, des

Staubes und der Inſekten wegen mit weichem Kuhdünger belegt. Das Haus=
geräth beſteht in einigen irdenen Töpfen, metallenen Schalen, Porzellanſchüſſeln,
Stühlen ohne Lehne, Lagerſtätten von Matten, Vorrathskörben, einer Oelpreſſe,
Reisſtampfe und Kokosnußraſpel. Tiſche ſind nicht vorhanden; auf Matten
kauernd ißt man an der Erde, entweder aus Schüſſeln oder von Bananenblättern.
Hauptſächlich ſpeiſt man geſalzenen Reis mit Curry und Früchten. ·

Singhaleſen.

Der Curry iſt eine ſcharfe Kräuterbrühe, die durch ganz Indien bei keinem
Mahle fehlt. Sie wird aus Kokosnußſaft, mit rothem Pfeffer, Kardamomen, Citro=
nenſaft, zerlaſſener Butter u. ſ. w. bereitet, durch Curcumä gelb gefärbt, und über
kleingeſchnittenes Hühner=, Hammel= oder Kalbfleiſch, Krebſe, zerhackte Fiſche,
Eier, die weiße innere Schale der Kokosnuß und allerlei andere Gerichte geſchüttet.
Die Weddah ſind Jäger und leben in den unwegſamen Dſchungeln vom
Ertrage der Jagd und von wildwachſenden Früchten.

Sie gehen nackt, mit Ausnahme einer Schärpe von Tuch. Das Haar auf
dem Kopfe und am Barte ist lang und verwirrt und wird nie geschnitten oder
gekämmt. Die Augen sind lebendig, wild und unruhig.

Die Weddah sind gut gebaut und muskulös, aber, im Vergleich zu ihren
Nachbarn, etwas mager. Im Aeußeren unterscheiden sie sich von den Kandiern
durch ihre dünnen Gliedmaßen, ihren wilden Blick und ihr rohes Aussehen.

Singhalesische Frauen.

Ursprüngliche Religion war der Teufelsdienst, dem noch in einigen Gegen=
den der Insel gehuldigt wird. Nächtliche Orgien sind ein wesentliches Stück
der Teufelstänze, die wie fast alle Ceremonien des Dämonenthums in der Nacht
vorgenommen werden. Man versammelt sich unter den Aesten eines mäch=
tigen Baumes. Die Trommel läßt sich hören; nach dem Schall derselben tanzt
der Yakadura oder Teufelspriester, eine Fackel in der Hand und Metallringe
am ganzen Leibe. Seine Bewegungen werden immer rascher, seine Geberden

immer gräßlicher, sein langes Haar wilder, seine Augen stierer. Geheimnißvoll
nähert er sich den Personen, denen dieser Hokuspokus frommen soll. Er gebietet
ihnen vielleicht auch, selbst zu tanzen, niederzuknieen, stehen zu bleiben, aus
Leibeskräften zu schreien u. s. w. Ueberhaupt ist das ganze Leben der Singhalesen mit Teufelsceremonien durchwachsen und durchflochten; Krankheiten, besonders solche, deren Ursachen nicht klar zu Tage liegen, oder deren Entfernung
nicht auf dem gewöhnlichen Wege gelingen will, treiben die Leute zu dem Yakadura mit seinen Zauberkünsten.

Die Bewohner Ceylon's sind meist Anhänger des Buddhismus. Ein
vollständiges buddhistisches Heiligthum besteht auf Ceylon 1) aus dem Tempel
(Wiharé) mit einer oder mehreren Buddhastatuen; 2) dem Lehrhause (Poyagé),
worin die Priester sich gegenseitig prüfen und das Volk hauptsächlich über die
im Tempel üblichen Gebräuche unterrichten; 3) dem Wohnhause der Priester
(Pansala); 4) dem Reliquienhause (Dagoba); 5) dem geheiligten Bobaum, von
einem Absenker des Baumes zu Amuradhapura gezogen; und um das Alles
zieht sich eine Mauer mit vielen Nischen zur Aufnahme von Lampen bei festlichen Gelegenheiten. Zu dem Tempel gehören einige dreißig Priester, die sehr
unwissend sind, worüber sie sich einfach damit entschuldigen, daß sich die Welt
jetzt in der Periode des Verfalls befinde.

Der Buddhismus verwirft eigentlich die Kaste, doch finden wir dieselbe
auf der Insel. Aber der Begriff der Kaste ist hier dem indischen in dessen jetziger
Gestalt ganz unähnlich. Ceylon hat auch seine Pariahs (parayas, d. h. Fremde,
Kastenlose), die man aber wohl von dem wilden Jagdvolke der Dschungeln,
den Weddah, unterscheiden muß. Als Pariahs gelten die Rodiyos (Rodias),
die Ambatteyos und die Hanomereyos.

Die Rodiyos im Bezirke von Kandy hat Ludwig v. Schmarda näher
beobachtet. Er schildert sie als die niedrigste, vielleicht am meisten verachtete
Kaste. Sie sind kräftig gebaute Leute mit ausdrucksvollen Mienen; aber sie
sind faul und arbeitsscheu, sie betteln und stehlen und treiben Wahrsagerei. Sie
dürfen weder auf der Brust noch an den Beinen ein Kleidungsstück tragen,
sondern nur um die Hüften ein Tuch schlagen. Ein Rodia, der seine Hütte
verläßt, muß am Leibe dürre Palmenblätter tragen, damit das Rascheln derselben jeden Vorübergehenden warne; auch muß er laut rufen, wenn er Jemand
kommen sieht, und dann sich schnell im Walde verstecken. Kein Rodia darf
einen Tempel betreten.

Hochzeitsfeierlichkeiten finden nicht statt; man nimmt ein Weib, ohne den
Eltern auch nur ein Wort davon zu sagen; Leichname werden in Matten gewickelt und am siebenten Tage der Erde übergeben. Kein Arzt oder Heilkünstler,
gleichviel welcher Kaste, wird einen Kranken in der Hütte besuchen. Selbst das
Vieh der Rodias ist geächtet; die Ochsen müssen eine Kokosnußschale am Halse
tragen, damit man sie schon von Weitem erkenne.

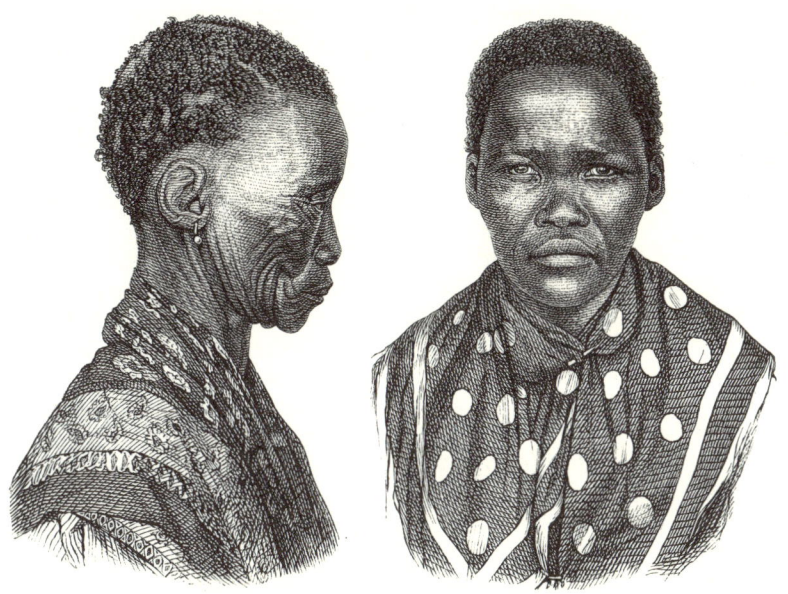

Typus der Hottentotten. Nach Dr. Fritsch.

VII.

Hottentotten und Buschmänner.

Namaqua. — Koraqua. — Griqua. — Lebensweise, Sitten und Gebräuche, Rassen=
eigenthümlichkeiten der Namaqua. — Buschmänner. — Deren Lebensweise, Sitten
und Gebräuche.

In den südlichen Theilen Afrika's, der Atlantischen Küste nahe, vom Indischen
Ozean nach Westen verdrängt, zum Theil in Horden verstreut, wohnt eine
Menschenrasse, die in zwei Abtheilungen zerfällt, in die Hottentotten und in die
Buschmänner. Der eine Name bedeutet Stotterer und wurde ersteren zur Ver=
spottung ihrer Schnalzlaute von den Holländern gegeben. Sie selbst nennen
sich Koi=Koin, d. h. Menschen.

Der Ursprung des Namens Buschmänner (Bosjesmans) ist noch völlig
dunkel; von den Hottentotten werden sie Khuai oder San (Plural von
Sab) geheißen.

Der Hottentott ist von kaum mittlerer Statur, die Schädelbildung ist
länglich, besonders das Hinterhaupt beträchtlich nach rückwärts gezogen. Die
Stirn ist klein, gewölbt und vorstehend, dagegen das übrige Gesicht platt.

Die kleinen Augen stehen weit von einander ab und liegen in tiefen Höhlen ver=
borgen; die Nase ist auffallend klein und wenig hervorspringend, die Nasen=
löcher aber groß. Die Backenknochen sind stark hervorstehend, das Kinn schmal
und spitz. Die Lippen sind etwas aufgeworfen. Das Haar ist rauh, grob und
wenig gekräuselt, es wächst in getrennten Büscheln auf dem Kopfe, welcher da=
durch das Aussehen einer alten, zerzausten Bürste darbietet, oder so, daß die
platte Kopfschwarte mit kleinen Warzen oder Pfefferkörnern dünn übersäet er=
scheint. Die Kolonisten nennen die Hottentotten daher Peperköppe (Pfeffer=
köpfe). Die körperlichen Eigenthümlichkeiten der Weiber, ihre enormen sack=
ähnlichen Brüste und das kolossale Sitzfleisch, das ihren Kindern als Reitsitz
dient, sind bekannt genug. Unter allen Widerlichkeiten ist nicht die geringste,
daß der Hottentott, wenn er etwas mehr als gewöhnlich transspirirt, einen so
abscheulichen Geruch verbreitet, daß ein Zimmer, in welchem er gewesen, dadurch
auf mehrere Stunden verpestet wird. Bart und Behaarung am Körper fehlen
entweder ganz oder sind ungemein schwach entwickelt. Die Farbe der Haut ist
gelblich=braun, heller als beim Kaffer.

Fast könnte man versucht sein, das Zusammentreffen entscheidender Körper=
merkmale und sonderbarer Sitten entweder dadurch zu erklären, daß die Koi=
Koin und Papuanen von gemeinsamen Voreltern der Urzeit abstammen, oder
wenigstens, daß sie ehemals so nahe neben einander saßen, um Sitten und
Sagen auszutauschen. Dennoch ist weder das Eine noch das Andere glaub=
würdig oder wahrscheinlich. Bei schärferer Untersuchung unterscheiden sich die
Koi=Koin allein durch die Farbe der Haut, durch den Mangel an Leibhaaren
und durch die geringe Höhe ihrer Schädel hinreichend von den Papuanen.

Zu den Hottentotten müssen wir auch noch die Haukoin oder Bergdamaras
rechnen, die von den Namaqua Ghon=daman („Dreck=Damaras") genannt wer=
den. Dieselben haben mit den eigentlichen, die Ebenen an der Westküste bewoh=
nenden Damaras, nämlich den Ova=herero und Ova=mbandscheru, nichts gemein;
sie sprechen den Namadialekt und unterscheiden sich von diesen Völkerschaften
durch ihren physischen Typus und durch ihre Sitten und Gebräuche.

Die Hottentotten zerfielen ursprünglich in eine Reihe von Völkern, welche
durch Sprache und Sitten von einander geschieden waren und sich eigene Namen
beilegten. Jedoch durch die Kriege mit den Kaffern und besonders mit den am
Kap angesiedelten europäischen Kolonisten holländischer Abstammung, sowie
durch Mischung mit allen möglichen durch die Europäer dahingezogenen Völ=
kern, sind sie bedeutend herabgekommen, sodaß man heutzutage nur die bei=
den Stämme der Namaqua und Koraqua als Repräsentanten des Hotten=
tottenvolkes bezeichnen kann. Der Stamm der Griqua hat seinen ursprüng=
lichen Typus und seine Eigenthümlichkeiten fast ganz verloren.

Besonders merkwürdig an der Sprache der Hottentotten sind die Klicks=
oder Schnalzlaute, welche anderen Völkern fehlen, und die eine ungewöhnliche
Entwicklung der Sprachorgane zur Hervorbringung derselben erfordern.

Jenseit der westlichen Grenze der Kapkolonie bis zum Wendekreis des Krebses bewohnen die Namaqua jene Oeden, die sich in großen, unfruchtbaren Sandebenen längs der Küste und nordöstlich nach dem Innern ausbreiten. Die Namaqua wohnen, ähnlich wie andere südafrikanische Völker, in kleinen runden, einem Bienenkorbe ähnlichen Hütten. Der Aufbau der Hütte ist in einem halben Tage vollendet. Ein Kreis von 7—8 m. Durchmesser wird abgesteckt, und die Erde innerhalb desselben ungefähr 15—20 cm. so nach der Mitte hin herausgenommen, daß die Bodenfläche konkav erscheint.

Hütten der Hottentotten.

Hierauf werden auf dem Rande des Kreises Löcher in einer Entfernung von 1 m. gegraben, in welche gebogene und am Feuer gehärtete Stangen von der Dicke und doppelten Länge unserer Bohnenstangen gesteckt werden. Die jedesmal sich gegenüberstehenden werden in der Mitte zusammengebunden. Bedeckt sind dieselben mit Rohrmatten, die man auf folgende Weise anfertigt. Man sammelt und trocknet die innere Borke der Mimosen. Wenn man diese verarbeiten will, legt man die erforderliche Menge davon in warmes Wasser und weicht sie auf. Hierauf nimmt jedes Mitglied der Familie soviel von der faserigen Borke in den Mund, als Platz darin hat, und kaut es, bis es ganz

geschmeidig wird, worauf man es sogleich in Garn verwandelt, indem man es
um die nackten Beine schlingt. Eine große Menge Matten werden auf diese
Weise in unglaublich kurzer Zeit gefertigt. Hierauf schneidet man Rohr in der
erforderlichen Länge und breitet es auf der Erde einzeln in einer Reihe aus; in
jedes Rohr macht man nun Löcher, die etwa 5 cm. von einander entfernt sind,
und durch diese Löcher zieht man das auf die erzählte Weise gefertigte Garn
mit Hülfe einer Nadel, d. h. eines Knochens oder Dorns. Die Enden der Rohre
werden fest zusammengebunden. Diese Matten haben doppelten Nutzen. Bei
warmem Wetter sind sie offen und luftig, während sie ihrer Porosität wegen
bei Regenwetter sich verdichten und bald selbst für den heftigsten Platzregen un=
durchdringlich sind. Der Eingang in die Hütte, vor welchem in der Nacht eine
Matte niedergelassen wird, ist etwas mehr als 1 m. hoch. In der Mitte der
Hütte ist der Herd auf flacher Erde zwischen drei Steinen, die das Gestell für
den fußlosen Topf oder Kessel bilden. Dem Eingange gegenüber im Hinter=
grunde ist ein Gerüst von mehreren ästigen Stangen, die den Dienst von Mantel=
haken versehen, und woran Flinten, Vorrathssäcke, Karosse, Felldecken u. s. w.
angehängt werden. Der übrige Raum, mit Fellen ausgelegt, dient des Nachts
zum Lager, auf welchem Alles bunt und wirr durcheinander liegt. Ein beson=
derer Rauchfang ist nicht vorhanden. Mehrere solcher Hütten bilden einen Kraal,
welches Wort holländischen Ursprungs ist.

Wenn die Namaqua ihre Wohnplätze verändern, packen sie das Fachwerk
ihrer Hütten und die Matten auf Ochsen. Das Hausgeräth, die Kalebassen,
die Milcheimer, die Kochtöpfe u. s. w., hängt man passend auf, und mitten in
diesem Chaos sitzt gewöhnlich die Hausfrau selbst, umgeben von ihren hoff=
nungsvollen Sprößlingen.

Beide Geschlechter bedienen sich des Karoß, einer Art Mantel aus Schaf=,
Schakal= oder Wildkatzenpelz. Bei den Vornehmen unterscheidet sich dieser Ka=
roß, zumal beim weiblichen Geschlechte, dadurch, daß die Kopfseite, welche wie
ein Umschlagetuch umgeschlagen wird, aus einer mosaikartigen Zusammensetzung
regelmäßig geschnittener bunter Fellstückchen in dreieckiger oder viereckiger Form
besteht. Dagegen unterscheiden sich die beiden Geschlechter in der übrigen Tracht.
Die Männer tragen um die Hüfte einen Riemen, an welchem vorn ein Stück
Schakalspelz oder anderes Fell befestigt ist.

Bei den Frauen deckt die Hüften ein Brökkaroß, welches ungefähr die Ge=
stalt eines Umschlagetuchs hat. Zwei Zipfel desselben werden vorn geknüpft
und an dieser Schürzung ein quasten= oder franzenartiger Schurz befestigt.
Dieses Schurzfellchen ist mit allerlei Zierrath von Metall= und Glasperlen
versehen, und an den langen, herabhängenden Riemchen desselben sind zahlreiche
Quasten angebracht. Dann tragen sie noch um die Hüften eine wiederholt ge=
schlungene Schnur, an welcher kleine runde, durchlöcherte Plättchen von Straußen=
eierschalen aufgereiht sind. Außerdem hängen an einem Gürtel noch allerlei
größere oder kleinere Schildkrötenschalen, die zur Aufbewahrung ihrer nicht

allzu lieblich duftenden Pomade dienen. Am liebsten schmückt man sich mit Per=
len von verschiedenen Farben. Vorzüglich hoch geschätzt ist eine Art schwarzer,
glanzloser Perlen, die sie sich selbst verfertigen. Man nimmt dazu Harz, welches
geschmolzen und mit fein gestoßener Holzkohle gemischt wird; diese Bestandtheile
werden bei der Abkühlung tüchtig geknetet, bis Alles die Konsistenz von Gummi
erhält, worauf man die Masse in lange, schmale Stangen dehnt. Letztere er=
wärmt man wieder an mäßigem Feuer, worauf kleine Stücke abgeschnitten
und zwischen den Fingern bearbeitet werden, bis sie die verlangte Form an=
nehmen. Die Perlen werden dann nach Mustern zusammengesetzt, welche oft
keineswegs geschmacklos sind.

Vielweiberei ist bei den Namas gestattet, doch kommt sie nur selten vor.
Ihre Hochzeitsfeierlichkeiten sind sehr einfach. Der junge Mann verlangt seine
Schöne von deren Eltern; wird sein Gesuch angenommen, so schlachtet man
einen Ochsen vor der Thür der Schwiegereltern, und die so Neuvermählten gehen
nach Hause. Wenn ein Mann seiner Frau überdrüssig wird, so schickt er sie
einfach zu den Eltern zurück.

Die Mütter pflegen ihre Kinder in einem Lammfelle auf dem Rücken zu
tragen, welches nach Namaart mit Fett weich gegerbt ist und an dem beim Ab=
schlachten die Beine gelassen sind, welche man als Bänder gebraucht. Die Haut=
theile der Hinterbeine nämlich werden um den Unterleib geschlungen, eine zweite
Person hält das Kind an den Rücken und die Mutter zieht dann das Fellchen
darüber, indem das eine Vorderbein über die rechte Schulter gezogen, das andere
durch die linke Achsel durch mit dem ersteren auf der Brust zusammengeknüpft
wird. Diese Art Hängematte ist für die ersten Monate des Kindes Wiege.
Um die Haut der Kinder gegen die Sonnenstrahlen zu schützen, reibt man die=
selbe mit Butter oder Fett ein. Gegen ihre Kinder sind die Eltern sehr zärtlich
und freuen sich, wenn die Kinder so stark geworden sind, daß sie ihre eigenen
Eltern prügeln können. Denn dann haben sie die Ueberzeugung, daß sie auch
im Kampfe mit den wilden Thieren und Feinden bestehen werden.

Beim Tode des Vaters pflegt der Sohn einen Bock zu schlachten und dessen
Leiche mit dem Blute des Thieres zu bestreichen. Dann wickeln sie dieselbe in
Matten oder nähen sie in Felle ein und legen sie in ein Grab, das nach seiner
Gestalt von den unserigen wesentlich abweicht. Sobald nämlich die gehörige Tiefe
erreicht ist, wird am Boden in die eine Längenseite eine besondere Nische als
Lagerstätte für den Todten gegraben. Man verschließt hierauf das Grab mit
Stäben, Steinplatten und Laubwerk. Dann erst wird die ausgegrabene Erde
wieder hineingefüllt und ein Steinhügel aufgethürmt, damit die Hyänen die
Leichen nicht wieder ausscharren. Diese Art der Beerdigung muß man um so
höher anschlagen, als es bei den mangelhaften Werkzeugen keiner geringen Mühe
bedarf, ein solches Grab aufzuwerfen.

Der Körper des jungen Nama wird frühzeitig durch gymnastische Uebungen
gestählt. So lange der Kraal an Flüssen oder bei tieferen Gewässern liegt,

wird fleißig geschwommen, und sogar die Frauen und Mädchen verstehen sich auf allerlei Kunststücke im Wasser. Das Zureiten der jungen, unbändigen Ochsen, denen statt des Gebisses nur ein Pflock durch die Nase gesteckt wird, woran ein Riemen als Zaum befestigt ist, macht sie schon früh zu gewandten Reitern. Als Sattel dient der zusammengefaltete Karoß, um den ein Gurt geschnallt ist. Zum Ringen, Springen, Voltigiren über Büsche und Laufen auf den Händen findet sich tagtäglich auf dem Felde hinter der Herde die beste Gelegenheit. Auf der Jagd stärkt sich der Muth und hebt sich das Selbstbewußtsein; das Auge wird geschärft und läßt aus den geringsten Anzeichen und Umständen wichtige Schlußfolgerungen ziehen. Das Spursuchen versteht der Nama vortrefflich, mag selbst die Spur über Steinplateaus oder weiche sandige Flächen führen, wo der Wind sie theilweise unkenntlich gemacht hat. Ja, er bestimmt oft das Alter einer Spur bis auf den Tag und die Stunde.

Bei glücklicher Jagd pflegt man gleich an Ort und Stelle das Fleisch der Schenkel und des Vorderbugs in handgroße Fladen zu zerlegen und an der Sonne zu trocknen, weil es, dadurch vor der Fäulniß geschützt, für solche Zeiten aufbewahrt werden kann, wenn Mangel an Wild ist. Dann wird das Fleisch unter einem Steine pulverisirt und mit Milch zu einem nahrhaften Brei verkocht. Man fängt an, an Wunder zu glauben, wenn man beobachtet, welche Fleisch-massen von ihnen hinuntergeschlungen werden können, und es ist ein unerklär-liches Räthsel, wo sie diese Quantitäten bergen. Man kann nicht anders glauben, als der Magen dieser Leute bestände aus Gummi elasticum, das sich beliebig dehnt. Ununterbrochen flammt ein mächtiges Feuer unter dem brodelnden Kessel; fortwährend wird Fleisch hineingethan und herausgenommen; unter dem Schatten der Bäume oder sonst vor und in den Hütten sitzen mit untergeschlagenen Bei-nen größere und kleinere Gruppen um riesenhafte Fleischnäpfe mit einem Topfe flüssigen Fettes daneben. Mit ernsten und würdevollen Mienen betreibt Jeder das nicht minder ernste Werk, indem er mit der einen Hand zugreift, das Stück, welches er abbeißen will, in Fett getaucht zum Munde führt, und kurz davor mit seinem Messer absäbelt. Ist man endlich gesättigt, so rollt man sich der Verdauung halber auf dem Bauche hin und her, wenn man nicht gar zu faul ist, oder man läßt sich den Bauch mit Füßen kneten und bearbeiten, und wenn so der Verdauung etwas nachgeholfen ist, so geht der Schmaus von vorn an. Ganze Tassen flüssigen Fettes werden, besonders von den Damen, getrunken, ohne daß das schöne Geschlecht dabei irgendwelche unangenehme Rührungen verspürte. Gilt es doch, einen recht runden und feisten Körper anzumästen, der die Hauptbedingung der Schönheit ausmacht.

Andererseits sind aber auch im Hungern ihre Leistungen über alle Vor-stellung; wenn es nichts zu beißen giebt, so schnallen sie sich den Leibgurt etwas enger und begnügen sich mit Milch und wilden Zwiebeln.

Bemerkenswerth ist ihre Neigung und Befähigung zur Musik. Nament-lich der Maultrommel entlocken sie melodische Töne. Das Nationalinstrument ist die Gorra, welche aus einem etwa meterlangen Bogen von zähem Holze besteht, woran eine Schnur aus Katzendarm gespannt ist. An der einen Seite der Schnur, ungefähr da, wo sie den Bogen berührt, ist eine kleine Federspule angebracht, und an diese legt der Spieler, indem er bald in schnellerem, bald in langsamerem Tempo, je nach der Stimmung seines Gemüthes, mit einem Stäbchen an die Saite schlägt, die Lippen. Die Klänge dieses Instruments lassen sich ungefähr mit denen der Aeolsharfe vergleichen.

Musizirender Nama.

Ueberaus geschickt sind die Hottentotten in Bearbeitung ihres Hausgeräthes. Die Milchgefäße verfertigen sie beispielsweise aus einem kurzen, fußhohen Holzblocke, wozu sie nichts weiter als einen bohrerähnlichen, eisernen Hohlmeißel und ein kleines, hackenartiges Beil zu verwenden haben. Trotz dieser einfachen Werkzeuge vermögen sie dem Gefäße innen und außen eine Glätte und Politur zu geben, deren kein Tischlermeister in Europa sich zu schämen brauchte.

Von Heitsi-Eibib oder Kabib glaubt man, er habe die Macht, ihnen Glück und Gedeihen zu geben und zu nehmen. Ob aber Heitsi-Eibib ein Gott, ein Kobold oder ein vergötterter Mensch ist, mag unentschieden bleiben. Die Namas versichern, daß er sich in den Gräbern der Verstorbenen finde, und sobald ein Hottentott über einen Begräbnißplatz geht, wirft er einen Stein, einen Zweig oder etwas Anderes als Opfer oder Gegenstand der Verehrung auf das Grab, spricht dabei den Namen Heitsi-Eibib's aus und ruft seinen Segen und Schutz für seine Unternehmungen an. Auf diese Weise werden die Grabhügel oft außerordentlich groß. Man findet dergleichen Steindenkmäler überall im Lande und selbst an Stellen, wo es gar keine Steine giebt, woraus man schließen kann, daß die Eingeborenen das Material weit hergeschleppt haben.

Vom Hasen hat man einen merkwürdigen Aberglauben, in welchem man die hohe Lehre der Unsterblichkeit wieder erkennt.

Es war einmal in früheren Tagen, daß der Mond den Hasen herbeirief und ihm befahl, den Menschen folgende Botschaft zu bringen: „Wie ich sterbe und aufs Neue geboren werde (auf- und untergehe), so sollst auch Du sterben und aufs Neue geboren werden." Der Hase gehorchte eiligst; aber statt zu sagen „wie ich sterbe und aufs Neue geboren werde," sagte er, „wie ich sterbe und nicht aufs Neue geboren werde." Als der Hase zurückkam, forschte der Mond danach, wie er zu dem Menschen gesagt hätte, und als der Hase ehrlich die Wahrheit sagte, rief der Mond aus: „Wie! wenn Du so zu dem Menschen gesagt hast, so sollst Du sterben und nicht wieder zum Leben kommen!" Dabei schlug er den Hasen mit einem Stocke so heftig, daß er ihm die Lippen spaltete, was der Grund der eigenthümlichen Mundbildung des Thieres ist. Der Hase lief eiligst davon und soll noch laufen bis auf den heutigen Tag. Die alten Namaqua pflegen zu sagen: „Wir sind ganz wüthend auf den Hasen, daß er seinen Auftrag so schlecht ausgerichtet hat, und mögen sein Fleisch nicht essen." Von dem Tage an, an welchem ein Jüngling mündig wird, ist es ihm verboten, Hasenfleisch zu essen oder mit dem Feuer in Berührung zu kommen, an dem ein Hase gebraten worden ist.

Wie die meisten Stämme Südafrika's haben die Namaqua viel Zutrauen zu Amuleten, die in Zähnen und Klauen von Löwen, Hyänen und anderen wilden Thieren, Holz- und Knochenstückchen, getrocknetem Fleisch, Fett, Wurzeln u. s. w. bestehen.

Die Zauberer (Kaiaob) und Zauberinnen (Kaiaobs) stehen in hohem Ansehen. Sie können Regen bewirken, Kranke gesund machen, die Ursachen des Todes der Menschen auffinden und andere merkwürdige Dinge ausführen. Ehe sie ihre Kunst produziren, lassen sie sich ein Thier schlachten. Gewöhnlich erklärt ein solcher Wunderdoktor, daß die Krankheit davon herkomme, daß eine große Schlange (Toros) einen Pfeil in den Magen des Kranken geschossen habe. Diesen Körpertheil drückt und preßt der Zauberer und versucht dadurch die Krankheit zu entfernen. Ein anderes oft angewandtes Mittel ist, einen

kleinen Schnitt in den Körper an der Stelle zu machen, wo die Krankheit ihren
Sitz haben soll, und die Wunde auszusaugen. Die Folge ist gewöhnlich, daß
der Zauberer eine Schlange, einen Frosch, ein Insekt oder etwas Aehnliches
zum Vorschein bringt, das er aus dem kranken Körper entfernt haben will.

Hottentott vom Korastamme.

Eine eigenthümliche Sitte dieses Volkes, welche auch mit Fremden beobachtet wird, ist, daß sie einen Vater oder eine Mutter adoptiren. Diese Sitte
ist so allgemein, daß fast Jeder, der mit den verschiedenen Stämmen in Berührung kommt, sich ihr unterwerfen muß. So hat jeder europäische Handels-
mann in jedem Dorfe, das er besucht, entweder einen Vater oder eine Mutter.
Doch sind mit dieser Sitte auch Unannehmlichkeiten verbunden, wenigstens
für den Reisenden, denn dieser kann überzeugt sein, daß sobald ein solches
Verwandtschaftsband zwischen ihm und einem Namaqua geschlossen ist, man ein

Pferd oder einen Ochſen, ja ſelbſt den Rock vom Leibe von ihm begehrt und
verlangt, daß er ſich für verpflichtet halte, das Gewünſchte dem Papa oder der
Mama zu überlaſſen. Doch hat der Sohn auch das Recht, ſeinerſeits Etwas
zu verlangen, was ihm gefällt. Aber die Eingeborenen ſind meiſtens dreiſter
und unverſchämter als die Europäer, und gewöhnlich ſind es die Letzteren, die
bei dem Handel zu kurz kommen.

Mit den Hottentotten bilden die Buſchmänner eine gemeinſame Raſſe
— beide ſind Geſchwiſter einer Mutter.

Sie haben gleiche typiſche Merkmale, nur ſind die Buſchmänner weſent-
lich kleiner als die Hottentotten. Abgeſehen davon unterſcheidet ſich der Buſchmann vom Hottentotten durch den unförmlichen Kopf, welcher auf dem Scheitel
eingedrückt und ſtark nach hinten verlängert erſcheint; die Backenknochen ſind
weniger hervortretend als beim Hottentotten, indem ſich der Kopf in der
Schläfengegend verbreitert und der Unterkieferwinkel ſtärker hervortritt;. die
Naſe iſt flach, der untere Theil des Geſichts ſehr ſtark hervorgezogen (prognath).
Die großen, unförmlichen Ohren, ſowie die kleinen, unſteten, tief in den Höhlen
liegenden Augen tragen nicht dazu bei, die Schönheit dieſer Leutchen zu erhöhen,
und geben ihrem Geſicht den affenartigen Ausdruck.

Ein hottentottiſches Mährchen erzählt den Urſprung der Buſchmänner
wie folgt:

„Im Anfang waren zwei Menſchen. Der Eine war blind, der Andere war
ein Jäger. Der Jäger fand zuletzt eine Höhle in der Erde, aus welcher Wild
hervorkam, und er tödtete die Jungen. Der blinde Mann taſtete umher und
roch ſie auch und ſagte, das iſt kein Wild, ſondern Vieh. Hinterher wurde der
Blinde ſehend, ging mit dem Jäger zur Höhle und ſah, daß es Kühe mit ihren
Kälbern waren. Dann baute er ſchleunigſt einen Kraal darum und beſchmierte
ſich ſelbſt wie ein echter Hottentott mit Salbe. Jetzt hatte der Andere große
Noth in der Aufſpürung des Wildes, und als er ſah, was der Andere that,
wollte er ſich auch pomadiſiren (eigentlich beſchmieren). Sieh her, meinte der
Andere, vor dem Gebrauch mußt du die Salbe ins Feuer werfen. Er befolgte
dieſen Rath, und — die Flammen loderten auf und verbrannten ſein Geſicht·
jämmerlich, ſodaß er froh war, davon zu laufen. Der Andere aber rief ihm
ſpöttiſch nach: Heda, du, nimm deinen Kirri (Keule) und lauf' in die Berge, wo
du Honig ſuchen magſt!“ — Das iſt der Urſprung der Buſchmänner.

Künftigen Forſchungen muß die Löſung der Frage überlaſſen bleiben, ob
nicht die Obongo, ſchmuzig-gelbe, kleine Menſchen mit büſchelförmig verfilzten
Haaren, aber nicht kahler, ſondern mit Flaum ſtark bedeckter Haut, welche
Du Chaillu im äquatorialen Weſtafrika als ſcheue Waldbewohner antraf, ferner
die zwergenhaften Akka oder Tikki-Tikki, deren Sitze in den Süden des Uélle
verlegt werden, und endlich die kleinen Doko im Süden von Kaffa, die zu-
ſammengeſchmolzenen letzten Reſte einer ehemals weitverbreiteten Urbevölkerung
ſind, die den Buſchmännern ſehr nahe ſteht.

Der Name Buschmänner verleitet den Europäer immer zu der Annahme,
daß diese Wilden meistens in Gebüschen wohnen. Das Bosjesmanland enthält
jedoch nur wenig Büsche, hoch genug, um Schatten gegen die Glut der Sonne
zu gewähren, und dicht genug, um gegen den kalten Nachtwind zu schützen. An
solchen kleinen Büschen schlägt zwar der Buschmann sein Lager auf, denn Alles,
woran er seinen Rücken lehnen kann, es sei Busch, Stein oder Ameisenhaufen,
genügt ihm für zeitweise Wohnung.

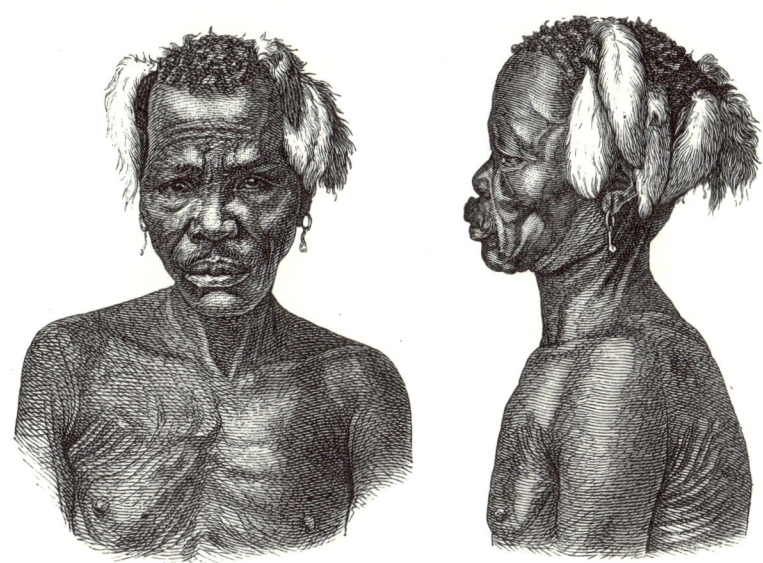

Typus der Buschmänner. Nach Dr. Fritsch.

Gewöhnlich aber zieht er es vor, seinen Aufenthalt in einer Felsspalte,
an einer Bergwand, in dem Loche eines Stachelschweins oder Ameisenlöwens
oder in einem ausgehöhlten Ameisenhaufen zu nehmen. Die nahe der Grenze
wohnenden Buschmänner sind wenigstens soweit civilisirt, daß sie einen Wigwam
bauen, der freilich nur aus 3—4 Stöcken von ungefähr $1\frac{1}{3}$ m. besteht, deren
obere Enden aneinander gebogen und auf der Windseite mit einigen losen Bü=
schen oder mit einem alten Felle durchflochten sind.

Der Buschmann hat gewöhnlich eine schöne, niedliche Hand und einen eben
so schönen Fuß. Die Ohrlappen durchbohrt er und trägt in ihnen Ringe, Federn,
Stückchen Holz, Knochen u. s. w. Auch die Nasenscheidewand durchbohrt er oft
und steckt ähnliche Dinge in diese Oeffnung.

Gewöhnlich geht er ganz nackt, über die Schultern hängt er ein Fell, oft
so klein, daß man dessen Nutzen nicht begreifen kann; um die Hüften bindet er
einen Riemen, von welchem vorn, oft auch hinten, ein Büschel dünn geschnittener

Riemchen von ¼—½ m. Länge herunterhängen. Einen anderen breiten Rie=
men windet er um den Kopf. Um den Hals trägt er gern einige Schalen win=
ziger Landschildkröten, welche er für Talismane gegen wilde Thiere hält. Als
Gegenstück zu unseren Taschentüchern führt der Buschmann einen auf einen
Stock gezogenen Schakalsschwanz, vergleichbar unseren modernen Lampenputzern;
damit wedelt er sich die Fliegen fort und wischt den Schweiß ab.

Zum Unterschied von dem Hottentotten, der gewöhnlich milder Natur ist, hat
der Buschmann alle Eigenthümlichkeiten eines wilden, reißenden Thieres, über
welches er auch geistig nicht viel erhaben ist.

Seine Waffen sind Bogen und Pfeil und ein kurzer Stock mit dickem
Knopf von zähem, hartem Holze (Kirri), den er mit außerordentlicher Geschick=
lichkeit zu schleudern versteht, und womit er Hasen, Rehe, Vögel u. dergl. zu
Boden bringt. Eine gefährliche Waffe ist sein Pfeil. Letzterer besteht nur aus einem
dünnen Schilfrohr, an dem ein spitzer Knochen oder ein roh gearbeitetes Stück
Eisen mit einem Widerhaken befestigt ist; aber da diese Spitze in ein tödliches
Gift getaucht ist, so folgt selbst auf eine leichte Verwundung der Tod. Zur Ver=
giftung der Pfeilspitzen gebraucht der Buschmann den Saft der Euphorbie und
eines Zwiebelgewächses (Buphone toxicaria); animalische Gifte setzt er zu=
sammen aus dem Gifte der Schlangen, der Skorpionen und der Spinnen.

Mit diesen schwachen Pfeilen vermag er aus kurzer Entfernung einen
Ochsen durch und durch zu schießen. Dieselben vergifteten Pfeile werden zur
Jagd benutzt. Der Pfeil ohne Gift würde ein größeres Thier in großer Ent=
fernung zu wenig verwunden, um es zu erlegen; allein die kleinste Wunde durch
einen vergifteten Pfeil ist dazu hinreichend; betäubt stürzt das verwundete Thier;
der Buschmann folgt auf der Fährte, schneidet die nächsten Fleischpartien der
Wunde aus und verzehrt den Rest, unbekümmert, ob es schon vom Gifte durch=
drungen ist oder nicht. Er legt nie einen Vorrath bei, ausgenommen er habe
das Glück gehabt, einen Trupp Schafe oder Rinder zu stehlen, die er sogleich alle
schlachtet, weil er sich nicht die Mühe nehmen würde, sie zu hüten; er trocknet
das Fleisch und füllt damit allerlei Schlupfwinkel an. Natürlich bleibt das
Fleisch nicht immer gut, allein der Buschmann ist nicht viel leckerer als die
Hyäne. Aehnliche Vorkehrungen trifft er mit den Heuschrecken, die er röstet und
in großen Quantitäten versteckt.

Wenn der Buschmann auf die Straußenjagd gehen will, so reibt er sich die
Beine mit Kreide ein und legt sich ein abgezogenes Straußenfell auf den Rücken,
während in dem Halse ein Stock steckt. Dann nimmt er Pfeil und Bogen und
schleicht gegen den Wind vorsichtig an die Thiere heran, die beim geringsten Ge=
räusch so schnell fliehen würden, daß er ihnen nicht zu folgen im Stande wäre.
Sobald aber die Strauße den fremden Genossen ankommen sehen, hören sie auf
zu fressen, laufen zusammen und betrachten den Eindringling mit aufmerksamen
Blicken. Würde der Jäger direkt auf sie zulaufen, so würden sie den Verrath
merken, so aber schreitet er hierhin und dorthin, streckt den Hals des umgehängten

Straußenfells mit dem Stocke zu Boden, als ob er fressen wolle, und schleicht sich auf diese Weise nahe genug heran, um den zur Beute ausersehenen Vogel mit dem Pfeil zu durchbohren. Nur kurze Zeit läuft das getroffene Thier mit den Genossen fort, bis es zu Boden stürzt. Neugierig bleiben die übrigen stehen, um sich den Gefallenen zu betrachten, und diese Zeit benutzt unser Jäger, um wieder heranzuschleichen und einen zweiten Vogel zu erlegen. So werden viele Straußenfedern beschafft, und die Dame, welche sie in Europa bewundert, kommt selten auf den Gedanken, daß sie dieselben einem kleinen wilden Manne verdankt, der sie auf diese Weise mühsam in seinen Besitz gebracht.

Buschmänner beim Viehdiebstahl.

Der Buschmann verschluckt beim Rauchen des Tabaks, den er leidenschaftlich liebt, den Dampf so lange, bis er bewußtlos umfällt, worauf ihn die Freunde so lange auf den Rücken klopfen, bis er wieder zu sich kommt.

Ihre Tänze sind höchst eigenthümlicher Art. Ein Fuß bleibt unbeweglich, während der andere in bald schnelleren, bald langsameren Bewegungen nach rechts und links, vorwärts und rückwärts gedreht und gewendet wird. Die Arme bleiben fast unbeweglich und müssen dazu dienen, den Körper zu stützen. Zum Einhalten des Taktes hat er Klappern von Straußeneierschalen um die Knöchel befestigt, während ein Freund mit den Händen eine Wassertrommel bearbeitet. Letztere ist weiter nichts als eine hölzerne Schale, über die ein Stück Fell scharf gespannt ist. Vorher wird Wasser hineingegossen, so daß das Fell stets feucht und straff bleibt. Außerdem begleitet noch ein schauerlicher Gesang des Tänzers und der Zuschauer diese nicht immer graziösen Bewegungen, welche so lange fortgesetzt werden, bis der Tänzer ermattet zu Boden fällt.

Dem Engländer Burchell verdanken wir die Zusammenstellung dieser unmelodischen Töne, welche dem Ohre eines Buschmannes liebliche Musik sind.

Die Eigenthümlichkeiten der hottentottischen Sprache, die Schnalz- und Zungenschläge, sind von den Buschmännern außerordentlich übertrieben und noch um eine oder die andere vermehrt worden. Zwischen diesen fortwährenden Kixen und Schnalzen erscheint die Rede des Buschmanns wie ein wenig artikulirtes, durch die Nase gehendes Genuschel.

Verwildert und verkommen, wie sie unbestreitbar sind, hat man doch in Höhlen und an Felsen Spuren von Zeichnungen aufgefunden, die von ihnen herrühren. Die Werkzeuge, deren sich der Buschmann bei Herstellung solcher Malereien bedient, sind sehr einfach und bestehen nur aus einer Feder, die in mit Fett gemischte Erdfarben getaucht wird. Von Perspektive hat der Künstler keine Idee, und wie ein Kind zeichnet er Ohren und Hörner statt auf und am Kopfe an den Hals, und vertheilt planlos die Beine an dem Unterkörper des Thieres.

Krieger der Kaffern, gerüstet.

VIII.

Die Neger.

Typus und Charakter der Neger. — Bantu=Neger, Sudan=Neger (Nigritier). —
Kaffern. — Sitten, Gebräuche, Lebensweise. — Gabonesen. — Mpongwe. — Die
Suaheliküste. — Die Mangandja. — Typus und Charakteristik der Sudan=Neger. —
Eintheilung. — Die Niam=Niam. — Mittu.

――――――――

„Die Neger bewohnen Afrika, vom Südrande der Sahara angefangen bis an
die andere Halbkugel zu dem Gebiete der Hottentotten, sowie vom Atlan=
tischen Meere bis zu dem Indischen Ozean, nur daß der äußerste Osten ihres
Welttheils von eingedrungenen Hamiten und Semiten ihnen abgerungen worden ist.
    Einer gehässigen Schule von Völkerkundigen war der Neger zum Inbegriff
alles Rohen und Thierartigen geworden. Jede Entwicklungsfähigkeit suchte sie
ihm abzustreiten, ja seine Menschenähnlichkeit in Zweifel zu ziehen.

Der Neger, wie ihn das Lehrbuch erforderte, vereinigte mit einem eirunden Schädel, einer flachen Stirn und einer Schnauzenform wulstige Lippen, eine breitgequetschte Nase, kurzes gekräuseltes Haar, fälschlich Wolle genannt, lange Arme, dünne Ober=, wadenlose Unterschenkel, allzu stark verlängerte Fersen= beine und Plattfüße — kurz, ein Urbild von Häßlichkeit.

Den vollen Zubehör dieser Häßlichkeit besitzt wol kein einziger afrikanischer Stamm. Die Hautfarbe durchläuft vielmehr alle Stufen von Ebenholzschwärze bis zur hellen Mulattenfarbe. Am Schädel verschwinden bei vielen Stämmen die vorstehenden Kiefern sammt den wulstigen Lippen. Die Nasen sind bei manchen Horden zugespitzt, gerade oder gebogen, man spricht sogar von „griechischen Profilen“, und Reisende äußern betroffen, daß sie unter Negern „nichts vom sogenannten Negertypus“ wahrnehmen können.“ (Peschel.)

Und unser oft citirter Gewährsmann Müller fügt weiter hinzu: „Die Höhe der Gestalt variirt beim Neger zwischen 1 m. 75 und 2 m., der Knochen= bau ist massiv, die Muskelentwicklung stark. Der Neger ist in dieser Hinsicht unmittelbar nach dem Kaukasier zu stellen; er übertrifft diesen sogar an Arbeits= kraft, da er vom heißen Klima nicht so leicht berührt wird. Der Schädel des Negers ist massiv und dick, dagegen das Gehirn weniger groß und entwickelt als beim Weißen.

„Die Form der Gesichtsbildung des Negers ist lang und schmal, das Gesicht glatt, das Hinterhaupt etwas in die Länge gezogen, der Unterkiefer hervorragend. Die Stirn ist klein und uneben, die Backenknochen sind hervor= stehend, das Kinn ist kurz und unschön gebildet. Die Augen sind eng geschlitzt, das Weiße derselben hat einen Stich ins Gelbliche. Die Nase ist breit und dick, die Nasenlöcher sind groß und weit. Die Lippen sind wulstig und aufgeworfen, die Zähne sitzen etwas schief auf und sind von blendender Weiße. Das Ohr ist groß und steht vom Kopfe etwas ab. Das Haar ist kurz, kraus und meistens von schwarzer Farbe. Der Bartwuchs ist sehr gering.

„Hals und Nacken sind stark entwickelt, fast stierartig. Die Schenkel sind mager. Die Waden mangeln fast ganz, der Fuß ist groß, platt und zeichnet sich durch ungewöhnlich starke Zehen aus. Der Neger ist daher sogleich an seinem steifen, hölzernen Gange zu erkennen.

„Die Haut ist dick, besonders an Händen und Füßen, und immer sammet= artig und kühl anzufühlen. Die Farbe derselben ist schwarz in mehreren Spiel= arten. Ein besonderes Kennzeichen der Neger ist eine eigenthümliche Ausdün= stung von üblem Geruche.“

Und weiter sagt Müller an einer anderen Stelle: „Der Grundzug des Negercharakters ist große Reizbarkeit. Der Neger ist mit einer lebhaften, un= gezügelten Phantasie begabt, und von roher, ungebändigter Sinnlichkeit. Seine Neigung ist vorwiegend nach dem Phantastischen und Grotesken gerichtet, welches ihm auch am meisten imponirt, daher seine Vorliebe für lärmende Ver= gnügungen und für glänzenden Flitter.

„Die Energie des Negers ist nicht groß; er arbeitet nur dann, wenn er von nagenden Bedürfnissen gequält oder von Anderen dazu angehalten wird. Sein Hang zum Nichtsthun ist so tief eingewurzelt, daß er, um anstrengender Arbeit zu entgehen, sich oft selbst den Tod giebt. Bei milder Behandlung ist er treu und anhänglich gleich einem Kinde, dagegen bei harter Behandlung störrisch und rachsüchtig.

„Die geistige Begabung des Negers ist mittelmäßig. Er faßt schnell und ahmt gut nach, ist aber selten im Stande, sich zum freien Gebrauche seiner geistigen Gaben zu erheben. Negerkinder machen daher in jenem Alter, wo besonders das Gedächtniß thätig ist, schnelle, bewunderungswürdige Fortschritte, bleiben jedoch in späteren Jahren, wenn der eigene Verstand wirksam sein soll, zurück.

„Der Neger ist maßlos leichtgläubig. Sein religiöser Glaube ist eben so sinnlos wie mit Furcht gepaart; er hält viel auf Amulete und Zaubereien. Die ungebändigte Sinnlichkeit führt den Neger zur Grausamkeit, welche selbst aufs religiöse Gebiet hinübergreift und sich in Menschenopfern offenbart. Der Neger ist in der Regel ein großer Dieb und unverschämter Lügner; Heuchelei und Verstellung treten überall an ihm hervor. Die Sklaverei mit ihren demoralisirenden Zuständen ist bei ihm in voller Blüte.

„Von den Beschäftigungen sind es meistens nur die Handwerke, denen sich der freie Neger widmet, während er den Landbau durch seine Sklaven besorgen läßt und die Viehzucht fast gar nicht kennt.‟

Die Neger bilden nur eine einzige Rasse, denn die vorherrschenden wie die beharrlichen Merkmale kehren in gleicher Weise in Südafrika so gut wieder wie in Mittelafrika; es war daher ein Mißgriff, die Bantu=Neger als eine besondere Rasse abzutrennen. Wol aber kann man der Sprache nach die Südafrikaner (Bantu) sehr streng als eine große Familie von den Sudan-Negern (Hartmann's Nigritiern) absondern.‟ (Peschel.)

Mit Ausnahme der Hottentoten und Buschmänner gehören alle Bewohner Südafrika's bis zum 4.° nördl. Br. zu den Bantu=Völkern. Sie reden eine gemeinschaftliche, obwol in den Einzelheiten vielfach abweichende Sprache. Die Bezeichnung Bantu entstammt der Kaffernsprache: „A Bantu‟ bedeutet dort Leute, Menschen von ihrem eigenen Völkerschlage; die weißen Menschen werden im Gegensatze als „Ama slungi‟ bezeichnet.

Zur besseren Uebersicht kann man die Bantu in Ost=, West= und Binnenstämme eintheilen. Die Oststämme zerfallen wieder in sansibarische, zu denen die Suaheli gehören, in Mozambique=Völker von der Küste bis zum Nyassasee, in die Betschuana weiter im Innern, endlich in die sogenannten Kaffern. Zu den Binnenstämmen werden die noch wenig bekannten Horden der Bayeye, Ba=lojazi, Ba=toka, Ba=rotse u. s. w. gezählt. Gliederreicher sind die Weststämme in den atlantischen Gebieten. Sie zerfallen erstens in die Bunda=Völker, zu denen die Herero (fälschlich Dam ara genannt), die Ovambo und ihre Verwandten, die Nano oder Ba=nguela in Benguela, die A=ngolo in Angola zählen.

Das zweite Glied der westlichen Gruppe vertreten die Kongo=Neger, nämlich die eigentlichen Kongo und die Mpongwe.

Alle Bantu=Stämme haben eine dunkle, schwärzlich pigmentirte Haut und wolliges Haar, dessen Länge und Beschaffenheit sehr verschieden ist, aber nie schlicht oder straff wird. Die ebenfalls sehr veränderliche Hautfarbe geht durch die verschiedensten Schattirungen vom tiefen Sepia bis zum Blauschwarz; fahle, matte und röthliche Pigmentirungen kommen häufig genug vor und sind als abnorm zu bezeichnen. Der Körper ist meist kräftig entwickelt, der Schädelbau dolichocephal und hoch, die Gesichtsbildung bei reiner Rasse nie wirklich euro= päisch, sondern zeigt einen abweichenden Typus.

Unter den Bantu=Völkern nehmen die Kaffern die erste Stelle ein. Sie sind in die Gebiete, welche sie jetzt inne haben, von Norden her eingewandert. Die Wanderung scheint Anfangs die Ostküste entlang gen Süden stattgefunden zu haben, bis sie auf die Hottentottenstämme stießen.

Die Bezeichnung Kaffern rührt bekanntlich von den Arabern her, welche die Nichtmohammedaner Kafirs, d. h. Ungläubige, nennen. Gegenwärtig kann man für die vielen Kaffernstämme fünf größere Abtheilungen annehmen: die Ama tonga im Norden der Kaffernregion, südlich von ihnen folgen die Ama swazi, Ama zulu, Ama ponda und Ama rosa.

Die im Osten des Kafferngebietes wohnenden Ama zulu und Ama rosa bezeichnet man als „eigentliche Kaffern", während die in der Mitte wohnenden Stämme als Be tschuana und die westlichen als Ova herero oder Dam ara gefannt sind.

Der Kaffer ist ein ehrlicher Mensch und verabscheut den Diebstahl inner= halb seines Stammes; Europäern gegenüber, die er ja als Eindringlinge be= trachtet, wird es damit nicht immer so genau genommen; aber von Natur ist er keineswegs diebisch und lüstern nach fremdem Eigenthum. Sein ganzes Trach= ten ist darauf gerichtet, einen Viehstand zu errichten und denselben zu vermehren. Im Umgang zeigt er sich leutselig und gesprächig; er hat viele Worte der Lieb= kosung und Schmeichelei. Sein Selbstbewußtsein tritt stark hervor, und er wird handgreiflich gegen den, welcher es verletzt. Er ist sorglos und denkt wenig an den folgenden Tag, weil er weiß, daß er stets alle seine Bedürfnisse befriedigen kann. Zum Ackerbauer hat ihn die Natur nicht geschaffen, dagegen ist er ein vortrefflicher Rinderhirt. Geselligkeit, unablässiger Verkehr mit Anderen, am liebsten bei der Tabakspfeife, ist ihm Bedürfniß; er kann nicht wohl allein sein; seine Gastfreundschaft läßt nichts zu wünschen übrig, und wer zu ihm kommt, wird reichlich mit Milch bewirthet. Seinen Stammgenossen ist er gern zu allen Dingen behülflich. Als Krieger zeigt er sich unerschrocken und tapfer; er ist von Haus aus nicht etwa ein blutgieriger Barbar. Er ist scharfsinnig bis zum Spitzfindigen und in hohem Grade zweifelsüchtig. Er ergeht sich gern in Streit= fragen, und in seinen Fragestellungen geht er schlau zu Werke, um den Gegner zu verwickeln und zu verwirren. In der Familie gehorchen alle Angehörigen dem Hausvater unbedingt; ebenso ist der Häuptling innerhalb seines Stammes unumschränkter Gebieter, und sein Wille gilt, so lange derselbe den hergebrachten Ueberlieferungen und Gewohnheiten entspricht.

Der Kaffer ist insgemein ein hübscher, schlank und kräftig gebauter Mensch, muskelstark, und in seinem ganzen Auftreten liegt viel Elastisches. Dagegen sind die Frauen, sobald die erste Jugendblüte vorüber ist, nichts weniger als hübsch, und werden in höherem Alter geradezu häßlich.

Die Ama zulu oder, wie sie sich nach einem früheren Häuptling selbst nennen, die A-Bantu ba kwa Zulu, d. h. Leute aus Zulu's Gebiet, oder kurz-weg Bakua Zulu, auch Zulu, sind ein Volk von verhältnißmäßig guter Ent-wicklung des Körpers bei beträchtlicher Größe. Die Sitten und Gebräuche sowie die Lebensweise dieses Stammes haben wir in nachstehender Schilderung des Kaffernvolkes im Auge gehabt. Wir folgen dabei hauptsächlich den Be-schreibungen des besten Kenners südafrikanischer Zustände, unseres Lands-mannes Dr. Fritsch.

Eine nationale Eigenthümlichkeit sind die künstlich geformten Haartouren, deren bizarre Art viel zu dem wilden Ausdruck der Gesichter beiträgt. Bei den jungen Burschen hängt das Haar wild um den Kopf in dünnen, verfilzten Strähnen, oder, was noch häufiger ist, sie ordnen es in besonderer Weise, indem sie durch dichteres Verfilzen der Enden und Einmischen von Gummi eine Kappe daraus formen oder quergestellte Kämme daraus aufrichten. Die Strähne blei-ben dann entweder stehen, so daß die vordere Abtheilung eine Art Heiligenschein bildet, oder sie werden gleichfalls verfilzt und man erhält so den Uebergang zur Kappenform. Laune und Geschmack des Zulustutzers bringen eine Menge wunderlicher Formen zum Vorschein, doch werden diese alle nur vorübergehend getragen und so lange, als die jungen Leute noch nicht zu den Kriegern gezählt werden. Die eigentlich nationale Haartracht und das Abzeichen der verhei-ratheten Männer ist der Ring oder Kranz. Zur Anfertigung desselben wird der ganze Kopf geschoren und nur rund um den Scheitel bleibt ein Kranz von Haaren stehen, welcher unter Benutzung von Sehnenfäden zu einem festen Ringe gestaltet wird. Man überzieht ihn mit einem Gemisch von Akaziengummi und Kohlenpulver, und sobald er trocken geworden ist, giebt man ihm vermittels eines Fettes Glanz. Die Mädchen halten das Haar ohne alle Künstelei ein-fach kurz; bei Frauen schert man den Kopf bis auf den höchsten Theil des Scheitels. Dort bleibt ein Haarbüschel stehen, welcher durch Einreiben mit Ocker-erde und Fett zu einer dichten Masse, zu einem faustdicken Wulste oder Knopfe wird.

Der Zulu trägt eine Art Schurz, einen schmalen Ledergürtel, an welchem in gewissen Abständen gedrehte Streifen langhaariger Felle oder die geringelten Schwänze der wilden Katze hängen. Bei ungünstigem Wetter trägt man den auch bei anderen südafrikanischen Völkern üblichen Karoß oder eine wollene, zu-meist braune Decke. Bei feierlichen Gelegenheiten, zu Festlichkeiten, Kriegs-tänzen und zum Kriege putzen die Männer sich in abenteuerlicher Weise auch

mit recht grellen Farben heraus und schmücken den Haarkranz mit den langen
Schulterfedern vom blauen Kranich. Dazu kommen noch Gehänge von Fell=
streifen, welche die Brust bedecken, ein Gürtel von Katzenschwänzen und weiße
Fellbüschel an Oberarm und Waden.

Junger Kaffer im Staatsanzug.

Gleich dem Knaben geht das junge Mädchen bis auf ein Stück gefärbter
und bemalter Haut, welches kaum bis ans Knie reicht, oder einen aus herab=
hängenden schmalen Lederstreifen bestehenden Schurz, ganz unbekleidet einher.
Dagegen wird der Körper reichlich mit Fett eingerieben und allerlei Schmuck=
gegenstände, bestehend aus Ringen, Arm= und Beinspangen, Halsketten, Amuleten

von Holz= und Hornstücken, Wurzeln, Zähnen und anderen Dingen mit Vor=
liebe getragen. Das Haar wird mit Akaziendornen, Stachelschweinkielen und
mit Federn verschiedener Vögel aufgeputzt.

Kaffermädchen.

Die Ohren werden gewöhnlich in den jungen Jahren durchbohrt und Horn=
stückchen durchgezogen. In späteren Jahren, nachdem die Oeffnungen sich hin=
länglich erweitert haben, steckt man Elfenbeinstücke und andere Zierrathen
hinein; die Männer aber lieben es, ihre Schnupftabaksdosen — ausgehöhlte

Rohrstücke — hier aufzubewahren. Verheirathete Frauen schlingen ein Stück weichgegerbtes Leder oder eine bis über die Kniee reichende wollene Decke um die Lenden, die je nach dem Wohlstande der Männer mehr oder weniger reich mit Perlen u. s. w. benäht und behängt ist.

Die Wohnung der Kaffern trägt im Allgemeinen südafrikanischen Typus, d. h. die bekannte Bienenkorbform mit niedriger Einkriechethür. Bei dem Kaffer muß Alles zirkelrund sein, Hütte, Umzäunung, Feuerstätte u. s. w.; es scheint, als ob ihm die Fähigkeit mangele, eine gerade Linie herzustellen. Das Innere der Hütte ist meist sauber und nett gehalten und mit hübsch geflochtenen Binsen= matten ausgelegt; Milchgefäße, aus Binsen wasserdicht geflochten, stehen um= her, Wurfspieße oder auch Schießgewehre hängen an den Wänden.

Eine Gruppe von Kaffernhütten nennt man einen Kraal. Man baut den Kraal am liebsten auf einer geneigten Fläche, damit das Wasser ablaufen kann, und in der Nähe eines Gebüsches oder Waldes, um Bauholz in der Nähe zu haben. Ringsum wird die Gegend gelichtet, damit man die Bewegungen eines heranbringenden Feindes übersehen kann. Zunächst wird ein Raum für das Vieh mit einem 2⅓ m. hohen, recht starken Zaun umfriedigt; die äußere Um= zäunung wird im Süden, wo Holz in Menge ist, aus Baumstämmen und Zweigen so hergestellt, daß das Ganze eine Art Befestigungswerk bildet; im Norden besteht sie nur aus rohen, über und neben einander gelegten Steinen.

Der Eingang zum Kraal, der Nachts durch Pfähle geschlossen wird, ist so eng, daß eben nur eine Kuh hindurch kann. Die innere Umzäunung wird als Isibaya bezeichnet. Rundum stehen die Hütten, deren gewöhnlich zehn bis vierzehn einen kleinen Kraal bilden; die, welche dem Eingange zunächst stehen, werden von den Dienern bewohnt, dem Eingange gegenüber stehen die Hütten des Häuptlings.

Die Isibaya gilt dem Kaffer für eine Art geheiligter Stätte; bei manchen Stämmen ist es den Frauen auf das Strengste verboten, diese Umzäunung zu betreten, und selbst das Lieblingsweib eines Häuptlings würde eine Uebertretung mit dem Tode zu büßen haben.

Den Tag über ist die Herde draußen auf der Weide und wird dort von unverheiratheten Männern (Jungen oder Burschen) beaufsichtigt; Abends treibt man sie in die Umzäunung, welche allemal geschlossen und gut bewacht wird. Innerhalb derselben melkt man die Kühe, und diese Beschäftigung ist eigentlich die einzige, welche dem Kaffer wahres Vergnügen macht.

Das Melken wird lediglich von Männern besorgt. Frauen dürfen sich mit dieser edlen Beschäftigung bei Leibe nicht abgeben. Der melkende Mann sitzt niedergekauert und zwar so, daß sein Kinn fast die Kniee berührt, zwischen welchen er den Milcheimer hält. Ist die Kuh unruhig und widerspenstig, dann hält ein Mann sie mit der Hand am Horne fest oder er steckt ihr einen ½ m. langen Stab in die Nase, für welchen man schon dem Kalbe Löcher in die Nase macht.

Der Kaffer hängt, wie gesagt, mit ganzer Seele an seinem Rindvieh, und thut alles Mögliche, um das geliebte Vieh recht hübsch aussehend zu machen.

Kaffernwohnung.

Er verziert das Ohr der Kuh, indem er dasselbe zustutzt und durch Einschnitte und Ausschnitte demselben verschiedene Gestalten giebt, z. B. jene eines tief ausgezackten Baumblattes. Er schneidet Streifen aus der lebendigen Haut, welche er in vom Thier herabhängende Stränge flicht; auch weiß er dicke Knoten und Knollen in und aus der Haut aufzutreiben. Andere Stämme verstehen es, die Hörner sehr sinnreich zu verzieren, das eine nach vorn, das andere nach hinten überzubiegen; man richtet das eine Horn kerzengerade in die Höhe, das andere eben so gerade nach unten. Manchmal sieht man Ochsen, an welchen die beiden Hörner zusammengewachsen sind und in eine hohe Spitze auslaufen, oder sie trennen die jungen Hörner so auseinander, daß das Thier deren vier bis acht bekommt. An die Schmerzen, die er ihm dadurch bereitet, denkt er nicht, da er selbst weniger empfindlich gegen Schmerzen ist als der Weiße.

Der Ochs wird nicht blos als Zug= und Lastthier verwandt, sondern auch zum Reiten benutzt. Einen Sattel legt man ihm nicht auf; der Kaffer balancirt auf dem scharfkantigen Rücken hin und her und lenkt das Thier vermittels des Nasensteckens, an dessen oberem und unterem Theil er einen Strick befestigt hat. Ein eleganter Reiter ist er nun keineswegs; er schlenkert mit den Armen hin und her und bewegt die Elnbogen bei jedem Schritt und Tritt des Ochsen auf und ab.

Für die Bewaffnung ist ein 1 1/3 bis 1 1/2 m. hoher, ovaler Schild charak= teristisch; er besteht aus roher Ochsenhaut, ist von regelmäßigem Zuschnitt und sauberer Arbeit, und hat einen langen Stab in der Längsachse als Stütze, der oben mit dem geringelten Felle eines Leopardenschwanzes oder anderem Pelz= werk verziert ist. An diesen Stab wird die Haut mit Streifen aus roher Haut befestigt. Die Wurfkeule, Kirri, ist auch hier allgemein in Gebrauch, aber eigent= liche nationale Angriffswaffe ist ein langer Wurfspieß, der Affagai. Mit den Affagaien erlegen die Kaffern auch die größeren Thiere des Waldes, wenn sie es nicht vorziehen, solche in Fallgruben zu fangen. Mit Wurfspießen können die Ein= geborenen natürlich nur dann Etwas ausrichten, wenn der Jäger viel beisammen sind.

Die Zerlegung eines getödteten Elefanten giebt eine Scene, die keine Be= schreibung wiederzugeben vermag. Jeder will sich beim Ausschlachten betheiligen. Zuerst wird von der oben liegenden Schicht die dicke Haut in breiten Streifen abgeledert. Unter ihr liegen mehrere Schichten einer zähen und geschmeidigen Schleimhaut, aus welcher die Eingeborenen Wasserschläuche machen und die sie daher sehr in Acht nehmen; dann wird das Fleisch in Stücken von den Rippen geschnitten und letztere mit den Streitäxten ausgehauen. Nun sind die Ein= geweide bloßgelegt, und hier findet sich das meiste Fett des Elefanten; Fett aber ist eine Sache, die dem Afrikaner über Alles geht; es dient ihm eben so universell als Schmalz wie als Pomade. Ein erwachsener Elefant liefert eine ungeheure Menge Fett. Um es ganz zu bekommen, muß erst der größere Theil der Eingeweide entfernt sein; dann steigen mehrere Personen in den Riesenleib hinein, arbeiten mit ihren Affagaien alles Fett ab und reichen es ihren Kame= raden heraus. Schließlich kommt die andere Seite des Thieres in Arbeit.

Der Mensch vormals etc.   Leipzig: Verlag von Otto Spamer.

Das Ausweiden des Elefanten.

Der Rüssel des Elefanten und die im Kniegelenk abgelösten Beine erfah=
ren als besondere Delikatessen auch eine spezielle Behandlung; sie werden als=
bald gebacken. Man gräbt für jedes der enormen Stücke eine Grube und über=
baut sie mit einem mächtigen Haufen dürren Holzes, welches vielleicht derselbe
Elefant einige Zeit vorher gefällt hat. Sind die Holzstöße niedergebrannt, so
werden die Fleischstücke in die heiße Asche gebracht und mit derselben völlig zu=
gedeckt. Obenauf bringt man die zur Seite gezogenen glühenden Kohlen und
zündet ein neues Feuer an; nachdem dieses niedergebrannt, ist das ungeheure
Schlachtstück bis ins Innere gar geworden; man zieht es heraus, säubert und
schält es und treibt einen starken Pfahl als Handhabe hindurch. Rüssel und
Füße sind nach dieser Zubereitung selbst für civilisirte Gaumen sehr annehmbar
und sollen im Geschmacke den Büffelzungen auffallend nahe kommen. Aber auch
die übrigen ungeheuren Fleischmassen des Elefanten werden von den Einge=
borenen bestens zu Nutze gemacht. Die ganze Masse wird in zwei Finger breite,
2—7 m. lange Streifen zerschnitten. Dann werden 3 m. lange, oben gegabelte
Pfähle ausgehauen und in die Erde gepflanzt, Querstangen darauf gelegt und
diese Gerüste über und über mit den geschnittenen Fleischstreifen behangen.
Sieht man eine solche Trockenanstalt fertig, so erscheint es fast unglaublich, daß
diese ganze Masse von einem einzigen Thiere herrühren soll. Nach zwei= bis
dreitägigem Hängen an der Sonne sind die Streifen völlig trocken und starr
geworden. Sie werden nun zusammengeknickt und wie Reisigbündel mit Bast
geschnürt. Damit ist das Weidwerk im Walde beendet; die Kaffern bepacken
sich Schultern und Köpfe mit ihrer Jagdbeute und kehren nach ihren heimat=
lichen Hütten zurück, während der Jäger die Krone des Sieges, die Stoßzähne,
in Sicherheit bringt.

Vielerlei Geräthschaften haben die Kaffern nicht. Als Gefäße benutzen
sie Kalebassen, flache Schüsseln und Töpfe von Holz, Melkeimer; in Herstellung
von Flechtwerk haben sie eine bewunderungswürdige Fertigkeit. Was man in
einem anderen Lande zusammenleimt, ineinander falzt, mit Nägeln oder eiser=
nen Bändern vereinigt, wird von ihnen durch Bindwerk zusammengefügt, und
sie flechten wasserdichte Gefäße aus dem hochwachsenden zähen Cypergrase
(Cyperus textilis), welche vollständig wasserdicht sind. Häufig gebraucht wer=
den von den Männern lange, eiserne Nadeln oder vielmehr Ahlen, welche be=
sonders für die Fellarbeiten zum Vorbohren der Löcher dienen und häufig in
mannichfach verzierten Scheiden am Halse getragen werden.

Alle südafrikanischen Eingeborenen sind leidenschaftliche Raucher und
Schnupfer. Der Kaffer führt seinen Tabak oder Dacha (Kraut einer Hanfart)
nebst Zubehör gewöhnlich in einer kleinen ledernen Tasche, die mit Glaskorallen
und Metallknöpfen verziert ist; er hängt dieselbe über die Schulter. Bereits
präparirten Schnupftabak, zwischen Steinen zerrieben, mit einer Art Pfeffer=
kraut und etwas Asche vermischt, bewahrt man in Dosen auf, die aus kleinen
Kürbisfrüchten, ausgehöhlten Röhrchen, Knochen, Horn u. s. w. verfertigt und

mit eingeschnitzten Figuren, Glasperlen und dergleichen verziert werden. Man bedient sich beim Schnupfen nicht der Finger, sondern kleiner Löffel von Elfenbein oder Metall; arme Leute reiben den Tabak in ein Stückchen dichtbehaarten Felles, halten dasselbe dicht vor die Nase und ziehen die Körnchen in dieselbe hinauf.

Die Tabakspfeifen bestehen aus einem Kuh= oder Antilopenhorne, in welches ein etwa 20 cm. langes Rohr seitlich in schräg aufsteigender Richtung eingesetzt ist. Das Rohr trägt am oberen Ende einen kleinen Knopf aus Thon oder Stein zur Aufnahme des Krautes. Das Horn wird zum größten Theile mit Wasser gefüllt, durch dasselbe bringt man den Rauch des angezündeten Dacha oder Tabaks zum Austritt, indem man die Luft aus dem oberen Theile ansaugt. Hierbei liegt die für einen Europäer fast unüberwindliche Schwierigkeit vor, die weite, fast gerade zugeschnittene Oeffnung eines Kuhhorns mit dem Munde luftdicht zu schließen. Die Mundpartie des Kaffern ist für diese Vorrichtung günstiger gestaltet; er erreicht jenen Zweck, indem er die eine Seite des Mundes dagegen legt und den Rest der Oeffnung vermittels der angedrückten Wange schließt. Ein gerades Ansetzen der Pfeife würde nicht zum Ziele führen, da die Krümmung der Kinnladen verhindert, beide Wangen zugleich gehörig gegen die Oeffnung zu pressen. Ein armer Mann hilft sich in Ermangelung einer Pfeife, indem er auf dem flachen Boden Lehm zu einer Form knetet, die einem kleinen Backofen ähnelt. Wo bei einem solchen der Schornstein liegt, befindet sich hier eine kleine Höhlung zur Aufnahme des Krautes; von derselben führt ein Kanal durch die Lehmmasse zur anderen Seite, und an diese, welche der Thür des Backofens entspricht, legt der platt auf den Bauch ausgestreckte Raucher den Mund. Das Dacharauchen wird zum geselligen Vergnügen, indem sich mehrere Leute, gewöhnlich zwei, einander gegenüber niederkauern und derselben Pfeife bedienen. In der Regel zieht der Südafrikaner den Rauch nicht nur in den Mund, sondern voll in die Lungen, und ein Theil wird verschluckt; er bemüht sich dann, den Rauch möglichst lange zurückzuhalten, und nimmt zu diesem Zwecke aus einer bereitstehenden Kalebasse Wasser in den Mund.

Ein Kaffer, der eine stattliche Rinderherde sein eigen nennt, hat unter Seinesgleichen etwa eine Stellung wie bei uns ein Millionär, und ist im Stande, alle seine Wünsche zu befriedigen. Er kann täglich Fleisch genießen und so viel saure Milch trinken, wie ihm beliebt; er kann eine große Anzahl von Mädchen kaufen, denn das Stück kostet ihm durchschnittlich acht Kühe, und wenn es recht hübsch und prall ist, höchstens vierzehn. Er kann sich nach Herzenslust über und über mit Rindsfett einreiben, hat Leder vollauf, um allerlei Geräth daraus verfertigen zu lassen, und kann seine dunkelfarbige Person mit einer Unzahl von Thierschwänzen zieren. Er ist nun kein „Bursch" mehr, der mit den anderen „Jungen" in einer besonderen Hütte wohnen muß, sondern er ist Mann und schert sein Haupt; der Haarkranz auf demselben zeigt, daß er Frauen besitzt und eine eigene Wohnung hat. Der wohlhabende Kaffer kauft sich nunmehr eine Frau nach der anderen, baut für jede derselben eine Hütte, kann vielleicht auch seinen besonderen Kraal innehaben und endlich gar noch ein Umnunzana, d. i. ein großer Mann werden, welchen die Bursche als Inkosi, Häuptling, begrüßen.

Die Kaffernstämme stehen unter erblichen, von einander unabhängigen Häuptlingen; die Verwaltung wird durch eine Anzahl Unterhäuptlinge oder Räthe besorgt, die sich durch eine Messingkette auf der linken Kopfseite aus= zeichnen. Diese obrigkeitlichen Personen tragen überdies Mäntel aus Leoparden= fellen, die Anderen nicht erlaubt sind.

Bei begangenen Verbrechen ist zumeist die ganze Familie oder Sippe des Uebelthäters für die Unthat verantwortlich.

In Betreff des religiösen Glaubens ist es sehr zweifelhaft, ob dem Kaffer die Idee eines ewigen, freien und allmächtigen Wesens überhaupt bekannt ist. Es ist der Glaube verbreitet, daß die Seele der Bösen fortdauere, die dann umherspukt und die Lebenden zu tödten sucht. Gegen die Anfechtung dieser bösen Geister bedient man sich der Amulete, doch giebt es auch Wunderdoktoren, Izi= nyanga genannt, die als Zauberer und Regenmacher in großem Ansehen stehen. Kranke legt man bei einigen Stämmen außerhalb der Umzäunung nieder, damit der Kraal bei ihrem Tode nicht verunreinigt werde. Nach dem Tode wird der Mensch zu einem Geiste, der in der Unterwelt dieselben Dinge, Häuser, Kühe u. s. w. findet, wie hier, doch viel kleiner, denn auch der Mensch ist dann eine Art Zwerg. Nach anderer Ansicht verwandelt sich der Mensch nach seinem Tode in ein Thier, am liebsten in eine Schlange; der tapfere Häuptling wird zum Löwen oder Elefanten.

Der gewöhnliche Kaffer begnügt sich meist mit einer Frau; die Häuptlinge und sonst vermögende Männer haben deren wie gesagt mehrere, je nach ihren Mit= teln, und öfter mehr, als ihnen lieb ist. Denn bei solchen kommt es weniger auf die eigene Wahl, als auf die Absichten der Familien an, welche heirathsfähige Töchter haben. Man trägt diese den Ausersehenen an, welche sie gern oder ungern annehmen und bezahlen müssen; denn eine solche Brautofferte auszu= schlagen wäre eine Beleidigung, die nur durch das Blut des Beleidigers oder die Plünderung seines Kraals gesühnt werden könnte. Thut ein Liebhaber die ersten Schritte um ein Mädchen und es findet sich ein Nebenbuhler, so beginnt eine förmliche Versteigerung in der Art, daß die Bewerber Rinder zu zweien oder dreien dem Brautvater zusenden, und damit so lange fortfahren, bis der Eine nichts weiter sendet. Dann wird das Vieh beider Parteien einer genauen Prüfung unterzogen und die Wahl getroffen. Der abgewiesene Liebhaber hat dann wenigstens die rücksichtsvolle Genugthuung, daß ihm die Schöne selbst, mit ihrem besten Schmuck angethan, sein Vieh wieder zurücktreibt.

Die Hochzeitsgebräuche bestehen darin, daß die älteren Frauen der Sippe des Bräutigams die Braut gründlich schlecht machen und Letztere ihr Müthchen an dem Bräutigam kühlt, indem sie ihn höhnt, schlägt und beschimpft. Letzteres geschieht, damit er wisse, daß er bis jetzt noch gar nichts zu befehlen habe. Einige Tage später würde es ihr freilich schlecht bekommen, wenn sie sich dann noch solche Freiheiten herausnehmen wollte. Endlich spielen bei dieser Ceremonie die Ochsen eine große Rolle; Vater und Bräutigam haben dergleichen zum Besten zu geben. Mit seiner Schwiegermutter darf der Mann niemals ein freundliches Wort sprechen, er darf sie nicht einmal ansehen. Dieser seltsame Brauch, der aber den Segen in sich trägt, daß dieselbe sich nie in die ehelichen Angelegen= heiten mischen darf, wird als „sich der Schwiegermutter schämen" bezeichnet. Will aber der Mann Etwas mit ihr reden, so muß er in einiger Entfernung von ihr ein lautes Geschrei erheben, und das versteht er ja, als echter Kaffer, aus dem Grunde. Will er aber Etwas sagen, das kein Dritter hören soll, dann stellen beide Theile sich hinter einen Zaun, der so hoch ist, daß sie einander nicht sehen können. Trifft es sich, daß der junge Mann und die Schwiegermutter sich in einem engen Pfade begegnen, dann kriecht die Frau hinter den ersten besten Busch, der Mann seinerseits aber hält den Schild vor das abgewandte Gesicht.

Im Becken des Flusses Gabon in Westafrika wohnen mehrere kleine Völker= stämme, welche Stoff genug zu Betrachtungen darbieten. Es sind dies haupt= sächlich die Mpongwe (Pongos) oder eigentlichen Gabonesen; sie sitzen am Meere und an den Flußmündungen. Die Schekanis wohnen in den umlie= genden Wäldern und werden deshalb von den Mpongwe als Bulus, d. h. Menschen des Waldes, bezeichnet. Sodann die Bakalaïs und endlich die Fans oder Pahuins. Alle vier Stämme gehören diesem Lande nicht ursprünglich an, sondern sind aus dem Innern gekommen.

Die Hütten der Gabonesen werden aus Palmenzweigen errichtet und sehen recht hübsch aus, aber das Innere entspricht dem Aeußeren nicht. Der Gabonese ist unsauber. In der Hütte stehen ein paar Ruhebänke, die aus Palm= zweigen geflochten sind, und recht viele Koffer, wenn auch nichts darin ist. Der Hausherr liegt auf der Bank und raucht oder schläft. Am Herde brennt stets das Feuer; der Rauch vertreibt die Mücken; am Feuer werden Thierhäute ge= trocknet, Fische oder Stücke Fleisch geräuchert oder Speisen gekocht.

Der Haarputz spielt bei den Gabonesinnen eine große Rolle, und der — man kann wol sagen Aufbau des Haares erfordert eines ganzen Tages Arbeit. Aber wenn er einmal steht, dann hält er auch ein paar Wochen.

Der Abschluß einer Ehe ist auch hier am Gabon, wie wir schon mehrfach bei anderen Völkern zu bemerken Gelegenheit hatten, ganz einfach ein Handelsgeschäft, das manchmal eine geraume Zeit in Anspruch nimmt. Der Mann braucht sich nicht zu übereilen, denn nicht selten ist das Mädchen noch ein kleines Kind und wird dann unter die Obhut der Hausfrau gegeben. Manchmal macht ein Vater allzu große Ansprüche, dann wendet sich der Bewerber an den Fetischmann, dessen Zauberformeln natürlich unfehlbar sind. Auch Liebestränke werden bisweilen angewandt, und der Pflanze Odepu schreibt man eine ganz besondere Fähig= keit zu, das Herz eines Schwiegervaters zu erweichen. Uebrigens spielt beim

Weibernehmen (denn von Ehe kann ja doch eigentlich keine Rede sein) auch das
Handelsinteresse eine Rolle. Ein Mann nimmt sich eine Frau aus dem Innern;
ein Schwiegervater ist, kaufmännisch zu reden, ein schätzbarer Korrespondent,
und ein gewürfelter, oder ein „coulanter" Geschäftsmann verfehlt selten, sich in
allen Dörfern, mit denen er Handelsverkehr unterhält, eine Frau zu kaufen,
denn seine Mittel erlauben ihm das. Je mehr Weiber, um so größer das Ansehen und der Wohlstand; jede einzelne Frau ersetzt ihm ja einen Sklaven.
Sobald sie aufgehört hat jung und frisch zu sein, wird sie thatsächlich Sklavin
und hat schwer zu arbeiten, während der Herr Gemahl raucht oder schläft.

Die Sklaverei ist
von sehr milder Art.
Die Sklaven werden
keineswegs überbürdet
(dafür sind die Frauen
da) und als zur Familie
gehörig betrachtet. Der
Herr ist abergläubisch,
glaubt an Zauberei und
auch an Vergiftung. So
kommt es wol vor, daß
der Sklave das Opfer
eines religiösen Wahns
und als Sühnopfer ge-
schlachtet wird. Die
Sklaven der Mpongwe
stammen zumeist vom
Ogowaï und sind am
Kap Lopez gekauft wor-
den, gewöhnlich von
Portugiesen. Jedes
Dorf hat seinen beson-

Typus eines Mpongwe vom Gabon.

deren Häuptling. Er nennt sich König, lebt aber sonst wie seine Unterthanen,
war vielleicht vormals ein ehrsamer Sklavenhändler und macht jetzt Geschäfte
in anderen Waaren. Zwei oder drei dieser Häuptlinge sind von etwas mehr
Gewicht als die anderen, und haben über diese eine Art von Oberherrschaft, die
aber lediglich auf moralischem Ansehen und nicht etwa auf Rechtstiteln beruht.
Die Würde ist nicht erblich, sondern das Volk wählt den Häuptling aus der
Königsfamilie. Dabei fallen manchmal stürmische Auftritte vor, aber im Allgemeinen sind die Mpongwe nicht kriegerisch. Der neugewählte König wird am
Abend vor seiner Einsetzung vom Volke derb ausgescholten; man hält ihm alle
seine Sünden vor, und dabei bekommt er manchen harten Puff. Am anderen
Tage aber leistet ihm Jeder Gehorsam.

Die am weitesten nördlich wohnenden Bantu=Stämme sind die Suaheli (arab. Sawahili), unter welchem Ausdrucke man die Bewohner der Küste vom Kap Delgado bis zu den Ansiedlungen der Somali begreift. Sie sind, wie sowol ihr Körperbau als ihre Sprache beweisen, bereits stark mit arabischem Blute gemischt.

Südlich von der Suaheliküste, zwischen dem Thale des Schireflusses und dem Schirwasee, liegt das bergige Land der Mangandscha.

Dem Missionar Rowley, nicht minder aber dem Reisenden Livingstone, verdanken wir eingehende Berichte über dieses in mancher Beziehung höchst interessante und beachtenswerthe Volk.

Im Allgemeinen sind die Mangandscha gut gewachsen, ihre Gliedmaßen schön und ebenmäßig gebaut. Bei erwachsenen Männern erschien die Musku= latur geradezu riesenhaft, aber beim Betasten bemerkte man, daß dieselbe weich ist, was sich aus dem vorherrschenden Nahrungsmittel, nämlich Mehlbrei, erklärt. Bei Leuten in günstigen Lebensverhältnissen pflegt im Alter die Wohlbeleibtheit einzutreten; in der Jugend können sie springen wie die Rehe und klettern wie die Katzen, wenn sie auch für Leibesübungen keine Vorliebe zeigen. Die Ord= nung des Haares bei den Männern nimmt viel Zeit in Anspruch und wird in endlosen Abwechselungen ausgeführt. Der Eine windet seine Locken so, daß sie schließlich die Gestalt von Ochsenhörnern annehmen, während der Andere sie zu einem dicken Zopfe flicht, der ihm wie ein Schwanz über den Rücken hinabhängt. Wieder Andere lassen es wild auf die Schultern herabwallen, und Einige scheren es gar vollständig oder theilweise so, daß eigenthümliche Figuren dadurch auf dem Schädel erzeugt werden. Wer es am extravagantesten treibt, gilt als ein Stutzer, gerade wie man in Europa den Modenarren diesen Namen beilegt.

Die Stellung der Frauen ist bei den Mangandscha eine weniger gedrückte als bei anderen Afrikanern. Der Missionar Rowley schreibt dieses dem Um= stande zu, daß die Mangandscha Ackerbau treiben, während bei Nomaden= und Jägervölkern die Männer immer außerhalb der Hütte verweilen und den Frauen dann alle schwere Arbeit im Felde und Hause überlassen bleibt. Aber wie sehr verunstalten sie sich! „Wohin ich meinen Fuß in Afrika setzte," bemerkte Rowley, „begegnete ich einer überwältigenden Häßlichkeit des weiblichen Geschlechts, für welche die Inhaberinnen allein zur Verantwortung zu ziehen sind, denn nicht Wenige von ihnen würden ein ganz leidliches Aussehen gehabt haben, wenn sie es nicht so widerwärtig verunstalteten." Sie tragen Ringe aus Messing, Kupfer oder Eisen an den Fingern und Daumen, am Halse, an den Armen und Beinen; ihr sonderbarster Zierrath ist jedoch das Pelele, der Ring in der Oberlippe der Frauen.

Schon den kleinen Mädchen wird die Oberlippe mit einer Nadel dicht unter der Nase durchstochen. Nachdem die Wunde vernarbt ist, wird die Nadel herausgenommen und durch eine dickere ersetzt, auf die wieder eine stärkere folgt, und so fort, monate= und jahrelang, bis schließlich das Loch in der Lippe so groß geworden ist, daß ein Ring von etwa 5 cm. Durchmesser mit Leichtigkeit

in baffelbe hineingefteckt werden kann. Das Pelele ift am oberen und unteren
Schire, fowie durch die ganzen Hochlande, allgemein verbreitet; es befteht bei
den ärmeren Klaffen aus einem Stückchen Bambus, bei den Reicheren aus
Elfenbein oder Zinn. Kein Frauenzimmer erfcheint öffentlich ohne diefe häßliche,
das Geficht entftellende Tracht, ausgenommen wenn fie trauert. Ganz abfcheu=
lich wird jedoch dadurch das Lachen, weil die Backenmuskeln dann das Pelele
bis über die Augenbrauen aufwärts ziehen, während zu gleicher Zeit die Nafen=
fpitze durch das Loch fchaut und die fpitz abgefeilten Zähne des großen Mundes
fichtbar werden, der nun dem Rachen eines Krokodils oder einer Katze gleicht.

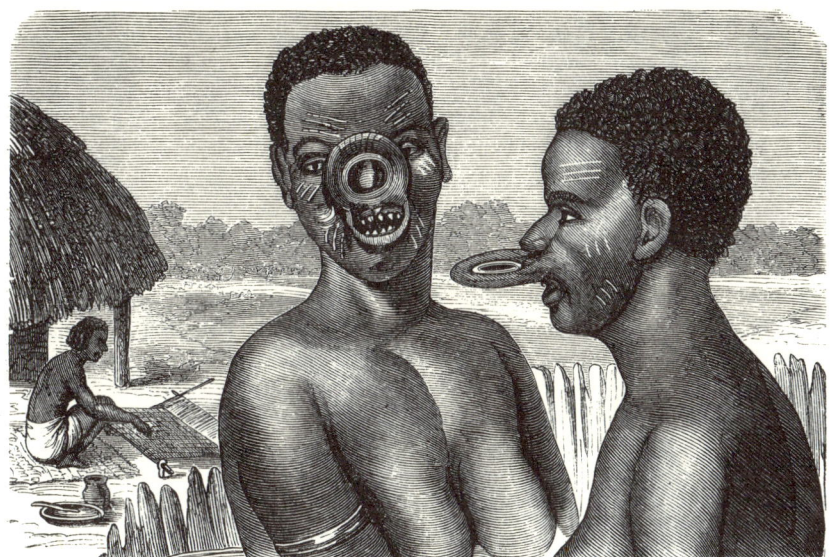

Manganbfchafrauen mit Pelelen.

Natürlich können infolge diefer Verunftaltung die Lippenlaute nicht ordentlich
ausgefprochen werden; allein fie ift Modefache und gilt daher für fchön. Living=
ftone, welcher hierüber einen alten Häuptling ausfragte, erhielt die Antwort,
daß das Pelele bei den Frauen den fehlenden Bart erfetzen folle. Später, als
er den Rufuma hinauf fuhr, fand er es felbft bei den Männern.

Eine Frau hatte fich nach Livingftone's Erzählung auf höchft merkwürdige
Weife aufgeputzt. Sie trug den Kopf gefchoren und hatte das fehlende Haar
durch einen großen Federftutz erfetzt, den fie über der Stirn feftgebunden. Von
einem Punkte ihrer Stirn liefen tätowirte Strahlen bis zum Ohre. So ftrahlen=
förmig war fie am ganzen Körper tätowirt. Ein ähnlicher Knotenpunkt befand
fich auf jeder Schulter, von ihm aus zweigten Linien über den Rücken und über
die Schultern, ebenfo befanden fich am unteren Theile des Rückgrates und an

jebem Arme diefelben Mufter. Natürlich trug fie das Pelele, da fie aber früher fchon Weiße gefehen hatte, fo fchämte fie fich deffen. Mußte fie mit den Fremd= lingen fprechen, fo zog fie fich in ihre Hütte zurück, nahm das Pelele aus der Lippe und hielt die Hand vor den Mund, um die häßliche Oeffnung zu verbergen.

Für die Stellung der Frauen bei den Manganbfcha ift es, beiläufig gefagt, bezeichnend, daß fie zur Würde eines Häuptlings gelangen können.

Außer dem häßlichen Lippenring verunftalten fich die Frauen durch Narben, die übrigens bei den einzelnen Horden verfchieden find und daher als National= zeichen angefehen werden müffen. Um eine ftark vortretende Narbe zu erzielen, muß die Wunde mehr als einmal aufgefchnitten werden. Eine Frau, die in diefer Art Toilette macht, bietet, wie man fich denken kann, einen widerlichen Anblick, denn überall rinnt und tröpfelt das Blut vom Körper herab. Als Rowley einer jungen Frau in diefer Zerfleifchung begegnete und ihr begreiflich machte, wie thöricht fie handle, fich folchen Quälereien auszufetzen, lachte fie ihn aus und fagte, wenn die Wunden einmal vernarbt feien, wäre fie die größte Schönheit im ganzen Lande. Jede diefer Narben führt einen befonderen Namen, je nach dem Körpertheile, auf welchem fie angebracht ift.

Die Frauen werden von den Männern angekauft, jedoch nur fymbolifch, denn nur ein Huhn ift das herkömmliche Gefchenk an die Eltern der Braut. Die Anhänglichkeit zwifchen Müttern und Kindern ift außerordentlich ftark. Beim Ausbruche eines Kummers rufen fie „Ah mai!" (o Mutter!), und er= wachfene Männer wenden fich, Tröftung fuchend, an ihre Mutter.

Die Manganbfcha bearbeiten das Eifen, weben Baumwolle, flechten Körbe und treiben Ackerbau. Alle ziehen zur Arbeit hinaus auf das Feld, und es ift kein ungewöhnlicher Anblick, daß Männer, Frauen und Kinder den Boden be= ftellen, während die Säuglinge in der Nähe unter einem fchattigen Bufche liegen. Soll ein neues Stück Land urbar gemacht werden, fo werden die Bäume mit den kleinen Aexten aus weichem inländifchen Eifen gefällt, die Stämme und Zweige dann aufgefchichtet und verbrannt, und die Afche als Düngemittel über den Boden hin geftreut. Auf diefem fruchtbaren Grunde gewinnen fie reiche Ernten von Moorhirfe (Durrha, egyptifches Korn, Holcus Sorghum), Bohnen, Erdnüffen, Hirfe, Yamswurzeln, Reis, Melonen, Gurken, füßen Kartoffeln, Tabak, Hanf und Mais. Die Baumwolle, welcher Livingftone befondere Auf= merkfamkeit widmete, da er von ihrer Kultivirung die Vernichtung des Sklaven= handels theilweife abhängig glaubte, wird bei jedem Dorfe gebaut. Die Anfied= lungen, bei denen diefe Felder liegen, find gewöhnlich mit einer dichten Hecke von ftacheligen Euphorbien eingezäunt. Diefe giftigen Bäume mit ihrem düfteren Schatten fchützen das Dorf gegen die feindlichen Pfeile, und da unter ihnen kein Gras gedeiht, fo kann folches auch nicht zum Schaden der Hütten angezündet werden. Das Anzünden des Grafes ift fehr beliebt, und fchon oft ift es bei Kriegszügen vorgekommen, daß mittels des dürren, in Brand gefetzten Grafes ganze Ortfchaften vernichtet wurden.

Am Ende des Dorfes liegt der Platz oder Boalo; er ist mit schattigen Bäumen bestanden und dient zu den Zusammenkünften der Einwohner, die unter Gesang, Tanz und Biertrinken hier in den schönen Mondnächten statt= finden. Das ist echt afrikanisch, und diesen afrikanischen Anstrich zeigt auch die Gewerbthätigkeit des Volkes. Die Grobschmiede schmelzen mittels Holz= kohlen aus den Eisenerzen der Berge ihr Schmiedeeisen in einfachen Wolfs= öfen aus, mit gewöhnlichen Blasebälgen wird es wiederum ins Glühen gebracht und nun auf dem Ambos mit Hammer und Zange zu Aexten, Hacken, Ringen, Pfeilspitzen und dergleichen verarbeitet, in derselben urthümlichen Weise, wie unsere eigenen Vorfahren vor tausend Jahren es machten. Die Töpferei steht auf derselben niedrigen Stufe, ihre Koch=, Wasser= und Getreidetöpfe sind mit Graphitmalereien geschmückt; auch flechten sie hübsche Körbchen aus Bambus und stricken Netze, welche sie selbst benutzen oder an die Fischer gegen getrocknete Fische und Salz vertauschen. Ein bedeutender Theil des Handels zwischen den Dörfern der Eingeborenen wird auf dem Wege des Tausches mit Tabak, Salz, gedörrten Fischen, Häuten und Eisen betrieben.

Eine günstige Vorstellung von den Manganbscha erweckt uns ihre Rechts= pflege. Glaubt Jemand von einem Anderen ein Unrecht erlitten zu haben, so verlangt er von ihm zunächst eine Entschädigung. Wird eine solche verweigert oder ungenügend befunden, so ruft der Kläger den Beklagten vor ein „Mirando" oder öffentliches Gericht, dem ein Häuptling vorsitzt, wenn beide Parteien dem nämlichen Dorfe angehören, während die beiden betreffenden Häuptlinge die Verhandlungen leiten, wenn der Beklagte einer anderen Gemeinde angehören sollte als der Kläger. Bei einer solchen Verhandlung, der Missionar Rowley bei= wohnte, trat zuerst eine Art von Gerichtsperson auf, die vor den Anwesenden die Ursache des Rechtsstreites erzählte und damit schloß, daß der Kläger nun selbst seine Beschwerde vorbringen möge. Dieser behauptete, daß seine Schwester eine Zeit lang bei dem Beklagten gelebt und für ihn gearbeitet habe, dann aber verschwunden sei, wahrscheinlich weil Jener sie in die Sklaverei verkauft habe. Der Beklagte leugnete letzteres und behauptete, das Frauenzimmer habe ihn nach empfangenem Lohne am Ende der Dienstzeit verlassen. Hierauf traten die Freunde beider Parteien auf; die Einen, um den Verdacht zu bestätigen, die Anderen, um den Beklagten zu entlasten. Da sich die Zeugen ziemlich die Wage hielten, so schlug der Beklagte zuletzt ein anderes Beweisverfahren vor, nämlich das Gottesgericht. Er erklärte sich bereit, seine Unschuld durch das Trinken des Muawe oder Giftbechers zu beweisen. Dies Verfahren ist sehr einfach; bricht der Angeschuldigte das getrunkene Muawegift wieder aus, so wird er für schuld= los gehalten, im Gegentheil erachtet man jedoch den Beweis der Schuld für hergestellt. Der Glaube an die Gerechtigkeit dieses Verfahrens steht bei allen Manganbscha fest, und selbst die Häuptlinge sind dem Gebrauche unterworfen. Möglich ist, daß die Aerzte, welche das giftige Getränk mischen, auf irgend eine Weise die Unschuldigen retten; woraus jedoch das Gift selbst besteht, konnten

die Reisenden troß aller Bemühungen nicht erfahren, da die Eingeborenen
hierüber das strengste Schweigen beobachteten. Weiber, die wegen Hexerei zum
Tode durch das Muawegift verurtheilt werden, setzen sich auf den Boden nieder
und wehklagen dort zwei Tage lang. Die Verse ihres Trauergesanges endigen
stets mit den Vokalen a—a—a oder o—o—o. Nach ihrem Tode wird alles in
ihren Hütten vorräthige Bier oder Mehl vernichtet und die Wasser= und Koch=
töpfe zerschlagen. In dem betreffenden Gottesgerichte, dem Rowley beiwohnte,
lehnte der Kläger das Muawe ab, und das versammelte Mirando gelangte zu dem
Urtheile, daß der Kläger seine Beschwerdepunkte nicht bewiesen habe, daher mit
seinen Forderungen abzuweisen sei.

Es ergab sich denn auch wirklich etliche Zeit später, daß das vermißte
Mädchen in einem entfernten Dorfe bei einer befreundeten Familie Unterkunft
gefunden hatte und nicht mehr zu ihrem Bruder zurückkehren wollte. Hätte das
Mirando den Beklagten schuldig befunden, so würde er dem Kläger wahrschein=
lich eine Ziege als Ersatz für die vermißte Schwester haben zahlen müssen.

Bisweilen nehmen die Mangandscha ihre Zuflucht zur Magie, um einen
Verbrecher zu entdecken. Der Medizinmann oder Zauberer wird herbeigerufen.
Er versammelt die Dorfschaft unter einem Feigenbaum, wo er nach Aufführung
von allerhand Gaukeleien zwei 1⅓ m. lange Stäbe hervorzieht. Je zwei der
jüngeren Männer müssen einen dieser Stäbe ergreifen. Der Medizinmann be=
ginnt nun seine Beschwörungen, begleitet mit Tänzen und allerlei anderen Cere=
monien. Es währt nicht lange, so spüren die Leute, welche die Stäbe halten,
Zuckungen in Armen und Beinen. Die Stäbe fangen an, sie fortzuziehen,
indem sie sich um einen Schwerpunkt drehen, kurz, es treten ähnliche Erschei=
nungen auf, wie wir sie vor einiger Zeit in Europa bei dem berühmten „Tisch=
rücken" sahen. Fort geht es durch Gras und Busch, bis endlich einer der Stäbe
die Wohnung des Schuldigen erreicht, der auf diese Weise entlarvt wird.

In einem Falle, dem die Missionäre als Zeugen beiwohnten, und bei dem es
sich um den Diebstahl von Gartenfrüchten handelte, wurden die Stabträger von
der magischen Kraft an die Hütte einer Sklavenfrau des Häuptlings gewirbelt.
Die Frau war anwesend, betheuerte jedoch ihre Unschuld und erklärte sich bereit,
sie gottesgerichtlich zu erhärten. Der Diebstahl von ein wenig Korn erschien
jedoch zu geringfügig, um ein Menschenleben aufs Spiel zu setzen; es wurde
daher der Frau gestattet, das Muawe durch Prokuration trinken zu lassen. Sie
holte sogleich einen Hahn, in dessen aufgesperrten Schnabel das Gift hinein=
gegossen wurde. Der Vogel lag einige Minuten still; dann gab er das Gift
wieder von sich und erhob sich mit einem kräftigen Hahnschrei, worauf die Ge=
meinde die Frau für unschuldig erkannte. Obgleich hier also zwei Entschei=
dungen vorlagen, die, auf übernatürlichem Wege erlangt, sich gegenseitig wider=
sprachen, so waren doch die Leute in ihrem Aberglauben nicht erschüttert worden,
sondern betrachteten die gottesgerichtliche Entscheidung nur wie den Spruch
einer höheren Instanz.

Die Mangandſcha glauben an ein höchſtes Weſen, das ſie als Mpambe bezeichnen; bei den benachbarten Ajawas heißt es Mulungu. Beide verehren es als einen gütigen Gott, denn nach ihren Vorſtellungen kommt alles Unheil von den ſchadenſtiftenden Geiſtern, den Mfiti. Eine Art gottesdienſtlicher Verehrung tritt ein zur Zeit der Dürre und des Mißwachſes. Ein Häuptling verſammelte ſeine Gemeinde und zog mit ihr in den Buſch, wo ein Platz gelichtet worden war. Dort trat eine Frau als Prieſterin auf. Sie trug in der einen Hand ein Körbchen mit Maismehl, in der anderen einen Krug mit Bier (Pombe). Sie ergriff eine Hand voll Mehl, ſtreute es auf den Boden und rief: „Erhöre uns, Gott, und ſende Regen!" worauf die nämliche Formel von der Gemeinde wiederholt wurde. Dann ſchüttete ſie das Bier auf den Grund mit der gleichen Formel, worauf Tänze die Feierlichkeit beſchloſſen. Der Zufall wollte damals, daß die Handlung noch nicht beendigt war, als ein Gewitter ſich reichlich über die Fluren ergoß, wenn es ſich auch ſpäter zeigte, daß dieſer Niederſchlag vereinzelt und ungenügend bleiben ſollte.

Männer und Frauen tragen um ihre verſtorbenen Verwandten Trauerzeichen, welche in ſchmalen Palmblätterſtreifen beſtehen, die ſie um Kopf, Arme, Schenkel und Nacken ſo lange tragen, bis ſie von ſelbſt wieder abfallen.

Spuren eines Glaubens an die Unſterblichkeit fehlen nicht gänzlich, ſie beſchränken ſich aber darauf, daß man annimmt, die „Schatten" der abgeſchiedenen Häuptlinge vernähmen die Gebete, die man an ſie richte, und daß man beim Tode von Häuptlingen Sklaven opfert.

Reinlichkeit in unſerem Sinne iſt den Mangandſcha gänzlich unbekannt. Sie konnten es nicht verſtehen, warum und wozu ſich die Fremdlinge wuſchen, und war ihnen ein ſolches Verfahren anſcheinend ganz neu. Ein alter Mann konnte ſich freilich dunkel erinnern, daß er ſich einſt gewaſchen habe, doch war ihm nicht mehr erinnerlich, welches Gefühl er dabei gehabt. Aus dieſer Abneigung gegen kaltes Waſſer zog Rowley einſt Vortheil. Ein Mangandſcha ſchloß ſich der Expedition an und konnte durch nichts fortgetrieben werden, bis man damit drohte, ihn am Fluſſe zu waſchen.

Was wir ſonſt noch von den Mangandſcha zu ſagen haben, um das Bild dieſes Volkes zu vervollſtändigen, bezieht ſich auf ihre arge Völlerei. Sie ſind nämlich leidenſchaftliche Biertrinker. Da ſie keinen Hopfen oder andere das Gebräu konſervirende Stoffe beſitzen, ſind ſie genöthigt, ihre Vorräthe ſchnell wegzutrinken, damit ſie nicht verderben. Dann findet für das ganze Dorf eine große Feſtlichkeit ſtatt, an der Alles bei Trommelklang und Tänzen Tag und Nacht Theil nimmt und ſich der ausgelaſſenſten Fröhlichkeit hingiebt, derart, daß Livingſtone darüber erſtaunt war, denn während ſeines ſechzehnjährigen Aufenthaltes in Afrika hatte er niemals eine ſo große Menge Betrunkener geſehen als gerade hier. In einem Dorfe fanden die Reiſenden die ganze Einwohnerſchaft völlig berauſcht, kein Mann war zu ſehen, und nur einige Weiber ſaßen unter einem Baume, um dort die letzten Bierreſte zu vertilgen.

Das Manganbscha=Bier ist fleischfarben und hat die Beschaffenheit des Hafer=
schleims. Man bereitet es aus dem Mapirakorn (Moorhirse, Holcus Sorghum),
welches man keimen läßt, trocknet, zu Mehl reibt und dann kocht. Nach ein oder
zwei Tagen ist die Flüssigkeit süß, mit einem angenehmen, leicht säuerlichen
Beigeschmack, der sie namentlich in dem heißen Klima beliebt macht. Uebrigens
scheint es, als ob durch dieses Bier die Gesundheit keineswegs verkürzt oder
Krankheiten hervorgerufen würden, denn nirgends fanden die Reisenden so viele
alte, grauhaarige Leute als gerade hier, im gelobten Lande des Negerbieres,
das man ihnen übrigens in jedem Dorfe gastfreundlich zur Erfrischung ent=
gegentrug. Jedoch leiden die Manganbscha an Hautübeln, namentlich an Ge=
schwüren, die oft ihren ganzen Körper bedecken, und an Krätze.

Neben der Völlerei ist der Sklavenhandel als zweites Laster der Man=
ganbscha anzuführen. Wenn dieser auch nach außen hin durch englische Kriegs=
schiffe abgeschnitten werden sollte, so wird er doch im Innern des Landes stets
weiter dauern. So lange die Europäer schon wegen der klimatischen Verhält=
nisse über das Centrum des schwarzen Kontinents keine Macht gewinnen können,
so lange ist es eine Illusion, zu glauben, man könne die Sklaverei in Afrika
ganz abschaffen. Die Manganbschahäuptlinge verkaufen ihr eigenes Volk; doch
suchten sie diesen Handel zu entschuldigen, indem sie bemerkten: „Wir verkaufen
nicht Viele und nur Solche, die ein Verbrechen begangen haben." Gewöhnlich
werden nur Leute aus den niedrigsten und verderbtesten Klassen zu Sklaven
gemacht, daher findet man unter diesen so viele schlechte, verderbte Subjekte; doch
verkauft man auch die der Hexerei Verdächtigen, und einzeln stehende Waisen
verschwinden, ohne daß man weiß, wohin sie kommen. Die Versuchung für
die Manganbschahäuptlinge, ihr Volk zu verkaufen, ist sehr groß, denn Elfen=
bein giebt es bei ihnen wenig und Menschen sind oft der einzige Artikel, für
welchen sie fremde Waaren erhalten können. Dies weiß das benachbarte Volk
der Ajawa und bringt daher Zeug, Messing, Ringe, Töpferwaaren und selbst
hübsche Mädchen in die Manganbschalande. Für 4 m. Zeug erhalten sie einen
Mann, für 3 m. ein Weib und für 2 m. ein Kind, die dann nach Ibo, Kili=
mane oder Mozambique an die Portugiesen verhandelt werden.

Eine besondere Eigenthümlichkeit, nicht nur der Manganbscha, sondern aller
Stämme des Landes, ist das Vertauschen der Namen, das oft zu komischen und
ernsten Scenen führt. Eines Morgens ward ein Anführer, Namens Sininyane,
aufgerufen, ohne zu antworten. Endlich sagte einer seiner Leute, daß der Mann
nicht mehr Sininyane, sondern Moschoschama heiße, weil er mit einem Zulu den
Namen getauscht habe. Auf letztgenannten Namen antwortete er auch sofort.
Nach solchem Tausch betrachten sich die Betreffenden als unzertrennliche Kame=
raden, die sich in jeder Beziehung beistehen müssen. Wenn also z. B. Sininyane
in die Heimat Moschoschama's kommt, so muß ihn dieser nicht nur, sondern die
ganze Sippschaft ins Haus aufnehmen, beköstigen und wie einen Bruder behandeln.

Niam-Niam-Männer.

Sudân oder Beled-es-Sudan, d. h. Land der Schwarzen, auch Nigritien oder Nigerland genannt, ist das weite Ländergebiet in Centralafrika zwischen der Sahara und den unbebauten Ländern unterm Aequator. Im Westen reicht dasselbe bis an den Fuß der inneren Bergländer von Senegambien und Guinea, und im Osten bis an die zwischen Darfur und Kordofan liegende Wüste und bis an den Fuß der abessinischen Gebirge.

Der Sudan umfaßt als größere Staaten die Reiche und Landschaften Bambarra, Dschinni, Haussa, Bornu, Mandura, Baghermi, Wadai, Darfur, das Land der nördlichen Galla, Borgu und andere, die meist noch sehr wenig bekannt sind.

Um die Erforschung des Sudan haben sich der Schotte Mungo Park, die Engländer Laing, Denham, Clapperton, und in neuerer Zeit die Deutschen Overweg, Barth, Vogel, Beurmann, Rohlfs, Schweinfurth, Nachtigal u. s. w. verdient gemacht.

Den echten, unverfälschten Typus der Sudan-Neger (von Hartmann Nigritier genannt) stellen die im Gebiete des Bachr el Ghasal wohnenden Niam-Niam dar. Schweinfurth's Aufzeichnungen entnehmen wir nachstehende Schilderung dieses Volksstammes. Der Name Niam-Niam bedeutet in der Sprache eines benachbarten Stammes Vielfresser, vielleicht auf den Kannibalismus derselben anspielend. Sie selbst nennen sich Sandeh. Lange Haarflechten und Zöpfe (stets das fein gekräuselte Haar der echten Negerrasse), welche weit über die Schultern und bis zum Nabel herabhängen können, bedecken den runden, breiten Kopf. Die mandelförmig geschnittenen, etwas schräg gestellten Augen, welche, von dicken, scharf abgezirkelten Brauen beschattet, in ihrem weiten Abstande von einander eine ebenso außerordentliche Schädelbreite verrathen, sind ungewöhn= lich groß und stehen weit offen, dadurch dem Gesichtsausdruck ein unbeschreibliches Gemisch von thierischer Wildheit, kriegerischer Entschlossenheit und dann wieder Zutrauen erweckender Offenheit ertheilend; dazu kommt die wie nach einem Mo= dell geformte Nase, welche bei gleicher Breite und Länge eine geringere Höhe darthut; schließlich der zwar von sehr breiten Lippen berandete, aber selten die Nasenbreite überragende Mund, ein rundes Kinn und wohl abgerundete, wohl ausgepolsterte Wangen vervollständigen die runde Gestalt des Gesichtsumrisses; ein untersetzter, zur Fettbildung geneigter Körper ohne scharf ausgeprägte Mus= kulatur, der die durchschnittliche Höhe mittelgroßer Europäer nur selten über= steigt (1,8 m. war die größte gemessene Körperhöhe der Niam=Niam), verbunden mit einem unverhältnißmäßigen Ueberwiegen der Länge des Oberkörpers, welche allen ihren Bewegungen einen durchaus fremdartigen Charakter ertheilt, ohne sie indeß an der bei ihren Waffentänzen entwickelten Sprunggewandtheit zu hindern, vollendet das Bild eines echten Niam=Niam.

Von geringerer Bedeutung erschien die Hautfarbe, welche am besten mit dem matten Glanz der Tafelchokolade verglichen werden kann.

Als Stammesmerkmale haben alle Sandeh drei oder vier mit Punkten ausgefüllte, Schröpfnarben ähnliche Quadrate auf Stirn, Schläfen und Wangen tätowirt, ferner stets eine $\times$förmige Figur unter der Brusthöhle. Außerdem tragen sie noch als individuelle Erkennungsmerkmale mancherlei Muster, in Ge= stalt von Strichen, Punktreihen und Zickzacklinien auf Oberarm und Brust täto= wirt. Verunstaltungen am Körper werden weder vom weiblichen noch vom männlichen Geschlecht vorgenommen, ausgenommen etwa das sich auch bei an= deren Völkern Centralafrika's wiederholende Spitzfeilen der Schneidezähne, was zum Zwecke hat, im Einzelkampfe und beim Ringen wirksam in die Arme des Gegners eingreifen zu können.

Ihre gewöhnliche Kleidung besteht in Fellen, welche, im Gürtel hängend, malerisch um die Hüften drapirt sind. Nur Häuptlinge und Solche von fürst= lichem Geblüte beanspruchen das Recht, auch das Haupt mit einem Felle zu bedecken. Ein größeres Fell von Antilopenhaut wird während der Regenzeit getragen. Um den Hals gehängt, reicht es einer Schürze gleich bis über die Kniee und schützt den Körper vor der Kühle und gegen die Nässe des Hoch= grases. Auf den Haarputz verwenden die Niam=Niam, und unter ihnen vor= zugsweise die Männer, alle erdenkliche Mühe, und es wäre schwierig, eine neue Form ausfindig zu machen, das Haar in Flechten zu legen und diese zu Zöpfen und Knäueln aufzuhäufen oder wieder in Toupets aufzulösen, welche nicht bereits von ihnen ersonnen wäre. In der Regel theilt der Scheitel in der Mitte das Haupthaar in zwei gleiche Hälften. Von der Stirn nimmt von einem dreieckigen Felde ein feines Zöpfchen seinen Ursprung, welches, in die Furche des Scheitels gelegt, nach hinten zum Hinterkopf zurückgeschlagen ist.

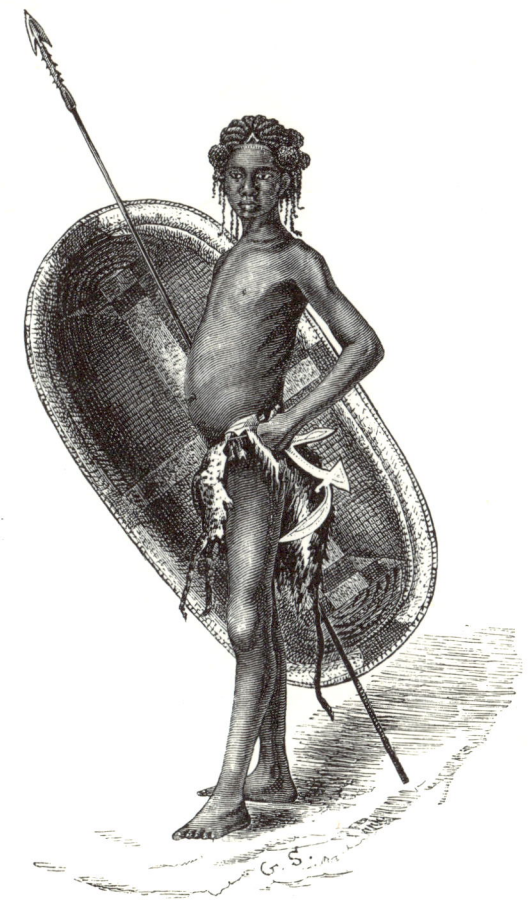

Niam-Niam in Kriegsrüstung.

Rechts und links gruppiren sich nun radial eine Anzahl von Haarwülsten, gleich den Rippen einer Melone gerundet. Die einzelnen Wulste sind an den Schläfen zu Knäueln drapirt und geknotet, von denen aus wiederum kleine lange Zöpfchen büschelförmig rings um den Nacken hängen. Zwei bis drei der längsten Flechten fallen vorn frei bis zur Brust herab. Im Allgemeinen ist auch bei den Weibern eine gleiche Anordnung des Haares zu beobachten.

Nur die Männer tragen eine Kopfbedeckung. Vermittels großer Haarnadeln von Elfenbein, Kupfer und Eisen, welche an ihrem Kopfende in zierlichen Figuren, Halbmonden, Neptunsgabeln, Knöpfen u. s. w. auslaufen, wird ein cylindrischer, an der Spitze vierkantiger Strohhut ohne Schirm auf dem Scheitel befestigt, den stets ein lang herabflatternder Federbusch ziert. Die beliebtesten Zierrathen, die am Körper getragen werden, bestehen aus Thier- und Menschenzähnen. Ein sehr werthvoller Schmuck wird aus den Reißzähnen des Hundes darge= stellt, welche man auf eine Schnur gereiht über die Stirn längs der Grenze des Haarwuchses befestigt.

Die Hauptwaffe der Niam=Niam ist, außer der Lanze, der Trumbasch, ein mehrschenkliges, mit spitzen Zacken versehenes, an den Rändern geschärftes Wurfeisen, das an der Innenseite der aus spanischem Rohr geflochtenen Schilde befestigt ist. Letzteres ist von länglicher Ovalform, mit hübschen schwarzen und weißen Mustern verziert und so leicht, daß es den Kämpfenden nicht im Gering= sten in seinen wilden Sprüngen und Sätzen hemmt.

Es ist schwer zu entscheiden, ob die Niam=Niam ein Jägervolk sind oder Ackerbauer, denn beide Beschäftigungen gehen hier Hand in Hand.

Hauptgegenstand der Kultur bildet eine Getreideart, Eleusine coracana, die überdies noch ein wohlschmeckendes Bier liefert, auf dessen Bereitung die Eingeborenen besondere Sorgfalt verwenden. Das Bier ist völlig klar, von rothbrauner Farbe, wird aus regelrecht gemalztem Korn gebraut und hat auch ohne anderweitige Zuthat eine angenehme Bitterkeit. In wie hohem Grade die Niam=Niam dem Biergenusse ergeben sind, geht zur Genüge aus der Art hervor, wie sie ihre Kornvorräthe aufspeichern. Auf jedes Wohnhaus kommen nämlich in der Regel drei Kornspeicher, und von diesen erhalten nur zwei das zur Mehlkost erforderliche Korn, während der dritte ausschließlich solches in ge= malztem Zustande birgt.

Vieh jeder Art fehlt dem Lande; die einzigen Hausthiere, deren Zucht sich die Niam=Niam angelegen sein lassen, sind Hühner und Hunde. Letztere sind, wie ihre Herren, außerordentlich zur Fettbildung geneigt und gelten als vor= züglichste Leckerbissen.

Ziegen, Kühe, Schafe, Esel, Pferde und Kameele sind den Niam=Niam meist nur vom Hörensagen bekannt. In der Auswahl der Speisen sind sie keineswegs wählerisch. Fleischkost gilt ihnen als das höchste aller irdischen Güter, und Fleisch, Fleisch ist das Losungswort, das bei ihren Kriegszügen erschallt.

Sie sind Kannibalen in des Wortes eigentlicher Bedeutung, und rühmen sich selbst vor der Welt ihrer wilden Gier, indem sie mit Vorliebe die Zähne der von ihnen Verspeisten auf Schnüre gereiht wie Glasperlen am Halse tragen und die ursprünglich nur zum Aufhängen von Jagdtrophäen bestimmten Pfähle bei den Wohnungen mit Schädeln ihrer Opfer schmücken. Am häufigsten wird das Fett vom Menschen verwerthet, und sie schreiben dem Genusse ansehnlicher Quan= titäten desselben eine berauschende Wirkung zu. Verspeist werden im Kriege Leute jeden Alters, ja die Alten häufiger als die Jungen, da ihre Hülflosigkeit sie bei Ueberfällen zur leichteren Beute des Siegers gestaltet. Verspeist werden ferner Leute, die eines plötzlichen Todes starben, und in dem Distrikte, wo sie lebten, vereinzelt und ohne den Anhang einer Familie dastanden; es ist dies jene Kategorie von Menschen, die bei uns der Anatomie verfallen.

Dörfer oder gar Städte in unserem Sinne giebt es im Gebiete der Niam=Niam nirgends. Die Hütten, zu kleinen Weilern gruppirt, finden sich weithin über das Kulturland der bewohnten Distrikte zerstreut.

Weiler der Niam=Niam.

Die Niam=Niam=Hütten sind ebenso kegelförmig gebaut wie in anderen Theilen Centralafrika's, nur ist hier das Kegeldach vielleicht höher und spitzer als anderwärts. Die zum Feuern und Kochen bestimmten Hütten haben ein spitzeres Dach als die zum Schlafen. Eigenthümlich geformte kleinere Hütten mit glockenförmigem Dach und auf einem Fuß errichteten, völlig becherförmigem Unterbau von Thon, zu welchem nur eine ganz kleine Oeffnung führt, werden eigens für die halbwüchsigen Knaben der Vornehmen errichtet, welche abgesondert von den Erwachsenen und wohlgeschützt gegen den Angriff eines Raubthiers daselbst die Nacht verbringen.

Die Macht eines souveränen Fürsten (Bjiae) beschränkt sich auf den Oberbefehl aller waffenfähigen Männer des Landes, die er beliebig versammelt, auf Vollstreckung von Todesurtheilen, auf freie Verfügung über Krieg und Frieden.

An Abgaben erhebt er von den Bewohnern seines Gebietes außer Elfenbein, welches ihm ausschließlich zufällt, nur die Hälfte des Fleisches von der Beute der gemeinschaftlichen Jagd. Die übrigen Lebensmittel, Korn und andere Boden= produkte, erzielt er selbst von den Feldern, welche seine Sklaven, nicht selten sogar seine zahlreichen Weiber bestellen.

Ein Haufe Trabanten umgiebt stets den Häuptling, und die Mbanga — so nennt man den Hof des Fürsten — erkennt man schon von weitem an den da= selbst an Pfählen und Baumstämmen aufgehängten Schilden, welche, malerisch gruppirt und mit dem Leopardenfell gefüttert, von welchem der hängende Trumbasch sich prächtig abhebt, der Tag und Nacht der höchsten Befehle harrenden Leib= wache angehören. Alles fürstlichen Pompes ermangelnd und selbst jeden fremd= artigen Putz und Schmuck beständig verschmähend, ist die Autorität eines Häupt= lings doch die vollkommenste bei den Niam=Niam und ohne seine ausdrückliche Genehmigung würde ein Untergebener es sich nie einfallen lassen, auf eigene Hand Krieg zu beginnen oder Frieden zu schließen.

Zur Jagd bedienen sich die Niam=Niam in der Regel aller Vorrichtungen, Fallen und Gruben, welche das Einfangen des Wildes erleichtern, nur die Treibjagd auf große Thiere wird von ihnen systematischer und in größerem Maß= stabe betrieben. Bei jeder Weilergruppe, namentlich bei den Mbanga des Distrikts= und Ortshäuptlings, die man Borrumbanga nennt, d. h. den Herrn des Hofes, befindet sich eine sehr große Holzpauke, welche aus einem hohlen Baumstamme mit vier Füßen besteht. In kunstvoller Weise ausgehöhlt, zeigt uns ein solches Instrument auf der Oberseite einen langen, schmalen Spalt; die Aushöhlung ist in der Art angebracht, daß die beiden Hälften ungleich dicke Wände darstellen, so daß sie beim Anschlagen zwei Töne von sich geben. Mit diesen zwei Tönen werden, je nachdem sie wiederholt, oder in welchem Takte man sie wechseln läßt, dreierlei Signale gegeben: 1) zum Krieg, 2) zur Jagd, 3) zur Festversammlung. Von der Mbanga des Häuptlings ausgehend, werden in wenigen Augenblicken die Signale auf allen Pauken eines Distrikts wiederholt und in kurzer Frist Tausende bewaffneter Männer zusammengeschart. Das geschieht vor Allem, wenn sich Elefanten gezeigt haben, zu deren Vernichtung die dichtesten und vom stärk= sten Graswuchs erfüllten Steppen eigens geschont und vor dem Steppenbrande in Acht genommen zu werden pflegen. Dahinein nun treibt man die Thiere, umstellt den ganzen Bezirk mit Leuten, welche Feuerbrände bei sich führen, und der Brand beginnt von allen Seiten, bis die Elefanten, theils betäubt vom Rauche, theils durchs Feuer selbst lahm gelegt, eine wehrlose Beute des Menschen werden, und ihnen durch Lanzenwürfe der Rest gegeben wird.

Die Kunstfertigkeit der Niam=Niam erstreckt sich auf Eisenarbeiten, Töpferei, Holzschnitzerei, Hausbau und Korbflechterei. Aber auch Genüsse idealerer Natur als Kriegsüberfälle und Elefantenjagd sind ihnen nicht fremd. Die Musik erfreut ihr Gemüth in dem Grade, daß ein richtiger Niam=Niam im Stande ist, Tag und Nacht beim Spiele einer Art Mandoline, ihres Lieblingsinstrumentes, zu verharren und auf Speise und Trank zu verzichten. Auch findet man bei ihnen Musiker von Profession, welche in abenteuerlichem Federputze und Behängen mit wunderwirkenden Hölzern und Wurzeln, mit den Emblemen der höheren Magie, mit Klauen vom Erdferkel, Schildkrötenknochen, Adlerschnäbeln, Vogelkrallen, Zähnen u. s. w. den Fremden entgegentreten, seine Erlebnisse und weiten Wanderungen in schwungvollem Rezitativ feiernd, und schließlich seine Freigebigkeit geflissentlich hervorstreichen: „Ringe, Kupfer und Perlen sind mein Lohn."

Ein eigenthümliches Aequivalent für das, was man bei uns Beten, d. h. das Ausüben einer religiösen Handlung nennen würde, ist ihnen in dem Vorru eigen, einem Augurium, das sie anwenden, um sich von den unsichtbaren Mächten bei wichtigen Unternehmungen Raths über bevorstehendes Glück oder Unglück zu erholen. Sie bedienen sich dazu kleiner geschnitzter Holzschemel mit glatter, ebener Oberfläche. Dann wird ein Pflock geschnitten, dessen Ende gleichfalls glatt abgestutzt ist. Nun benetzt man die Holzfläche mit einigen Tropfen Wasser und beginnt, den Pflock fest in die Faust nehmend, auf dem Brete mit demselben hin und her zu fahren. Rutscht der Pflock leicht hin und her, gleitet derselbe ungestört auf der Holzfläche, so ist Glück für das bevorstehende Unternehmen dem Betreffenden unzweifelhaft. Es kommt aber zuweilen vor, daß das Hin- und Hergleiten bei diesen der Handhabung einer Hobelbank gleichenden Bewegungen unmöglich wird und beide Hölzer so fest an einander haften, daß, wie die Niam-Niam sagen, nicht zwanzig Menschen im Stande sind, den Pflock von der Stelle zu bringen, daß derselbe wie angewachsen erscheint; das gilt dann als Zeichen böser Vorbedeutung.

Ein anderes Augurium besteht darin, daß sie einem Huhn einen Fetischtrank von rothem Holze beibringen. Stirbt es, so bedeutet sein Tod unfehlbares Unglück im Kriege und Lebensgefahr; bleibt es am Leben, so bedeutet das Sieg.

Vornehme werden, wenn sie gestorben sind, bald sitzend auf ihren Bänken, bald in einem ausgehöhlten Baumstamme sargartig geschlossen beigesetzt, nachdem man sie auf ihrem gewöhnlichen Schurze gebettet. Man schüttet nicht unmittelbar Erde auf die Begrabenen, sondern stellt vermittels eines Holzverschlags eine seitliche Kammer her, in deren Hohlraum die Leiche abgestellt wird, ohne von der Erde gedrückt zu werden.

Ueber der aus festgestampftem Thon geformten Grabdecke errichtet man eine Hütte, welche sich durch nichts von den Behausungen der Lebenden unterscheidet, und vernachlässigt und vereinsamt ebenso rasch dem Untergange durch Steppenbrand und Fäulniß preisgegeben ist, wie diese.

Die den Niam-Niam benachbarten Mittu theilen mit diesen einen großen Theil der erwähnten Sitten und Gebräuche. Beide Geschlechter tragen auch als Zeichen der Wohlhabenheit zwei, drei, ja vier mehr als fingerdicke, plump gearbeitete Eisenringe um den Hals. Ueber einander geschichtet hemmen diese nicht selten jede Bewegung des Halses und ertheilen der Schädelbasis jene unnatürliche Lage, welche wir bei den hohen Kravatten auf alten Modebildern bewundern.

Von der kunstfertigen Hand des Schmiedes sind solche Schmuckgegenstände dem lebenden Körper als unveräußerliche Glieder hinzugefügt. Um diese Ringe wieder vom Halse zu entfernen, müßte zuerst der Kopf abgeschnitten werden; erst Tod und Verwesung erlöst den Mittu von der Mode und ihren Fesseln in des Wortes verwegenster Bedeutung. Aehnlich wie bei den Mangandscha durchbohren die Mittufrauen beide Lippen und erweitern sie zu unförmlicher Größe. Kreisrunde, thalergroße Scheiben von Holz, Quarz oder Horn mit Kupferverzierung, aber stets 2,5 bis 3 cm. im Durchmesser haltend und bis 3 mm. dick, werden in die allmählich mit den Jahren erweiterten Lippenlöcher hineingezwängt. Diese Scheiben dehnen die Lippen zu einem enormen Umfange aus und geben denselben eine horizontale Lage, zur Bildung eines Vogelschnabels die Hand reichend. Das Klappern der Lippenplatten beim Sprechen und Essen erinnert lebhaft an dasjenige von Löffelgänsen und Löffelenten, und eine Mittufrau kann, wenn sie in Zorn gerathen ist, „knacken" wie ein Storch. Außer den Platten werden nicht selten auch kegelförmig geschliffene Quarzstücke bis 6 cm. lang und von nicht geringem Gewicht in die Lippen gestoßen. Die Frauen haben auf der Stirn zwei horizontale Punktreihen tätowirt, die Männer tragen solche Zeichnung stets in zwei, von der Nabelgegend aus divergirend nach den Schultern verlaufenden Reihen. Beide Geschlechter gehen völlig nackt bis auf ein kleines Schurzfellchen, aus einem Stückchen Fell bestehend. Das Haupt ist bei den Weibern fast immer geschoren oder sehr kurzhaarig.

Landeinwärts an der Goldküste in Westafrika, nördlich von den britischen Besitzungen und dem Reiche der Fantis, liegt das Reich Aschanti.

Die Aschanti sind berüchtigt als eifrige Sklavenhändler und grausame Menschenschlächter; ihre Kriegsgefangenen werden auf barbarische Weise hingerichtet, und die Vornehmen und Krieger trinken, um sich tapfer zu machen, von dem Blute der Erschlagenen. Bei Leichenfeiern werden Sklaven und selbst Frauen niedergemetzelt, damit der Verstorbene viel Dienerschaft und Gefolge mit ins Jenseits nehme. Dabei sind die Aschanti jedoch ein muthiges und intelligentes Volk, das sich auch durch technische Geschicklichkeit in Anfertigung von Seiden= und Baumwollenstoffen, Töpferwaaren, zierlichen Goldarbeiten u. s. w. auszeichnet.

Als Quelle ihrer Religion erscheint folgende Sage: Im Anfang der Welt schuf Gott drei weiße und drei schwarze Männer, mit eben so viel Weibern. Er beschloß, damit sie sich künftig nicht beklagen möchten, sie Gutes und Böses selbst wählen zu lassen. Ein großer Kürbis wurde auf den Boden gesetzt, mit einem versiegelten Stück Papier daneben. Gott ließ die Schwarzen zuerst wählen und sie nahmen den Kürbis, in welchem sie Alles zu finden meinten. Beim Oeffnen zeigte sich nur ein Stück Gold, ein Stück Eisen und verschiedene andere Metalle, deren Gebrauch sie nicht kannten. Als die Weißen das Papier öffneten, sagte es ihnen Alles. Gott ließ die Schwarzen im Walde und führte die Weißen nach der Wasserseite zu (denn dies geschah in Afrika), kam mit ihnen jede Nacht zusammen, und lehrte ihnen ein kleines Schiff bauen, welches sie in ein anderes Land führte, von wo sie nach langer Zeit mit verschiedenen Waaren zurückkehrten, um mit den Schwarzen, die das erste Volk hätten sein können, Tauschhandel zu treiben.

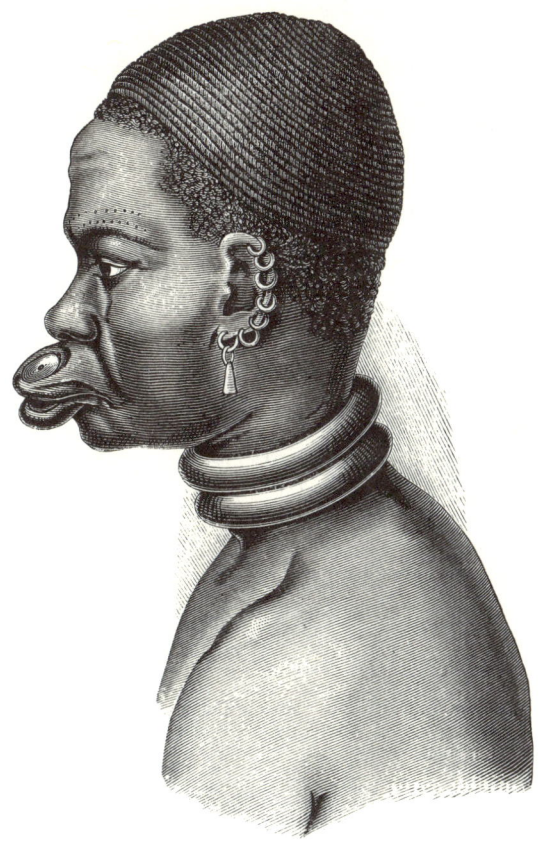

Ein Mittuweib.

Ueberzeugt, daß der blinde Geiz ihrer Vorältern alle Gunst des höchsten Gottes den Weißen zuwandte, glauben sie sich der vermittelnden Sorgfalt untergeordneter Gottheiten überlassen, welche natürlich so weit unter dem höchsten Gotte stehen, wie sie unter den Europäern.

Wenn im Anfange des Monats September die Yamwurzel reift, dann feiern die Aschanti ein großes Fest, bei welchem allenthalben die tollste Ausgelassenheit herrscht. Ueber einer großen Pfanne werden Sklaven oder Verbrecher geopfert, und ihr Blut erzeugt, mit verschiedenen Pflanzen- und Thierstoffen gemischt, einen unüberwindlichen Fetisch. Ein Schwein, ein Schaf oder ein Stück Geflügel wird getödtet, je nachdem die Familie bemittelt ist, und die zartesten Stücke werden auf den Altar gelegt. Hierauf wird eine Mischung von Eiern, Palmöl, Palmwein, Blut und anderen Bestandtheilen in kleinen Töpfen dem Fetische geweiht. In wenigen Tagen riechen diese Altäre so übel, daß es höchst unangenehm ist, vorüber zu gehen; dennoch schafft man sie nicht weg.

Der königliche Goldschmuck wird bei jeder Yamsfeier geschmolzen und neu gearbeitet. Dies ist eine Staatslist, die dem Pöbel und den zinsbaren Häupt= lingen, welche nur einen jährlichen Besuch abstatten, viel Ehrfurcht einflößt. Etwa zehn Tage nach der Feier ißt das königliche Haus zum ersten Male neue Yams in Gegenwart des Königs, und erst von diesem Zeitpunkte ab ist es dem Volke gestattet, von den Früchten der neuen Ernte zu genießen.

Die Gesetze der Aschanti erlauben dem König 3333 Weiber, welche Zahl sorgfältig beibehalten wird, um ihn in den Stand zu setzen, Denen, die sich aus= zeichnen, Weiber zu schenken; aber sie wird nie überschritten, weil dies in ihren Augen eine mystische Zahl ist. Wenn der König eine Frau heirathet, welche selbst noch Säugling ist, und das geschieht nicht selten, so wird sie sogleich in das Frauenhaus (Krum) gesperrt und dem Anblick jedes männlichen Wesens entzogen. Der König hält sich einen Hofstaat von beinahe 100 Albinos von verschiedenen Farben, durch alle Schattirungen von Dunkel= und Blaßroth bis zu Weiß.

Es ist bemerkenswerth, daß des Königs Gewichte ein Drittel schwerer sind als die gewöhnlichen Gewichte des Landes. Alles Gold, das man für Lebens= mittel am Hofe ausgiebt, wird mit den ersteren abgewogen, mit den letzteren aber bezahlt. Der Ueberschuß fließt in die Taschen der ersten Diener des Pa= lastes, denn man hält es der Würde eines Königs nicht angemessen, die Unter= thanen öffentlich für ihre Dienste zu bezahlen.

Wenn der König ausspuckt, so wischen es dienstthuende Knaben, die Söhne angesehener Männer, mit Elefantenschwänzen sorgfältig auf, oder sie bedecken es mit Sand; wenn er niest, legt Jeder die zwei ersten Finger an Stirn und Brust.

Die Mauern der Häuser bestehen aus doppeltem Flechtwerke, das mit nassem Lehm gefüllt wird; das Dach wird aus Palmblättern gefertigt. Der Fußboden wird täglich gewaschen und mit in Wasser aufgelöster rother Erde bestrichen. Der Schmuz und das Kehricht eines jeden Hauses werden täglich verbrannt. Der Webstuhl der Aschanti ist nach demselben Grundsatze wie der ältere europäische Handwebstuhl zusammengesetzt. Er wird durch Stricke in Bewegung gesetzt, die man zwischen den Zehen hält, aber das Gewebe ist nie mehr als 10 cm. breit. Zum Spinnen gebrauchen sie eine Spindel, indem sie dieselbe in der einen Hand halten und den Faden, an dessen Ende ein Gewicht hängt, mit dem Finger und Daumen der anderen Hand drehen. Ihre Web= stoffe setzen durch Feinheit, Verschiedenheit der Muster u. s. w. in Erstaunen; es giebt deren, die auf beiden Seiten ganz gleich aussehen. Sowol Männer als Frauen sind äußerst reinlich. Sie waschen sich täglich beim Aufstehen vom Kopf bis zu den Füßen mit warmem Wasser und Seife und reiben sich mit Pflanzenfett oder Butter ein, wodurch die Haut zart und geschmeidig wird. Auch die Kleider sind durchschnittlich überaus sauber. Ihre Köpfe sind oft sehr sinnreich geschoren und sehen aus wie eine weiche, mit verschiedenen Mustern gezierte Tapete.

Den Frauen liegt die Zubereitung der Speise und das Zermalmen der Körnerfrüchte ob, das sie sehr geschickt mit zwei Steinen zu bewerkstelligen wissen. Eier sind ihnen durch den Fetisch verboten, und man kann sie nicht überreden, Milch auch nur zu kosten.

Spinnende und webende Aschanti.

Die Kleidung der Männer sowol wie der Frauen ist höchst einfach; sie besteht nur aus einigen Metern Zeug, welches sie um den Leib binden; bei den Frauen ist es lang und hängt bis auf die Zehen herab, während es bei den Männern gewöhnlich nur bis zu den Knieen reicht; ein zweites Stück wird um die Brust gelegt — und ihr ganzer Anzug ist fertig, denn eine Kopfbedeckung fehlt ihnen eigentlich ganz. Aus Nachahmungssucht oder Eitelkeit suchen sich Einige europäische Hüte zu verschaffen, oder sie flechten sich in deren Ermangelung solche aus Palmen-, Schilf- oder Ananasblättern.

So einfach wie die Kleidung selbst ist, so wenig dieselbe Gelegenheit giebt, den Hang zum Luxus und zur Eitelkeit zu befriedigen, um so verschiedenartiger, reicher, verschwenderischer ist der Schmuck, besonders der, den die Frauen tragen. Hals, Arme und Beine sind im eigentlichsten Sinne des Wortes mit Ketten und Schnüren bedeckt, welche vom Einfachsten und Wohlfeilsten bis zum Kostbarsten und Künstlichsten wechseln. Die Aermeren tragen Schnüre von Glasperlen, Bän= der und Fäden, an denen irgend ein Amulet oder ein Fetisch, der oft blos durch ein Paar Palmblätter dargestellt wird, angebunden ist. Mit Federn, Muscheln und tausend anderen Dingen, die sonst nirgends für schön oder schmückend gehalten werden, behängen sie sich im Ueberflusse, und Ringe werden angebracht, so viel sie nur immer auftreiben können. Bei den Reicheren vertreten kostbare Perlen= schnüre, Gold= und Silberketten den Schmuck der Arme. Die Menge des Schmucks macht ihnen oft das Gehen schwer.

Will ein Neger ein Haus bauen, so kauft er einige Töpfe Palmenwein und mehrere Flaschen Rum; dann ladet er seine Freunde ein, ihm zu helfen, wozu sie gern bereit sind. Sie machen sich sogleich an die Arbeit; Einige graben Lehm, lockern ihn, Andere räumen den Bauplatz auf und ebnen ihn. Ist das geschehen, so wird ein Regen abgewartet; darauf beginnt der Bau. Der Lehm wird geknetet, der Boden erhöht, wie eine Tenne glatt gestampft, und die Mauern errichtet. Haben diese die Höhe von 75 cm. bis 1 m. erreicht, so läßt man sie zum Trocknen stehen und wartet auf einen zweiten Regen, baut weiter und fährt auf diese Weise fort, bis die Mauer ihre gewünschte Höhe erreicht hat. Alsbald begiebt man sich in den Wald und sucht dort junge, schlanke Bäume zum Dache. Diese werden mit binsenartigem Grase oder mit Palmenblättern bedeckt — und das Haus ist fertig.

Einfacher noch als das Haus ist das Hausgeräth des Negers. Ein Bett, aus Binsen und Blättern geflochten, ein Holzklotz zum Kopfkissen, einige Töpfe und Schalen, ein Gewehr und ein langes Messer nebst einigen großen und kleinen Kalabassen (Kürbissen), von denen die größeren zum Aufbewahren der Kleider, des Schrotes, Bleies, Pulvers u. s. w., die kleineren als Flaschen be= nutzt werden: das ist ungefähr Alles, was man in einer Negerwohnung zu finden pflegt. Noch sind einige niedrige Stühle in der Hütte, auf denen die Neger ihre Pfeife rauchen oder ausruhen, wenn sie sich wie gewöhnlich mit Nichtsthun beschäftigen. Beim Essen brauchen sie keine Stühle, weil sie keinen Tisch haben; sie hocken rings um die Schüssel und bedienen sich der ihnen von der Natur verliehenen Messer, Gabel und Löffel. In dem südlich von Aschanti gelegenen Dahomey darf keiner dieser Stühle über 15 cm. hoch sein, denn höhere gestattet der König nur als Ehrenzeichen. Sie vertreten da die Stelle unserer europäischen Orden, und die Höhe des Stuhles richtet sich nach der Größe der Ehre. So einfach und spärlich ist der Haushalt der Neger, doch reicht er vollständig aus, denn ihrer Speisen sind nur wenige und dabei dem Pflanzenreich entnommen. Fleischspeisen genießen sie nur selten und Fische sehr mäßig; Bananen, Yams, Mais, Maniokwurzeln machen die Hauptbestandtheile ihrer Speisen aus. Letztere haben meist die Form eines Puddings oder eines Breies, über welchen man die Brühe eines halben, an der Sonne getrockneten, dann in Waffer, Palmöl und sehr vielem Cayennepfeffer gekochten Herings gießt.

Die Nahrung der vornehmen Aschanti ist gewöhnlich Suppe von getrock= netem Fisch, Geflügel, Rind= oder Schafffleisch, je nachdem der Fetisch der Familie es erlaubt, und Erdnüsse in Blut gedämpft. Die Aermeren bereiten sich als größten Leckerbissen wol auch ab und zu eine Suppe aus gedörrtem Wild oder Affenfleisch. Ehe es zum Mahle geht, pflegt man sich zu waschen, und es dürfen an demselben nur die Männer theilnehmen; die Frauen und Kinder müssen nach dessen Beendigung mit dem vorlieb nehmen, was übrig ge= blieben ist. Ueberhaupt leben die Frauen in durchaus unter= geordneten Verhältnissen; sie werden wie eine Waare erhandelt und dann wie ein Eigenthum betrachtet.

Es sei uns schließlich nun noch gestattet, dem Gesagten Einiges über den Fetischdienst der Neger an der Goldküste beizufügen.

Im Allgemeinen erkennen sie die Existenz eines höchsten Wesens an, welches die Welt erschuf und regiert; aber man kann von ihnen nicht sagen, daß sie dasselbe verehren. Sie rufen manchmal seinen Namen an und flehen zu ihm, daß er segne, die sie lieben; häufiger aber noch, daß er denen fluche, die sie hassen; in beiden Fällen aber erhebt sich ihre Anrufung nicht höher als zu einem bloßen Stoßgebet, und ist von keiner förm= lichen gottesdienstlichen Handlung begleitet.

Sind sie von Kummer daniedergebeugt, oder hat sie ein großes Unglück betroffen, und haben sie, um davon erlöst zu werden, ihren Götzen vergebens geopfert, so sehen wir sie mit dem Ausrufe, daß „sie in Gottes Händen seien, und daß er thun werde, was ihm das Beste dünkt" sich demüthig in ihr Schicksal ergeben. Aber sie bringen diesem ihrem Gotte weder Opfer dar, noch fällt es ihnen bei, das durch Fürbitten an ihn abzuwenden, was sie, wenn ihre Götzen sie im Stiche lassen,

Ein Fetisch der Neger von der Goldküste.

als ihr unvermeidliches Geschick zu betrachten geneigt zu sein scheinen. Sie glauben, daß dieses höchste Wesen aus Mitleid mit dem Menschengeschlechte einer Menge von Dingen, beseelten und unbeseelten, die Eigenschaft der Gött= lichkeit verliehen habe, und daß er jeden einzelnen Menschen bei der Wahl des Gegenstandes seiner Verehrung leite. Ist diese Wahl getroffen, so wird der Gegenstand seines Kultus der „Suman", d. h. sein individueller Götze. Dies kann ein Klotz, ein Stein, ein Baum, ein Fluß, ein See, ein Berg, eine Schlange, ein Alligator, ein Bündel Lumpen sein oder Alles, worauf die ausschweifende Phantasie des Negers fallen mag. Von dem Augenblicke an, wo er seine Wahl getroffen hat, nimmt er in all seiner Noth und in seinen Verlegenheiten seine Zuflucht zu diesem seinem Gotte. Er bringt ihm Opfergaben von Rum und

Palmwein, oder Oel und Korn, dann schlachtet er Geflügel, Ziegen und Schafe und beschmiert ihn mit deren Blute, und während er dies thut, bittet er ihn, daß er ihm günstig sein und ihm die Erfüllung seines Anliegens gewähren möge. Die von ihm dabei beobachteten Gebräuche haben keinen Bezug auf den Inhalt der Bitte. Um einem kranken Kinde die Gesundheit wieder zu verschaffen, um einen bei einem gewagten Unternehmen betheiligten Freund vor Gefahr zu schützen, oder um auf einen Feind Verderben und Tod herabzuziehen, kann man beliebig sein Haus mit einer Reihe Weidenruthen umstellen, einige schmuzige Lappen auf den Zweigen eines Baumes aufhängen oder einen Vogel mittels eines durch seinen Leib gesteckten Stockes an den Boden spießen. Diese Aufmerksamkeiten sind ausschließlich an den Götzen gerichtet, ohne daß dabei irgendwelche Beziehung auf das höchste Wesen stattfindet. Höchst charakteristisch ist die Thatsache, daß der Neger den Suman vergräbt, wenn er im Begriffe steht, eine schlechte Handlung zu begehen, und zwar um so tiefer, je strafbarer ihm der auszuführende Streich dünkt. Der gute Götze soll nicht Zeuge vom frevelhaften Beginnen seines Schutzbefohlenen sein.

Vom Suman oder dem Götzen der Individuen kommen wir nun zum Bussum einer Familie oder Stadt, der häufig nicht körperlich dargestellt wird. Dies Wort bezeichnet nicht sowol den Gott eines Individuums, als vielmehr einen Familiengott oder den Gott eines Volkes.

Jede Familie besitzt einen solchen Allen gemeinsamen Gott und jede Stadt besitzt ebenfalls einen oder mehrere dergleichen, die von der Gesammtbevölkerung anerkannt sind; aber es ist ein Priester oder Sofu, der diesem Bussum aufwartet und an seinen Altären ministrirt. So lange es den Menschen wohl geht und kein außerordentliches Ereigniß den ruhigen Gang ihres Lebens stört, begnügen sie sich mit ihrem persönlichen Suman; überfällt sie aber ein Unglück, so verlieren sie die Zuversicht sowol zur Macht ihres Götzen, ihnen zu helfen, als zu ihrer eigenen Fähigkeit, seine Eingebungen richtig auszulegen. Unter diesen Umständen nehmen sie zum Sofu ihre Zuflucht, um durch seinen tieferen Einblick in die sie umgebenden Geheimnisse Trost und Hülfe zu erlangen. Man bringt ihm eine Opfergabe, damit er sie vor seinem Gotte niederlege. Er erklärt, worin der erbetene Dienst bestehe, und nach einer Anzahl abgeschmackter Ceremonien erweckt er die Aufmerksamkeit seiner Gottheit und empfängt von ihr die Weisung, welche Observanzen zur Erreichung seines Zweckes nöthig seien. Diese theilt er dem um des Priesters Hülfe Bittenden mit, welcher mit ehrfurchtsvollem Schauer den vorgeschriebenen Befehlen lauscht und dann mit blinder Gläubigkeit zu ihrer Ausführung schreitet. Auf gleiche Weise wendet sich, wenn das Unglück ein allgemeines ist, z. B. Dürre, Hungersnoth, Pest, Mangel an Kriegsglück, die ganze Bevölkerung oder deren Vertreter sammt ihren Häuptlingen und Kabossirn an den Ober-Bussum, um ihre Opfer darzubringen und ihn durch die Vermittelung der Priester um eine Linderung oder ein Aufhören ihrer Leiden anzusuchen. Diese Priester, die wohl wissen, wie nothwendig es ist, bei solchen bedeutsamen Gelegenheiten einen tiefen Eindruck auf die Gemüther zu machen, hüllen ihr Gebahren in ein furchtbares Dunkel und umgeben es mit geheimnißvoller Feierlichkeit, darauf berechnet, die Bittenden mit Furcht und Schauer zu erfüllen. Natürlich überliefern sie ihre Orakel in einer räthselhaften Sprache, die zweifacher Deutung fähig ist.

Bleiben die von den Priestern vorgeschriebenen Observanzen ohne ein genügendes Resultat, so ist dies keineswegs die Schuld des Bussum, sondern es wird vielmehr der Nichtbeachtung einer religiösen Pflicht oder wol auch der allgemeinen Gottlosigkeit des Volkes, der Vernachlässigung seiner heiligen Haine und seiner Fetischhäuser, oder einem Mangel an Sorge für das Wohlbehagen der Priester selbst zugeschrieben. Nachdrücklichst wird ein größerer Eifer anempfohlen, reichere Opfergaben werden gefordert und eine Wiederholung der ceremoniösen Observanzen vorgeschrieben. Ist aber das Unglück, welches es auch gewesen sein mag, vorüber, so gebührt die Ehre natürlich dem Bussum.

Es giebt eine eigenthümliche Form, welche der Fetischdienst einer Familie, die im Begriffe ist sich zu trennen, annimmt, und die erwähnt zu werden verdient, weil wir in ihr keine äußerliche Darstellung eines Götzen haben. Hat nämlich eine Familie die Absicht sich zu trennen, und liegt alle Wahrscheinlichkeit vor, daß sie an den Bussum, dem sie bisher ihre religiösen Huldigungen dargebracht, niemals wieder ihre gemeinsamen Gebete richten werden, so wendet sie sich an den Priester oder Sofu, der, nachdem sie ihr Ansinnen dargelegt, den Körper eines Suman oder Haus-Fetisch zerstößt und ihn mit Wasser zu einem Tranke mischt, welchen die ganze Familie zu sich nimmt. Während sie diese seltsame Kommunion begeht, erklärt ihr der Priester, sein Bussum befehle, kein Glied der Familie solle jemals in der Folge die und die Nahrungsartikel genießen, z. B. Huhn, Lamm, Rind, Schwein, Eier, Milch oder irgend Etwas, was ihm der Augenblick gerade zu erwähnen beliebt. Ist das Verbot einer solchen Speise vom Fetisch unter solchen Umständen einmal verkündigt, so kostet kein Glied der Familie jemals davon, woher es dann kommt, daß man auf Leute stößt, die keinen Bissen Huhn, Andere, die kein Ei, wieder Andere, die nichts von einem Truthahn u. s. w. genießen; diese Enthaltung von einer besonderen Art von Speise geht auch auf die Kinder über, die eine gleiche Enthaltsamkeit zu beobachten gezwungen sind. Man meint in einem solchen Falle, daß die betreffende Familie ihren Götzen verschlungen habe und ihn in ihren Leibern trage, und die vorgeschriebene Enthaltsamkeit bildet eine fortgesetzte Art der Verehrung.

Wenngleich man das Dasein eines obersten Teufels nicht anerkennt, so hegt man doch den Glauben, daß die Welt mit Scharen böser Geister erfüllt sei, die beständig beschäftigt seien, Unheil zu stiften. Man leugnet eine Verehrung dieser bösen Geister ab, nimmt aber doch häufig zu Opfergaben Zuflucht, um sie zur Unthätigkeit oder zum Abzuge zu bewegen. Plötzliche Uebelkeit und Krankheiten, die trotz der gewöhnlich angewandten Mittel nicht rasch weichen wollen, werden bösen Geistern zugeschrieben.

Nach dem Tode geht man in ein neues Leben ein, das in vielen Beziehungen dem hier geführten ähnlich ist. Deshalb pflegt man mit dem Todten einen Theil seiner Kostbarkeiten an Gold und schönen Kleidern zu begraben, und ihm eine Flasche Rum, seine Pfeife und Tabak in die Hand zu geben.

In der Illustration auf Seite 201 führen wir unsern Lesern das Innere eines Fetischtempels in Aschanti vor. Die geheiligten Figuren sind aus Lehm und Holz verfertigt und roth und weiß angestrichen. Der Sockel der ersten Figur an der Thür ist mit Blut und Federn beschmiert, wie überhaupt alle die Untersätze, auf welchen geheiligte Symbole stehen, in gleicher Weise geschmückt sind. Die liegende Figur ist ein betender Aschanti, er ist bedeckt mit einem geheiligten Tuch, das fast aussieht wie ein mit Blut besprengtes Stück Kattun; an der linken Hand des Tempels hängt an einem Stück blauer Baumwolle eine blau und weiß gefärbte baumwollene Kugel herab, welche den Lebensfetisch darstellt.

Um Aufnahme in die Reihen der Fetischpriester zu erlangen, wird es für schlechterdings nothwendig erachtet, daß man zuvor dazu auferzogen und ein= geübt werde. Der Novize kann entweder diesen Beruf aus freiem Willen wählen, oder er kann von seiner Geburt an zum Dienste des Fetisch bestimmt worden sein.

Eine der vornehmsten Eigenschaften, die einem Novizen nothwendig sind, ist eine große Ausdauer im Tanzen, welches einen hervorragenden Theil des Dienstes bildet. Denn von einem ungestümen Tanze zum Schall der Trommeln erwarten sie Begeisterung. Durch diese heftige Bewegung regen sie sich bis zu vollständigem Wahnsinn auf, bis daß der Fetisch sich ihrer bemächtigt. Sobald dies geschehen, verlieren sie alle Zurechnungsfähigkeit, werfen sich wild umher, zittern am ganzen Körper und taumeln gleich Betrunkenen. In furchtbaren Krämpfen, mit rollenden Augen, mit schäumendem Munde, und mit allen An= zeichen gänzlicher Unbewußtheit dessen, was um sie vorgeht, bestätigen sie voll= ständig den Glauben der sie anstaunenden einfältigen Tröpfe, daß sie ihrer selbst nicht mehr mächtig sind, sondern unter dem Einflusse eines Fetisch stehen, der sie treibt, wohin er will, bis endlich die Natur diese Ueberspannung ihrer Kräfte nicht länger auszuhalten vermag, und sie in einem Zustande vollständiger Er= schöpfung zu Boden sinken. Je größer die Körperkraft eines solchen Menschen ist, um so länger ist er im Stande, jene Anstrengungen auszuhalten, und je natürlicher und ungezwungener er sie erscheinen zu lassen vermag, desto besser ist er zum Fetischdienst geeignet.

Der Tempel steht oft an einer einsamen düsteren Stelle tief im Walde, wo das überhängende Laubwerk so dicht ist, daß kaum ein einziger Lichtstrahl es durchdringen kann, und wo es keine Schwierigkeit hat, die bei ihrer Gaukelei Mitbetheiligten versteckt zu halten. In diese Schlupfwinkel führen sie die Gläu= bigen mit verbundenen Augen, und unter einem seltsamen, unheimlichen Lärmen, der dem betäubten und bestürzten Laien bald aus dem Innern der Erde herauf= zukommen, bald durch die Luft herabzustürzen scheint, bringen sie ihre Opfer= gaben dar und rufen ihren Gott an, den zu befragen sie gekommen sind.

Daß die verworrenen, furchtbaren Töne, welche in die Ohren der armen Andächtler dringen und ihre Herzen erbeben machen, von allen Seiten zu kommen scheinen, erklärt sich dadurch, daß eine Schar Helfershelfer ringsum postirt ist, theils in unterirdischen Höhlen, theils im dichtbelaubten Gezweig der Bäume, die Alle insgesammt das häßlichste und unheimlichste Geschrei und Gestöhn ausstoßen, worauf sie sich durch lange Uebung meisterhaft verstehen.

Inneres eines Fetischtempels in Aschanti.

Haben sie durch dieses wilde, wirre Konzert die Gemüther ihrer Opfer gehörig scheu und unterwürfig gemacht, und durch Tanzen und wilde, konvulsivische Bewegungen ihren Gott zur Aufmerksamkeit erweckt, so tragen sie ihm den Zweck ihres Besuches vor. Indeß will er sich nicht immer gleich auf die erste Befragung zu einer Antwort herablassen. Diese Unachtsamkeit oder vielmehr diese stolze Gleichgiltigkeit und Hintansetzung von Seiten des Fetisch wird von dem Priester auf diejenige Weise ausgelegt, die seinen eigenen Wünschen am meisten entspricht. Da heißt es denn vielleicht, die um Antwort Bittenden müssen einen günstigeren Augenblick abwarten, oder ein religiöses Fasten beobachten, oder die bösen Geister durch Gaben besänftigen, oder den Priestern ein reicheres Geschenk bringen.

Es kümmert diese hartherzigen Menschen gar wenig, daß sie ihre Betrogenen lange
und vergebliche Reisen machen lassen. Sie wissen, daß das, was man mit großer
Mühe erlangt, auch dieser Mühe entsprechend gewürdigt wird, und sie tragen
dafür Sorge, daß die Gunstbezeigungen ihres Fetisch nicht gering geachtet werden.
Haben sie von ihren Opfern jeden Heller erlangt, den sie von ihnen durch Schmei=
chelei oder Drohungen erpressen können, so wird eine Antwort auf ihr Gesuch
beschlossen, und diese mit all den trügerischen Kunstgriffen, auf die sie sich so=
wohl verstehen, verkündigt.

Diese Priesterzunft beschränkt sich nicht auf den männlichen Theil der Be=
völkerung; es besteht auch noch ein Orden von Priesterinnen oder Fetischweibern.
Ihre Hantirung ist wenig verschieden von der der Männer, mit denen sie in den
meisten religiösen Ceremonien zusammen auftreten; ihren vornehmsten Wirkungs=
kreis indessen haben sie in den zu Ehren des Fetisch angestellten Prozessionen und
Tänzen, welche durch ihre eigenthümliche Tracht, ihre wilden Geberden, ihr
schrilles Geschrei und ihre wahnsinnige Leidenschaft Leben und Würze erhalten.

Unter dem Einflusse eines religiösen Wahnsinns und entflammt von dem
Lärmen der Fetischtrommeln und dem Beifallsruf der Volksmenge, geben sie sich
in ihrer Wildheit allen Arten von Exzessen hin.

Der Charakter des Negers an der Goldküste, die Art seiner Regierung,
seine Ideen von Gerechtigkeit und ihrer Handhabung, seine häuslichen und seine
gesellschaftlichen Verhältnisse, seine Verbrechen und seine Tugenden: sie alle
werden mehr oder weniger von seinem Aberglauben beeinflußt, ja sogar nach
ihm gestaltet. Es giebt kaum einen Vorfall im Leben, an welchem der Aber=
glauben nicht als Alles durchdringendes Element seinen Antheil hätte.

Typus eines Aschanti.

Georgier.

IX.

Die mittelländische Raſſe.

Kennzeichen u. ſ. w. der Raſſe. — Kaukaſiſche Raſſe. — Hamiten. — Semiten. — Indogermanen. — Basken. — Kaukaſier. — Mingrelier. — Tſcherkeſſen u. ſ. w.

Die mittelländische Raſſe repräſentirt die höchſte Entwicklung der Menſchheit
ſowol in phyſiſcher als auch in geiſtiger Beziehung.

Die Statur des Mittelländers iſt unter allen Raſſen die größte. Sie iſt
durch ſtarke Muskelentwicklung ausgezeichnet, daher die Arbeitsleiſtung des
Mittelländers jene aller anderen Raſſen übertrifft. Der Kopf iſt oval, die Ge-
ſichtsbildung länglich. Die Stirn iſt breit und gewölbt, die Naſe edel geformt
und vorſpringend. Die Augen ſind horizontal geſchnitten, die Farbe derſelben
ſchwarz, braun oder blau. Die Augenbrauen ſind bogenförmig und voll. Der
Mund iſt horizontal, die Lippen ſchön geſchwungen und roth gefärbt. Die Zähne
ſind fein und gerade eingeſetzt; das Kinn iſt klein, zierlich und wenig vorſpringend. Das Haar iſt lang, ſchlicht und weich; die Farbe deſſelben ſchwarz, braun
oder blond und in der Regel mit der Farbe der Augen im Einklange. Ausgezeichnet iſt dieſe Raſſe durch einen üppigen, am Kinn, um die Lippen und

an den unteren Wangenseiten sprossenden Bart von schwarzer, brauner oder blonder Farbe.

Die Farbe der Haut ist weiß mit einem Stich ins Bräunliche, oft sogar braun; die Wangen bedeckt ein mehr oder weniger intensives Roth. Blumenbach meinte diesen Rassentypus am reinsten an den Völkern des Kaukasus zu finden, und hatte sie deshalb die kaukasische Rasse genannt; neuere Forscher indessen, wie Müller, Häckel, Peschel u. A., wählten dafür die Bezeichnung mittelländische Rasse, weil die hervorragendsten Völker dieser Gruppe um das Mittelmeer herum ihre Ausbildung und Blüte erlangt haben.

Den Grundstock der mittelländischen Rasse bilden gegenwärtig die drei großen Völkerstämme der Hamiten, Semiten und Indogermanen. Ursprünglich zerfiel die mittelländische Rasse in mindestens fünf größere Volksstämme. Ueberreste der zwei übrigen sind die Basken im Nordosten Europa's und jene Völker des Kaukasus, welche man bisher mit dem unbestimmten Ausdrucke Kaukasier zusammenfaßte.

Mithin gehören zur mittelländischen Rasse alle Europäer, soweit sie nicht mongolenähnlich sind, alle Nordafrikaner und alle Nordasiaten; endlich sind als Mischvölker wegen ihrer Sprache die Hindu im nördlichen Indien noch mitzuzählen.

Ueber den Ursitz der mittelländischen Rasse und die Wanderungen derselben nach den jetzt von ihnen bewohnten Gebieten haben wir uns schon oben (Seite 33 und 34) verbreitet.

Ehe wir die drei Hauptstämme der mittelländischen Rasse näher betrachten, wollen wir uns mit den Basken und Kaukasiern beschäftigen, welche, obwol derselben angehörend, ihrer Sprache wegen abgesondert aufgeführt werden müssen.

Die Basken nennen sich in ihrer eigenen Sprache Escualdunac (daraus französisch Euscarien, spanisch Bascongados: Gascogner). Sie sitzen auf beiden Seiten der Westpyrenäen, am Golf von Gascogne, und sind der Ueberrest der alten spanischen Bevölkerung, der Iberer. Sie haben schon seit langer Zeit die Aufmerksamkeit der Ethnologen, Sprachforscher und Historiker auf sich gezogen. Daß sie der älteste Volksstamm der jetzigen spanischen und ebenso der französischen Nation sind, geht schon daraus hervor, daß sich in ihrer eigenthümlichen Sprache die Erklärung der meisten älteren Fluß- und Städtenamen der spanischen Halbinsel findet.

Ihre Sprache — behaupten die Basken — sei die älteste der Welt, und die Volkssage fügt zur Bekräftigung hinzu: „Gott habe im Paradiese mit Adam baskisch geredet". Die baskische Sprache erscheint unter den modernen europäischen Sprachen wie ein Fremdling. Der gelehrte Prinz Lucian Bonaparte, welcher sich eingehend mit den finnischen Sprachen, dem Magyarischen, Wogulischen und anderen Zweigen dieser uralischen Völkerfamilie beschäftigt hatte, war überrascht über die zahlreichen grammatischen Analogien jener Sprachen mit dem Baskischen und hielt deshalb dieses für einen finnischen Dialekt. Ihm folgte de Charency („La langue Basque et les idiomes de l'Oural." Paris 1862).

Dem entgegen glaubte wieder der bekannte Physiolog Pruner=Bey in Paris auf die Verwandtschaft der Basken mit den nordamerikanischen Indianern hinweisen zu dürfen („Sur la langue Euskuara, parlée par les Basques", „Bulletin de la société d'Anthropologie" Paris 1867), obwol schon Wilhelm von Humboldt in seinem klassischen Werke („Prüfung der Untersuchungen über die Urbewohner Hispaniens vermittels der baskischen Sprache", Berlin 1821) darauf hingewiesen hatte, daß die Aehnlichkeit der baskischen und gewisser ame= rikanischer Sprachen in Bezug auf grammatische Formen durchaus ohne Be= lang seien. In anderer Weise suchte der schwedische Anthropologe Dr. Anders Retzius an der Schädelform den Basken ihre Stellung anzuweisen. Er be= hauptete, die Urbevölkerung Europa's habe, wie noch der finnische und baskische Stamm, zu den Brachycephalen (Kurzköpfen) gehört, während der nieder= europäische Stamm, welcher jetzt fast ganz Europa einnimmt, dolichocephal (langköpfig) sei.

Gegenwärtig sind die Basken nur noch eine Volksruine. In Frankreich, speziell im Departement Basses Pyrénées, leben nur noch etwa 140,000, in Spanien, und zwar in den Provinzen Vizcaya, Guipuzcoa, Alava und Navarra, 650,000 dieser Familie.

Rein und unvermischt hat sich der Typus der Basken nur auf spanischer Seite erhalten, während die französischen Basken nur Sprache, Kopfbedeckung und einzelne Sitten und Gebräuche bewahrt haben.

Der Baske ist stolz, willenskräftig, treu und brav. Als Abkömmling des ältesten Volkes fühlt er sich erhaben über den Spanier. Er ist durch und durch praktisch, nüchtern, spekulativ, keineswegs ein schwärmerischer Idealist; im Umgange zeigt er sich höflich und gastfrei; ein gegebenes Wort hält er stets. Gemeine Verbrechen, wie Diebstahl und Betrug, gehören zu den Seltenheiten. Gesellig und lebensfroh, ist er geselligen Vergnügungen leidenschaftlich ergeben. In seinem Berufe ist der Baske treu und genau und arbeitet mit unermüdlicher Ausdauer. Alles von seinen Vätern Ererbte ist ihm heilig und unantastbar, daher hängt er zäh an seinen Sitten und an seinem Glauben.

Von Gestalt sind die Basken ein robuster Menschenschlag, breitschulterig und gewöhnlich von mehr als mittlerer Größe, dabei sehr gewandt, woher das alte Sprüchwort stammt: „flink wie ein Baske". Sie haben nicht sehr dunkles, sogar blondes Haar; in den gutmüthigen Zügen des runden Gesichts liegt häufig ein Ausdruck von Schwermuth. Die Frauen aus den niederen Ständen arbeiten mit den Männern auf dem Felde und besorgen in den Küstenorten das Ge= schäft der Packträger.

Die Tracht der Männer besteht aus kurzen, dunklen Tuchjacken oder aus kurzen, kleinkarrirten Baumwollenblousen, dazu aus weiten, langen Hosen von gestreiftem Leinenzeuge. Die Füße stecken bei trockenem Wetter in Alpargates (Hanfsandalen), bei regnerischem in plumpen, mit Nägeln beschlagenen Schnür= stiefeln. Die Basken von Bayonne tragen Holzschuhe. An Sonn= und an

Feiertagen iſt die Kleidung von ſchwarzem Sammet, um den Leib eine rothſeidene Schärpe. Eigentlich national iſt die Boyna, die baskiſche Mütze. Aus Schaf=wolle gewirkt und gewalkt, daß ſie wie aus Filz gefertigt erſcheint, hat ſie eine baretartige Geſtalt und iſt federleicht. Sie tragen darin ihr Schnupftuch, ihren Kamm u. ſ. w.; beim Grüßen wird ſie nicht abgenommen. Dieſe Mütze wird durch ganz Navarra und Südfrankreich, faſt bis zur Garonne, getragen. An Feſttagen pflegen die Basken aus dem Bürgerſtande die Boyna mit dem breit=krämpigen, ſchwarzen kaſtiliſchen Filzhut zu vertauſchen.

Der Anzug der Frauen iſt ſehr einfach und beſteht aus einem ärmelloſen, eng anliegenden, vorn geſchnürten Mieder von dunklem Wollenzeug über einem um Bruſt und Schulter geſchlungenen bunten Kattuntuche. Ein geſtreifter (nicht blauer oder rother) Rock, unten mit mehreren parallel laufenden Bandſtreifen von greller Farbe beſetzt, blaue Strümpfe und Alrargates oder große Lederſchuhe vervollſtändigen die Tracht. Ihr Hauptſchmuck ſind die vollen, langen Haar=flechten. Die Basken ſind reich an eigenthümlichen Sitten und Gebräuchen. An allen Sonn= und Feſttagen findet am ſpäten Nachmittage öffentlicher Tanz auf dem Marktplatze unter freiem Himmel unter Aufſicht des Alcalden ſtatt. Nächſt dem Tanz iſt das Ballſpiel ſehr beliebt, doch finden ſie auch an Stier=gefechten Gefallen.

Die Basken beſitzen viel muſikaliſches Talent. Kaum vergeht eine Woche ohne eine von Muſik und Geſang begleitete Feierlichkeit.

Dem Baskenlande eigenthümlich iſt die große Anzahl einzeln ſtehender Häuſer und kleiner Gehöfte, ſogenannter Caſerios. Merkwürdig und durchaus von allen Bauſtilen abweichend iſt, daß bei den baskiſchen Landhäuſern die Giebelſeite die breiteſte iſt. Das flache, mit Hohlziegeln gedeckte Dach ſpringt überall 1,25 m. weit vor. Hier und da findet man auch Galerien, wie bei den Schweizerhäuſern. Manchmal ſind die Häuſer ganz würfelförmig und haben ein vierſeitiges, zugeſpitztes Dach, ſo daß ſie wie dicke, viereckige Thürme ausſehen. In Guipuzcoa ſind die Caſerios von Obſtgärten (Apfelbäumen), in Biscaya theils von Nuß= und Kaſtanienbäumen, theils von Weingärten umgeben.

Der Bauer lebt frei auf ſeinem Grundbeſitz, Feudalherrſchaft hat es nie gegeben. Statt des Pfluges bedienen ſie ſich zum Umbrechen des Landes der Laya, einer 1 m. langen zweizinkigen Gabel von Eiſen.

Getreide wird bei dem gebirgigen, ſteinigen Boden nicht genug erbaut, Kaſtanien und Aepfel werden ausgeführt. Das gewöhnliche Getränk iſt Cider (Zagardua, von Zagarra, Aepfel, und ardua, Wein).

Die Bevölkerung, zu zahlreich, um vom Ackerbau leben zu können, be=ſchäftigt ſich wenigſtens zur Hälfte mit Induſtrie, Handel und Bergbau. Die Mehrzahl der Steinbrecher, Steinmetzen, Maurer und Zimmerleute ſind Basken. Sehr Viele treiben das Schmiede= und Schloſſerhandwerk; kurz, ſie lieben ſolche Gewerbe, welche einen gewiſſen Kraftaufwand erfordern. Die Be=wohner der Seeküſten ſind Fiſcher und Matroſen.

Basken.

Baskische Seeleute spielen schon in der Geschichte der Entdeckungen eine
wichtige Rolle. Juan be la Cosa, welcher die älteste Karte von Amerika im
Jahre 1500 entwarf, war ein Baske.

Das baskische Volk gehört zu den gebildetsten Volksstämmen der Pyre-
näischen Halbinsel und ist, wenn auch nicht intelligenter, doch unterrichteter als
die Mehrzahl der übrigen Bewohner des südlichen Frankreich. In jedem Dorfe
giebt es von der Gemeinde unterhaltene Volksschulen, auch herrscht Schulzwang.
Daher kann jeder Erwachsene lesen und schreiben.

Der Baske liebt seine Heimat, klebt aber nicht an der Scholle. Er geht
auf die Wanderschaft, um sich Etwas zu verdienen. So arbeiten z. B. Tausende
in Bordeaux im Hafen oder als Lastträger.

Ein großer Theil der französischen Basken ist in den letzten Jahren nach
Südamerika ausgewandert, um sich in der Laplata-Region eine neue Heimat zu
suchen. Dort leben schon über 50,000. Im Jahre 1865 sind aus Bayonne
und Bordeaux 2600 Basken ausgewandert und finden am Uruguay und Paraña
als gute Arbeiter leicht ein lohnendes Unterkommen. So werden auf der nördlichen Seite der Pyrenäen die Basken wol im Laufe der Zeit verschwinden,
während die spanischen Basken, mit dem Erwerb in den Nachbarländern zufrieden, in die Heimat zurückkehren und über See weniger auswandern.

———————

Den Kaukasus umhüllt das rosige Licht der Romantik.

Der Name des Kaukasus ist in der Sage von dem an die Felsen des Elbrus
gefesselten Prometheus mit der Mythologie der alten Griechen verbunden; ihre
älteste Geschichte erzählt vom Argonautenzug nach Kolchis an der Mündung des
aus immergrünen Wäldern kommenden Phasis (dem heutigen Mingrelien und
Imeretien am Rion). Das heutige Kutaïs ist die alte Residenz des Königs
Aeetes, in dessen Nähe der heilige Hain des Ares lag; hier hing an einer Eiche
das Goldene Bließ, gehütet von einem Drachen, das Jason mit Hülfe der Zauberin
Medea raubte. Die im Jahre 1864 von den Russen hier entdeckten Goldminen
waren augenscheinlich schon den alten Griechen bekannt, deren Kolonie Dioskurias
ein Sammelplatz von dreihundert verschiedenen Völkern war. Hier, an den
Küsten des Schwarzen Meeres, das durch seine eigene, unruhige und bisher noch
unerklärte wilde Natur das unsicherste Meer der Welt ist, und in welchem Wind
und Strömung ohne Ende wechseln, bildete sich das berühmte Pontische Reich,
das trotz seiner hartnäckigen Vertheidigung unter Mithridat eine Beute der Römer
wurde. Hier auf den Flüssen Kura (dem alten Kyros) und Rion, zog sich der
Handelsweg aus Europa nach Asien entlang, der die Genuesen und Venetianer
im Mittelalter bereicherte. Nicht allein mit Waaren aller Art, sondern auch
mit Sklaven wurde damals schon, wie bis in die neueste Zeit herab, hier Handel
getrieben. Eine Unzahl reizender Weiber und Mädchen wanderte von hier in
die türkischen Harems und übte einen beträchtlichen Einfluß auf die Veredlung
der tatarischen und mongolischen Stämme aus.

Im Mittelalter diente der Kaukasus als Brücke, über welche die wilden asiatischen Schwärme, wie die Gothen, Chasaren, Hunnen, Avaren, Mongolen, Araber und Tataren nach Europa zogen. Die Lage neben der Hauptstraße der Völkerwanderungen, die Isolirtheit seiner Gebirgsthäler, durch Felsrücken und Wald von einander getrennt, erklärt uns, warum der Kaukasus das sprachen= reichste Gebirge der Welt ist. Wie die Wogen des Meeres an den Felsen, so brach der Ungestüm der Eindringlinge an der zähen Festigkeit und wilden Tapfer= keit der Bergvölker einerseits, andererseits an der unzugänglichen Lage ihrer Bergfesten, an den undurchdringlichen Urwäldern und den schauerlichen Schluchten und Abgründen, sodaß sie meist nur geringe Spuren ihrer An= wesenheit zurückließen.

Der ganze Kaukasus südlich vom Kuban und vom Terek — mit Ausschluß jenes kleinen Fleckes unterhalb Wladikawkas, welchen die Offeten bewohnen, und des westlich davon belegenen Gebietes der basianischen Türken — wird von Völkern eingenommen, welche ihrer körperlichen Beschaffenheit nach sich von den im Norden wohnenden Tatarenstämmen unterscheiden und sich an die südlich davon wohnenden Glieder der mittelländischen Rasse anschließen. Sprachlich jedoch hängen sie mit diesen auch nicht zusammen, sondern bilden einen eigenen Stamm. Es ist bis jetzt Niemand gelungen, irgendwelchen Zusammenhang dieser Völker, weder mit den Indogermanen noch mit den Semiten, wissen= schaftlich nachzuweisen. Auch an eine Verbindung derselben mit der mongolischen Rasse kann, abgesehen von dem ganz verschiedenen körperlichen Typus beider, der gänzlich abweichenden Sprache wegen nicht gedacht werden. Es müssen also die Kaukasier als ein Ueberrest der größeren Völkerfamilie betrachtet werden, welche vor den Semiten, Avaren und Mongolen, welche sie umgeben, hier ihren Besitz gehabt hat.

In Daghestan oder dem nördlichen Abhange des Kaukasus sitzen die Avaren, Kasikumüken (nicht zu verwechseln mit den türkischen Kamüken), die Akuschen, die Kurinen und die Uden, welche sämmtlich von den Georgiern Lekhi, von den Armeniern Lekfik und von uns Lesghier genannt werden. Ihre Nach= barn gegen Westen, welche die Daghestanen Mizbscheghen heißen, nennen sich selbst Nachtschuoi. Zu ihnen zählen als Stamm die Tschetschenzen, welche unter dem Emir Schamyl hartnäckig für ihre Unabhängigkeit kämpften und nach denen von den Russen die gesammte Gruppe genannt wird, während sie die Georgier Kisten heißen.

Die westlichen Bergvölker zerfallen in die Abchasen, welche beide Abhänge des Kaukasus und den größeren Theil des Küstensaums vom Ingur bis zum Kuban inne haben, und in die Tscherkessen, welche westlicher und nördlicher sitzen.

Zwischen Kaukasus und Antikaukasus wohnen im Südwesten auf türkischem Boden die Lazen, im nordwestlichen Küstenlande die Mingrelier, dann im Längenthal des Ingur die rohen, fast noch unabhängigen Suanen, endlich als Binnenvölker im Gebiete des oberen und mittleren Kur die Georgier.

Den Bergbewohner hat die Natur nicht stiefmütterlich behandelt; bei aller seiner Wildheit und Unwissenheit zeigt derselbe meist einen hohen Grad natür=lichen Verstandes, Gefühl und selbst eine gewisse Humanität. Sucht nach Ehre, Auszeichnung und Ruhm bilden einen bezeichnenden Zug seines Charakters. Der Lesghier ist gleich dem Tscherkessen selbst in zerlumpter Kleidung und zer=rissener Burka noch eine edle Gestalt, er steht und geht graziös, redet einfach, ohne Betonung und Gestikulation, und seine Manieren sind meist tadellos. Sein Geschmack ist oft bewundernswerth; die Seiden= und Goldstickereien der Frauen, die Verzierungen an Sätteln, Pferdegeschirren, Stiefeln u. s. w. sind mitunter Prachtwerke von feinem Geschmack.

Dies Alles wird zu Hause angefertigt; nicht etwa zum Verkauf, sondern zu eigenem Gebrauch. Er liebt leidenschaftlich Musik und ergötzt sich oft stunden=lang durch ruhiges Zuhören an russischen Volksliedern, ja selbst an Mozart oder Rossini. Der Geist, welcher die kaukasischen Lieder belebt, ist uns aus Bodenstedt's meisterhaften Dichtungen „Tausend und ein Tag im Orient" und „Mirza Schaffy" bekannt. Sie sind der zahlreichste der kaukasischen Volks=stämme und am Südabhange des Gebirges in Kaukasien seßhaft. Der Gast=freund ist dem Kaukasier eine heilige, hochgeehrte Person, die seine ganze Auf=merksamkeit in Anspruch nimmt.

Die körperlich schönsten Volksstämme des kaukasischen Tieflandes sind die Mingrelier, Kabardiner und Imereten, alle drei ausgezeichnet durch edle, ausdrucksvolle Gesichtszüge, schlanken und doch kräftigen Körperbau und natürliche graziöse Haltung. Die Georgier oder Grusier (sie selbst nennen sich Karthuseli) stehen in dieser Hinsicht den genannten, ihnen aufs Engste ver=wandten Stämmen nur wenig nach.

Bei den Georgiern sind die Männer gewöhnlich von hohem Wuchse, stark und schlank, haben meist einen bräunlichen Teint und schwarzes, oft krauses Haar. Die Weiber zeichnen sich besonders durch ihre schönen Augen aus, doch wird das Gesicht häufig durch eine übergroße, nach dem Munde sich neigende Nase verun=ziert. Die Größe derselben fällt um so mehr in die Augen, als die Stirn sehr niedrig ist. Dabei denken sie nur an Putz und vernachlässigen ihre Bildung vollständig. Von der Führung eines Hausstandes als Frau haben sie auch nicht den geringsten Begriff, dafür sind Mägde, Diener und Verwalter in jedem besseren Hause. Leider ist die Zeit der Blüte oft schon vor dem dreißigsten Jahre dahin; das Gesicht magert ab, die Nase tritt übermäßig hervor, die Stimme wird kreischend und rauh.

Allgemeine Charakterzüge des ganzen georgischen Volkes sind angeborene Trägheit und bis zu größtem Leichtsinn sich steigernde Sorglosigkeit. Ferner ist der Georgier sehr zur Prahlerei geneigt, erzählt und übertreibt gern seine Helden=thaten oder die seines Stammes. Aber er ist auch bei aller Gutmüthigkeit muthig und furchtlos, besitzt eine überaus große Vaterlandsliebe, ist gastfrei und stets bereit, einem nothleidenden Freunde, selbst mit Aufopferung, zu helfen.

Kaukasische Bergvölker.

14*

Die Wohnung je der größeren Familie iſt eine Art Feſtung mit Thürmen und unterirdiſchen Gängen. Die Sakli (Häuſer, Hütten) ſind aus Steinplatten erbaut, mit Terraſſen und Einzäunungen verſehen, nach Art der deutſchen Ritterburgen auf hohen Bergkämmen gelegen und für mehrere Familien ein= gerichtet. Sie ziehen ſich getrennt höher und höher den Berg hinauf, bis zu den Grenzen des ewigen Schnees.

Die Ehen ſind ein Kaufgeſchäft, dem man aber durch pomphafte Aufzüge einen romantiſchen Anſtrich giebt. Für eine beſtimmte Anzahl Fettſchafe erhält der Freier die zur Ehe Begehrte, und nachdem der Tribut bezahlt, kommt er mit aufgeputzten Freunden, die Braut in ſein Haus abzuholen, wo dann die Neu= vermählten, ohne ſich ſelbſt an der Feſtlichkeit zu betheiligen, zuſehen müſſen, wie die Verwandten und Hochzeitsgäſte ſchmauſen. Bei dem Zuge ins Haus des Mannes iſt die Braut über und über mit klirrenden ſilbernen Ketten behangen und hat gewöhnlich eine Mütze von Fettſchafſchwänzen auf dem dunklen Haar. Der Bräutigam und ſeine Begleiter erſcheinen in alterthümlicher Kriegertracht, gleichfalls mit Fettſchafſchwänzen ausſtaffirt.

Die Tſcherkeſſen nennen ſich ſelbſt Adighe, was ein Volk bedeuten ſoll, das zwiſchen zwei Meeren wohnt. Die Türken, Griechen, Italiener und Franzoſen nennen die Tſcherkeſſen Cirkaſſier, was ſo viel als Wegabſchneider (Räuber) bedeuten ſoll. Die Perſer unterſcheiden ſie von den übrigen Stämmen des Kau= kaſus durch den Namen Kaſſalken. Strabo nannte ſie Kerketen.

Auch die Tſcherkeſſen ſind ein überaus ſchöner Menſchenſchlag. Der ſchlanke Körper, die feine Taille, die kleinen Füße und Hände, die breiten Schultern, die Adlernaſe, das feurige dunkle Auge, der glänzend ſchwarze Bart — das ſind vor= nehmliche Eigenthümlichkeiten jedes Tſcherkeſſen edler Herkunft. Sein Gang iſt elaſtiſch, leicht und ſtolz, ſeine Kleidung die maleriſchſte, die man ſich denken kann.

Die mit Gold und Silber, oft ſogar mit Edelſteinen ausgelegten Waffen ſind des Tſcherkeſſen Stolz und ſein größter Reichthum.

Die Frauen tragen meiſt hellblaue ſeidene, gold= und ſilbergeſtickte Hemden, die ein koſtbarer Gürtel zuſammenhält. Um ihre Taille ſchlanker zu machen, legt man den Mädchen ſchon von früheſter Jugend an einen breiten Ledergürtel an, den ſie bis zu ihrer Verheirathung tragen. Die Frauen hüllen ſich in einen weißen Ueberwurf, der ſie vom Kopf bis zu den Füßen bedeckt.

Charakteriſtiſch iſt die Rachſucht des Tſcherkeſſen. Die Blutrache geht von Geſchlecht zu Geſchlecht und richtet ſchreckliches Unheil unter ihnen an. Nur ein ſicheres Mittel giebt es, die feindlichen Familien zu verſöhnen, da ſelbſt der ge= wöhnliche Loskauf nicht immer ganz ſchützt; es iſt dies folgendes: der Tſcherkeſſe ſtiehlt ein Kind ſeines Feindes, läßt es bei ſich aufwachſen und giebt es ſpäter freiwillig dem Vater zurück, — dadurch wandelt ſich die bitterſte Feindſchaft in die innigſte Freundſchaft um. Die Gaſtfreundſchaft iſt dem Tſcherkeſſen heilig, der Todfeind ſelbſt kann ruhig unter ſeinem Dache ſchlafen; ſo lange er im Hauſe iſt, darf ihm Niemand Etwas anhaben.

In jedem Aul (Dorf), der gewöhnlich terrassenförmig an den Bergabhängen angelegt ist, befindet sich eine Art Citadelle, in welche sich die Bewohner bei Ueberfällen flüchten. Die Wohnungen sind mit Lehm beworfene hölzerne Hütten oder Häuschen; an den Wänden der Gemächer hängen ringsum Waffen, den Boden bedecken Strohmatten, bei den Reicheren dicke, weiche Teppiche, ringsumher an den Wänden befinden sich ganz niedrige Divans — eigentliche Tische und Stühle oder sonstige europäische Möbel kennt der Tscherkesse nicht.

Inneres einer Tscherkessenwohnung.

Rinder- und Schafherden bilden den Hauptreichthum des Tscherkessen; Ackerbau und Handel sind nicht seine Sache; Kunst und Wissenschaft kennt er nicht: seine Gesänge erzählen die Heldenthaten seines Volkes, den Tod eines Tapfern. — Bei den Hochzeiten finden eigenthümliche Gebräuche statt. Kein vornehmer Tscherkesse kann sich entschließen, ein Mädchen aus niederem Stande zu ehelichen. Der Bräutigam muß die Tochter durch ein Lösegel von den Eltern kaufen, das aus Geld, Pferden, Ochsen oder Hammeln besteht; dann muß er

ſie denſelben unbedingt rauben oder entführen, was natürlich ſcheinbar gegen
ihren Willen geſchieht.

Bei einer Hochzeit darf ein in bunte Lappen gekleideter Luſtigmacher nicht feh=
len, welcher auf einem alten, hinkenden Gaul erſcheint. Der im Allgemeinen ernſt=
hafte Tſcherkeſſe hält ſeine Frau in einer gewiſſen Entfernung, iſt äußerlich kalt
und gemeſſen gegen ſie und erlaubt Niemand, ihr Aufmerkſamkeiten zu bezeigen.

Die bloße Frage nach ihrer Geſundheit iſt eine Beleidigung; doch behandelt
er ſie mit einer gewiſſen Zuvorkommenheit und Achtung. Schon das Erſcheinen
einer Frau unterbricht jeden Streit, in ihrer Gegenwart darf nie Blut vergoſſen
werden; doch iſt der Mann Gebieter, ſelbſt über deren Leben und Tod. Die Kna=
ben werden von früheſter Jugend an im Reiten, Fechten, Schießen und ähnlichen
Beſchäftigungen geübt; die Entwicklung von Gewandtheit und Liſt iſt die Haupt=
aufgabe der ganzen Erziehung, ein Pferd oder einen Hammel aus dem nach=
barlichen Aul zu ſtehlen ein Verdienſt. Nur darf ſich der Dieb nicht fangen
laſſen; dies wäre die größte Schande, denn dann müßte er das geſtohlene Thier
dem Eigenthümer zurückbringen, was dem Tſcherkeſſen die ſchwerſte Strafe wäre.

Alle Tſcherkeſſen theilen ſich in drei Stände: Fürſten, Edelleute und ge=
wöhnliche Krieger. Die geringe Zahl der Geiſtlichen zählt ſich zu den Edelleuten.
Sklaven ſind die Kriegsgefangenen und Ueberläufer, ſie bilden eine beſondere
Klaſſe, bearbeiten die Felder und leiſten Dienſte im Hauſe der Freien.

Unter den Bergbewohnern giebt es häufig ſolche, die mit einer Art von
wahnſinnigem Spleen behaftet ſind, die ſogenannten Abreken. Das Wort Abrek
iſt von den Kabardinern erdacht und heißt ſo viel wie verflucht — beſeſſen ſein.
Es ſind dieſe Abreken verzweifelte, mit ſich und der Welt zerfallene Scheuſale,
denen jedes menſchliche Gefühl fremd geworden und deren einziger Genuß Blut=
vergießen iſt. Wer in den Kabardiniſchen Bergen einer in ein Gewand von
weißem Bergziegenfell gehüllten Geſtalt begegnet und aus dem im Winde
flatternden langen Seidenhaare des zottigen Gewandes den ſtieren Blick eines
Wahnſinnigen auf ſich gerichtet ſieht, der fliehe, ſo raſch er kann, vor dieſem
verzweifelten Reiter auf ſeinem ſchwarzen Roſſe — es iſt ein Abrek! Weder
Greiſe noch Kinder ſind vor ſeiner Blutgier ſicher, ihm iſt Alles gleich, nur der
Anblick eines friſchen blutigen Opfers ſättigt auf Augenblicke ſeine Gier. Doch
muß auch er auf ſeiner Hut ſein, denn als ein Feind Aller iſt auch er vogelfrei
und findet keine Schonung, wenn er auf einen ſtärkeren Gegner ſtößt. —

Unter den kriegeriſchen Spielen der Bergbewohner ſteht das ſogenannte
„Djigitowka“ obenan. Es iſt dies eine Art Wetturnier, welches die beſten
Voltigeurſtücke eines gewandten Kunſtreiters um Vieles an Gewandtheit über=
trifft — im ſchnellſten Laufe eines muthigen Roſſes ſich von demſelben tief herab
beugen und mit der Kugel ein kleines, auf der Erde liegendes Geldſtück oder
Papier durchſchießen, oder auch dieſes ſelbſt vom Boden aufheben, möchte wol
ſchwerlich nachgemacht werden. Wenn man das Entzücken, Jauchzen und
Schreien bei irgendeinem beſonders hervorragenden Kunſtſtücke mit Säbel, Dolch

oder Flinte, Alles zu Pferde und in gestrecktem Galopp ausgeführt, hört und sieht, wie sie einander wie Tolle umarmen, wie sie die Waffen küssen u. f. w., so glaubt man, eine Anzahl Irrsinniger vor sich zu haben.

Hoch im Gebirge im Großen Kaukasus wohnen die drei verwandten Volks=stämme der Cheffuren, Pschawen und Tuschinen, seit den ältesten Zeiten als die tapfersten und ritterlichsten Völker bekannt. Die grusinischen Könige, denen sie unterthan waren, schätzten sie deshalb hoch.

Bei den Cheffuren findet man noch die Kettenpanzer, die flache metallene Kopfbedeckung mit dem rund herumhängenden Kettennetze, welches Gesicht und Backen deckt, ferner die Arm= und Beinschienen und die biegsamen Metallbe=deckungen der Hand und der Finger. Diese ritterliche Kriegskleidung erinnert bei ihnen auch noch in der Gegenwart an die Zeiten des Mittelalters.

Nicht weniger interessant ist das ursprüngliche Gerichtswesen dieser Völker; sie haben für alle Verbrechen Straftaxen, welche nach richterlichen Sprüchen gehandhabt werden.

Vom Diebe nimmt man siebenmal den Werth des Gestohlenen. Schlau stehlen ist keine Schande, nur der entdeckte Dieb wird verachtet. Bei Schlägereien wird der Geschädigte je nach der Klasse und dem angethanen Schaden mit 5 bis 25 Kühen bezahlt; für ein ausgeschlagenes Auge erhält er 30 Kühe, für ein zerschlagenes Bein 24, für die rechte Hand 25, für die linke Hand 20, für den Daumen 5, für den Zeigefinger 4, für den Mittelfinger 3, für die weiteren Finger 1 Kuh. Hat Jemand bei einer Schlägerei eine Wunde ins Gesicht er=halten, so wird ein Bretchen von der Größe dieser Wunde dicht mit Getreide=körnern bedeckt, und soviele darauf gehen, soviele Kühe müssen bezahlt werden.

Der Werth einer Kuh ist 5 Rubel Silber (à Mark 3. 22.), und man kann, wenn größere Summen zu entrichten sind, auch anderweitig bezahlen, da feste Verhältnißpreise bestehen.

So gilt ein Gewehr für 20 Kühe oder 100 Rubel, ein Hengst für 7 Kühe, ein Maulesel für 8, eine Stute für 4. Der Werth einer Kuh ist gleich 4 Schafen.

Todtschlag und Diebstahl sind die strafbarsten Verbrechen bei diesen Berg=völkern. Einer Frau, die ihrem Manne die Treue bricht, hat der Mann nach Cheffuren=Brauch das Recht die Hand abzuhauen oder die Nase abzuschneiden und sie so den Eltern zurückzuschicken. Der Tuschine kann jeden Augenblick sein Weib verstoßen, ohne Rechenschaft über seine Handlung ablegen zu müssen. Er kann sich auch jeden Augenblick anderweitig verheirathen.

Es ist gleichgiltig, ob Jemand mit oder ohne Absicht getödtet wurde, sein Blut muß gerächt werden, d. h. entweder muß der Schuldige sterben, und Der=jenige, welcher dies veranlaßt hat, ist dann wieder den Verwandten des Opfers verfallen, oder aber es muß in bestimmter Weise ein Blutgeld bezahlt werden. Zunächst flieht gewöhnlich der Schuldige in ein Nachbardorf und zwar, wenn er sie besitzt, mit seiner Familie. Die Verwandten des Getödteten verbrennen dagegen das Eigenthum des Mörders. Die Bewohner des Dorfes schützen den Flüchtling.

Ift es ein Tuschine, so geht er von nun an barfuß und läßt zum Zeichen seiner Reue die Haare wachsen. Nach einer gewissen Zeit kann er dann im Einverständniß mit den Verwandten des Getödteten ins Dorf zurückkommen und das Blutgeld anbieten lassen. Für einen Mann besteht dies in 120 Kühen, für eine Frau zahlt man nur die Hälfte. Die Verwandten des Schuldigen gehen dann alle weinend mit einem gesattelten Pferde, an welchem ein gutes Gewehr und ein guter Säbel befestigt worden, zur Wohnung der Verwandten des Todten und bitten um Verzeihung. Der Blutpreis wird gewöhnlich nicht angenommen, weil man durch die Annahme die Seele des Todten zu kränken meint, dagegen geben die Verwandten des Todten ein Fest, und damit sind die ersten und nächsten Verfolgungen beendet, der Mörder kann in sein heimatliches Dorf zurückkehren. Bei den Pschawen und Chessuren schickt dagegen der Mörder während dreier Jahre jeden Monat ein Schaf in das Haus des Getödteten, im vierten Jahre sendet er dann noch 280 Schafe und 70 Kühe, und falls diese angenommen werden, kann er heimkehren, wird aber immer die aufs Neue erwachende Rache der Angehörigen zu fürchten haben. Da aber die meisten Bewohner der Hochthäler arm und gar nicht im Stande sind, so hohe Strafen und Blutgelder zu zahlen, so erbt sich eben die Blutrache von Generation auf Generation fort, und man findet unter den älteren Leuten selten welche, die nicht dem Tode durch Feindes Hand nach dem Brauche der Blutrache verfallen wären. Daher ist es auch erklärlich, daß die Männer, sobald sie das Haus verlassen, stets vollständig bewaffnet und zur Gegenwehr bereit sind.

Von den Suanen endlich erzählt uns Radde, dem wir auch vorstehende Mittheilungen über die Tuschinen u. f. w. verdanken, daß sie das wildeste Bergvolk der Gegenwart sind und erst seit kurzer Zeit dem russischen Scepter unterthan.

Jedes ihrer Häuser ist eine starke Festung mit viereckigen, oft 20 bis 30 m. hohen Thürmen und zahlreichen Schießscharten.

Typus des Kaukasiers.

Typus eines Galla.

Hamiten und Semiten.

Hamiten. — Die alten Egypter. — Fellahin. — Kopten. — Berber. — Tuareg. — Beni Mezâb. — Kabylen. — Galla. — Semiten. — Araber. — Beduinen.

~~~~~~~~~

Den Reigen in der Geschichte des Westens eröffnen die Hamiten, ein mittelländischer Völkerstamm, der in Bezug auf seine Lebensäußerungen den Chinesen verwandt ist. Die Nationen, welche hierher gehören, gründen große Reiche und führen kolossale Bauten auf.

Unter den Gliedern der mittelländischen Rasse hat sich der hamitische Stamm am frühesten eine hohe Gesittung erworben, und er ist zum Lehrmeister aller Nachbarvölker geworden. Den Hamiten gehörten die Monarchien von Babel, Niniveh und Egypten. Wohin wir uns wenden, stoßen wir auf Dinge, die zu unseren ersten und ältesten Beobachtungen in der Heimat gehören, und wenn die erste Musterung vollendet ist, gestehen wir uns im Stillen, daß bis zur Zeit, wo bei uns Maschinen und Dampfkräfte in Bewegung gesetzt wurden, die Egypter in Bezug auf Handwerksgeräth sich vor uns nicht zu schämen hatten, wir vielmehr die wichtigsten Stücke unserer häuslichen Ausstattung erst von ihnen geerbt haben. Ehrfurchtsvolles Staunen erwecken noch jetzt die Bauwerke des Nilvolks, seine Tempel, seine Sphinxalleen, seine steinernen Riesenbilder, seine Pyramiden. Die schüchternste Zeitberechnung führt Menes, den Gründer von Memphis, zurück bis auf das Jahr 3892 v. Chr., und unter ihm waren die Egypter längst schon Baumeister, Bildhauer, Maler, Mythologen und Gottesgelehrte.

Zu den Hamiten gehören alle jene Stämme, welche ursprünglich über die Länder zwischen dem Euphrat und Tigris und die Küste Palästina's sich verbreiteten, von da nach Afrika übergingen und daselbst das Nilthal sowie die an dasselbe sich schließenden Landstriche, ferner die Nordküste Afrika's, mit Einschluß der Kanarischen Inseln, bevölkerten.

Die Zusammengehörigkeit aller dieser Völker ergiebt sich theils aus den direkten Nachrichten der Alten, theils aus der innigen Verwandtschaft, sowol ihrer Sitten und Gebräuche als auch deren Sprachen.

Gegenwärtig theilt sich der hamitische Stamm in drei Aeste, nämlich in die Egypter, in die Berber oder Libyer und in die Ostafrikaner oder Aethiopier.

Zur egyptischen Familie gehören die Bewohner des Nilthals, die sogenannten Egypter, welche noch heutzutage, wenn auch mit fremdem Blute vielfach vermischt, in den Kopten und Fellachen fortleben.

Tausende von Jahren bewohnt in nachweisbar physisch unveränderter Gestalt das Volk der Egypter die Gestade des Nils, das älteste Volk der historischen Welt. Aus der endlosen Reihe von Völkerwanderungen und Wandlungen, über welche die Geschichte berichtet, ragt die stabile Eigenartigkeit der Egypter einzig hervor. Wie der Nilstrom, als dessen Geschenk Egypten gilt, und an den sich die ganze Existenz seiner Bewohner knüpft, unverändert sich alljährlich von Neuem verjüngt, so scheint derselbe auch dem seßhaften Ackervolke an seinen Ufern einen Stempel unvergänglicher Beständigkeit aufzuprägen. Kein Land wie Egypten, das in so hohem Grade abhängig von einem Flusse, der es gemodelt; kein Fluß so eigener Art wie der Nil; daher auch keine Rasse von so ausgeprägter Eigenart wie das Volk der Egypter.

Der Gedanke liegt deshalb nahe, daß jegliche menschliche Existenz, welche auf dem fetten Boden der Nilerde keimte, gleichviel von woher ihre Keime herbeigeführt wurden, die geheimnißvolle, in sich abgeschlossene Eigenthümlichkeit des letzteren zum Ausdruck bringen mußte, daß Menschen, welche die Nilufer fortzeugend bewohnten, immer wieder zu dem von der Natur einmal bedingten Typus sich umzugestalten hatten, wenn auch ursprünglich ihnen ein anderer vorgezeichnet worden war. Gilt doch auch anderwärts der Mensch nur als ein Kind des Bodens, der ihn erzeugt, wie die Pflanze, welche aus ihm hervorgesprossen; wie vielmehr muß dies der Fall sein auf dem unvergleichlich scharf abgegrenzten Boden Egyptens, umgeben von Meer und Wüste, und in der Geschichte von Jahrtausenden.

Als den Kern der egyptischen Volkskraft haben wir die Fellachen (Fellah, Plural Fellahîn), die „Pflüger" oder „Bauern", zu bezeichnen.

Der Fellah ist im Durchschnitt von mehr als mittlerer Größe, der Knochenbau robust, namentlich der Schädel außerordentlich fest und massig geformt,
auch die Fuß- und Handgelenke sind sehr kräftig, fast plump. Eine hervorragende Eigenthümlichkeit seines Körperbaues bildet die ungeachtet eines solchen
kräftigen Gerüstes stets und ausnahmslos mangelnde Fettleibigkeit. Von besonders auffälliger Schlankheit sind die Mädchen und Frauen. „Zei el-habl"
(wie ein Strick) hört man sie oft sich selbst unter einander bezeichnen.

Eine Haupteigenthümlichkeit der Egypter ist die beispiellos dichte Stellung
der Wimpern an beiden Augenlidern, welche dieselben mit einem kontinuirlichen
schwarzen Saum beranden, was den „mandelförmig geschlitzten Augen" derselben den so lebhaften Ausdruck verleiht. Die uralte und heute noch geübte
Sitte des Schwarzfärbens der Augenränder mit Antimon („Kohl"), ein Verfahren, das aus gesundheitlichen Rücksichten erklärt wird, erscheint somit nur
als die Nachhülfe eines von der Natur bereits sehr deutlich vorgeschriebenen Typus.

Von der Kleidung des Fellah ist wenig zu sagen. Da er meist gewohnt ist,
auf freiem Felde und zu jeder Jahreszeit völlig unbekleidet seiner Arbeit nach-
zugehen, so genügt ein indigogefärbtes Baumwollenhemd und ein weiterer mantel-
artiger Ueberwurf von braunem, selbstgesponnenem Ziegengarn, oder einfach
eine schafwollene Decke, dazu eine dicke, sich knapp der Schädelwölbung an-
passende Filzkappe allen Ansprüchen. Gewöhnlich geht er barfuß und trägt nur
selten die rothen zugespitzten, oder die breiten gelben Schuhe. Ortsvorsteher
und wohlhabendere Bauern tragen, wenn sie die Märkte in den Städten besuchen, weite schwarze Wollenmäntel und als Kopfbedeckung einen dicken rothen
(sogen. tunesischen) Fez (Tarbusch) mit blauer Seidenquaste, um welchen sie
den weißen oder rothen Turban wickeln. In der Hand tragen sie gewöhnlich
einen Stab aus der Mittelrippe des Blattes der Dattelpalme.

Die gesammte Bodenkultur dieses durchaus auf den Ackerbau angewiesenen
Landes befindet sich in der Hand der Fellahin und ist die ihrer Umgebung und
Neigung einzig angemessene Thätigkeit, ein Umstand, der für sich zu beweisen
genügt, wie vollständig das seßhafte altegyptische Blut in ihnen über das unstete
arabische siegt, das sich doch seit der Eroberung des Nilthals durch die Heere
des Islam reichlich genug mit dem ihren vermischte. Namentlich in Oberegypten
hat sich der altegyptische Typus, den der Reisende am leichtesten bei den Kindern
und Frauen (deren Züge nicht durch den von den alten Egyptern verschmähten
Vollbart verhüllt und verändert sind) herausfinden wird, in manchen Fellah-
familien in wunderbarer Reinheit erhalten.

Kein Volk kann aber einen traurigeren Eindruck machen als diese Fellah-
Bewohner der egyptischen Dörfer. Alles starrt von Ungeziefer und Schmuz,
und wahrhaft empörend ist die Gleichgiltigkeit der Menschen gegen die unaus-
bleiblichen Folgen dieser Unsauberkeit. — Waschen ist ein gänzlich fehlender
Begriff, dagegen herrschen unbeschreibliche Faulheit, hinterlistige Verschmitztheit
und gänzliche Nichtachtung fremden Eigenthums.

Ein Fellahdorf sieht aus wie ein niedriger, unregelmäßiger, zerrissener Erdhügel, dessen Seiten von meterhohen Löchern durchbrochen sind.

Ihre Wohnungen sind nur aus Erde gemacht und mit Stroh und Schilf bedeckt. Sie gleichen eher den Höhlen der wilden Thiere als menschlichen Häusern: die Hütten der wilden Südseeinsulaner sind wahre Paläste an Bequemlichkeit und Reinlichkeit gegen diese Lehmhaufen. Durch eine niedere Oeffnung kriecht die Familie ein und aus. Fenster giebt es nicht. Von verschiedenen Zimmern ist keine Rede. Zwei oder drei Palmbäume beschatten das klägliche Asyl. Einige Töpfe sind der einzige Hausrath eines Fellah. Bett, Stuhl, Tisch und dergleichen sind ihm sehr entbehrlicher Luxus. Dagegen findet sich ein einziges Möbel vor, das wegen seiner Originalität eine Erwähnung verdient. Es ist nämlich ein aus Nilschlamm gekneteter großer Schrank von eigenthümlicher Form, welcher mit einer Thür versehen ist, die verriegelt werden kann. Dieser Schrank enthält alle Kostbarkeiten, Kleidungsstücke, Reliquien und selbst Lebensmittel, wenn die Zeiten so schlecht sind, daß ein Durrhakuchen eine Leckerei wird. Außen vor der Hütte sieht man auch einen kleinen Backofen und einige Steine in der Asche liegen. Holz hat der Fellah nicht; sein Weib und seine Kinder sammeln eifrig den Dünger der Rinder, Pferde, Esel und Kameele, mischen ihn mit geschnittenem Stroh und Wasser zu einem Brei und bilden daraus dünne Kuchen, welche an der Sonne getrocknet werden.

Mit der Familie wohnen nächtlicher Weile in dem Raume Hühner, Gänse und Ziegen; nur der Esel bleibt die Nacht über im Freien, weil er zu hoch ist und nicht die Thür passiren kann. Bei Tage ist die Wohnung vollständig leer, und alle ihre Bewohner — vierbeinige und zweibeinige — kampiren im Freien.

Nur in den größeren Dörfern findet man eine Moschee mit kleinem Minaret, aber auch aus Lehm erbaut. Bei den meisten Dörfern ist ein Wasserplatz, wo Gänse, Enten und Büffel sich gütlich thun, und auch halb oder ganz nackte Kinder sich im Schlamme wälzen. Millionen von Fliegen halten sich in den Dörfern auf und bedecken oft förmlich die Augenlider der Kinder, welche durch die Unreinlichkeit häufig ein Auge oder beide verlieren. Nirgends sieht man daher mehr Blinde und Einäugige als in Egypten und besonders in den Dörfern.

Die Fellah sind gewöhnlich so arm, daß sie nur zweimal im Jahre an den hohen Festtagen Fleisch essen, sonst sind rohe Zwiebeln und ein schlechtes Brot Jahr ein Jahr aus fast die einzigen Nahrungsmittel. Glücklich schätzt sich, wer zuweilen etwas saure Milch, Käse, Honig und Datteln haben kann.

Der egyptische Bauer ist namentlich in den jüngeren Jahren erstaunlich gelehrig, klug und rührig. Im späteren Alter verliert er die Munterkeit, Frische und Elastizität des Geistes, die ihn als Knaben so vielversprechend und liebenswürdig erscheinen läßt, durch Noth und Sorge und das sein Leben ausfüllende Schöpfen aus dem Danaidenfasse. Er pflügt und erntet, er arbeitet und erwirbt, aber der gewonnene Piaster bleibt selten sein Eigenthum. So wird sein Charakter der Sinnesart eines begabten, aber mit Härte und Selbstsucht

erzogenen Kindes
ähnlich, welches, so=
bald es heranwächst,
begreifen muß, daß
es ausgebeutet wird.
Eigensinn und Ver=
stocktheit verdrängen
die unbefangene Hei=
terkeit der Kindes=
seele, und wie zur
Zeit des Ammianus
Marcellinus läßt sich
heute noch der Fellah
von Schlägen, deren
er sich oft zu rühmen
pflegt, zerfleischen,
ehe er die ihm ab=
verlangten Steuern
entrichtet.

Gewiß ist der
Fellah ein fleißiger
Arbeiter auf seinem
Felde, und die Ar=
beit, die seiner dort
harrt, ist groß, grö=
ßer vielleicht als die
unserer Bauern.
Denn hat er sich auch
nicht mit der Dün=
gung des Bodens
viel abzuplagen, so
erfordert die fort=
während Bewässe=
rung, das ewige Wa=
ten und Schlamm=
treten, vor Allem
aber die Arbeit am
Schöpfeimer, einen
erhöhten Aufwand
von Kräften. Auf

Fellahweib.

der anderen Seite ist ihm jede Bemühung um ein besseres Lebenslos, jede An=
strengung und jedes Nachdenken über die Vervollkommnung seiner Arbeit fremd.

Sobald die allernothwendigste Pflicht erfüllt ist, ruht er aus und raucht, denn für alles Andere hat Allah zu sorgen. Und es ist gerade jener mohammedanische Fatalismus, welchen der Fellah so versteht, als wenn man sich dem Laufe der Dinge passiv zu unterwerfen habe, weil es ja unnütz sei, dem Unabänderlichen zu widerstreben. Derselbe Fatalismus unterbindet seine Kraft und führt ihn zu jener uns geradezu empörenden Indolenz, die ihn ruhig zusehen läßt, wenn sein Kind stirbt, das er dann mit aufrichtigem Seelenschmerze beklagt, denn er hat ein weiches Herz und warmen Familiensinn. Er ist friedfertig, wohlgesinnt und hülfreich, namentlich gegen seines Gleichen; der Diebstahl kommt seltener vor als in Europa unter den gleichen Gesellschaftsschichten.

Während wir den Fellah allein schon wegen seines Wohnenbleibens auf egyptischem Boden als echten Egypter betrachten zu müssen glaubten, bietet uns beim Kopten auch die Religion eine Garantie für seine historische Rassenreinheit. Die Kopten sind ebenfalls als die direktesten Nachkommen der alten Egypter zu betrachten, denn es läßt sich nicht annehmen, daß nach der Eroberung des Landes durch den Islam daselbst irgendwie fremde Einwanderer zum Christen= thum übergetreten seien.

Die egyptische Sprache ist eine von den wenigen, welche wir durch etwa vier Jahrtausende in ihrer Entwicklung verfolgen können. Ihre Tochter, das Koptische, war lange Zeit die Volkssprache Egyptens, bis es durch das Arabische vollkommen beseitigt wurde. Noch vor Kurzem fristete es in einzelnen Klöstern als gelehrtes Idiom ein kümmerliches Dasein. Heutzutage ist es voll= kommen erloschen. Nur mit Hülfe des Koptischen war es möglich, die Ent= zifferung der altegyptischen Denkmäler in sogenannter Hieroglyphenschrift mit Erfolg zu betreiben, daher ihm auch noch jetzt von den Egyptologen eingehendes Studium gewidmet wird.

Da die große Mehrzahl der Kopten Städter sind und sich als solche aus= schließlich den höheren Gewerben und feineren Handarbeiten hingeben (Uhr= macher, Gold= und Silberarbeiter, Goldsticker, Schneider, Weber, Verfertiger falscher Alterthümer), oder durch die Arbeit mit der Feder, als Schreiber, Rechen= meister, Notare, Buchhalter u. a. im privaten wie auch im Staatsdienste, dann auch durch Handel ihren Unterhalt finden, so darf es uns nicht Wunder nehmen, wenn wir sie im Großen und Ganzen, was Körperbeschaffenheit anlangt, einen gewissen Gegensatz zu den Fellachen darstellen sehen. Ein feinerer Knochenbau mit zierlichen Extremitäten, eine schmälere, höhere (weil mit schwächer entwickelten Backenknochen) Schädelbildung, hellere Gesichtsfarbe bilden Unterschiede, die sich aus der Verschiedenheit der Lebensweise hinlänglich erklären lassen, sobald wir diejenigen Kopten, welche dem Bodenbau obliegen, mit in Betracht ziehen. Diese letzteren, wie die koptischen Kameeltreiber Oberegyptens, sind von den übrigen Fellachen nicht zu unterscheiden und von den städtischen Kopten ebenso verschieden, wie die Rassen der egyptischen Hausthiere, je nachdem sie das Nil= thal oder die Wüste bewohnen.

Die Kopten sind an dem dunkeln, schwarzen oder blauen Turban und den dunklen Kleidern, welche sie tragen, von den Arabern zu unterscheiden. Diese ihnen ursprünglich zwangsweise durch die Bedrücker auferlegte Tracht wird auch heute noch, wo es jedem Kopten frei steht, sich nach Belieben zu kleiden, von ihnen mit allem angeborenen Hochmuth und Dünkel zur Schau getragen. Nach längerem Verkehr mit Kopten erkennt man sie häufig an dem altegyptischen Gesichtsschnitt, und wird man nur bei ihnen, zuweilen in frappantester Weise, an die altegyptischen Portraitdarstellungen der Könige erinnert.

Berbern oder Berber ist der allgemeine Name für die seit dem 7. Jahrhundert von den Arabern überflutete und dem Islam unterworfene Bevölkerung des nördlichen Afrika, welche von dem Westrande der Nilländer über die Sahara und deren Oasen bis zum Atlantischen Ozean einerseits, den Negerstaaten des Sudan bis zum Mittelmeere andererseits ausgebreitet ist und, trotz aller innerhalb dieser weiten Gebiete auftretenden Verschiedenheiten in Bezug auf Sprache wie auf Leibesgestalt, Hautfarbe und Gesichtsbildung, doch einen im Ganzen konformen Haupttypus repräsentirt und einem gemeinsamen Völker- und Sprachstamme angehört. Unzweifelhaft sind die gegenwärtigen Berbervölker desselben Stammes, wie die im Alterthum auftretenden Mauri oder Mauretanier und Numidier, Gätulier und Phazanier, Nasamonen und Hamamientes, die eigentlichen Libyer um das Syrtenmeer, in

Typus eines Berbers.

Cyrenaica (Barka), Marmarica und den binnenländischen Oasen Augila und Ammonium (Siwah).

Der Name Berber ist den meisten von den Europäern so benannten Völkerschaften selbst unbekannt. Die wichtigsten Glieder der Berbervölker sind folgende fünf. Die sogenannten Amazirghen oder Amasigh, genauer Masigh genannt, welche, 2 bis 2½ Millionen Köpfe stark, das nördliche Marokko, das ganze Rif (als gefürchtete Seeräuber oder Rifpiraten) und den nördlichen Theil des Atlas bis zur Provinz Tedla bewohnen, von den marokkanischen Sultanen meist völlig unabhängig leben und theils unter eigenen Häuptlingen und erblichen Fürsten stehen, theils kleine republikanische Gemeinwesen bilden. Sie treiben vorzugsweise Rindviehzucht und leben in Dörfern und Höfen, nicht selten räuberisch in das Flachland streifend. Einzelne Stämme sind aus den Gebirgsthälern bereits in die Ebene hinabgedrungen, wo sie steinerne Häuser in befestigten Dörfern bewohnen. Die Amazirghen haben im Allgemeinen eine weiße Hautfarbe, auch kaukasischen Gesichtstypus, sind mittlerer Größe, besitzen einen schlanken, schönen

Körper, einen lebendigen, kühnen und stolzen, aber auch höchst rachsüchtigen Charakter. Sie sind geschworene Feinde aller Europäer.

Die Schilluh oder Schellakh im südlichen Marokko, auf 1,450,000 Köpfe geschätzt, wohnen theils in der großen Ebene längs dem Omm=er=Rebiah und Tensift, theils im südlichen Atlas bis zu dessen äußersten Verzweigungen am Atlantischen Ozean. Sie sind mehr Ackerbauer und Industrielle als Hirten, führen daher dem europäischen Handel Waaren von bedeutendem Werthe zu und leben in größeren Ortschaften, Dörfern und Städten. Von den Amazirghen unterscheiden sie sich zugleich durch eine dunklere Hautfarbe, einen weniger kräf=tigen Körperbau, aber meist höhere Civilisation.

In welchem Verhältniß zu diesen marokkanischen Berberstämmen die Guanchen, die ausgestorbenen Urbewohner der Kanarischen Inseln, gestanden haben, ist unbekannt, daß dieselben aber berberischen Stammes waren, ist gewiß.

Die Berber der Sahara leben als Bewohner der Oasen meist durch un=geheure Räume von einander getrennt. Die merkwürdigsten von ihnen sind die Beni=Mezâb oder Mozabiten, die Berber von Ghadames, von Sokna an der Grenze von Fezzan, von Audschila, von Siwah, vor Allem aber das weit=verbreitete und weithin herrschende Volk der Imoscharh oder Tuarêg. Letz=tere, die reinsten und unvermischtesten aller Berber, erfüllen die Oasen der Wüste zwischen Ghadames, Tuât, Bilma und dem Niger, und sind fast aus=schließlich Herren des Karawanenhandels zwischen dem Sudan und den Küsten=staaten des Mittelländischen Meeres.

Ihre Figur ist groß und wohlgebildet, ja die Tuareg sind nach der über=einstimmenden Angabe aller afrikanischen Reisenden der schönste Menschenschlag dieses Erdtheils. Die Kleidung der Tuareg ist mannichfaltig, je nachdem sie mit verschiedenen benachbarten Stämmen in Berührung gekommen sind. Bei den in der Nähe der Araber wohnenden Stämmen ist, sowie bei denen, die an das Haussagebiet stoßen, ein weites Gewand vorherrschend, während die westlichen Stämme ein mehr eng anschließendes kurzes Hemd als gewöhnliche Tracht eingeführt haben. Ebenso verschieden ist der Schnitt der Beinkleider, der bei den östlichen, durch Araber und Haussaleute berührten Stämmen weit und lang, bei den westlicheren dagegen kurz und eng ist. Jedoch hat hierauf wol die größere Nähe eines Baumwollenmarktes eingewirkt. Denn das Material der Kleidung besteht aus Baumwolle, und besonders aus dem dunkelblauen, fast schwarzen Kanozeuge, während die aus Seide und Baumwolle gemischten Stoffe, obgleich sehr beliebt, doch nur von den Reichen getragen werden können. Das Charakteristische der Kleidung des Targi (Singular von Tuareg) war in alter Zeit und ist noch jetzt der Gesichtsschal, Litham oder Tessilgemist, der zweimal um das Gesicht gewunden wird, sodaß er Augen, Mund und Kinn verhüllt und nur den mittleren Theil des Gesichtes mit der Nasenspitze freiläßt; indem er zugleich um den Kopf und die Schläfe gewunden und mit einer Schleife hinten am Kopfe befestigt wird, bildet er die ganze Kopfbedeckung des Targi.

Der freie Targi trägt nämlich selten eine Mütze, sondern begnügt sich mit
seinem eigenen Haare, das er gewöhnlich kurz geschnitten hält oder mit einer
Flechte an der Seite trägt. Bisweilen flicht er auch zwei, welche aufgebun=
den werden, während die Knaben einen Hahnenkamm tragen. Der Litham
scheint zwei Zwecke zu erfüllen, einen religiösen, indem der Targi sich scheut,
seinen Mund sehen zu lassen, und einen materiellen, um das Gesicht gegen den
Einfluß des heißen Wüstenwindes und die Augen vor dem Sande zu schützen.

Tuareg.

Unter einem solchen Schleier ist es natürlich schwer, den genauen Charakter
des Gesichtes zu erkennen, und man hatte geschlossen, daß die Tuareg ihren
Bart stets rasiren, bis Dr. Barth Gelegenheit hatte, sich zu überzeugen, daß
dies ein Irrthum ist, indem besonders einige der westlichen Tuareg mit Bärten
und zwar von solcher Länge versehen sind, daß dieselben unter dem Litham
hervorschauen. Die rothen türkischen Mützen haben die Grenzstämme erst spät
von den Arabern angenommen. Die Sandalen sind bei einem solchen Stamme

natürlich auch mehr Luxusartikel, und während die den Haussa näher woh=
nenden Stämme die schönen Sandalen von schwarzem Leder mit hochrothen
Riemen angenommen haben, setzen sich die weiter im Binnenlande hausenden
Stämme über diesen Luxus ganz hinweg. Handelsleute, die mit Arabern viel
in Berührung gekommen, oder auch Häuptlinge, putzen sich bei feierlichen Ge=
legenheiten mit rothem Kaftan und Burnus noch stattlicher heraus, aber dies
ist keine Nationaltracht, wohingegen ein vollständiger Lederanzug national er=
scheint. Die östlichen Stämme gürten ihr Gewand mit einem einfachen Leder=
gurt, die westlichen tragen auf der Schulter ein Ledergehänge, welches sie bei
Gelegenheit um den Leib binden. Die östlichen Stämme tragen am Gurt einen
Lederbeutel, die westlichen eine kleine zierliche Tasche um den Hals, in der sie,
außer Zwirn und Nadel, Pfeife und Tabak haben.

Ihre Waffen sind ein gerades, sehr langes Schwert, das jedoch nur dem
freien Manne zukommt; ein Dolch, der am linken Handgelenk so befestigt ist,
daß er am Vorderarm anliegt und mit dem Griff nach der Hand zugewendet
ist; ein etwa 2 m. langer Speer, bei den Freien von Eisen, bei den Nicht=
freien von der Kornawurzel; oft auch eine Flinte. Abergläubisch sind sie im
höchsten Grade: Hals, ja bei einigen Stämmen selbst Arme, Beine, Brust,
Gürtel und Mütze sind mit einer Menge Amulete und Täschchen behangen, in
denen Sprüche aus dem Koran gegen alle erdenklichen Zufälle und Gefahren
aufbewahrt werden.

Die beiden vorherrschenden Leidenschaften der Männer in allen Tuareglän=
dern sind Liebe zu Putz und zu Weibern. Die reineren Stämme zeichnen sich durch
ihren kriegerischen Sinn aus, der selbst bei denen Achtung gebietet, die zu bloßen
Wegelagerern herabgesunken sind. Daher kommt es, daß sie beständig unter ein=
ander oder mit ihren Nachbarn im Kampfe begriffen sind, und daß sie von den
übrigen Bewohnern Nordafrika's gefürchtet und gehaßt werden. Die Araber
sagen: „Der Skorpion und der Targi sind die einzigen Feinde, denen man in
der Wüste begegnet", und nennen die Letzteren „Dschin", Besessene oder Dä=
monen. Bei ihren Räubereien kann man ihnen jedoch keine Grausamkeit zum
Vorwurf machen, wie sie auch im Allgemeinen ihre Sklaven gut behandeln.

Die Frauen genießen eine größere Freiheit als bei den Arabern, sie dürfen
unverschleiert einhergehen und sich in die Gespräche und Angelegenheiten der
Männer mischen. Bei der in manchen Stämmen eingegriffenen Vielweiberei
und dem unstäten Leben ihrer Männer ist es nicht zu verwundern, daß sie mo=
ralisch nicht eben als Muster gelten können, während sie in den Stämmen
reineren Geblütes ihre außerordentliche Freiheit nicht zu mißbrauchen scheinen.

Ihre Hauptbeschäftigung, die Kameel= und Schafzucht, nöthigt die Tuareg,
ein nomadisirendes Leben zu führen, doch haben sich auch viele in Dörfern und
Städten niedergelassen. Eine große Anzahl lebt vom Handel, und dadurch
ist diese Völkerschaft von so hoher Bedeutung für den Verkehr im Inneren
Nordafrika's geworden, daß sie es hauptsächlich ist, welche den Austausch der

Waaren des Sudan und der Küste vermittelt und welche die Karawanen durch ihre Heimat, die Wüste, geleitet. Sie sind die eigentlichen Beherrscher jener Karawanenstraßen; ohne ihren Schutz wäre es unmöglich, ins Innere vorzudringen. Sehr hinderlich ist hierbei ihre Trennung in verschiedene, oft einander feindlich gegenüberstehende Stämme; denn es genügt nicht, den Schutz — „Imana" — eines derselben gewonnen zu haben, sondern man muß sich den Weg durch oft wiederholte Geschenke und Tribute eröffnen. Solche Tribute werden in allen Tuaregländern, in der Oase Rhât wie in Kabra, dem Hafen von Timbuktu, von den Kaufleuten und Reisenden erhoben und machen einen beträchtlichen Theil der Einkünfte der Tuareg aus.

Die Beni-Mezâb sind das südlichste Volk, welches die Herrschaft der Franzosen in Algerien anerkannt hat. Sie wohnen am Rande oder bereits innerhalb der Sahara. Sie zählen mit Ausschluß der 3000 im Tell ansässigen Kaufleute und Araber etwa 30,000 Köpfe und wohnen in sieben, mit Mauern umgebenen Städten. In Algerien gelten sie als der rührigste und handelsthätigste Volksstamm. Viele Mozabiten wandern nach der Stadt Algier, wo sie meist in den maurischen Bädern als überaus rüstige Badeknechte thätig sind. Andere finden dort ihren Erwerb in Schlächtereien und im Mühlenbetrieb oder im Handel für die Heimat, indem sie deren Hauptprodukt, die Datteln, hier verkaufen und dafür hauptsächlich Getreide einkaufen. Gewöhnlich kehren sie nach einigen Jahren mit den Ersparnissen in ihre Oase zurück.

In Algerien und in dem Gebiete von Tunis wohnen als vierter Berberstamm die Kabylen.

Kabylen oder Kabilen, arabisch Kobail, oft Kbail gesprochen, hat ursprünglich keine nationale Bedeutung, sondern heißt lediglich „Stämme", worunter man die freien, mehr oder weniger nach Beduinenart lebenden Stämme zu verstehen pflegt. In Nord- und Centralarabien ist Kabylen gleichbedeutend mit Beduinen, da alle dortigen freien Stämme Nomaden sind. Besonders aber versteht man unter Kabylen die von den Berbern abstammende eingeborene Bevölkerung in Algerien, welche in den schwer zugänglichen Gebirgslandschaften ihre Unabhängigkeit mit Erfolg gegen Karthager, Römer, Byzantiner, Araber und Türken vertheidigt hat, in neuester Zeit aber nach harten Kämpfen zum größten Theile von den Franzosen bezwungen worden ist und den Kern der Turkoregimenter bildet. Sie bewohnen auf einem Gebiete von 170 Quadratmeilen 2800 Dörfer und werden auf 450,000 bis 800,000 Köpfe geschätzt. Sie selbst nennen sich Suaua.

Von Statur mittelgroß und hager, haben sie braune Gesichtsfarbe, schlichtes, braunes Haar, meist gerade, selten gebogene Nasen und wilden Gesichtsausdruck, der ihre kriegerische Gesinnung sowie ihren mächtigen Freiheitsstolz verräth.

Ihre Sprache weicht von allen bekannten Idiomen ab und ist vielleicht vom Numidischen herzuleiten. Von den Arabern haben sie mit dem Islam auch die Schriftzeichen angenommen.

15*

Als Kleidung dient ihnen ein kurzärmeliges Hemd, der Haik, ein langes Stück weißen Wolltuchs und die Filzkappe, bei rauher Witterung dazu der Burnus. Ein kabylischer Burnus erreicht stets den äußersten Grad von Zerlumptheit, Zerfetztheit, von Schmuz und Ekelhaftigkeit, dessen ein Kleidungsstück fähig ist, auf den Schultern seines ersten Herrn. Man kann mit Recht von den Gewändern dieser Bergvölker sagen, daß bei ihrer äußersten Zerrissenheit oft nur der Schmuz ihnen Konsistenz verleiht. In der Kabylie giebt es keine Lumpensammler, denn alle Lumpen werden als Kleidungsstücke getragen.

Kabyle.

Der Kabyle ist sehr genügsam. Er gönnt sich nur das Allernöthigste an Lebensmitteln. Wenn er ein Stück Brot hat und eine Tasse Oel dazu, welches letztere er trinkt, so ist er zufrieden. Ein Weib, eine Hütte, eine Flinte, ein Yatagan, einige Ziegen, ein Maulthier und ein Hund, mehr bedarf der Kabyle nicht, um in seiner Art glücklich zu leben. Er bringt seine Tage in einförmiger Weise zu. Mit dem Morgenanbruch betet er, arbeitet dann einige Stunden auf seinem Acker, unterhält sich mit seinem Weibe, das eben so schmuzig und wild ist wie er, streckt sich dann träge in den Sonnenschein und schaut — vielleicht gedankenleer, denn der Kabyle hat nicht die Poesie des Arabers — auf das Meer und die Ebene unter ihm hinab; oft spielt er auch auf einer hölzernen Pfeife eintönige, langweilige Melodien.

Die gesellschaftlichen Einrichtungen und Verbände sind in der Kabylie noch
die ursprünglichen. Die Gesammtheit einer Familiengruppe, einer Sippe, wir
könnten sagen eines Clans, wird als Charuba bezeichnet. Jede Charuba, aus
welcher die Dorfschaft, die Dorfgemeinde, die Dehera, besteht, erwählt aus der
Mitte ihrer Angehörigen einen Dhaman. Dieser ist ihr Vertreter, Sachwalter,
Fürsprecher im Gemeinderathe und ihr verantwortlicher Stellvertreter und
Bürge. Das ist die eigentliche Bedeutung des Wortes. Jeder Kabyle, der einem
Anderen eine Summe leiht, verlangt, daß sein Schuldner ihm zwei Dhamans stelle.

Kabylin.

Eine aus mehreren Deheras bestehende Dorfgruppe ist ein Arch. Jedes Dorf
hat einen Amin, Vorsteher, Schulzen, welcher der Reihe nach aus jeder Charuba
gewählt wird. Er sorgt für die Vollziehung der schriftlichen Gesetze, deren Gesammtheit den Kanun bildet; diese Weisthümer enthalten den Inbegriff der
alten, bis heute giltigen Rechtsgewohnheiten.

Dem Amin steht niemals und unter keinerlei Umständen eine Entscheidung
in Rechtsfällen zu, eben so wenig ist ihm erlaubt, eine Strafe oder Geldbuße zu-
zuerkennen ohne Beirath seiner Beigeordneten, der Dhamans. Dieses Tribunal
wählt einen Schriftführer, Chodscha, welcher ein Protokoll aufnimmt und überhaupt die Korrespondenz mit den französischen Behörden besorgt. Seine Besol-
dung besteht in Naturalabgaben, z. B. Feigen, Oliven und dergleichen mehr.

Der Oberste des Stammes, Amin el umena, wird von der französischen
Behörde ernannt; er muß die Ordnung aufrecht erhalten, darf sich aber platter=
dings nicht in die Angelegenheiten der Dorfgemeinden mischen. Diese regiert
und verwaltet sich selbst gemäß den Bestimmungen ihres Kanun.

Jedes Dorf hat zwei Parteien, Soff, die insgemein in erblicher Feind=
schaft zu einander stehen, und daraus erwächst dann manche Verwirrung. Na=
mentlich ist es früher bei den Wahlen zu bösen Auftritten gekommen, und um
einen landesüblichen Ausdruck anzuwenden, es führte dabei das Pulver das große
Wort, „das Pulver redete".

Die Bauart der Dörfer, in welchen die Wohnhäuser an den Bergen über=
einander liegen, war ganz geeignet, solche Fehden blutig zu machen. Manche
Häuser haben Zinnen, andere sind mit Schießscharten versehen, und die Dschama,
d. h. Moschee, die gewöhnlich auf dem höchsten Punkte liegt, wird je von der
einen oder anderen Partei als Burg, als Citadelle benutzt. In der Dschama
wird die Gemeindekasse aufbewahrt vom Ukil, Geschäftsmanne; in dieselbe fließen
die Geldbußen und die Abgaben, welche bei Geburten, Verheirathungen und
Sterbefällen zu entrichten sind.

Nachdem wir uns bei den Nachkommen der alten Egypter und bei den
Berbern oder Libyern umgesehen haben, kommen wir zum dritten hamitischen
Zweige, den Ostafrikanern. Zu diesem gehören die Bedscha oder Bischari,
zu denen die nomadisirenden Araberstämme der Beni Amer, der Habab und
die Hamrân gezählt werden. Sie bewohnen das Land, welches im Norden
von Abessinien und im Osten von Nubien bis zum 24.° nördl. Breite längs
des Rothen Meeres sich hinzieht. Sie verbreiten sich jedoch auch über dieses
Gebiet hinaus, theils nach Nubien, theils in das südlich gelegene Land Taka.
Ferner gehören hierher die Bogos, die Schoho, die Agau, die Falascha
oder sogenannten abessinischen Juden, die Danakil, die Somali, und end=
lich die Galla oder, wie sie sich selbst nennen, die Orma.

Die Galla bewohnen jenes Land, welches im Norden von Abessinien, im
Süden von den Sitzen der Suaheli, im Westen von den mittelafrikanischen
Seen und im Osten von den Wohnsitzen der Somali begrenzt wird.

Ihre Kleidung besteht aus einem doppelten Schurztuche aus grober Baum=
wolle; als Schmuck tragen die Männer messingene Halsketten, die Frauen
eiserne Hand= und Faustringe. Die Waffen bestehen nur aus Speeren mit 15 cm.
breiter Klinge; außerdem tragen die Männer am Daumen und am Zeigefinger
der rechten Hand eiserne Schlagringe mit einem 2 cm. langen Stachel; ein wohl=
gezielter Faustschlag im Handgemenge, der beliebtesten Kampfweise der Galla,
ist fast immer tödlich. Aber auch unter sich bringen sie diese Streitringe zur
Anwendung, indem sie bei ihren Kriegstänzen im Paroxysmus der höchsten
Wuth mit demselben auf einander einhauen; man sieht daher die Brust eines
jeden Kriegers mit zahllosen unregelmäßigen Narben bedeckt. Eine andere als
diese improvisirte Tätowirung kennt man bei ihnen nicht.

Die Stellung der Frauen ist bei den Galla ausnahmsweise frei und geachtet. Mädchen genießen das Recht, einen ihnen nicht zusagenden Heirathsantrag ab= weisen zu dürfen. Die Frau muß zwar die Lasten des Hauswesens tragen, hat dafür aber auch innerhalb der Schranken des Haushalts das gebietende Wort zu führen. Dem Familienvater liegt die Verpflichtung ob, das Hauswesen mit den nöthigen Vorräthen, namentlich mit dem unentbehrlichen Honig, zu versorgen.

Dem Heiitsch oder Stammeshäuptling ist es gestattet, mehrere Frauen zu nehmen, außerdem ist bei den Galla die Monogamie Regel. Vor der Verhei= rathung wird streng auf Sittenreinheit gesehen, und dürfen junge Mädchen nur in Begleitung einer älteren Frau das Lager verlassen.

Die hauptsächlichsten Nahrungsmittel der Galla sind diejenigen, welche ihre Herden ihnen liefern, Fleisch, Butter und Milch; außerdem der Honig, welchen sie durch eine Art primitiver Bienenzucht gewinnen, indem sie aus Baumrinde verfertigte Cylinder in den Wäldern aufhängen. Frisches, warmes Blut, durch Oeffnen der Halsader eines Hausthieres gewonnen, ist Lieblings= getränk bei Festlichkeiten. Unentbehrliches Verdauungs= und Reizmittel aber ist dem Galla der Tabak, welcher jedoch nicht geraucht, sondern gekaut wird.

Außerordentlich groß ist der Viehreichthum, — auf jeden Kopf der Bevöl= kerung, einschließlich der Frauen und Kinder, kommen durchschnittlich sieben bis acht Stück Rindvieh; so wenigstens wurde das Verhältniß bei dem Stamme der Metagalla ermittelt, und es soll bei andern Stämmen ein noch größeres sein. Außer dem Rindvieh besitzen die Galla Kameele, welche jedoch nicht zum Reiten, sondern nur zum Wassertragen dienen; Pferde kommen nur in geringer Anzahl vor und werden ebenfalls nur zum Wassertragen benutzt. Fettschwanz= schafe und große weiße Ziegen mit antilopenartig gewundenen Hörnern sind dagegen häufig.

Die politische Organisation der Galla ist eine patriarchalische; an der Spitze jedes Stammes steht ein Heiitsch oder Sultan, welcher jedoch nicht wie in den Negerstaaten eine absolute Gewalt besitzt. Bei wichtigen Veranlassungen finden Versammlungen der Abba worati, d. h. der Väter der Familien, statt, welchen der Heiitsch mit einem Elfenbeinstabe in der Rechten präsidirt. Mit Würde und großer Eloquenz werden in diesen ernsten Versammlungen lang= athmige Reden gehalten, Streitigkeiten entschieden und Vergehen bestraft. Unter den letzteren ist das häufigste die Verletzung oder Tödtung eines Stam= mesangehörigen im Streite, welches jedoch nur zur Zahlung von Vieh und zur Obliegenheit der Ernährung der Familie des Opfers führt; Diebstahl und Ehe= bruch sind kaum erhört.

Die Religion der südlichen Galla besteht in dem Glauben an ein höchstes Wesen, dessen Definition oder vielmehr Nichtdefinition dem Gottesbegriffe hoch entwickelter Kulturvölker ziemlich nahe kommt. Waka ist der allschaffende, form= lose, große Geist über den Wolken, der wie das weite Himmelsgewölbe der In= begriff der Größe, Unendlichkeit und Macht ist. Er hat Alles erschaffen und

sorgt noch immer für die Galla durch Vermehrung ihrer Viehherden und durch
häufigen Regen. Wenn der abnehmende Mond aber die letzte Sichel bildet,
dann verläßt Waka das Land der Galla und geht zu ihren Feinden, den
Mohammedanern, die er auch geschaffen hat und für die er ebenfalls sorgen
muß. Während dieser Zeit unternehmen sie keinen Kriegszug; die langen Nächte
in ihren Lagern werden still, ohne Gesang und Tanz zugebracht, und die Kna=
ben, welche in diesen Tagen geboren werden, fallen einst im Kampfe gegen die
Somali, denn Waka ist bei ihren Feinden. Sobald jedoch der neue Halbmond
wieder zum Vollmond übergeht, kommt auch Waka wieder, und mit ihm kehren
Thätigkeit, Freude, Gesang und Tanz in das Lager der Galla zurück.

Eine regelmäßige Verehrung des Großen Geistes findet nicht statt, so wenig
als die Galla von Zwischengöttern, Zaubermitteln und dergleichen Etwas wissen.
Einen heldenmüthigen, ebenso zähen als energischen Widerstand, der mit der
trägen Indolenz anderer ostafrikanischer Völkerstämme nichts gemein hat, setzen
die Galla dem Vordringen des Islam entgegen, und sie scheinen in ihren kindlich
naiven Religionsbegriffen in der That einen hohen moralischen Halt zu finden.

Zerstreut unter den Galla lebt ein anderer Stamm, die Waboni, wahr=
scheinlich der Rest eines ehedem großen, von den Galla verdrängten Volkes.
Ohne Heimat, ohne Besitz streifen sie an den Flüssen, Bächen und Teichen und
in den Wäldern umher, wo sie sich theils von dem Ertrage der Jagd und des
Fischfanges, theils von Honig und der Frucht des Affenbrotbaumes ernähren.
Sie gehören unzweifelhaft einer auf weit tieferer Stufe stehenden afrikanischen
Rasse an als die Galla, denn wenngleich ihre Hautfarbe heller ist als die der
Letzteren, so erinnern sie in ihren Gesichtszügen und in ihrer wolligen Haar=
perrücke weit mehr an den echten Negertypus. Sie sind furchtsam und unterwürfig;
niemals hat man gehört, daß Mord oder Raub von den Waboni begangen
worden wären, und an den Kämpfen gegen die Mohammedaner nehmen sie nur
gezwungener Weise Theil. Ihrer Gutmüthigkeit, Geduld, Schweigsamkeit und
geistigen Beschränktheit halber sind sie den stolzen Galla ein Gegenstand der
Verachtung, und der Zuruf „Dein Vater war ein Waboni!" ist ein gewöhnlicher
Schimpf, mit dem streitende Galla sich gegenseitig bedenken. Auf ihren Jagd=
und Fischerzügen scharen sich die Waboni truppweise zusammen unter Führung
eines Aeltesten, dem sie nach schweigender Uebereinkunft Gehorsam leisten; häufig
trifft man sie auch nur familienweise. Ein Oberhaupt haben sie nur dem Namen
nach; dieser Sultan wohnt in dem befestigten Gallalager Arbarura am Kilo=
wanjesee; er genießt aber weder Ansehen noch Gehorsam und ist mit seiner Um=
gebung ein Vasall der Galla. Der Handelsverkehr der Waboni mit den Galla
ist nur gering und beschränkt sich auf das Einhandeln von Kautabak, Speer=
spitzen und Schurztüchern gegen Elfenbein und Honig. Bescheiden legen die
Waboni ihre Tauschartikel am Eingange des Gallalagers hin, erwartend, daß
ihnen die Erlaubniß zum Eintritte ertheilt werde. Ohne Lärmen wird das Ge=
schäft abgeschlossen, und für Monate verschwinden sie wieder in ihren Wäldern.

Zu den Hamiten gehörten im Alterthume noch die Urbewohner Mesopotamiens und die Urbewohner der Küste Palästina's (Phöniker); von den Hamiten rühren die Palastruinen von Babel, Niniveh und Egypten her. Bei ihnen stehen Landbau und Industrie auf einer hohen Stufe der Vollendung. Die Semiten, zu denen wir uns nun wenden, sind dagegen ein Hirtenvolk; der Ackerbau spielt bei ihnen eine untergeordnete Rolle.

Sie zerfallen ursprünglich in eine Reihe von einander unabhängiger Stämme mit eigenem Oberhaupt an der Spitze.

Die Semiten bewohnen Vorderasien und Theile von Ostafrika. Sie besitzen alle Merkmale der anderen mittelländischen Rassenglieder, sind bärtiger als die Hamiten, und haben häufiger als diese ausdrucksvolle Gesichtszüge, schmale Lippen, hohe, meist gebogene Nasen und scharf gezeichnete Brauen. Sie leben unter luftigen Zelten und besitzen nicht den Sinn für Baukunst und Plastik wie die Hamiten.

Die Menschheit hat den Semiten Vieles zu danken. Sie haben uns mit zwei Weltreligionen beschenkt, mit dem Christenthum und mit dem Islam. Dagegen dürfen wir auch nicht verschweigen, daß die religiöse Intoleranz ein spezifisch semitisches Produkt ist, wie aus der Geschichte der verschiedenen semitischen Nationen deutlich hervorgeht.

Die Semiten treffen wir in historischer Zeit als Bewohner der Gegenden zwischen der eranischen Hochebene und der Küste Palästina's, ferner der Halbinsel Arabien, sowie eines größeren Landstriches im Norden Afrika's. Sie sind in diese Gegenden vom Norden eingewandert.

Die Semiten theilen sich in zwei größere Abtheilungen, eine nördliche und eine südliche.

Den Grundstock der nördlichen bilden die Aramäer, die Bewohner Syriens und der westlich von Eran gelegenen Ebene, welche von den Flüssen Euphrat und Tigris durchschnitten wird. Die Aramäer sind die ersten Semiten, welche auf dem Schauplatz der Geschichte auftreten. Die aramäische Sprache zerfällt in zwei Dialekte, einen östlichen, das Chaldäische, und einen westlichen, das Syrische. Beide stehen sich sehr nahe und bezeugen den innigen Zusammenhang der Syrer und Chaldäer.

Ferner gehören hierher als zweiter semitischer Volksstamm die von Nordosten in den von ihnen eingenommenen Landstrich an der Küste des Mittelmeers eingewanderten Hebräer. Eine Abzweigung der Hebräer sind die Samaritaner.

Durch die Zerstreuung über den ganzen Erdkreis — im buchstäblichen Sinne des Worts — haben zwar die Hebräer (Juden) als Volk zu sein aufgehört, sie haben aber bei ihrem zähen Festhalten an dem angestammten Glauben und den ihr Leben durchziehenden religiösen Satzungen vieles den Semiten Eigenthümliche beibehalten. Wenn schon in geistiger Beziehung der heutige Jude für einen reinen Semiten nicht mehr gelten kann, so kann er in leiblicher Beziehung noch weniger auf einen reinen, unvermischten Stamm Anspruch erheben.

Im Durchschnitt ist der heutige Jude ein Mischling, der neben dem Echt=
semitischen an dem Charakter jener Rasse theilnimmt, innerhalb deren sich seine
Vorfahren aufgehalten haben, und innerhalb deren er selbst wohnt.

Bei den Phönikern, welche sprachlich mit den Hebräern auf das Innigste
zusammenhängen, ist der hamitische Einfluß der alten Bevölkerung in ihrem
ganzen Leben deutlich sichtbar.

Durch die Meerfahrten und Kolonien dieses kühnen Handelsvolks wurde
die Sprache desselben über die Küsten des Mittelmeeres verbreitet. Die Sprache
Karthago's, das Punische, ist, wie sowol die dort gefundenen Steindenkmale
als auch die bei den alten Autoren (Plautus) sich findenden Ueberreste deutlich
zeigen, ein Dialekt des Phönikischen.

Der Ursitz der südlichen Familie der Semiten ist die arabische Halbinsel.
Von dort verbreiteten sich die dahin gehörenden Völker über die Meerenge nach
dem nordöstlichen Afrika. Der Araber kann also annähernd für den Urtypus
des Semiten gelten.

Den zweiten zur südsemitischen Abtheilung gehörenden Stamm bilden die
Bewohner des südlichen Arabiens, welche im Alterthum Sabäer oder Him=
jaren genannt wurden. Die Hauptstadt des Reiches Saba, welches schon in der
Bibel erwähnt wird, heißt bei den Griechen Mariaba, bei den Arabern Marab.
Die Sabäer unterschieden sich von Alters her eben so sehr von den nomadisiren=
den Mittelarabern, wie sich Südarabien nach Klima und Bodengestaltung vom
übrigen Arabien sondert. Die Sabäer lebten unter Königen, unter welchen
zunächst zahlreiche, in festen Burgen wohnende Lehnsträger standen. Das Land
war vortrefflich bewässert und zählte zahlreiche Dörfer und blühende Städte;
auch stand der Ackerbau auf einer hohen Stufe. Daneben legen die Trümmer,
welche noch heutzutage von jenen Burgen, Tempeln und Städten übrig sind, ein
beredtes Zeugniß von der geistigen Kultur jenes alten Volkes ab. Auch durch die
Art der Gottesverehrung unterschieden sich die Sabäer von den übrigen Arabern.

Die Bewohner Abessiniens, des Landes unterhalb Egyptens und Nu=
biens, sind eine Kolonie der Sabäer (Himjaren, Himjariten), welche einige
Jahrhunderte vor Beginn unserer Zeitrechnung über die Meerenge hinüber=
setzten. Die alte Sprache derselben, das Aethiopische, ist aus dem täglichen Ge=
brauche verschwunden und gilt nur als heilige Kirchensprache.

Wie wir eben gesehen haben, scheiden sich die Araber in nördliche und
in südliche; jene bezeichnet man als den ismaelitischen, diese als den kochtani=
dischen oder joktanidischen Zweig. Noch heutzutage unterscheiden sich die Nach=
barstämme von Nedschd u. Omân durch ihre Nationalfarben: Weiß in Nedschd,
Roth in Omân. Die nördlichen Arten sind ein schöner, nobler Menschenschlag,
voll Intelligenz und Anstand; ihre Züge erinnern an den reinen jüdischen Typus.
Die Südaraber sind davon verschieden; ihre Hautfarbe ist dunkel gebräunt, der
Typus weicht mehr vom semitischen ab und neigt sich dem äthiopischen zu. Die
Sprache der Nordaraber ist die reine Koransprache, in Südarabien finden sich

viele Abweichungen in Worten und Redeweisen. Manche Oasenbewohner der
südlichen Dahnâ (d. h. rothe oder Feuerwüste) sollen ganz schwarz sein wie die
afrikanischen Neger. Auch im Charakter der beiden Hauptgruppen finden sich
wesentliche Unterschiede. Die Kochtaniden sind weniger offen und großmüthig
als die Ismaeliten, aber sie sind ausdauernder, klüger und schweigsamer.

Den verwilderten Theil der edlen arabischen Rasse bilden die in Halb-
barbarei verkommenen Beduinen.

Die Beduinen sind bis zu einem gewissen Grade gastfrei, aber auch roh,
unbarmherzig, wild, raubsüchtig, geistig sehr beschränkt. Von ihnen gilt am
meisten das arabische Sprüchwort: „Der Araber hat seinen Verstand in den
Augen" (er urtheilt nur nach dem, was er sieht). Sie zerfallen in viele einzelne
Stämme unter Scheichs, die sich vielfach, namentlich um den Weidegrund, be-
fehden, aber ohne viel Blutvergießen. — Die Religion der Ansässigen ist jetzt
größtentheils die Lehre Mohammeds, der Islam; doch giebt es manche Sekten
und manche freiere Richtung, besonders in Omân. Die Beduinen sind dagegen,
soweit sie von der Kultur der Städter unberührt geblieben, Sonnenanbeter und
wissen nichts von Mohammed. Die Araber sind im Ganzen mehr gläubige als
religiöse Menschen. Regelmäßige Gebete langweilen sie, lange Gebete ermüden
sie, Abwaschungen sind ihnen lästig. Man trifft hin und wieder auch noch
Erinnerungen an den uralten Baum- und Steinkultus, den wir bei den Israeliten
der frühesten Zeit und in der Verehrung des heiligen schwarzen Steines in der
Kaaba zu Mekka noch ausgesprochen finden. Seit der Mitte des vorigen Jahrhunderts hat sich aus der Mitte der Halbinsel eine Regeneration der alten Form
des Islam in den Wahabiten herausgebildet, welche politisch in der Gegenwart
die Hauptmacht des Landes bilden. Mit der Religion hängen die von dem
Stifter des Islam, Mohammed, jedem Gläubigen ans Herz gelegten Pilgerfahrten und Pilgerkarawanen nach Mekka zusammen. Es ist jedem Mohammedaner Gewissenssache, womöglich einmal im Leben Mekka zu besuchen. Eine
solche Pilgerfahrt heißt Hadsch, und auch der Pilger, welcher von fern her zur
heiligen Stadt gezogen ist, heißt nach seiner Rückkehr in der Heimat Hadsch und
gewinnt ein höheres Ansehen im Volke. Es ist nicht zu leugnen, daß durch und
von dem religiösen Mittelpunkte in Mekka manche bedeutende Bewegungen im
Islam hervorgerufen worden sind. Schon lange vor Mohammed wallfahrteten
die Araber nach Mekka.

Die bedeutendste unter diesen Karawanen beginnt in Konstantinopel, wo
sich die Pilger aus der europäischen Türkei zusammenfinden. Bis Damaskus
geht sie unter guter Bedeckung und findet überall Brunnen. Hier stoßen die
asiatischen Pilger von Turkestan und dem fernen Osten dazu, und die Kara-
wane empfängt hier die heilige Fahne, unter deren Schutze sie nach Mekka weiter
zieht. Kurz vor der heiligen Stadt trifft man die Vorkehrungen zum Ihram,
d. h. zum Anlegen der Pilgertracht, nachdem man sich vorher gebadet und gesalbt hat. Das heilige Kleid besteht ganz einfach aus zwei Stücken neuen

Baumwollenzeuges, das weiß und mit dünnen rothen Streifen versehen ist. Das eine Stück wird um die Hüften geknüpft und fällt bis auf die Kniee herab; das andere wirft man über den Rücken, sodaß es die linke Schulter bedeckt, während der rechte Arm völlig frei bleibt, und bindet es dann am Gürtel fest; der Kopf bleibt nackt und die Fußbekleidung darf nicht über die Knöchel hinaus= gehen. Je eher der Pilger die Tracht anlegt, um so größer ist sein Verdienst. Frauen hüllen sich in ein langes weißes Gewand; das Gesicht wird durch eine Maske mit zwei Löchern für die Augen verhüllt. Erst wenn alle religiösen Handlungen in Mekka und am Berge Arafat (Dschebel el Rama) erfüllt sind, legt man das Ihram wieder ab und zieht das Ihlal, das alltägliche Gewand, wieder an. Dieses Ihlal ist zwar in den verschiedenen Theilen des Landes ver= schieden, aber es ist stets sehr malerisch.

Die Kleidung eines Scheich ist folgende: Ueber die eng anliegende Kappe von weißer Baumwolle trägt er ein großes viereckiges Tuch von Baumwolle und Seide (die Wahabiten in Nedschd halten das Tragen von Seide für eine Todsünde); dasselbe ist dunkelroth mit gelbem Rande, von welchem seidene Schnüre mit Qua= sten bis auf die Schultern herabhängen. Dieses Tuch wird mit einem Strick von Wolle fest zugebunden. Den Leib bedeckt ein baumwollenes Hemd mit engen Aermeln, das am Gürtel, am Halse und vor der Brust netzförmig gestickt ist. Einige tragen auch Beinkleider, jedoch mehr im Süden und in den Städten; die Beduinen sehr selten. Strümpfe kennt man nicht. Ueber das Hemd (Kamis) legt man einen Rock von Kameelhaar (Aba) mit langen Schößen und kurzen Aermeln an. Dieser Rock ist auch von Wolle und Seide, gestreift, mit Gold gestickt in verschiedenen Farben, je nach der Landschaft. Um den Gürtel befestigt man ihn mit einer Leibbinde, in welcher Pistolen oder ein krummer Dolch stecken. Die Hauptwaffe ist die Flinte mit Luntenschloß; endlich gehört zum Ganzen noch ein 1⅓ m. langer Hakenstock (Maschab), mit dem man das Kameel leitet. Die ärmeren Araber tragen einen langen, aus Leder geflochtenen Gürtel auf der bloßen Haut und binden um das Hemd gewöhnlich einen Strick oder ein Tuch. In dieses stecken sie den Dolch, an einem über die Schulter geworfenen Riemen hängt der Schießbedarf. Als Fußbekleidung sind gelbe und rothe Schuhe beliebt. In den Hauptstädten sind die Trachten vielfach abgeändert; so herrscht in Medina bei Männern und Frauen viel Prunk. Letztere tragen über dem kattunenen Schnürleibchen ein weißes Hemd (Saub) mit sehr weiten Aermeln, welches die Beinkleider (Sarwal) bedeckt. Außer dem Hause legt man eine gewöhnlich weiß= und blaugestreifte Milayeh über den Kopf. Die Fußsohlen und das Innere der Hände färbt man schwarz. Die Männer tragen häufig das rothe Fes mit einem Turban umwickelt. Die Farbe des Turbans ist ein Unterscheidungszeichen; in Omân ist er weiß, und die freisinnige Bevölkerung heißt danach Biadiyeh (d. h. Weißburschen). Der Anzug der Beduinenfrauen in Hadramaut besteht aus einem braunen Wollhemde mit kurzen Aermeln. Ein breiter lederner Gürtel, der mit messingenen Ringen und kleinen weißen

Porzellanmuscheln, sogenannten Otterköpfchen, besetzt ist, hält das Gewand über den Hüften zusammen und dient zugleich zum Tragen des Beiles, welches sie stets bei sich führen. Eine enge Hose aus blauem baumwollenen Stoff vollendet den Anzug, denn Sandalen werden selten getragen; der Kopf und das Gesicht bleiben unbedeckt. Als Zierrath sind aber an den Beinen noch Messingringe von 8 cm. Breite und einer Linie Dicke, an den Armen glatte Ringe beliebt, um den Hals Glaskorallen und in den Ohren und durchbohrten Nasenflügeln messingene und silberne Ringe. — Die Beduinen leben in Filzzelten aus Ziegenhaar, das Innere ist durch einen Vorhang in zwei Räume getheilt. Ein solches Zelt ist 7—10 m. lang, 3 m. breit und 2 m. hoch. Die Ansässigen bauen feste Steinhäuser mit flachen Dächern. Das Erdgeschoß dient zu Vorrathskammern; im ersten Stock, zu dem man auf einer dunkeln Wendeltreppe gelangt, wohnen die Männer. Küche und Frauengemächer liegen im zweiten Stock. Im Empfangszimmer, im ersten Stock, läuft den Wänden entlang ein Divan; der Boden ist mit einem Teppich bedeckt. In einem Winkel ist eine Steinplatte (Suffeh) angebracht, auf welcher allerlei Sachen zum täglichen Gebrauche, Flaschen mit wohlriechendem Wasser, Kaffeetassen u. a. stehen; darunter in der Ecke wird auf einem großen kupfernen Kohlenbecken der Kaffee warm gehalten. Das tägliche Leben in solch einem Bürgerhause

Arabische Pilger.

schildert R. Burton: „Mit Tagesanbruch standen wir auf, verrichteten unsere Abwaschung und «brachen die Nüchternheit», indem wir etwas Brot genossen; nachher wurde eine Tasse Kaffee getrunken und Tabak geraucht. Nachdem wir uns in die Kleider geworfen hatten, besuchten wir einen heiligen Ort in der Stadt, gingen wieder heim und setzten uns auf den Divan; wir unterhielten uns, rauchten, tranken wieder Kaffee und wohlriechendes Wasser, bis die Zeit zum Mittagessen, die elfte Stunde, herankam. Man trug die Speisen in großen kupfernen Schüsseln auf. Wir setzten uns, sagten einander «Bismillah» («im Namen Gottes») und griffen mit den Fingern zu: ungesäuertes Brot, mehrerlei Fleisch und gedämpftes Gemüse; zum Nachtisch frische Datteln,

Trauben und Granatäpfel. Dann kam die Zeit der Mittagsruhe (Kailula).
Gegen Abend machte oder empfing man Besuch. Nachher sagten wir zu Hause
oder in der Moschee das Abendgebet her, dann folgte das Abendessen, ebenso reich=
lich wie des Mittags, und zuletzt wurde abermals Kaffee getrunken und geraucht."

Die Abessinier sind ein schöngeformter, mittelgroßer Völkerschlag von
hellbräunlicher bis dunkelschwarzbrauner Farbe. Das Charakteristische des
Abessiniers besteht hauptsächlich in einem ovalen Gesicht, einer fein zugeschärften
Nase, einem wohlproportionirten Munde mit regelmäßigen, nicht im Geringsten
aufgeworfenen Lippen, lebhaften schwarzen Augen, schön gestellten Zähnen,
etwas gelocktem oder auch glattem Haupthaar und einem schwachen, krausen
Barte. Das weibliche Geschlecht zeichnet sich nicht selten durch reizende Gesichts=
züge, schlanken Bau und äußerst zierliche und elegante Hände sowie Füße aus.

Ueber den Charakter der Abessinier hören wir sehr widersprechende Ur=
theile. Rüppell, ein sehr nüchterner Beobachter, faßt sein Urtheil folgendermaßen
zusammen: „Die Hauptzüge des moralischen Charakters der Abessinier sind:
Indolenz, Trunkenheit, Leichtsinn, ein hoher Grad von Ausschweifung, Treulosig=
keit, Hang zum Diebstahl, Aberglaube, dummstolze Selbstsucht, große Gewandt=
heit im Verstellen, Undankbarkeit, Unverschämtheit im Fordern von Geschenken
und eine des sprüchwörtlichen Gebrauches würdige Lügenhaftigkeit." Mildernd
setzt er hinzu: „In der Regel ist ihnen übrigens ein leutseliges, ungezwungenes
Betragen eigen, weshalb eine oberflächliche Beurtheilung zu ihren Gunsten
ausfällt." Dann weiter: „Zur Erregung eines bessern moralischen Gefühls
trägt gar nichts in ihrem Leben bei, und ich muß durchaus dem beistimmen,
was der Missionär S. Gobat als das Resultat eines beinahe einjährigen
Aufenthalts in Gondar über den sittlichen Zustand dieser Stadt ausspricht,
nämlich: „Alle Abessinier, wenn sie keine Regierungsgewalt zu fürchten haben,
treiben das Räuberhandwerk. Ich kenne die Abessinier zu gut, als daß ich
einen großen Werth auf ihre süßen Worte legen sollte. Ich bin traurig und
niedergeschlagen, weil es mir vorkommt, als sei jeder Rettungsversuch vergeblich."

Der Abessinier der Hochlande ist vorzüglich Ackerbauer und Viehzüchter,
und nach den Produkten dieser Thätigkeit richtet sich auch seine Nahrungsweise.

Eine abscheuliche Sitte ist das Verzehren noch zuckenden Fleisches. Reisende
sagen ihnen nach, daß sie aus einem noch lebenden Thiere Stücke Fleisch heraus=
schnitten und gierig verschlängen. Das schreckliche Gebrüll des unglücklichen
Thieres ist ein Zeichen für die Gesellschaft, sich zu Tische zu setzen. Statt der
Teller legt man jedem Gaste runde Kuchen vor, die als Zuspeise und Serviette
zugleich dienen. Herein treten zwei oder drei Diener mit viereckigen Stücken
Rindfleisch, welches sie in den bloßen Händen tragen; sie legen dasselbe auf
solche Kuchen; der Tisch ist ohne Tafeltuch. Die Gäste halten schon ihre Messer
bereit. Jeder Mann schneidet mit seinem krummen Säbelmesser kleine Stücke
Fleisch herunter, in welchen man noch die Bewegung der Fasern, das Leben,
wahrnimmt. In Abessinien speist sich kein Mann selbst und rührt seine Kost an.

Die Frauenzimmer nehmen größere Stücke und ſchneiden ſie erſt in Streifen von der Dicke eines kleinen Fingers und dann in Würfel. Dieſe legt man auf ein Stück Brot, das ſtark mit Pfeffer und Salz beſtreut iſt und wie eine Rolle zuſam= mengewickelt wird.

Dann ſteckt der Mann ſein Meſſer ein, ſetzt beide Hände auf die Kniee ſeiner Nachbarinnen und wendet ſich mit vor= gebeugtem Leibe, ge= ſenktem Kopfe und weit aufgeſperrtem Maule zu derjenigen Nachbarin, welche die Rolle zuerſt fer= tig hat. Dieſe ſtopft ihm das ganze Stück in den Mund, der davon ſo voll wird, daß der Mann in Gefahr geräth zu er= ſticken. Je vorneh= mer der Mann, um ſo größer iſt das Stück, und es wird für ſehr fein gehalten, wenn er beim Eſſen recht ſtark ſchmatzt. Schafe und Ziegen werden in Gegen= wart der Gäſte ge= ſchlachtet und abge= häutet, dann die noch zuckenden Glieder etwa fünf Minuten über ein Flammen=

Abeſſiniſcher Krieger.

feuer gehalten, und die äußerſte Lage Fleiſch, die kaum durchröſtet iſt, mit Brot= kuchen und reichlicher Pfefferſauce genoſſen. Salz wird in langen, gewundenen

Antilopenhörnern umhergereicht. Während des Essens selbst wird nicht ge=
trunken, unmittelbar nach demselben gehen jedoch Glasflaschen, sogenannte Be=
rille, mit gegohrenem Honigwasser herum. Der Ueberbringer desselben gießt
dabei, indem er eine Flasche darreicht, eine Kleinigkeit davon in die hohle Hand
und trinkt sie vor dem Gaste aus, um demselben damit zu zeigen, daß der
Trank nicht vergiftet sei. Auch die zubereiteten Speisen erscheinen für einen
Europäer sehr widerlich, denn bei vielen wird ein Oel von sehr unangeneh=
mem Geschmack zugesetzt.

Die Abessinier kleiden sich hauptsächlich in selbst gesponnene und gewebte
Baumwollenstoffe. Die Kleidung der Männer besteht aus weiten Unterhosen,
einem langen, um Brust und Leib geschlungenen Gürtel, der eine Ausdehnung
von zuweilen über 70 m. hat, und einem weiten, faltigen Mantelüberwurf,
welcher aus einem großen Stück Zeug besteht, das bei Vornehmen mit einem
faltigen Rande versehen ist. Mehr ist von der weiblichen Kleidung zu berichten.
Sie besteht aus einem großen Hemde mit weiten, jedoch an der Handwurzel
eng zulaufenden Aermeln. Darüber tragen sie den Umschlagemantel gleich den
Männern. Außer einigen Seidenstickereien am Hemde zeichnet noch der Putz
die abessinischen Schönen aus. Ohrringe oder Rosetten, welche eine Goldblume
vorstellen, sind ein sehr beliebtes Schmuckmittel, desgleichen silberne Halsketten
und dicke Ringe an den Fußknöcheln, beide öfters mit kleinen Silberglöckchen
behängt. Das Haupthaar der Frauen ist gewöhnlich kurz abgeschnitten, oder
es wird, wenn es in seinem natürlichen Zustande bleibt, mit Anwendung von
vieler Butter in dünne, anliegende Zöpfchen geflochten.

Das Heilverfahren der abessinischen Wundärzte erinnert an „die gute
alte Zeit". Ein Zahn wird mittels Zange und Hammer von einem Schmiede
ausgezogen, d. h. mit denselben Instrumenten, mit denen er sein Metall zu
bearbeiten pflegt. Aderlaß wird mit einem Rasirmesser, Schröpfen mit einem
Ziegenhorn vollzogen, dessen Luftinhalt durch Erhitzen verdünnt wurde.
Schlecht geheilte Knochenbrüche, die verkürzte Glieder hinterließen, werden ein=
fach nochmals gebrochen und so zu kuriren versucht. Was Wunder, daß bei
solcher Behandlung Amulete in weit höherem Ansehen stehen als der Bala
medanit oder Meister der Arzeneien! Wahnsinn, Epilepsie, Delirium, Veits=
tanz und ähnliche, oft unheilbare Uebel, für die man keine Heilmittel kennt,
werden einfach dem Einflusse von Dämonen zugeschrieben und der Patient hier=
nach behandelt. Blaue Papierstreifen sollen gegen Kopfweh helfen; gewisse
Pflanzensamen, in Säckchen bei sich getragen, schützen gegen den Biß toller
Hunde und gegen Unglück auf Reisen. Doch müssen diese Sämereien mit der
linken Hand gepflückt werden zu einer günstigen Zeit, wenn die Sterne dem
Pflückenden hold sind — sonst hilft das Mittel nichts.

Unter den Sonderkirchen des Morgenlandes, die durch die Lehre von der
Dreieinigkeit mit der allgemeinen christlichen zusammenhängen, giebt es zwei, die
von selbständigen Sprachen, Stiftungen und Ueberlieferungen getragen werden,

die beide tief verfallen und entartet sind: die armenische und die abessinische Kirche. Die letztere, die entlegenste, abgesperrteste, ist auch die entartetste, die am meisten von Heidenthum, Judenthum und Mohammedanismus durchsetzte, überhaupt dem Christenthum am fernsten stehende.

Der Abessinier verbringt am liebsten die Zeit im süßen Nichtsthun oder auf der Jagd nach den Thieren des Waldes. Ist er an die Scholle gebunden, so ist er zwangsweise Ackerbauer und Viehzüchter; da er aber, wie gesagt, weder Lust noch Liebe zur Arbeit und Thätigkeit hat, so läßt er den Kulturpflanzen nur wenig Pflege und Wartung angedeihen; seine Felder, seine Anpflanzungen gleichen fast immer einer Wildniß.

Das einzige Ackerwerkzeug ist der Pflug, aber was für ein Pflug! Ist die Umackerung und Einsaat vollendet, so gleicht die ehemalige Wüste einem Felde, das von einer Herde Schweine durchwühlt wurde. Lange Furchen zieht der Abessinier nicht; schon nach 20—30 Schritten lenkt er wieder um, vollendet so ein gewisses Stück und beginnt da, wo er abgesetzt, von Neuem. Man stelle sich vor, wie viel von dem bereits fertig gepflügten Lande von den Zugthieren wieder zertreten wird. Letztere sind Ochsen, die in einem gemeinschaftlichen Joche gehen und nur durch die Stimme oder Peitsche des Pflügers gelenkt werden. Da sie zügellos sind, so wenden sie sich bald rechts, bald links und ziehen demgemäß krumme Furchen. Egge und Walze sind in Abessinien unbekannte Dinge. Tritt nun die eigentliche Regenzeit ein, dann grünt das Feld lustig von Unkräutern und Schmarotzerpflanzen aller Art, die von den Frauen und Kindern ausgejätet werden müssen.

Die Mühlen der Abessinier bestehen aus einem einzigen Stein, der 34 cm. breit und ¹/₂ m. lang ist. Das Material ist grober Sandstein oder Trachyt; enthält der letztere viele kleine Blasenräume, so wird er sehr geschätzt.

Die Mühle wird durch Klopfen mit einem harten kleinen Steine geschärft. Der Läufer, mit dem das Getreide zerrieben wird, ist ein 25 cm. langer, 10 cm. breiter Stein. Das Mahlgeschäft wird nur von den Frauen besorgt. Eine Person zerreibt täglich etwa 22 Liter. Das Mahlsieb besteht aus Grasgeflecht. Weizen und Gerste werden, bevor sie auf die Mühle kommen, enthülst; dieses geschieht in ausgehöhlten Baumstämmen, welche die Mörser vertreten; der Stößel ist ein 1 m. langer, 5 bis 8 cm. im Durchmesser haltender Knittel aus wildem Olivenholz. Die einzigen Instrumente, welche sonst noch bei der Agrikultur in Abessinien Dienste leisten, sind eine Axt, eine Erdhaue, eine gezähnte Sichel und ein Messer.

Die Hauptursache der Unlust und Unthätigkeit der Abessinier zu jeder ackerbautreibenden Beschäftigung liegt in ihrer Stellung zur Regierung. Diese läßt es sich keineswegs angelegen sein, die Bauern zur Arbeit aufzumuntern, anzutreiben oder zu unterstützen. Ihr ist es völlig gleichgiltig, ob die Leute Ackerbau treiben und wie sie denselben treiben. Erzielt der Bauer viel, so nimmt die Regierung viel; erntet er wenig, so nimmt sie trotzdem auch viel.

Da der Abessinier hauptsächlich Fleischnahrung liebt, so wird nur das
Nöthigste an Feldfrüchten angebaut, die theils zum Brotbacken, theils zur Bereitung von Bier, das dem Abessinier unentbehrlich ist, u. s. w. verwandt werden.

Zur Bierbrauerei wird die Gerste ohne vorheriges Malzen schwach braun
geröstet, dann grob gemahlen, das erhaltene Mehl in einen großen thönernen
Krug geschüttet und unter stetem Umarbeiten so viel Wasser zugegossen, bis
das Ganze in einen nicht zu dicken Brei verwandelt worden ist. Nun wird
auf folgende Art die eigentliche Würze bereitet. Man quellt Gerste in einem
Thonkruge 24 Stunden lang, schüttet das Wasser davon ab und schichtet das
gequollene Getreide in einem spitzen Haufen auf, den man mit Gras oder Laub
dicht zudeckt und mit Steinen beschwert. Dieser bleibt so lange in Ruhe, bis die
Gerste 5 bis 8 cm. lange Keime getrieben hat; dann trocknet man die Gerste
schnell und bewahrt sie auf. Dieses Malz wird zur Bierbereitung auf folgende
Art verwendet. Man nimmt auf 100 Liter geröstetes Gerstenmehl $1\frac{1}{2}$ Liter
Malz, das vorher zu Mehl gerieben und, mit 8 Liter geröstetem Gerstenmehl
vermischt, zu Teig angerührt ist. Diese Masse läßt man kurze Zeit gähren und
bäckt aus dem so erhaltenen Teige dünne brotartige Kuchen, die am Feuer hart
getrocknet und in kleine Stückchen zerbröckelt werden. Die Quantität derselben
und das geröstete Gerstenmehl stehen in einem genauen Verhältnisse. Die gemischte Masse wird in ein trichterförmiges Pferdehaarsieb, das auf einem Thonkruge steht, gestellt, dann Wasser darüber gegossen und nun unter fortwährendem
Wasserzugießen so lange durchgerührt, bis aller Mehlstoff, mit Zurücklassung
der Hülsen, in den Krug geflossen ist. Nach vier bis sechs Stunden tritt in dem
noch mit Wasser verdünnten Inhalte des Kruges Gährung ein und das Bier
ist zum Trinken fertig. Biere von anderen Getreidearten, wie Dakuscha oder
Mais, werden auf dieselbe Weise bereitet. In Thonkrügen, deren Deckel mit
Lehm und frischem Kuhmist verstrichen sind, hält sich das Gebräu oft geraume Zeit.

Die Blätter des sogenannten Geschobaums vertreten in Abessinien die Stelle
des Hopfens beim Bierbrauen und werden auch bei der Herstellung des Honig-
weines benutzt. Letzteren bereitet man auf folgende Art. Auf 3 Liter Honig giebt
man 15 Liter Wasser, spült das Wachs aus und gießt die dünne Honigflüssig-
keit in einen wohlgereinigten, 18 Liter fassenden Krug. Man fügt eine Hand
voll Geschoblätter hinzu und läßt das Ganze bei mäßiger Wärme vier bis fünf
Tage gähren. Nun ist der Wein fertig, allein — trinken darf ihn nicht Jedermann, da er königliches Monopol ist, und der Herrscher den Genuß desselben
nur seinen vorzüglichsten Dienern und den Fremden gestattet.

Der Abessinier züchtet, wenn er Viehzucht treiben muß, Pferde, Maulthiere, Esel, Rindvieh, Ziegen, Schafe, Hühner.

Der Esel gilt dem Abessinier als unreines Thier. Er erfreut sich weder
der Pflege noch der Zucht, und doch ist sein Nutzen als Lastträger ein ausgedehnter und bedeutender. Das Los des armen Geschöpfes ist ein recht bekla-
genswerthes, namentlich jenes der Kaufmannsesel, die oft 20 Tagereisen weit

ohne Unterbrechung von früh bis Abends schwere Lasten schleppen müssen.
Abends hat das Thier dann noch selbst für seine Nahrung zu sorgen. Der
Preis ist gering, ein Esel kostet nämlich nur 6 bis 9 Mark unseres Geldes.

Rindvieh kommt in großer Menge vor. Die Ochsen werden im gemein=
samen Joche vor dem Pfluge in den steinigen Feldern abgequält und erhalten
für die mühsame Arbeit keinerlei Dank. Futterkräuter baut der Abessinier nicht,
die Thiere sind gleich dem Esel gezwungen, selbst ihre Nahrung zu suchen,
oder in der langen, trockenen Jahreszeit auf Stroh allein angewiesen. Im All=
gemeinen geben die Kühe durch ihre Milch wenig Nutzen. Nur während der
Regenzeit, wo Nahrung in Hülle und Fülle emporkeimt, fließt diese Quelle
reichlicher; aber vom März bis oft in den Juni ist der Milchertrag äußerst ge=
ring, zumal die abessinische Kuh überhaupt keine gute Milchkuh ist. Und doch
eignet sich das Land ganz vortrefflich zum Anbau der Futterkräuter, die dort
nicht den schädlichen Witterungseinflüssen ausgesetzt sind wie bei uns in Deutsch=
land. Der Abessinier besitzt weder die nöthigen Kenntnisse noch die nöthigen
Gefäße, um sein unvollkommenes Molkenwesen verbessern zu können; die Käse=
bereitung ist ihm ganz fremd.

Wie der Zustand der Felder und des Viehstandes, so ist auch die Behau=
sung des Abessiniers und deren Umgebung beschaffen. In und außer seinem
Hause oder vielmehr seiner Strohhütte ist Alles voller Schmuz und Unrath.
In der Regenzeit gleichen die Wohnungen einer Kloake, der man sich nicht
nähern kann, ohne Gefahr zu laufen, in diesen Mistsümpfen zu versinken.
Um eine Wohnung zu errichten, haut der Eingeborene krumme und gerade,
dünne und dicke Holzstangen ab, die er in einem Kreise in den Boden pflanzt
und wobei er einen schmalen Raum für die Eingangsthür freiläßt. Die Stangen
werden nun mit Bast und dünnen Ruthen gleichwie mit Faßreifen umwunden
und die Zwischenräume mit Reisig ausgefüllt. Im Innern wird diese Ring=
wand dann mit etwas Erdmörtel überzogen. Hierauf wird das Ganze mit
einem pyramidenförmigen Dache, das gleichfalls aus Stangen, Reisig und Bast
zusammengesetzt ist, gekrönt und mit einer 1 m. langen holzigen Grasart be=
legt. Nun ist die Wohnung vollendet und der Einzug kann stattfinden. Alle
Familienmitglieder, nebst Knechten und Mägden, wohnen und schlafen hier bei=
sammen; die Mühle, die Kühe, das Maulthier, falls ein solches vorhanden,
die Hühner — sie alle finden hier ihren Platz. Auch das Getreide hat hier in
großen, aufrecht stehenden Erdtonnen oder wohlverdeckten Gruben seine Stelle.
Der Hausherr ruht auf seiner Alga (oder Arat), einem hölzernen Bettgestell mit
vier 80 cm. hohen Beinen, über das schmale Riemen von ungegerbter Rinds=
haut gezogen sind. Die übrigen Bewohner legen Rindshäute auf den Boden,
die ihnen zur gemeinschaftlichen Schlafstätte dienen. Selten wird eine solche
Behausung, die schließlich dem berühmten Augiasstall gleich wird, ausgekehrt.
Unzählige Flöhe, Läuse und Wanzen sind nebenbei noch regelmäßig Insassen,
um welche der Bewohner sich aber wenig oder gar nicht kümmert.

Uebrigens wendet man in Abessinien verschiedene Bauarten an. Oft be=
stehen die Wände aus Steinen, die mit Mörtel verbunden oder ohne diesen an=
einander gefügt sind. Steinhäuser befinden sich fast durchgängig im Hochlande,
und da es hier in der Nacht sehr kalt ist, so findet hier namentlich Vieh aller Art in
denselben seine Schlafstätte. Da, wo gute, passende Erde vorkommt, baut man
auch quadratische Häuser mit plattem Dache. Diese Decke wird dann durch starke
Baumstämme und Balken getragen, die mit einer 33 cm. dicken Lage Erde
überdeckt sind, welche zur Regenzeit kein Wasser durchläßt. Im Norden sieht
man auch oft große, auf diese Weise überdachte Säulenhallen aus rohen Baum=
stämmen, unter denen das Vieh zur Regenzeit Schutz und Obdach findet.

Das hier von den Wohnungen Gesagte gilt nur von den Behausungen des
ackerbautreibenden Theiles der Bevölkerung. Die Häuser der Reichen und
Großen des Landes sind besser gestaltet. Sie sind gewöhnlich gut mit Erdmörtel
aufgeführt, und auch die innere Wand ist mit Mörtel überzogen. Das Innere
besteht oft aus Abtheilungen, von denen die eine für Pferde und Maulthiere,
eine zweite als Speicher, eine dritte als Empfangszimmer, eine vierte für den
Hausherrn und seine Familie bestimmt sind.

Ist das Haus klein, so wird das Empfangszimmer besonders angebaut.
Das Dach ist im Innern häufig schön mit zusammengesetzten Rohrstäben ver=
ziert, ja manchmal mit farbigen Baumwollstoffen künstlich dekorirt, die Eingänge
mit Breterthüren, der Hof mit einer Mauer versehen. Doch herrscht im Innern
derselbe Schmuz und das Ungeziefer wie bei den Landleuten.

Araber.

Der Mensch vormals etc.

Leipzig: Verlag von Otto Spamer.

Hindu.

Hindu von niederer Kaste.

Der indo-germanische Stamm.

Sanskrit. — Arier und Iraner. — Die indische, die iranische, die keltische, die italische, die griechische, die thrako-illyrische, die slavische, die lithauische, die germanische Sprach- und Völkergruppe. — Hindu. Zigeuner. Kastenwesen. Sitten und Gebräuche der Hindu. — Parsi. — Afghanen. — Tadschik. — Sitten und Gebräuche der Perser. — Albanesen. — Griechen. — Italiener. — Kelten. — Iren. — Gaelen. — Russen. — Skandinavier. — Engländer. — Deutsche.

Unter dem Ausdrucke indo-germanischer Stamm begreifen wir alle jene Völker, welche über das nördliche Indien, Beludschistan, Afghanistan, Persien, einen großen Theil Kleinasiens, ferner über ganz Europa, mit Ausnahme der von den Basken und den finnisch-tatarischen Völkern eingenommenen Landstriche, verbreitet sind. Von den beiden Endpunkten ihrer Ausdehnung von Ost nach West, nämlich Indien und Island, wird ihnen der Name Indogermanen beigelegt. Die Sprachen, welche auf diesem gewaltig großen Gebiete gesprochen werden, stehen alle in mehr oder weniger enger Beziehung zum Sanskrit, das zwar nicht die Ursprache dieses Stammes selbst ist, derselben aber doch am nächsten kommt. Das Sanskrit ist eine der reinsten und ehrwürdigsten Sprachen der Welt. In dieser frei ausgebildeten Sprache ist gleichsam ein Magnet gefunden worden, nach welchem die auf dem Sprachozean Schiffenden hinschauen und sich richten können; durch das Sanskrit fällt auf die lange Reihe der mit der indischen unmittelbar zusammenhängenden und verwandten Sprachen und Völker ein helles Licht, sodaß dadurch eine wahrhafte Geschichte aller dieser Sprachen und Stämme, welche größtentheils in Zeiten fällt, die der eigent= lichen Weltgeschichte weit vorangehen — wenigstens eingeleitet worden ist. Dieser hohen Vorzüge wegen wurde das Sanskrit auch Göttersprache genannt, sowie das sanskritische Alphabet die Götterschrift (Devanagari).

Man hat in den letzten Jahren mit großem Eifer und zugleich auf eine sehr scharfsinnige Weise versucht, die Wurzeln und Beugungsformen dieser Ur= sprache möglichst genau wieder herzustellen. Einzelne dieser Versuche, auf die wir hier nicht näher eingehen können, sind jedenfalls sehr wohl geglückt. Das dabei beobachtete Verfahren hat zunächst darin bestanden, die Formen der ver= schiedenen arischen Sprachen auf eine ihnen gemeinschaftliche Urform zurückzu= führen. Man hat, je weiter man nach Osten vordrang, um so mehr Aehnlich= keiten zwischen den Sprachen der großen indo=germanischen Familie vorgefunden. Die Wiege derselben hat man nicht in Indien, sondern in der Gegend zwischen dem Kaspischen Meere und dem Hindukusch zu suchen. Schon in uralter Zeit theilte sich dieser indo=germanische Stamm in zwei Zweige, die Arier, welche nach Süden, nach Hindostan, zogen und die Urbewohner dieses Landes großen= theils unterwarfen, und in die Iraner, welche zunächst als die Vorfahren der Perser zu betrachten sind. Von dem Sprachidiome dieser zweiten Familie scheinen überhaupt die Hauptsprachzweige ausgegangen zu sein, welche gegenwärtig die Sprachen Europa's bilden. Wir erhalten demnach folgende Hauptgruppen: 1) die indische, 2) die eigentlich iranische oder persische, 3) die keltische, 4) die italische, 5) die hellenische oder griechische; [4] und 5) werden auch bisweilen in der pelasgischen zusammengefaßt], 6) die thrako=illyrische, 7) die slavische oder wendische, 8) die lithuanische oder lettische, und 9) die germanische.

Die Bewohner des nördlichen Indien, die Hindu, sind, wie wir schon in einem vorigen Abschnitte ausführten, mit den im Dekan wohnenden Dravida nicht eines Stammes.

Um Beginn des zweiten Jahrtausends vor unserer Zeitrechnung mögen die Arier aus dem Nordwesten her durch das Pendschab aus dem westlichen Kabulistan nach dem nördlichen Indien eingewandert sein. Zu dieser Annahme bestimmt uns vor Allem der Umstand, daß die Arier Hirtenstämme waren, welche mit ihren Herden nur diese Gegenden, nicht aber die nördlichen, rauhen und beschwerlichen Wege passiren konnten. Die ältesten Denkmäler der indischen Literatur, die Hymnen der Weda, welche aus jener Zeit stammen, sind in Sanskrit abgefaßt. Der Stamm der arischen Inder zerfällt in vier, durch gewisse Sprach= eigenthümlichkeiten charakterisirte Abtheilungen, eine östliche, nördliche, west= liche und südliche.

Zur östlichen Abtheilung gehören die Bewohner Bengalens; zur nörd= lichen zählt die Bevölkerung der noch wenig durchforschten Gegenden unterhalb des Himalaja von Nepal bis hinauf nach Kaschmir.

Die westliche Abtheilung umfaßt das ganze mittlere und westliche Indien. Zu derselben gehören auch die Erobererstämme der Radschput's (Radscha=putra), welche sich besonders in Centralindien niedergelassen haben, und von da aus nach dem Westen und Norden ihre Eroberungszüge machten.

Hierher gehört ferner auch die herrschende Bevölkerung der von den Dschat bewohnten Landstriche, welche sich des Pendschabi, Sindhi und Gudschurati als Umgangssprache bedient.

Zur südlichen Abtheilung dagegen rechnet man in erster Reihe das Erobe= rervolf der Mahratten, die wir auch außerhalb ihres Stammgebiets, beson= ders im Norden und Westen, finden.

In zweiter Reihe sind hierher zu rechnen die halbwilden Stämme der Dardu, die am oberen Indus, am Gilghit, Astor und auf anderen Punkten wohnen, und die Kâfirs (Ungläubige) oder Siyah=Posch (Schwarzbekleidete), die wir am Hindukusch, im sogenannten Kafiristan, finden.

Zu der indischen Gruppe gehören der Sprache und Abstammung nach auch die räthselhaften Zigeuner, welche sich selbst Rom nennen und die etwa ums Jahr 1000 nach Chr. Indien verließen, in Griechenland unsern Welttheil be= traten und deren erstes Auftreten um die Jahre 1322 auf Kreta, 1346 auf Korfu und um 1370 in der Walachei nachgewiesen worden ist.

In sehr engem Zusammenhang mit dem Sanskrit, im Besondern mit dem Weda=Sanskrit, steht die alte Sprache des heiligen Buches (Awesta) der An= hänger des Zoroaster oder Feueranbeter, das Zend, das ebenfalls schon lange vor Christus aufhörte, lebende Sprache zu sein, und sich nur als hieratische — d. h. in den heiligen Schriften gebrauchte — Sprache der medo=persischen Völker erhielt. Man hat es auch die altbaktrische Sprache genannt. Diese und das Altpersische sind die ältesten Zweige der persischen oder iranischen Sprachfamilie, welcher die germanischen Sprachen näher stehen, während sich die griechischen und slavischen Mundarten mehr dem Sanskrit nähern. Das Altpersische ist uns namentlich noch in den Keil=Inschriften erhalten. Was wir gegenwärtig als Inschriften aus den Zeiten des Cyrus, Darius, Xerxes, Artaxerxes I., Darius II., Artaxerxes Mnemon und Artaxerxes Ochus entziffern können, von denen wir jetzt sogar eine ganze Anzahl von Ausgaben und Uebersetzungen nebst Gramma= tiken und Wörterbüchern besitzen, wie erschien dies ursprünglich und noch vor wenigen Jahrzehnten? Als eine bloße Anhäufung keilförmiger Zeichen auf Monumenten, Ruinen und Felsen in der Einöde.

Die Kelten scheinen aus den Ursitzen der Arier zuerst nach Europa vor= gedrungen zu sein; aber der Andrang der späteren Einwanderungen, vorzüglich germanischer Stämme, hat sie immer weiter nach Westen und in der Neuzeit von Irland aus über den Atlantischen Ozean getrieben. Gegenwärtig sind die einzigen Ueberbleibsel der früher weit verbreiteten keltischen Sprache das Kym= rische und Gadhelische. Das Kymrische begreift das Walisische (wobei man nicht an den schweizerischen Kanton Wallis, sondern an die westliche Gebirgslandschaft

von England, an Wales, denken muß), das vor Kurzem erloschene Kornische
(Cornwallis in England) und das Armorikanische in der Bretagne in sich. Zum
Gabhelischen gehört das Irische, das Gälische auf der Westküste von Schott=
land und der Dialekt der Insel Man, Manx genannt, der ebenso eine mittlere
Stellung einnimmt, wie die Insel selbst, von deren Berge Snowfell man bei
heiterem Himmel England, Schottland und Irland sehen kann. Obgleich diese
keltischen Dialekte noch heute gesprochen werden, sind die Kelten doch nicht mehr,
wie die Germanen und Slaven, für ein unabhängiges Volk anzusehen. In
früheren Zeiten waren sie aber eine große Nation, welche in viele Stämme
zerfiel und in den Kämpfen mit den Römern und Germanen längere Zeit ihre
Selbständigkeit tapfer behauptete. Gallien, Belgien und Britannien waren
keltische Reiche, und der Norden Italiens wurde, nachdem sie aus Mittelitalien
wieder zurückgeschlagen worden waren, hauptsächlich von Kelten bewohnt. Schon
zu Herodot's Zeit (im 5. Jahrhundert vor Chr.) begegnen wir ihnen in Spanien;
die Schweiz, Tirol und das Land südlich von der Donau war einst von keltischen
Stämmen besetzt. Keltische Wörter sind im Germanischen, Slavischen und selbst
im Lateinischen zu finden, aber nur in geringer Zahl; eine weit größere Zahl
lateinischer und germanischer Wörter hat umgekehrt ihren Weg in die jetzigen
keltischen Mundarten gefunden.

Die Hauptrepräsentanten der italischen Familie sind im Alterthum die
Römer. Durch die römischen Eroberungen und Kolonien wurde das Lateinische,
die Sprache Rom's, weit über die Grenzen Italiens hinaus verbreitet. Abge=
sehen von örtlichen Mundarten hat man nun gegenwärtig sechs Sprachen, die
sogenannten romanischen Sprachen, die aus dem Lateinischen, oder genauer
gesagt, Altitalischen herzuleiten sind, nämlich das Italienische, Portugiesische,
Französische, Walachische (Dakoromanische) und Rumänische, das in Grau=
bündten, nebst dem Ladinischen, das im Engadin gesprochen wird. Das Pro=
vençalische, welches sich in den Dichtungen der Trubadurs zu einer feinge=
bildeten Literatursprache entwickelt hatte, ist jetzt von seiner Höhe wieder herab=
gesunken. Viele Bestandtheile der erwähnten neulateinischen Mundarten sind nicht
geradezu aus dem klassischen Latein herzuleiten, sondern müssen in den alten Mund=
arten Italiens und anderer Provinzen des Römischen Reichs aufgesucht werden.

Als eine dritte Klasse der nördlichen Abtheilung der arischen Sprachen
führen wir die illyrische auf, welche allerdings von Einigen zu den slavischen
Sprachen gerechnet worden ist. Das Illyrische erscheint gegenwärtig zunächst
in der für den Sprachforscher sehr interessanten Mundart von Albanien und
umfaßt die serbischen, kroatischen und slowenischen Dialekte.

Wir verweilen bei diesen nicht länger, sondern gehen sogleich zu der wichti=
gern slavischen oder wendischen Sprachfamilie über. Der verlorenen Grund=
sprache steht das Altbulgarische, die alte slavische Kirchensprache des 11. Jahr=
hunderts, am nächsten. Man unterscheidet im Wendischen einen lettischen, einen
südostslavischen und einen westslavischen Zweig. Die lettische, lithauische oder

baltische Sprachfamilie wird häufig als eine besondere hingestellt und vom Sla=
vischen abgetrennt. Dialekte des südostslavischen Zweiges sind das Bulgarische und
Russische, das selbst wieder in viele, im Allgemeinen sehr wohlklingende Mund=
arten zerfällt. Die Hauptmundarten sind die von Großrußland, Kleinrußland,
in einem Theile von Galizien, in Nordungarn und der Bukowina und von
Weißrußland, an das Lithauische grenzend. Schon in der Mitte des 6. Jahr=
hunderts nach Chr. hatte sich ein großer Slavenstamm von der Mündung der
Donau bis zur Weichsel und Elbe, vom Baltischen Meere bis an die Karpathen
und gegen die Donau hin ausgebreitet.

Dialekte des großen slavischen Sprachstammes sind das Polnische, und
ein zweiter, welcher besonders unter den mittleren und unteren Ständen des
innern Böhmens, Mährens, um Troppau und in Oberungarn, im Ganzen von
etwa 7 Millionen Menschen gesprochen wird und auch beim Unterricht und im
Geschäftsleben namentlich in der neueren Zeit in diesen Gegenden sehr gebräuch=
lich ist, die böhmische Sprache, von den Böhmen selbst die tschechische genannt.
Ihre höchste Ausbildung erlangte diese Sprache im 16. Jahrhundert, in wel=
chem die böhmischen Gelehrten, durch Belohnungen aufgemuntert, in ihrer
Muttersprache schrieben, Adel und Hof tschechisch sprachen, und die Gerichtsver=
handlungen tschechisch geführt wurden. Nachdem sie darauf in Verfall gerathen
war und auch im Munde des Volkes von ihrem ursprünglichen Wohlklang und
ihrer Eigenthümlichkeit immer mehr verloren hatte, nahmen sich der Verwaisten
seit der zweiten Hälfte des 18. Jahrhunderts gelehrte Patrioten wieder an.
Im Jahre 1776 wurde ein Lehrstuhl der tschechischen Sprache auf der Wiener
Hochschule errichtet. Seit 1818 wurde die Erlernung des Tschechischen auch in
den böhmischen Gymnasien wieder angeordnet und befohlen, daß die böhmi=
schen Civilbeamten der tschechischen Sprache mächtig sein sollten. In neuerer
Zeit hat sich dann endlich das Tschechenthum so hervorgehoben, daß man sogar
in Gegenden, wo früher viel Deutsch gesprochen wurde, deutsche Sprache und
Literatur absichtlich ignorirt.

Die Lausitzer Wenden oder Sorben nennen sich selbst Serben und sind
ebenfalls ein Zweig des großen Slavenstammes, welcher sich schon im 6. Jahr=
hundert vor Chr. von der Mündung der Donau bis zur Weichsel und Elbe (auf
dem rechten Ufer) und vom Baltischen Meere bis zu den Karpathen ausgebreitet
hatte. Die Luticen in der Lausitz (jetzt nur noch etwa 150,000) bilden mit den
Polen und Tschechen (zu denen auch die Slowaken in Ungarn gehören) den
zweiten oder westlichen Slowenenstamm, während die Russen und Russinen,
die Altslowenen, die illyrischen Serben, die Kroaten und Winden in
Krain, Kärnthen und Steiermark zu dem ersten oder östlichen Stamme gehören.
Die Mundarten dieser beiden Stämme sind wol verwandt, unterscheiden sich aber
doch wesentlich von einander. So kommt es, daß der Lausitzer den Polen viel besser
versteht als den Illyrier, und der Russe wieder den Illyrier besser als den Tschechen.
Aus diesen sprachlichen Gründen ist die Annahme, daß die Serben unterhalb der

Donau Abkömmlinge der Lausitzer Serben sein sollten, zu bestreiten. Eben so wenig sind die „Wenden" in der Lausitz mit den Winden in Krain u. s. w. einander stammverwandt.

Die Slowenen in der Lausitz zerfallen in die beiden Stämme der Milzen (Milčany) oder Oberlausitzer und der eigentlichen Lausitzer (Lužičany).

Die hellenische oder griechische Sprache hat während ihres langen Bestehens, d. h. seit etwa drei Jahrtausenden — ziemlich bedeutende Umge= staltungen und Veränderungen erfahren, wenn auch nicht so tief eingreifende, wie andere Sprachen derselben Familie. Das Griechische zerfiel Anfangs in viele Dialekte, von denen die wichtigsten waren: der äolische, dorische, ionische, attische und makedonische. Ueberhaupt war ja die griechische Sprache zur Zeit ihrer Blüte nicht auf das eigentliche Griechenland beschränkt, sondern über einen großen Theil von Kleinasien, Süditalien und Sizilien, sowie über die vielen griechischen Kolonien, namentlich an den Gestaden des Mittelmeeres, verbreitet.

Wir kommen nun zur letzten und für uns wichtigsten Klasse der arischen Familie, nämlich zu den germanischen Sprachen und Stämmen.

Es hat höchst wahrscheinlich niemals eine gemeinsame, gleichförmige deutsche oder teutonische Sprache gegeben; auch läßt es sich nicht beweisen, daß zu irgend einer Zeit eine gleichförmige hochdeutsche oder niederdeutsche Sprache vorhanden gewesen sei. Die deutsche Grundsprache hat vielmehr schon in alter Zeit die vier Hauptzweige des Hoch= oder Oberdeutschen, des Niederdeutschen, Gothischen und Skandinavischen aufzuweisen gehabt. Die Verwandtschaft aller dieser Zweige unsers Sprachstammes mit dem Sanskrit, dem Zend, dem Griechischen, Lateinischen, Lithauischen und Altslavischen ist von Forschern nachgewiesen.

Die Sprache der östlichsten germanischen Stämme war die gothische, welche wir hauptsächlich aus der Bibelübersetzung des Bischofs Ulfilas oder Wulfila († 381) kennen. Mit dem Namen Althochdeutsch bezeichnet man die Sprachen, welche sich auf den Grund dreier Mundarten, der schwäbischen, bayerisch=öster= reichischen und fränkischen, die man für die Blütezeit der altdeutschen Literatur um 1200 auch passender scheidet, entwickelte. Diesem Zweige steht dann der niederdeutsche gegenüber, der in die Dialekte von England (Angelsächsisch), Hol= land (Altholländisch), Friesland (Altfriesisch) und des nördlichen Deutschland (Altsächsisch und Plattdeutsch) zerfällt. Das Altsächsische aus der christlichen Zeit, welches in der Gegend zwischen Münster, Essen und Cleve gesprochen wurde, ist durchaus nicht mit dem Angelsächsischen zu verwechseln; es nähert sich mehr dem Niederländischen. Merkwürdig ist es, in wie gesonderter Stel= lung sich das Friesische gehalten hat.

Die angelsächsische Sprache entstand in England aus den von Sachsen um 450 dahin verpflanzten niederdeutschen Dialekten und bildete sich im 9. Jahr= hundert zur Schriftsprache aus. Seitdem entstanden geschriebene Gesetze, und König Alfred selbst übersetzte fremde Werke in das Angelsächsische. Das Eng= lische ging nicht allein aus dem Angelsächsischen von Wessex, sondern auch aus den in jedem Theile Großbritanniens gesprochenen Dialekten hervor, die sich durch lokale Eigenthümlichkeiten unterschieden und zu verschiedenen Zeiten durch den Einfluß des Lateinischen, Dänischen, Normannischen, Französischen und anderer fremder Elemente verändert wurden, doch so, daß die eigentliche Grund= lage, der grammatische Bau der Sprache, germanisch blieb. Das Altfranzösische war nach dem Sturze der angelsächsischen Dynastie und der Machtbegründung der normännischen (nach 1066) Hof= und Gerichtssprache geworden. Blos die niederen Klassen hielten das Angelsächsische fest und die Klöster bewahrten dessen Kenntniß. Im Laufe des 13. Jahrhunderts kam zwar die angelsächsische Sprache wieder mehr in Aufnahme, aber sie hatte ihre Reinheit verloren, und eine Misch= sprache fing an sich zu bilden, aus der eben das neuere Englisch entstanden ist.

Ein letzter Strom der germanischen Sprache sind endlich die skandina= vischen Sprachen, die ihre Unabhängigkeit ebenso wie das Hoch= und Nieder= deutsche behauptet haben.

Dieser skandinavische Sprachenzweig besteht gegenwärtig aus drei Literatur= sprachen, denen Schweden's, Dänemark's und Island's, und aus verschiedenen örtlichen Mundarten, besonders in den abgeschlossenen Thälern und Fjorden Norwegens, wo jedoch die Literatursprache das Dänische ist. Es wird gewöhn= lich angenommen, daß bis zum 11. Jahrhundert genau dieselbe Sprache in Schweden, Norwegen und Dänemark gesprochen worden sei, und daß diese Sprache sich in dem fast von der Welt abgeschlossenen Island beinahe unver= ändert erhalten habe, während sie sich in Schweden und Dänemark zu zwei neuen Nationalsprachen fortentwickelte. Wenn man aber auch in so früher Zeit eine und dieselbe Sprache (damals normännisch genannt) verstanden haben mag, so ist es doch zweifelhaft, ob auch wirklich nur eine Sprache von allen Nor= mannen gesprochen worden sei, und ob nicht die ersten Keime des Schwedischen und Dänischen schon lange vor dem 11. Jahrhundert in den Mundarten der zahlreichen Clans und Stämme der skandinavischen Rasse hervorgesproßt sein möchten. Diese Rasse theilt sich offenbar in zwei Zweige, welche von den schwe= dischen Gelehrten die ost= und westskandinavische genannt werden. Der erstere würde dann durch die alte Sprache Norwegens und Islands, der letztere durch das Schwedische und Dänische repräsentirt werden.

Alle soeben aufgezählten Sprachen in Indien, Persien und Europa sind ihrem Wörterstoffe nach ursprünglich gleich, d. h. aus denselben Wurzeln ge= bildet, welche der Einfluß des Klimas, die volksthümliche Aussprache und die Verbindung der Vorstellungen verschiedenartig ausgebildet haben, indem sie bald einen Laut mit einem andern verwandten Laute vertauscht, bald eine eigentliche Bedeutung uneigentlich oder bildlich genommen oder sie durch fortgesetzte Ab= leitung gesteigert haben, ohne daß der Grundstoff der Sprache dadurch wesent= lich verändert worden wäre.

Betrachten wir uns nach dieser allgemeinen Eintheilung des indo=germa= nischen Volks= und Sprachstammes einzelne Typen desselben etwas näher.

Die Griechen und Römer nannten das ganze jenseit des Indus gelegene unbekannte, sagenhafte Land Indien, aus dem schon die ältesten Handelsvölker des Alterthums, die Phönikier und Karthager, die Schätze des Morgenlandes holten. Durch den Zug Alexander's des Großen, die Eroberungen seiner Nach= folger, besonders aber auch infolge kühner, kriegerischer Unternehmungen der späteren römischen Kaiser, wurde das Land bekannter, und kamen seine Be= wohner mehr mit den Völkern des Westens in Berührung. Die Alten theilten Indien in India intra Gangem (alles Land zwischen Indus und Ganges, nebst der Halbinsel Dekan und der Insel Ceylon) und in India extra Gangem (das heutige Hinterindien nebst Serica, d. i. China), eine Eintheilung, wie sie in ihren Hauptgrundzügen in der Theilung Indiens in Vorder= und Hinter= indien noch heute besteht. Die Hindu, als der hervorragendste Theil der Be= völkerung jenes Länderkomplexes, haben keine eigenthümliche Bezeichnung für denselben, sondern nennen z. B. das von ihnen bewohnte Gebiet Dschambu= Dwipa, d. i. Insel des Dschambubaums. Zwar wurden diese obengenannten, bis zum Zusammenbruche des Römischen Reiches bestehenden Verhältnisse durch die Stürme der Völkerwanderung und noch mehr durch das ganz Asien in Mit= leidenschaft ziehende Auftreten des Islam wieder vernichtet, allein schon in der zweiten Hälfte des Mittelalters bestand wiederum ein ähnlicher Handel zwischen Indien und Europa, und zwar waren es hauptsächlich die Venetianer, welche auf dem Wege über Egypten und das Rothe Meer die kostbaren Produkte der östlichen Welt heranführten und sich zu Herren des Welthandels machten. Geniale, kühne Männer suchten auf kürzerem Wege dieses reiche, verlockende Wunderland zu finden, und so entdeckte Columbus im Jahre 1492, immer west= wärts steuernd, Amerika, während Vasco de Gama, Afrika umschiffend, den direkten Seeweg nach dem wirklichen Indien fand. Dieses wurde nun zum Unterschiede von Westindien, wie Columbus, im Glauben Indien vor sich zu haben, die zuerst entdeckten Inseln der westlichen Hemisphäre genannt hatte, mit dem Namen Ostindien bezeichnet.

Wie wir wissen, wird Ostindien außer von den Dravida hauptsächlich noch von den brahminischen Hindu bewohnt, mit denen wir uns nun beschäftigen wollen.

Das arische Kulturvolk, die Hindu, haben nicht blos in der Sprache, son= dern auch im leiblichen Typus den Urcharakter der indo=germanischen Familie am besten bewahrt. Sie sind von mittlerer Größe, schlank und wohlgebaut, mit schwarzen Augen, ausdrucksvollem Gesicht, und besitzen ein heiteres, ein= nehmendes Wesen.

Megasthenes, der griechische Gesandte, welchen Seleucus an den König der Prachi (der alte Name für denjenigen Theil Hindostans, welcher gegen= wärtig Bengalen, Bahar und Oude enthält) geschickt hatte, beschrieb schon vor zweitausend Jahren die Hindu so treffend, daß sein Ausspruch heute noch gelten kann: „Das feine Ebenmaß und der zarte Bau ihres Körpers, die sanfte Urba= nität ihrer Sitten, der geistvolle Ausdruck ihrer Gesichtszüge und die listige

Scharffinnigkeit ihres Verstandes, ihre fromme Ehrfurcht vor der Religion, ihre Gebräuche und Gesetze zeichnen dieses Volk vor allen anderen aus."

In keinem Lande der Welt tritt das religiöse Leben der Menschen so hervor, wie in Indien, wo jede Stadt ihre verschiedenen Tempel aufzuweisen hat, von der dürftigen Kapelle, welche das roheste Idol umschließt, bis zu den Pagoden mit ihren stolz gen Himmel strebenden Thürmen, großen Höfen, Kolonnaden und ummauerten Wasserbehältern. Während Priester und Fromme die Götzen bekränzen, ihnen Früchte und Blumen darbringen, verrichtet das Volk beim Aufgehen der Sonne, im Wasser stehend, sich badend und übergießend, seine Andacht; bei Tage zieht Gesang die Betenden zur heiligen Stätte, oder die anmuthigen Gruppen von Frauen, von duftigen Schleiern umhüllt, welche ihre Gaben dem Gotte darbringen. Ein strenger Brahmine bedarf täglich vier Stunden, um alle seine Ceremonien zu verrichten, aber ist er mit weltlichen Angelegenheiten beschäftigt, dann kann er in einer halben Stunde seine religiösen Pflichten erfüllen; der Mann einer niedrigen Kaste begnügt sich, während des Badens den Namen seines Gottes wiederholt anzurufen.

In den Wedas werden vier große Perioden der Entwicklung angenommen, und dem Allmächtigen die drei großen Eigenschaften des Schaffens (Brahma), des Erhaltens (Wischnu) und des Zerstörens (Schiwa) beigemessen. Brahma ist die höchste Person in der Dreieinigkeit (Trimurti). In den Wedas heißt es, daß die Engel sich vor des Allmächtigen Thron sammelten und ihn demuthsvoll fragten, was er selbst sei. „Wäre ein Anderer als ich", antwortete er ihnen, „so würde ich mich durch ihn beschreiben. Ich bin von Ewigkeit her gewesen und werde in Ewigkeit bleiben. Ich bin die erste Ursache von Allem, was es giebt, im Osten und Westen, Norden und Süden, oben und unten; ich bin Alles, älter als Alles, König der Könige, ich bin die Wahrheit, ich bin der Geist der Schöpfung und der Schöpfer selbst, ich bin Erkenntniß und Reinheit und das Licht; ich bin allmächtig." Dargestellt wird Brahma auf einem Schwane, dem Symbol der Weissagung, reitend, oder in einer Lotosblume ruhend, mit vier Gesichtern, die nach den vier Welttheilen schauen (Allwissenheit), und mit vier Händen (Allmacht).

Von seiner ursprünglichen Reinheit ist aber der Brahmanismus abgewichen; der Glaube an Einen Gott ist gesunken; einige Gottheiten hat man vernachlässigt, andere neu aufgenommen, und die Nichtachtung der Wedas ist vorherrschend geworden. Der neue Glaube ist in den achtzehn Puranas enthalten, die nicht von Weisia, dem Verfasser der Wedas sind, sondern von verschiedenen Verfassern zwischen dem 18. und 16. Jahrhundert vor Chr. zum Theil aus älteren Ueberlieferungen zusammengestellt wurden.

Es sind hauptsächlich siebzehn Gottheiten, welche von den Hindu angebetet werden. Brahma, der Gott der Schöpfung, besitzt nur Einen Tempel in Indien und wird, wenn auch bei den täglichen Gebeten angerufen, in besonderer Anbetung ganz übergangen; dagegen steht seine Gemahlin Sereswati, die Göttin der Gelehrsamkeit und Beredsamkeit, in höherem Ansehen.

Wischnu und Schiwa sind der vorzüglichste Gegenstand der Anbetung. Ferner gehören zu den Hauptgöttern: Lakschmi, die Gemahlin des Wischnu und die Göttin des Ueberflusses und des Glückes; Indra, der Gott der Luft und des Himmels; Waruna, der Gott des Wassers; Parana, der Gott des Windes; Agni, der Gott des Feuers; Wama, der Gott der Unterwelt und der Richter der Todten; Kuwera, der Gott des Wohlstandes; Kartikeia, der Gott des Krieges; Kama, der Gott der Liebe; Surya, der Gott der Sonne; Soma, der Gott des Mondes, und Ganesa, der Gott der Weisheit. Aber mehr als alle diese stehen Rama und Krischna bei den Hindu in Achtung. Krischna's Jugendscherze und Thaten, wenn er Milch entwendet und Schlangen tödtet, sind den Hindu unvergeßlich; seiner Schönheit wegen war er von den Frauen und Mädchen aller Stände angebetet, deren Herzen ihm entgegenflogen, wo er sich zeigte.

Die Mehrzahl der Götter hat keine Tempel, jedoch werden bei großen religiösen Festen ihre Symbole oder Bilder auf Stangen getragen und nachher ins Wasser geworfen. Die Götter, in den Tempeln sowol als an den Landstraßen, haben ein mehr thierisches, scheußliches und wildes Ansehen als Würde und Größe; sie sind bald roth, bald blau oder gelb angestrichen, haben mehrere Köpfe und meist vier Hände. Eine gleiche und oft größere Anbetung wird den Planeten und heiligen Flüssen, namentlich dem Ganges, welcher eine Göttin vorstellt, gewidmet. Zu ihnen zu pilgern, in ihnen zu baden, aus ihren Quellen zu trinken, sich rein von Sünden zu waschen und dadurch ein Verdienst für den Zustand nach dem Tode zu erwecken, dies setzte hier in frühester Zeit jährlich Hunderttausende von Pilgern in Bewegung, und bringt noch bis auf den heutigen Tag einen Verkehr unter die Völker der Gangesländer, welcher die Veranlassung zu der Richtung fast aller ihrer öffentlichen Angelegenheiten, Handelsverhältnisse, Haushaltungsgeschäfte und ihrer täglichen Gebräuche ist. Der Kranke sucht Genesung im Gangesbade, und der Gesunde sorgt dafür, daß womöglich seine Asche nach dem Tode in den Strom gestreut werde. Gangeswasser wird in allen indischen Gerichtshöfen benutzt, darauf den Eid zu schwören, wie bei den Mohammedanern auf den Koran. Die Ufer des Ganges, mehrere Hunderte von Meilen entlang, sind bei Sonnenauf- und Untergang von vielen Tausenden von Menschen belebt, voll betender Brahminen und voll waschenden, sich entsühnenden Volkes von beiderlei Geschlecht. Gangeswasser ist in allen Tempeln und Pagoden des Landes das kostbarste Opfer, das gebracht werden kann, ja in manchen derselben darf zum Tempeldienste nur solches gebraucht werden. Zu den berühmtesten Wallfahrts- und Badestätten des Ganges gehören Allahabad, Hardwar und Benares. In erstgenanntem Orte trägt die Pilgerabgabe dem Gouverneur ein jährliches Einkommen von 100,000 Mark ein. In Hardwar vereinigen sich, wie bei allen Pilgerfahrten (z. B. den Mekka-Karawanen), große Handelsgeschäfte; die Messe von Hardwar ist eine der wichtigsten für Oberindien, weil hier die Geschäfte zwischen dem Duab, Behar, Lahore, Multan, Sind und den indischen Alpenländern betrieben werden. Es versammeln

sich zu jener Zeit, nach Berechnung der Zollabgaben, wenigstens an 2½ Mil=
lionen Menschen, und für Käufer und Verkäufer ist Alles im Ueberfluß zu
haben. Benares endlich ist als der uralte Sitz der Brahminenschulen der hei=
ligste Ort der Hindu; es ist für sie, was Mekka für die Moslemin: der Ort,
wo alle Sünden vergeben werden können. Breite steinerne Treppen bedecken
weithin das Ufer des heiligen Flusses. Das sind die Ghats, Badeplätze, mit
Wohnungen für Priester wie für reiche Hindu, zur Selbstbenutzung und zur
Aufnahme der Pilger bestimmt, in Verbindung stehend. Die Stufen der Ghats
sind mit Hindu aller Kasten, von allen Farben, aus den verschiedensten Theilen
Indiens zahlreich besetzt. Mit dem ersten Morgengrauen füllt sich schon das
Ufer mit den Frauen der heiligen Stadt. Später ändert sich die Scene und
wird nun immer mannichfacher und belebter, je mehr der Tag vorrückt. An
geeigneten Stellen sitzen Brahminen, einen Vorrath von mancherlei Büchsen,
Töpfchen, Farben, Brussagras, Sandelholzpulver, Sandelöl und was der
Dinge mehr sind, die der Luxus ersonnen, neben sich ausgekramt. Mit ehr=
furchtsvollem Gruße naht sich dieser oder jener Badende einem jener Brah=
minen, legt einige Pais hin und empfängt die Farbe, die ihm nöthig dünkt, um
sich das Zeichen seines Glaubens auf die Stirn zu malen. Hier ziert sich ein
Anhänger des Wischnu nach dem Bade bald mit horizontalen, bald mit verti=
kalen Strichen, bald mit runden Punkten in gelber oder rother Farbe; dort be=
malt sich ein Anhänger des Schiwa mit einem vertikalen Striche oder mit einem
Dreizack in Roth oder Weiß. Hoffnung beseligt Alle, ewiger Lohn erwartet den
Guten, Strafe den Bösen. Jene werden zum Jama kommen, auf reizenden Pfaden
unter dem Schatten duftender Bäume wandeln, zwischen Strömen bedeckt von
Lotos leben und mit Blumen überschüttet sein; dabei ertönt die Luft von den
Hymnen der Seligen und dem melodischen Gesange der Engel. Aber der Weg
der Bösen ist auf schmalem Pfade durch Finsterniß, bald über brennenden Sand,
bald über scharfe Steine, die mit jedem Schritt ihre Füße zerfleischen; sie sind
nackt, von Durst gequält, mit Blut und Schmuz bedeckt und übergossen mit
heißer Asche und brennenden Kohlen. Von den schreckhaftesten Erscheinungen
beunruhigt, erfüllen sie die Luft mit ihrem Klagegeschrei.

Der Gottesdienst der Hindu in den Pagoden, deren fast jedes Dorf eine
hat, wird von den Brahminen verrichtet. Der tägliche Kultus besteht darin,
daß die Götterbilder gebadet oder gewaschen, gesalbt und bekleidet werden, wäh=
rend vor den Bildern Lampen brennen, und die heiligen Götterdienerinnen oder
Deva dâsis unter friedlicher Musik ihre Tänze aufführen und das Lob der Götter
singen, während Andere denselben Kränze flechten und die Altäre verzieren. Das
Volk bringt den Göttern Opfer an Milch, Honig, Pisang und anderen Früchten,
Kokosöl, Zucker, Reis, Korn, Gemüse, Blumen, Spezereien, auch Geld dar.

Unter den vielen Festen, welche den mancherlei Gottheiten zu Ehren ge=
feiert werden, nimmt das weitberühmte und vielgenannte Wagenfest zu Dschag=
gernat in Orissa eine der ersten Stellen ein.

Der Götze sitzt in der Pagode auf einem Throne zwischen seinem Bruder und seiner Schwester; er ist aus einem großen Holzblock geschnitzt und hat ein fürchterliches, großes, schwarzbemaltes Gesicht. Seine Arme sind von Gold, sein Anzug ist prachtvoll; die beiden anderen Götzen sind von weißer und gelber Farbe. Diese Götzen werden auf einem 25 m. hohen Wagen an den Tagen des großen jährlichen Festes von Menschen mit Stricken in großem Gepränge durch die Straßen gezogen, und oft werden die Räder von dem Blute der Büßenden beiderlei Geschlechts geröthet, welche sich unter demselben zerquetschen lassen, um schnell und sicher in Brahma's Himmel zu kommen.

Eine besondere Menschenklasse bilden die Büßer und Fakirs, auch Muni genannt. In glühender Sonne zwischen fünf Feuern sitzen, Winters im kalten Wasser liegen, Tage lang auf den Zehenspitzen stehen, fast nichts und nur das Elendeste essen bis zum Hungertode, sich den Krokodilen im Ganges entgegen= werfen, sich verbrennen, vom Felsen stürzen, den Rücken mit einem eisernen Haken durchbohren, sich von einem großen Rade schwingen lassen, mit Stacheln in den Füßen Reisen machen, Jahre lang sitzen und auf die Nasenspitze blicken ꝛc. sind die heiligen Mittel, welche ihnen die Seligkeit verschaffen.

Die eigentlichen indischen Büßer heißen Tapasrinas. Die Einen messen den Weg von Benares bis Dschaggernat mit ihrem Körper, indem sie sich der Länge nach auf die Erde werfen, dann aufstehen und sich wieder niederwerfen; ein Anderer wälzt sich Tag für Tag um einen Felsen herum, der eine Meile im Umfange hat; ein Dritter läßt die Nägel durch die geballten Hände wachsen; wieder Einem fällt es ein, seine ganze Lebenszeit in einem eisernen Käfige zu= zubringen oder sich mit schweren Ketten behängen zu lassen u. s. w. Manche dieser Büßenden mögen wol nur religiöse Triebfedern leiten; viele von ihnen aber sammeln sich unter der Maske der Demuth und Heiligkeit Schätze.

Sowie das religiöse Leben der Hindu dem Geiste der Europäer fern liegt, so nicht minder ihre gesellschaftliche Sonderung in Klassen oder Kasten. Brahma schuf vier Arten von Menschen; die Brahminen aus seinem Haupte, die Menschheit zu leiten und zu belehren; die Kschatryia aus seinem Arme, dieselbe zu ver= theidigen und zu schützen; die Waisy aus seinem Leibe, sie zu ernähren und zu erhalten, und die Sudrah und — Weiber aus seinen Füßen, den Uebrigen zu dienen. Der Brahmine ist das erste aller geschaffenen Wesen; die Welt und Alles, was in ihr ist, gehört ihm. Durch ihn erst erfreuen sich andere Sterbliche ihres Lebens, denn seine Verwünschungen können Könige vernichten; daher soll auch ein Brahmine mit mehr Achtung als ein König behandelt wer= den. Sein Leben und sein Besitzthum sind durch strenge Gesetze in dieser Welt und durch Drohungen der furchtbarsten Strafen in der jenseitigen geschützt. Seine Jugend soll in Entsagung ausschließlich dem Studium der Wedas ge= widmet sein; gehorsam und dienend dem Lehrer, soll er sich den Unterhalt von Thür zu Thüre erbetteln. Im zweiten Lebensabschnitte finden wir ihn mit seiner Familie und seinen Kindern den gewöhnlichen Pflichten eines Brahminen obliegen.

Brahminen.

Als solcher liegt es ihm ob, die Wedas zu lesen und zu lehren, zu opfern und zu
beten, Almosen zu spenden und zu empfangen; aber er darf keine Dienste annehmen,
soll auf alle Lebensfreuden, auf Musik, Gesang, Tanz, Spiel u. s. w. verzichten, und
weltliche Genüsse und Ehren meiden wie das Gift. Selbst sein äußeres Wesen
und seine Kleidung sind streng vorgeschrieben: offen und bescheiden, rein und
züchtig, leidenschaftslos, Haar und Bart verschnitten, sein Gewand weiß, sein
Körper rein, soll er mit einem Stabe und den Wedas in den Händen und mit
glänzend goldenen Ringen in den Ohren erscheinen. Hat er die Schriften ge=
lesen, einen Sohn auferzogen und die heiligen Opfer erfüllt, so ist ihm erlaubt,
Alles seinem Sohne anzuvertrauen und in seinem Hause als Schiedsrichter zu
leben. Sein dritter Lebensabschnitt ist der mühevollste. Bekleidet mit dem Fell
einer schwarzen Antilope oder mit Blättern, mit herabhängendem Haare und
langen Nägeln, soll er auf der bloßen Erde, in keiner Behausung schlafen, ohne
Feuer, nur von Wurzeln und Früchten leben, dabei aber streng allen religiösen
Pflichten nachgehen. Endlich beschließt er sein Leben in Selbstbeschauung und
in Betrachtungen über die Gottheit, und haucht seine Seele aus, wie der Vogel
voll Lust den Zweig eines Baumes verläßt.

Der zweiten Kaste, den Kschatrhia, liegt die Verwaltung der Gerechtig=
keitspflege nebst Besorgung aller bürgerlichen und kriegerischen Angelegenheiten
des Staates ob. Aus dieser Klasse werden die Könige und Fürsten genommen.

Die Beschäftigungen der Waisy sind Ackerbau und Handel, auf die
Sudrah fallen alle niederen Beschäftigungen des gemeinen Lebens. Außer
diesen vier großen Hauptkasten besteht noch eine fünfte, die der Burrun=
Schunker, welche alle Handwerke umschließt und wieder in so viel abgeson=
derte Kasten (Zünfte) zerfällt, als es Gewerbe und Handwerke giebt.

Endlich sei noch einer Klasse, der Chandala oder, wie sie gewöhnlicher
heißen, der Pariah erwähnt. Einer anderen Lesart nach wären die Pariah
die unterjochten Urbewohner des Landes. Von den anderen Kasten werden sie
verachtet und mit großer Härte behandelt.

Wer mit Leuten dieser Kaste essen, oder Lebensmittel, die sie bereitet, be=
rühren, oder Wasser trinken wollte, das sie geschöpft haben, wer einen Fuß in
ihr Haus setzen oder ihnen erlauben wollte, das seinige zu betreten, der würde
sich der Ausschließung aus seiner Kaste aussetzen. Die Zahl der Pariahs wächst
nicht nur durch ihre eigene Nachkommenschaft an, von welcher keiner jemals in
eine andere Kaste übertreten kann, sondern auch durch die aus den übrigen
Kasten Ausgestoßenen.

Außer diesen erwähnten vier Hauptkasten giebt es noch sechsunddreißig
vermischte Kasten, deren nähere Beschreibung wol kaum der Mühe werth ist.

Um diese künstliche Eintheilung der menschlichen Gesellschaft in Kraft zu
erhalten, war es den hindostanischen Gesetzgebern unumgänglich nöthig, jeder
Klasse ihre eigenen und angemessenen Vorrechte zu ertheilen. Sie mußten des=
halb auch in ihrem Kriminalkodex eine große Verschiedenheit von Strafen für

das nämliche Verbrechen anführen, je nach Rang und Lage des Verbrechers; dasselbe Verbrechen, was ein Sudrah mit dem Leben bezahlen muß, wird am Brahminen mit einer leichten Geldstrafe gesühnt, und doch beklagt sich das Volk nicht über diese Ungleichheit des Gesetzes, obgleich ein armer leidender Sudrah vielleicht still wünschen mag, in einer höheren Kaste geboren zu sein.

Die Kleidung der Hindu besteht meist aus zwei Stücken Baumwollenzeug; das eine, Dhoti genannt, wird um die Hüften, das andere, Tamah, um die Schultern geschlungen, und beide durch einen Gürtel um die Hüften zusammengehalten. Unter dem letzteren bedeckt den Oberkörper eine Art Hemd, an den Füßen werden Sandalen oder hinten offene Schuhe getragen. Bei fast gleichem Schnitt zeichnen sich Vornehmere nur durch größere Pracht aus, tragen wol auch eine leichte Jacke und weite, bis zu den Knöcheln herabgehende Beinkleider. Die Frauen lieben besonders den Schmuck, und durchflechten ihr herrliches, langes schwarzes Haar mit Perlenschnüren, Blumen und anderem Zierrath; vornehme Mädchen haben an ihren Knöchelspangen noch kleine Glöckchen, welche klingeln. Fingerspitzen und Nägel werden von ihnen orange, die Augenbrauen und Wimpern glänzend schwarz gefärbt. In einigen Provinzen ist das Tätowiren Sitte, ebenso das Rothfärben der Hände und Füße nach innen, auch werden die Zähne manchmal geschwärzt.

Die Nahrungsmittel der Hindu bestehen hauptsächlich aus vegetabilischen Stoffen, unter welchen der Reis eine Hauptstelle einnimmt, ja der Aermere lebt beinahe nur von Reis. Als Getränk bedient sich der Hindu des Wassers, der Milch, des Reiswassers; aus Baumsäften weiß er sich trefflichen Wein (Palmwein) zu bereiten, ebenso Arak und Rum; letzteren sucht er zu mildern durch Zusätze von Wasser, Thee, Zucker und Citronen, woher unser Punsch seinen Ursprung hat, denn fünf Elemente (pantscha = fünf) gehören dazu.

Schon vor zwei Jahrtausenden waren Indiens feine Baumwollen- und Seidenzeuge hochberühmt. Auf der künstlichsten Maschine vermag der Europäer nicht die fast durchsichtigen, oft mit Gold durchwirkten Musseline oder die äußerst feinen Schals aus dem zartesten Flaumenhaar der Kaschmirziege zu weben, welche der Hindu nicht selten in offenem Felde und mit dem einfachsten Weberstuhle, an einem Baume befestigt, in so unbegreiflicher Vollkommenheit hervorgehen läßt, daß sie, sechs- und achtfach zusammengelegt, noch die Farbe der Haut durchscheinen lassen. Die Baumwollenweber in Bengalen nehmen sieben Sorten der Baumwolle an, die nur eine Hinduhand sortiren kann; ebenso außerordentlich groß ist die Verschiedenheit der Baumwollen- und Seidenzeuge, denn man zählt über einhundertvierundzwanzig Gattungen indischer Zeuge, von den feinsten Gazen und dem goldgeschmückten Atlas bis zu den bunten Zitzen und Kattunen, mit ihren grotesken Thier- und Pflanzenfiguren; auch diese kann nur die feine, geübte Hand des Hindu unterscheiden. Die Zeuge haben neben ihrer außerordentlichen Feinheit eine glänzende, bleibende Weiße; die Tücher prangen in den prachtvollsten Farben und Zeichnungen.

17*

Die Hindu wohnen größtentheils in Städten und Dörfern. Die Bauart der Häuser richtet sich nach dem Klima. Die Dörfer innerhalb der Ghatketten zeigen beschattete Hütten mit steilen Dächern, die fast bis zur Erde hinabhängen; die Mauerwände sind sehr niedrig, ringsum ist Alles mit Pflanzen umwuchert, voll Bäume und Schlingstauden; Gurken, Melonen und andere Rankgewächse überklettern die Hütten, welche unter dem Grün ganz versteckt liegen. In den Dörfern des Ostens dagegen ist während vieler Monate keine Spur von Grün zu sehen; Hütten aus Thon, an der Sonne gebacken, oder mit Lehm aufgeführt, die, wenn sie im Westen stünden, durch einen einzigen Regenschauer nieder= geschwemmt würden, reichen dort hin. Sie sind nicht über 3 m. hoch; ihr hori= zontales Dach ist eine Terrasse mit Baumzweigen oder Bambus, mit Lehm überzogen, eher Ameisenhaufen als Menschenwohnungen ähnlich. Einfache Bambushütten finden sich, wie in den hochgelegenen Gegenden Dekans, so in Bengalen und den Indusniederungen, wechselnd mit Häusern aus Backsteinen mit platten Dächern; im nördlichen Indien dagegen sind die Wohnungen der Landleute von einer Art Cedernholz fest und dauerhaft gebaut, gewöhnlich drei= stöckig, sodaß unten das Vieh, im zweiten Stockwerke die Getreidevorräthe sich befinden und zu oberst die Familie wohnt; das dritte Stockwerk faßt eine eigene Gallerie ein. Nicht selten sieht man die Hütten mit Palmblättern gedeckt, in der Regel haben auch die Häuser eine hölzerne Einfassung oder Umzäunung, mit Hof und Garten versehen.

Statt des Granits und Marmors der älteren Zeit werden jetzt Backsteine zu den besseren Gebäuden verwendet. Auch das Innere der ländlichen Woh= nungen ist schmucklos; statt der Fensterscheiben bedienen sich die Aermeren oft des geölten Papiers; am gewöhnlichsten jedoch sind kleine Gitterfenster ange= bracht, um der Luft freien Durchzug zu verschaffen.

Eine Hauslampe ist dem Hindu unentbehrlich. Er ruht auf von ihm selbst gefertigten Matten und bedient sich hölzernen, höchstens kupfernen Geschirrs, während er vielleicht über zahlreiche Herden gebietet. Nur der Vornehmere hat eine Bettstelle aus Rohr, um welche, wegen der Muskiten, ein feines Netz gespannt ist.

Wer nur eine der jetzigen Städte gesehen hat, hat alle gesehen; fast keine ist schön zu nennen, die Straßen sind meist eng, krumm und ungepflastert, selten durch hohe Gebäude ausgezeichnet, denn Prachtbauten werden nur noch selten aufgeführt.

Jedes Dorf hat seinen Richter, einen Vorsteher des Wassers, zum Behufe einer gleichmäßigen Vertheilung desselben zur Bewässerung der Felder, einen Einnehmer, einen Astrologen, nach dessen Bestimmungen sich der Landwirth richtet, Wächter für das Dorf und Feld, einen Töpfer, Schmied und Zimmer= mann, welche für die Bedürfnisse der Gemeinde zu sorgen haben, einen Silber= arbeiter, einen Wäscher, der die Kleider reinigt, und endlich einen Barbier, sowie die nöthigen Dorf= und Hausbrahminen. Da sieht man in den Dörfern hier den Dorfwäscher die Wäsche sammeln, dort den Dorfschulmeister, wie er den Kindern im Sande schreiben lehrt, hier den emsigen Schmied, dort den geschwätzigen Barbier, während in der benachbarten Pagode sich die gellenden Töne der Musik hören lassen. Gaukler reißen Possen, und fanatisch gekleidete Fakirs suchen Geld zu erpressen.

Alles, was der sparsame Hindu erübrigt, verwendet er auf religiöse Zwecke, freilich mehr ehedem als jetzt; er sorgte für Wege, Wasserteiche, Brücken u. s. w., um dem frommen Pilger das Reisen zu erleichtern.

Wahn und Aberglaube ziehen sich durch das ganze Leben der Hindu hindurch, mehr als bei den meisten anderen Völkern. Für den sonst weibischen und feigen Hindu hat der Tod keine Schrecken, er geht ihm mit der Kaltblütigkeit eines Stoikers entgegen, und die freiwilligen Wittwenverbrennungen (Sattis) zeigen, daß die Frauen hinter den Männern nicht zurückstehen.

Einen der interessantesten Bestandtheile der Bevölkerung Hindostan's bilden die Parsi oder Parsen. Man versteht darunter speziell die gewöhnlich Quebern (Ungläubige) genannten Perser, welche nach dem Untergange des Sassanidenreichs trotz der fanatischen Verfolgungen der mohammedanischen Araber der uralten Religionslehre Zoroaster's treu blieben. Sie flüchteten theils in entlegene Gegenden Persiens, theils nach dem nordwestlichen Indien, wo sie bis heute ihre Nationalität und ihre Religion bewahrt haben. In Persien begegnet man den Parsen noch in Jezd, Taft, Teheran und Kirman. Während hier ihre Zahl sehr abgenommen hat, ist sie in Indien infolge der von den Briten geübten Toleranz fortwährend im Steigen begriffen. Hier nehmen die Parsen wegen ihrer Rechtlichkeit eine geachtete Stellung ein und sind durch ihre Handelsunternehmungen meist zu großem Wohlstande gelangt. In Bezug auf Civilisation und Kenntnisse stehen sie den Europäern am nächsten; auch haben ihre religiösen Schriften viel Moral und richtige Begriffe.

Die Parsen bekennen sich zur Religion des Lichtes; das Feuer gilt ihnen für das heilige, weil reinigende Element, und in der Enthaltung vom profanen Gebrauch des Feuers gehen sie so weit, daß sie keine Feuerwaffe benutzen und kein Feuer auslöschen. Sie glauben an ein höchstes, ewiges, allmächtiges Wesen, das alle Dinge geschaffen hat, und an dieses richten sie ihre Gebete. Sie nehmen einen Gegensatz des Guten und des Bösen an; Ormuzd ist der Genius des Lichtes; Ahriman jener der Finsterniß. Sie glauben ferner an die Unsterblichkeit der Seele, an die Belohnung der Tugend und die Bestrafung des Bösen in einer anderen Welt. Die Anbetung Gottes unter der Gestalt der Sonne oder des Feuers wird in den zoroastrischen Büchern eingeschärft: „Alles erhält Leben durch die Sonne; ihr verdankt die Erde Fruchtbarkeit, die Seele ihr Dasein, die Pflanze ihr Wachsthum. Sie giebt Allen Bewegung, sie ist Ursache, daß Alles mit einander in Verbindung steht; ihr Einfluß ist so alt wie die Welt."

Mit großer Zähigkeit hängen die Parsen an ihren alten Sitten und Gebräuchen, und man kann wol behaupten, daß sich darin im Laufe von mehr als tausend Jahren nur wenig geändert hat.

Wo die Oertlichkeit es irgend erlaubt, geht der Parfe vor Sonnenaufgang ins Freie, kniet bei Sonnenaufgang nieder und richtet fein Gebet an das Symbol des Schöpfers, denn die Sonne ift das Geftirn des Lebens.

Die Kleidertracht der Parfen unterscheidet sich wenig von jener der Hindu; eigenthümlich ift ihnen nur die hohe, nach oben verbreiterte oder feitlich abge=schnittene Mütze. Die Beinkleider sind gewöhnlich weiß, und oft ift es auch der Rock; bei Feierlichkeiten trägt man auch gern einen kostbaren Schal. Im Hause trägt der Parfe statt der hohen Mütze ein feidenes Käppchen mit rothen und gelben Muftern. Die Priefter bedecken das Haupt mit einer weißen Mitra.

Die Hautfarbe ift etwas heller als die der Hindu, das Auge lebhaft und intelligent, der Gang gemessen und die ganze Erscheinung eigenartig. Sie haben Alle eine gewisse Familienähnlichkeit, weil sie durchaus unvermischt geblieben sind.

Die Frauen tragen ein kleines Korfet, ein Obergewand, wie jene der Hindu=frauen, und Beinkleider wie die Mohammedanerinnen. Dazu schlingen sie ein Tuch über den Kopf, und das Haar wird sorgfältig unter weißer Leinwand ver=borgen. Sie sehen dadurch fast aus wie manche europäische Nonnen.

Die Kinder beiderlei Geschlechts erhalten nach vollendetem siebenten Jahre die Sabra, das geweihte Gewand; dasselbe ersetzt die Panzer, welche die Parfen vor ihrer Ankunft in Indien trugen; es gewährt Schutz gegen die Angriffe des bösen Ahriman.

Das Familienleben der Parfen ift patriarchalisch und erbaulich, und es gewährt einen erfreulichen Anblick, Vater und Mutter von munteren, hübschen Kindern umgeben zu sehen.

Schon aus der Darstellung Herodot's wissen wir, daß die alten Perfer ihre Todten ausfetzten, damit die Leichen den Vögeln zum Fraße dienten, und dieser Brauch ift noch heute in voller Geltung.

Zu diesem Zwecke errichten sie thurmartige Gebäude, in welche nur ein Parfe treten darf. Diese Beinhäuser haben drei mit Steinen gepflafterte Ge=schoffe, die nach innen zu gegen eine Oeffnung geneigt sind, in welche die Ge=beine hinabfallen. Im erften Geschoffe finden die Leichen der Männer ihren Platz, im zweiten jene der Frauen, im dritten die der Kinder. Diese Art der Leichen=beftattung steht in Verbindung mit der Annahme, daß der menschliche Leib ein Sitz der Sündhaftigkeit sei. Glücklich gilt der, welchem die Geier, bevor sie an andere Körpertheile gehen, die Augen aushacken, denn seine Seele ift des himm=lischen Reiches sicher und gewiß. Kahlköpfige Geier halten sich immer in großer Menge bei einem Dakhma (Thurm des Schweigens) auf, und warten auf die Ankunft willkommener Beute.

Man fragt wol, weshalb die Parfen ihre Todten nicht begraben oder verbrennen? Die Antwort ift gegeben, wenn man erwägt, daß durch ein Be=graben die Erde verunreinigt würde, und durch Verbrennen würde man das Feuer, dieses heilige Element, befudeln; es gilt ja für das Allerreinfte, für das Sinnbild des ewigen und barmherzigen Gottes.

Ein Parse.

In das Gemach eines Sterbenden bringt man einen Hund, denn er ver=
treibt die bösen Geister, welche darauf lauern, sich der Seele zu bemächtigen.

Die Todten bringt man, mit einem weißen Gewande umhüllt, auf einer
eisernen Bahre nach dem Thurm des Schweigens und stellt einige Lebensmittel
neben sie, weil die Seele noch um die irdische Hülle schweift, in der Hoffnung,
wieder in dieselbe hineinschlüpfen zu können. Der Parse besucht die Todten=
stätte nur, wenn er befreundete oder verwandte Todte dorthin geleitet.

Oestlich von den britischen Besitzungen in Indien und im Westen von
Persien, gleichsam den Uebergang bildend zwischen den Hindu und den Iranern,
wohnen die Afghanen. Das wilde, räuberische, in den Waffen wohl geübte
Volk ist, wie seine Sprache, das Puschtu, bezeugt, mit dem persischen am näch=
sten verwandt. Es sind unduldsame Bekenner des mohammedanischen Glaubens,
der Mehrzahl nach nomadischer Lebensweise zugethan und wegen ihrer wilden
Tapferkeit sehr gefürchtet. Sie sind von stattlichem Körperbau, Männer wie
Frauen, und von schlankem Wuchse; das Auge ist voll Leben, das schwarze, starke
Haar hängt in Locken an der Seite herunter; ein dunkler Vollbart rahmt das
Gesicht ein. Ihr Aussehen hat aber doch meist etwas Abstoßendes; der Hals
ist nicht lang und sitzt tief in den Schultern; die Haut hat einen matten Glanz
und ein schwärzliches Ansehen.

Die Afghanen selbst halten sich, nach eigenen Ueberlieferungen, indessen
natürlich ganz unbegründeter Weise, für Nachkommen der seiner Zeit aus Jeru=
salem vertriebenen Juden.

Die Kleidung des Afghanen ist nur dadurch von der des Hindu verschie=
den, daß die Männer weite Hosen tragen; den Oberkörper bedeckt ein langer
Ueberwurf, der bis ans Knie reicht; die Füße stecken in Schuhen oder Halb=
stiefeln, den Kopf schirmt ein Turban oder eine Mütze.

Die Wohnungen sind theils Häuser, meist aus Backstein und einstöckig mit
glattem Dache und im Innern ohne Tische und Stühle, theils Zelte, deren
Boden mit dickem Filz oder wollenen Decken belegt ist. Die Speisen sind nicht
mehr vorwiegend vegetabilisch wie in Indien; Schaffleisch in verschiedener Form
gilt als Bedürfniß, Obst als angenehmer Nachtisch.

Seinem Charakter nach ist der Afghane leicht erregt und heftig; seine
Unbarmherzigkeit und Streitsucht sind Folge hiervon. Die Vielweiberei ist durch
den Koran sanktionirt; die Frau ist aber hier, wie bei den Hindu, als Lebens=
gefährtin und Erwerberin in der Hauswirthschaft mehr geachtet als in den west=
lichen Gegenden mohammedanischen Glaubens.

Die Afghanen theilen sich in viele Hauptstämme. Jeder Stamm ist in
Unterabtheilungen gespalten, deren jede unter ihrem Aeltesten ihre Angelegen=
heiten selbst ordnet und nur im Heerbanne wie in Abgabezahlung einem ge=
meinsamen Oberhaupte Folge leistet.

Von solchen Stämmen erwähnen wir vor allen Dingen die Tadschik, die
hauptsächlich im Westen Afghanistan's wohnen. Sie sind groß, haben schwarze

Augen und Haare, einen länglichen Kopf; der Knochenbau ist stärker als bei den Persern. Durch die Jahrhunderte lange Bedrückung haben sie viele schlechte Eigenschaften angenommen, und in ihrer gegenwärtigen Vermischung sind sie zum verworfensten Volke der indo-germanischen Sprachengruppe herabgesunken.

Afghanen.

Ihr niedriger Sinn äußert sich hauptsächlich in Treubruch, in Betrügereien und Diebstählen. In Sachen der Religion affektiren sie die größte Verehrung vor den Geboten des Koran, doch nur so lange sie sich in Gegenwart Strenggläubiger befinden und sie davon überhaupt einen Vortheil erwarten. Kriechend im Umgange, vergessen sie doch nie, für sich selbst zu sorgen. Sie leben hauptsächlich in Städten oder wenigstens in der Nähe derselben, und sind gewandte Kaufleute mit Verbindungen bis nach Innerasien hinein. Man pflegt die Tadschik auch Sarten zu heißen, wodurch häufig die irrthümliche Meinung

hervorgerufen wird, Beides sei stets gleichbedeutend. Sart bedeutet indessen nur
soviel als ein „Seßhafter", im Gegensatz zum „Nichtseßhaften" (Nomaden).
Mithin können Sart und Tadschik, müssen aber nicht immer dasselbe sein.
Tadschik ist ein ethnographischer, Sart ein sozialer Begriff. Viele Tadschik sind
allerdings Sarten, und diese Identität hat wol zuerst den Irrthum veranlaßt,
aber nicht alle Sarten sind Tadschik.

Weiterhin wird Afghanistan noch von den Hindki (Hindu) bewohnt, welche
meist in den Städten als Handelsleute und Handwerker leben und wegen ihrer
wenig kriegerischen Gesinnung mit geringer Rücksicht behandelt werden. Ira=
nischen Stammes sind die Kurden und Armenier im Westen des Landes;
dagegen gehören nicht in diese Volksgruppe die mongolischen Aimaq und
Hazareh und die türkischen Kisil=Baschi im Nordosten des Landes.

Gelegentlich unserer weiteren Umschau unter den iranischen Völkern Asiens
kommen wir nun zur Beobachtung der Perser.

Die eigentlichen Perser sind im Allgemeinen hoch gewachsen und von
starkem Gliederbau. Kopf und Gesicht haben indo=germanisches Gepräge; die
Nase ist kühn gebogen, die Augen sind groß und dunkel, der Mund ist süßlich
und wollüstig gestaltet, die Gesichtsfarbe einen Schatten dunkler als die der
Europäer. Das Haar ist schlicht, nie kraus, und kastanienbraun; der Bart sehr
entwickelt und dicht, die Stirn nur mäßig hoch und an den Schläfen abgeplattet,
die Augen sind groß, mit langem oberen Lid, die Augenbrauen bogenförmig ge=
wölbt, über der Nase zusammengewachsen, die Wangen wenig fleischig, ohne
röthlichen Anflug, die Lippen dünn anliegend. Auffallend hohe und schlanke
Individuen finden sich eben so selten wie beleibte. Die Gesichtszüge des Persers
sind ernst, denn er läßt sich nicht durch heftige Gemüthsbewegungen erregen,
vielmehr ist es ihm Sache des Studiums und der Gewohnheit, sich wenigstens
äußerlich zu beherrschen. Daher vermeidet er Geberdenspiel und Gestikulationen,
die ihm am Europäer vor Allem auffällig sind. Der Perser ist im Allgemeinen
habgierig, er liebt, viel Geld zu erwerben, ohne die Rechtmäßigkeit der Er=
werbsquelle zu prüfen; doch giebt er es eben so leicht wieder aus, um Luxus zu
entfalten. Der Perser klammert sich fest an seine Familie, an seinen Stamm,
jedes Glück, jedes Unglück, jede Erhöhung oder Erniedrigung als solidarisch be=
trachtend. Verrath in der Familie ist fast unerhört und findet dann allgemeine
Verachtung, selbst wenn er zum allgemeinen Besten diente.

Für Tugend, Dankbarkeit, Reue, Ehre und Gewissen hat die persische
Sprache kein Wort, trotzdem daß sie sonst sehr fein ausgebildet ist. Da sich
aber jedes Volk für die existirenden Begriffe ein Wort bildet, so dient der Mangel
eines solchen als Beweis, daß diese abstrakten Begriffe nicht gekannt sind. Mit
der Wahrheit nimmt es der Perser nicht genau, obwol er jedes Wort betheuert;
er macht freilich auch keine Ansprüche darauf, daß man ihm glaubt, sondern
sagt, wenn ertappt, lächelnd die Worte „Gan churdem!" (Ich aß Koth), damit
die Unwahrheit ohne Scheu zugebend.

Der Perser ist mäßig und genügsam in der Nahrung; so hoch er auch gestellt sei, werden ihn zu Zeiten etwas Brot, Käse und einige Wüstenkräuter befriedigen; doch liebt er geistige Getränke und aufregende Mittel.

Typus eines Tadschik.

Die Nationalkleidung der Männer besteht aus einem Paar weiter Beinkleider, gewöhnlich von blauer Farbe, und einem Hemde ohne Kragen von derselben Farbe, das auf der rechten Brust zugeknöpft ist und bis auf die Mitte des Schenkels reicht. Die Aermel sind von den Schultern an sehr weit und reichen bis zum Handgelenk, wo sie offen bleiben. Ueber dem Hemde tragen sie einen oder zwei Röcke, die, vorn mit Knöpfen versehen und um die Hüften mit einem Gurt oder einem blau und weißen Tuche zusammengebunden, im Uebrigen bis an die Knöchel reichen. Die Aermel sind von den Elnbogen an offen.

An den Füßen trägt man wollene oder baumwollene Schuhe und Pantoffeln mit
Ledersohlen und hohen Absätzen; sie treten vorn weit hervor, sodaß die Spitze
nach oben gebogen ist. Die Kopfbedeckung ist eine ½ m. hohe kegelförmige Mütze
von schwarzem Filz oder Schaffell, deren Spitze eingestülpt ist; bei gemeinen
Leuten auch eine braune, runde, enganliegende Mütze. Nur Studirte und einige
Kaufleute tragen Turbane, die bei dem Mollah oder Geistlichen von weißem
Musselin sind. Im Winter trägt man über den gewöhnlichen Röcken noch Jacken
von Schaffell, deren Aermel gewöhnlich bis zum Elnbogen reichen und die in
der Regel nur übergehängt werden. Das Haar wird auf dem Scheitel und am
Hinterkopf geschoren; an den Seiten bleibt es stehen, meist in gesteiften Locken
lang herabfallend.

Die Frauen tragen beim Ausgehen weite Beinkleider von Seide oder
Baumwolle, sonst aber eine Menge von Röcken, eine bis zu den Hüften reichende
Jacke mit offenen Aermeln, eine kleine, enge Kappe und oft auch ein Tuch, das
bis zum Rücken herabhängt; als Schmuck Finger= und Ohrringe, Spangen,
Stirnband u. s. w. Das Haar hängt in großen Seitenlocken oder in Flechten
hinten herab. Auf der Straße tragen sie ferner einen weiten, die ganze Gestalt
verhüllenden, blauen baumwollenen Ueberwurf (Tschader), an dessen oberem
Theile ein Tuch mit Oeffnungen für die Augen vor dem Gesichte herunterhängt.
Die Augenbrauen malen sie in großen Bogen; die Nägel färben sie mit Henna.

Die Perser bekennen sich fast ausschließlich zum Mohammedanismus, und
zwar sind sie eifrige Schiiten, daher schon darum geschworene Feinde der sunni-
tischen Türken, Araber u. s. w.

Einschaltend sei hier zum besseren Verständniß bemerkt, daß der Streit
der Schiiten und der Sunniten ein politischer und kein religiöser ist. Sunniten,
zu denen weitaus die größte Anzahl der Mohammedaner gehören, sind die Or=
thodoxen, also diejenigen, welche dem Gebrauche Mohammed's folgen; die
Schiiten dagegen erklärten den ersten Kalifen Ali=ben=Abu=Taleb, den Schwieger=
sohn Mohammed's, für dessen rechtmäßigen Nachfolger.

Die Korangelehrten der Schiiten heißen, soweit sie die Stellung von Geist=
lichen einnehmen, Mollah. Viele Derwische durchstreifen als Bettler und Vaga=
bunden das Land, und trotzdem genießen diese „heiligen Männer" überall eine
gewisse Achtung.

Die Mädchen werden sehr jung verheirathet. Bei wohlhabenden Familien
verlangt der Vater gewöhnlich 30 Tomans (etwa 255 Mark) als Kaufpreis für
die Braut, und gewöhnlich wird diese Summe der letzteren eingehändigt. Vor der
Hochzeit darf der Bräutigam mehrere Monate das Antlitz seiner Braut nicht sehen.

Die Häuser der Reichen haben einen bedeutenden Umfang und zerfallen
in zwei Hauptabtheilungen, in das Merdana (Männerhaus) und das Zenana
oder Enderun (Frauenhaus), welches hinter jenem liegt und durch einen zweiten
Hof mit Gartenanlagen davon getrennt ist. So freundlich meist das Innere
der Häuser, so widerwärtig ist das Innere der Straßen der persischen Städte.

Perſiſche Trachten.

Hier, wie im Orient überhaupt, sind sie der Sammelplatz von Schmuz und Elend aller Art, nirgends von einer wimmelnden, geschäftigen Bevölkerung belebt, und dabei so eng, daß sie ein beladenes Lastthier kaum passiren kann. An die hohen, fensterlosen Mauern, welche die besseren Wohnhäuser der Reichen und jedes Grün verstecken, sind die Schmuzhöhlen der Armen angeklebt. Den Namen Straße verdienen nur die Bazars. Es sind dies meist gewölbte, gut ausgeführte Ziegelbauten, und die verschiedenen Händler und Handwerker haben darin ihre eigentliche Stätte.

Im Enderun hält man die Frauen insoweit streng, daß in den Gemächern derselben nur Angehörige der Familie Zulaß finden. Andererseits können sie von früh bis spät ganz nach Belieben ausgehen. Die Frau eines wohlhabenden Mannes geht früh zuerst ins Bad und läßt sich von einer Magd begleiten. Nach dem Bade kommt sie heim, macht dann Besuche und geht später in irgend eine Gesellschaft.

Thatsächlich erfreuen sich die Weiber einer großen Zwanglosigkeit. Im Hause gebieten sie allein, obgleich sie andererseits, eben weil sie Weiber sind, bei den Männern für unzurechnungsfähige Wesen gelten; denn der Prophet von Mekka will ja wissen, daß in ihrem Verstande eine Lücke sei, und deshalb verlangt er für sie große Nachsicht, welcher denn auch die Perserinnen in gewisser Hinsicht sehr bedürfen. Man schildert sie als zornig und heftig, und der Pan= toffel mit eisenbeschlagenen Hacken ist in ihren Händen eine gefährliche Waffe.

Häusliches Leben in unserem Sinne kennen die Perser nicht. Frauen und Männer sind draußen, wenn es irgend angeht. Der Mann schlendert auf den Bazar und macht allerlei Besuche, bei welchen die Förmlichkeiten und schönen Redensarten eine große Rolle spielen. Wer einen Anstandsbesuch machen will, schickt seinen Diener und läßt fragen, an welchem Tage er nicht lästig fallen werde. Die Antwort fällt nach Wunsch aus; man macht sich also eine Stunde nach Sonnenaufgang auf den Weg, weil es dann noch nicht zu früh ist. Es verschlägt übrigens gar nichts, wenn man später kommt, denn bei diesen Leuten hat die Zeit keinen Werth. Der vornehme Mann nimmt soviel Diener wie möglich mit; vor dem Pferde schreitet der Dschelodar einher mit einer gestickten Decke, die ihm auf der Schulter hängt, hinter dem Herrn der Kaliandschi mit der Wasserpfeife. So geht es im Schritt durch Bazare und Straßen; man grüßt die Bekannten und vertheilt Almosen.

Man kommt an die Thür, steigt ab, läßt den Diener vorausgehen, schreitet durch einige schmale, finstere Gänge und ein paar Höfe, und gelangt an die eigentliche Wohnung. Der Mann, welcher den Besuch empfängt, tritt bis an die vorderste Thür, falls er einen Mann von hohem Range erwartet; bei gleichem Range schickt er einen Sohn oder jungen Verwandten. Dann wechselt man höf= liche Redensarten aus. „Wie kam Deine Herrlichkeit auf den Gedanken, diese bescheidene Wohnung zu besuchen?" Der Andere preist die allzugroße Ehre, die man ihm anthue, und spricht: „Was veranlaßt Dich, Deinem Sklaven so entgegen zu kommen? Ich bin darüber in unaussprechlicher Verlegenheit; dieses Uebermaß von Güte beschämt mich." So kommen Beide bis an die Thür des Empfangsaales, wo wieder die Komplimente über den Vortritt kein Ende nehmen wollen. Der Hausherr sagt: „Du bist ja in Deiner Wohnung und Alles hat Dir zu gehorchen." Dagegen werden alle möglichen Einsprüche erhoben, bis am Ende der Besuchende seine Pantoffeln auszieht, der Hausherr ein Gleiches thut und Beide eintreten.

Gewöhnlich sind die zur Familie gehörenden Männer versammelt, stehen an der Wand umher und verneigen sich vor dem Eintretenden, welchen der Wirth in einen Winkel auf einen erhöhten Sitz geleitet. Wieder neue Komplimente und Ablehnungen, während die übrigen Anwesenden sich eines höflichen Lächelns befleißigen. Auf ein solches muß ein Mann von Erziehung sich gründlich verstehen. Endlich nehmen Beide Platz; der Besuchende fragt den Hausherrn, ob, unter Gottes Gnade, seine Nase fett sei? „Sie ist es, Gott sei gelobt, durch Deine Güte." — „Gott sei gepriesen dafür!" lautet die Antwort. Dann wendet man sich zu dem Manne, welcher zunächst steht, und fragt ihn, wie er sich befinde? Die Antwort lautet allemal günstig: „Dank sei Gott, durch Deine Güte." So muß man alle Anwesenden anreden, aber jedesmal einige Abwechslung in die Frage bringen, je nach dem Range dessen, an welchen sie gerichtet ist. Nachher wendet man sich wieder zum Hausherrn und stellt sich, als ob man ihn lange Zeit gar nicht gesehen habe. Deshalb dann abermals die Frage, ob, so es Gott gefällt, seine Nase fett sei? Antwort: „Sie ist es, Gott sei gedankt, durch Dein Erbarmen." (Ein großer Heiliger verdankte seine Beliebtheit beim Volke einzig und allein dem Umstande, daß er sich auch bei Dienstboten und gemeinen Soldaten erkundigte, was ihre Nase mache.)

Nachdem die Fragen wegen der Nase erledigt sind, wird eine kleine Pause gemacht; nachher wirft der Hausherr ein paar Worte über das Wetter hin. Gestern sei es nicht besonders gut, heute aber wunderschön geworden, und das habe man auf Rechnung Seiner Excellenz zu setzen. Die Richtigkeit dieser Wendung wird von den Anwesenden bestätigt, und einer fügt hinzu: was selber excellent sei, mache die ganze Umgebung und Alles, womit es in Berührung komme, prächtig; ausgezeichnete Vollkommenheit wirke Wunder: „Wie konnte es auffallend sein, daß da, wo Deine Excellenz erscheint, Gleichgewicht und Ebenmaß in allen Dingen herrscht, und alles Schöne sich in seiner ganzen Vollkommenheit zeigt?" Auch diese Bemerkung findet großen Beifall und wird durch Verse aus mehr als einem Dichter bekräftigt. Der Besuchende muß natürlich auch seinerseits in derartigen Komplimenten wetteifern. Er sagt also, das Wetter sei erst schön geworden, seitdem man so gütig gewesen sei, den Besuch zu genehmigen, und man verdanke das Glück ausschließlich dem vortrefflichen Herrn des Hauses. Dann macht er eine geschickte Wendung im Gespräche, um eine Anekdote erzählen zu können, über welche alle Anwesenden hoch erfreut sind. Der Hausherr drückt ihm dankbar die Hand, dieser Druck wird mit Lächeln

und Zärtlichkeit erwiedert und dann Pfeife, Kaffee, Thee und Sorbet umher=
gereicht. Uebrigens wissen die Perser allen diesen übertriebenen Höflichkeiten
die scherzhafte Beimischung zu geben, durch welche sie das Steife verlieren. Der
bloße Schwulst der Komplimente würde lächerlich sein, das begreifen sie recht
gut. Wer wirkliche Geschäfte mit Anderen abzumachen hat, faßt sich mit solchen
Förmlichkeiten kürzer, aber die Vorschriften der äußeren Höflichkeit werden von
allen Klassen beobachtet, selbst von den Lastträgern; nur die Nomaden kehren
sich nicht daran; sie werden deshalb von den eigentlichen Persern als plumpe,
ungeschlachte Leute gering geachtet.

Der Perser liebt Gesänge und Erzählungen; aber die ersteren müssen neu
sein und womöglich einen satirischen oder politischen Inhalt haben. Wandernde
Erzähler trifft man auf allen Gassen, von früh bis spät folgt einer dem andern.
Für theatralische Aufführungen hat das Publikum eine wahre Leidenschaft. Sie
werden auf offenen Plätzen und unter freiem Himmel aufgeführt. Die Frauen
stehen auf der einen, die Männer auf der anderen Seite des Zuschauerplatzes.
Am beliebtesten sind die Vorstellungen im Monat Moharrem; ihren Inhalt bildet
der Tod der Söhne Ali's und ihrer Angehörigen. Das Stück nimmt zehn Tage
in Anspruch; jeder einzelne Abschnitt dauert drei bis vier Stunden. Und das
ist den Persern kaum genug, denn es handelt sich ja um das Leiden und das
Unglück ihrer religiösen Lieblinge. Die ganze Versammlung heult und wehklagt
und schreit verzweiflungsvoll.

Ackerbau und Viehzucht sind die Hauptnahrungszweige der Bevölkerung;
ersterer ist aber nur da möglich, wo dem trockenen Boden durch unterirdische
und überirdische Kanäle und Brunnen die nöthige Feuchtigkeit zugeführt werden
kann. Deshalb spielt der Wasserbau eine hervorragende Rolle, und Hungers=
noth ist die nothwendige Folge einer langanhaltenden Trockenheit. Die acker=
bauende Bevölkerung wohnt in den Vorstädten und in Dörfern, welche zum
Schutze gegen räuberische Ueberfälle mit hohen Lehmmauern umgeben sind.
Außer Weizen und Reis, den wichtigsten Kulturpflanzen des Landes, ist der
Weinbau sehr verbreitet; an Obst werden namentlich Granatäpfel, Pfirsiche,
Pistazien, Orangen, Mandeln, Quitten und besonders Melonen gebaut, welche
letztere der Perser außerordentlich liebt. In vorzüglich begünstigten Lagen wird
Baumwolle und Zuckerrohr gebaut. Opium und Tabak sind die wichtigsten ein=
heimischen Narkotika; Schafe, Pferde, Esel und Maulthiere werden von den
Nomaden in großer Menge gezüchtet; berühmt sind besonders die persischen
Pferde durch Schönheit und Ausdauer. In der Industrie, welche ausschließlich
Hausindustrie ist, zeichnet sich Persien vorzüglich durch seine Filigranarbeiten,
Damascenerwaffen, Email= und Fayencewaaren, Droguen, Schals, Teppiche,
Lederarbeiten und Seidenwaaren aus. Solidität der Ausführung und geschmack=
volle Formen beweisen das Talent der Perser für kunstgewerbliche Arbeiten, ein
Talent, das durch die Regierung keineswegs gefördert wird. Der Handel liegt
sehr danieder; im Innern wird er ausschließlich durch Karawanen betrieben.

Die europäischen Arier, zu denen wir uns nun wenden, theilen sich zu=
nächst wieder in Nord= und Südeuropäer. Zu Letzteren zählen wir die thrako=
illyrische Familie, die Hellenen, die Italier und die Kelten. Zu der im Alter=
thum zahlreiche Glieder zählenden thrakischen Familie gehörten die Thraker
selbst, die Daker, Geten, wol auch die Leleger und Makedonier, zu den Illy=
riern, außer diesen selbst, namentlich die Veneter und Liburner. Diese beiden
Völkerfamilien waren so eng mit einander verwandt, daß sie bei vielen älteren
Schriftstellern nicht geschieden, sondern mit einander vermengt wurden.

Albanesen.

Im Laufe der Zeit wurden die Thraker und Illyrer von den Hellenen und
italienischen Völkern immer mehr und mehr beschränkt, bis sie auf einen kleinen,
unansehnlichen Ueberrest (die Albanesen) ganz und gar verschwanden. —

Den südlichen Theil des alten Illyrien, sowie den Norden von Epirus,
nimmt das wilde Gebirgsland Albanien ein, das erst in der neueren Zeit näher
durchforscht wurde.

Die Albanesen oder Schkipetaren sind ein Urvolk, welches sich unter
den Stürmen und Wirren zweier Jahrtausende in seinen Wohnsitzen behauptet
hat. Die Byzantiner nannten sie Arvantae, woraus das heutige türkische
Arnauten entstanden ist. Sie zerfallen in zwei getrennte Hauptstämme, die

Gepiden (mit den Miridihten) im Norden, die sich von den umwohnenden slavischen Nationen, den Bosniaken und Montenegrinern, scharf abtrennen und sich fast reinen Stammes erhalten haben. Die Toskiden im Süden scheinen in ihrem gegenwärtigen Bestande aus einer Vermischung illyrischer und griechischer Volkselemente hervorgegangen zu sein.

Männer und Frauen des schön gebildeten Volkes zeichnen sich durch große Körperkraft und graue Augen vor den slavischen und griechischen Nachbarn aus.

Die Albanesen sind meist Hirten und der Räuberei sehr ergeben. Ihr kriegerischer Charakter verleitet sie zu fortwährenden Grenzfehden mit den Montenegrinern; gezwungen oder gegen Sold dienen sie häufig in der türkischen Armee, deren Kerntruppen sie bilden. Der Kriegszustand ist ihm das liebste Verhältniß und sein ganzer Stolz ist, ein Palikare, ein Braver, ein Krieger zu sein. Die Religion haben sie sehr leicht gewechselt. Vor der türkischen Eroberung des Landes waren sie Christen, jetzt größtentheils Mohammedaner, nur ein kleiner Theil noch gehört der griechischen und römischen Kirche an.

Der Albanese ist von mittlerer Statur, hat ein ovales Gesicht mit hervorstehenden Kinnbacken, einen langen Hals, eine breite Brust und einen stolz aufgerichteten Gang.

Die Tracht der Frauen ist ärmlich und besteht gewöhnlich aus grobem Baumwollenzeug; wohlhabende tragen ein sehr weites wollenes Kleid; die jungen Mädchen häufig Blechmützen und kleine Geldstücke in den geflochtenen Haaren.

Der gewöhnliche Anzug des Mannes besteht aus einem Hemd von Baumwolle, Beinkleidern von demselben Stoffe, einem weißen wollenen Mantel und einem weiten Rock oder Kapot und weiten offenen Aermeln und einer weißen Binde, welche öfters hinten in einem schmalen Stück herabhängt. Den Kopf bedeckt ein Turban von baumwollenem Zeug, nicht selten mit einer silbernen Nadel zusammengehalten, oder das Fes.

Eigenthümlich ist die Haartracht der Albanesen. Sie rasiren den ganzen Rand ihres Haupthaares ringsum etwa drei Finger breit ab, sodaß auf dem Schädel nur eine kleine Kappe stehen bleibt, deren Haarwuchs nicht geflochten, sondern ein- oder fünfmal zu einem großen Zopfe gedreht und unter das Fes gesteckt wird, und demnach unter dem Nacken eine Art Chignon bildet. Oft ist auch das ganze Vorderhaupt von einem Ohre zum andern platt geschoren und es fällt dann das Haar lang über das Genick herab.

Der Gürtel, oft mit Silber reich und kunstvoll verziert, ist knapp, mit dem Degengehäng verbunden, in ihm stecken zwei Pistolen. Im Sommer ersetzt man Kapot und Mantel durch ein leichtes Koller.

Die Wohnungen der Albanesen bestehen meist aus einem Parterre mit zwei Stuben. Jedes Haus hat einen kleinen Garten und jedes Dorf einen Rasenplatz für Sonntagsspiele und einen dazu gehörigen runden gepflasterten Platz, auf welchem man zur Erntezeit das Korn durch Pferde austreten läßt. Die Nahrung der Albanesen besteht meist aus Pflanzenkost. Das Getränk ist

Wein und eine Art Branntwein, Raki, genannt, der aus Weinbeeren, Mais oder Gerste bereitet wird. Das Volk ist meist sparsam, aber sehr träge und un= wissend. Sie halten es für keine Schande, öffentlich zu rauben, aber für schimpf= lich, heimlich zu stehlen. Tanz und Musik lieben sie leidenschaftlich. Ihre Volks= poesie ist kräftig und derbsittlich, wie sich das besonders in ihren Mährchen trotz der griechischen Färbung derselben ausspricht.

Ihrer Beschäftigung nach sind sie entweder Hirten oder Ackerbauer; doch neigt der Volksgeist mehr zum umherschweifenden Hirtenleben als zum seß= haften Ackerbau.

———

Die echt hellenische Bevölkerung Griechenlands kann zu keiner Zeit sehr groß gewesen sein, und auch sie war mit kleinasiatischen, phönikischen, egyptischen Elementen von Anfang an versetzt. In die innern Winkel der großen Hämus= Halbinsel war sie nie gedrungen, so wenig wie heute. Wesentlich ein Küstenvolk, waren die Hellenen über weite Küstensäume verbreitet, eine dünne Menschenkrume, überall auf barbarischem Untergrunde oberflächlich gelagert. So ist es bis auf den heutigen Tag geblieben. Die Bevölkerung des heutigen Griechenlands be= steht aus zwei vorherrschenden Volksstämmen, den Neugriechen, den mit slavischem, romanischem und türkischem Blut gemischten Nachkommen der alten Hellenen, die besonders in Südgriechenland und (reinen Blutes) auf den Inseln weit überwiegen, und den oben ausführlicher besprochenen Albanesen, die sich vorherrschend im nördlichen, besonders nordwestlichen Griechenland vorfinden und oft kein Wort der neugriechischen Sprache verstehen.

Die Neugriechen, von den Türken verächtlich Romeios (Romäer, d. h. Rö= mer genannt, womit sie den Begriff eines unterjochten Sklaven verbinden) tragen unverkennbare Spuren der Aehnlichkeit mit den alten Hellenen an sich, und es erscheint uns, als ob der ernste, rücksichtslose Forscher Jakob Philipp Fallmerayer zu weit gehe, wenn er zu dem wenig schmeichelnden Ergebniß gelangte, daß die Reste der alten Hellenen meist vernichtet, und daß kein Tropfen echtes unge= mischtes Hellenenblut in den Adern der Romäer fließe, die halb sarmatisirt, halb albanisirt von beiden Stämmen den Typus trügen.

Die Männer sind bei den Neugriechen meist schön, groß und kräftig ge= baut, von scharf geschnittenen edlen Gesichtszügen, dunklen Augen, schwarzem Haar und lebhaften, feurigen Geistes.

Die Frauen kommen zwar den Männern an Schönheit nicht völlig gleich, sind aber gleichfalls im Allgemeinen wohlgebildet, namentlich auf den Inseln. Ihre Gesichtsfarbe ist rein und weiß, wie bei den Bewohnerinnen nordeuro= päischer Länder, auf den Wangen mit einem leichten Rosenroth vermischt, wo= durch sie sich von den bleichen Italienerinnen unterscheiden.

Im griechischen Nationalcharakter sind die schlechten Eigenschaften überwie= gend, eine nothwendige Folge des langen Drucks, unter welchem die Bevölkerung

Jahrhunderte lang geseufzt hat; namentlich müssen Eitelkeit, Prahlsucht, Miß=
trauen gegen Fremde, Hang zum Lügen und zum Müßiggang, Unzuverlässigkeit,
Neigung zu Intriguen, Betrug und Uebervortheilung als allgemeine Charakter=
fehler erwähnt werden. Die „griechische Treue" ist berüchtigt. Zu den guten
Eigenschaften der Griechen gehört ihre Höflichkeit, Gefälligkeit, Freundlichkeit
und Mäßigkeit; ihre Gastfreundschaft erinnert an die homerischen Erzählungen.
Der Grieche ist ferner tapfer, freiheitliebend, gewandt, und bewahrt ein reiz=
bares Gemüth, das sich eben so leicht der ausgelassenen Fröhlichkeit als der
unversöhnlichen Rachsucht hingiebt.

Zum Anzug eines Kriegers (Palikaren) gehört eine farbige, vorn nicht ge=
schlossene, am Rande gestickte Weste, darüber eine kurze Jacke derselben Art,
gewöhnlich reich gestickt, und um die Schultern hängt ein farbiger, gestickter
Ueberwurf, dessen längs aufgeschlitzte Aermel frei flattern. Ueber die Hüften
schnallen sie einen breiten, farbigen und verzierten Gürtel um, in welchem die
Pistolen und der Handschar stecken, und von diesem abwärts bis unter die Kniee
hängt ein weißer, linnener Rock, in zahllose schmale Falten zusammengelegt,
oft 10 m. Leinwand enthaltend, die sogenannte Fustanella, deren vorderes und
hinteres Ende beim Reiten zwischen den Knieen zusammengefaßt ist und deren
unterer Rand in die hohen Reitstiefeln gesteckt wird. Die Fustanella der Insel=
bewohner ist gewöhnlich aus blauer Leinwand gefertigt. Von den Knieen ab=
wärts decken die Wade ein weißer Strumpf oder knappe, farbige, mit Stickereien
und Quasten gezierte Kamaschen, die Füße aber rothe, zierliche Schnabelschuhe.
Ein grober, brauner, blau benähter und mit einer Kapuze versehener Mantel
aus Wolle oder Ziegenfellen dient zur Umhüllung des ganzen Oberkörpers.

Die Tracht der Frauen ist je nach der Gegend verschieden, besteht im All=
gemeinen aber aus einem vom Halse bis zu den Füßen herabfallenden Wollrock,
der unterhalb der Hüften von einem breiten, schalartigen Tuch als Gürtel zu=
sammengehalten wird; darüber wird ein kürzeres, wollenes Oberkleid getragen.
Das Haar, zum Theil in Zöpfe geflochten, hängt frei den Rücken hinab. Ju=
welen und Perlenschmuck fehlen bei den Reichen nicht. Der Fes dient beiden
Geschlechtern als Kopfbedeckung.

Nicht minder als in den Trachten lassen sich von den Gebräuchen und
Sitten der Neugriechen so bedeutende Ueberreste aus dem Alterthum nachweisen,
daß man oft glauben möchte, es habe sich in vieler Beziehung seit 2000 Jahren
fast gar nichts geändert.

Wie in alten Zeiten, so wird noch jetzt dem Bräutigam, als Symbol des
Familienglücks, ein Granatapfel überreicht, und wie ehemals wird beim Eintritte
ins Haus Reis ausgestreut, zum Zeichen, daß eben so viele glückliche Jahre
als Körner beschert sein möchten.

Den Todten giebt man, wie früher, eine Münze mit, und stellt bei der
jährlichen Erinnerungsfeier der Gestorbenen Gerste, getrocknete Weinbeeren,
Backwerk und Wein als Todtenopfer auf die Gräber.

An den Kopfenden werden kleine Kerzen befestigt, sodaß der Gottesacker in der Nacht von vielen zum Himmel aufstrebenden Flämmchen beleuchtet wird. Der alte Charon ist noch jetzt, wie sonst, die Personifizirung des Todes. Auch sind noch die alten Ausdrücke „Hades" und „Tartarus" im gewöhnlichen Gebrauche und finden sich häufig in den Klageliedern der einfachen, poetischen und abergläubischen Hirten, welche im Sommer die Hochthäler der Gebirge durchziehen.

Griechen.

Die alten hellenischen Tänze werden noch jetzt fast alle geübt, sowol die kriegerischen Waffentänze als auch die Chorreigen der Hirten und der Tanz der Ariadne oder der sogenannte Geranos. Dieser letztere, jetzt die Romaika genannt, ist einer der merkwürdigsten Ueberreste althellenischer Schaustellung.

Wie die Tänze der Jungfrauen, so sind auch noch die Spiele der Knaben dieselben, z. B. das sogenannte Astragalusspiel, bei dem es derbe Schläge setzte, und bei welchem einst Patroklus spielender Weise den Sohn des Amphidamas erschlug. Zaubermittel bereiten die alten griechischen Weiber noch jetzt, wie ehemals, und wie sonst sind die Thessalierinnen als besonders geschickt in dieser Kunst berühmt oder berüchtigt. Der Knoblauch, den schon Hermes in der Odyssee als Gegenmittel gegen die Zaubereien einer Kirke anwendete, wird auch griechi=

schen Kindern unserer Tage in Form eines Amulets um den Hals gehängt, um das verhexende Auge gegen sie unschädlich zu machen.

Für Gelehrsamkeit und Wissenschaft war bei den Griechen der Sinn zu keiner Zeit völlig erstorben, und es hat, selbst in den schlimmsten Zeiten des Türkendruckes, immer ein Häuflein Griechenabkömmlinge gegeben, unter denen Bildung und Kenntnisse gepflegt wurden und aus deren Mitte dann und wann große Gelehrte hervorgegangen sind, die selbst im Abendlande die Aufmerksam= keit auf sich zogen.

Auch in Bezug auf die Künste ist in den Volksanlagen die Bildsamkeit nie ganz abhanden gekommen, und die Bewohner von Neugriechenland haben auf diesem Gebiete alsbald nach ihrer Freiwerdung sich einigen neuen Ruhm erworben. — Die Bildhauerkunst, die einst der Ruhm der alten Griechen war, ist den Nachkommen nie völlig fremd geworden. Die griechische Malerei hat zwar im Schatten der Kirche nur ein kümmerliches Dasein gefristet, doch war sie im Mittelalter immerhin bedeutender als ihre abendländischen Schwestern, und die glänzenden italienischen Schulen des 14. und 15. Jahrhunderts ver= ehren jene griechisch=byzantinische Muse als ihre Mutter.

Die Ackerbauwerkzeuge und häuslichen Geräthschaften der Neugriechen haben so ganz die antiken Formen, daß die jetzigen griechischen Bauernhütten unsere Museen mit den echtesten Mustern derselben versehen könnten. Die Wassergefäße der jetzigen Thessalierinnen ähneln auffallend den antiken Vasen und tragen zum Theil auch noch dieselben Namen. Das Echo der alten Sprache tönt uns von den Lippen der Neugriechen hell und deutlich entgegen. Die Sprache der Neuhellenen steht der alten näher als irgend eine der romanischen Sprachen dem Lateinischen, als unser dermaliges Deutsch dem Gothischen, als das Russische dem alten Slavischen.

Die neugriechische Sprache wird noch mit denselben Buchstaben geschrieben wie die alte, ja die griechischen Dorfschreiber bringen sie noch in derselben Weise zu Papier — auf dem Knie — auf langen Streifen, die sie zusammenrollen, wie die Alten es vor ihnen zu thun pflegten.

Selbst die Sagen, Mythen und Mährchen, welche sich das Volk in seiner Sprache erzählt, sind noch heutigentags vielfach die alten. Im Peloponnes tragen sich die Bauern z. B. noch jetzt mit den Geschichten von den Thaten des Herakles herum; den Namen des Herakles vertauschen sie dabei freilich mit dem eines christlichen Helden, nämlich mit dem des heiligen Johannes.

Die Lebensweise der Griechen hat auf dem Lande und in den kleinen Städten noch die alte Eigenthümlichkeit bewahrt. Ihre Wohnungen sind auf wenig Zimmer beschränkt, die meist im oberen Geschosse liegen, während das untere zu Vorrathskammern dient und die Hausthiere enthält, auch die fast überall fehlenden und doch der Hitze wegen eigentlich so nöthigen Keller ersetzen muß. In den Möbeln herrscht die größte Einfachheit. Auf dem Lande hat man keine Stühle, sondern statt derselben eine mit Decken und Polstern belegte, die ganze eine Seite des Zimmers einnehmende hölzerne Bank oder Pritsche; nicht selten sitzt man auf ausgebreiteten Teppichen auf dem Boden. Nur selten findet man Tische mit hohen Beinen, wie wir sie gebrauchen; als Speisetisch dient ein run= des Tischchen, das etwa 17 cm. hoch ist. Glasfenster hat man nur in den Städten; auf dem Lande vertreten hölzerne Läden ihre Stelle.

Die Häuser in größeren Städten haben selten außer dem Parterregeschoß noch ein Stock; die unteren Räumlichkeiten bestehen stets aus einem großen Zimmer, das zu Mahlzeiten, zum Abendaufenthalt und als Schlafzimmer der Männer benutzt wird. Abends sammeln sie sich zum Plaudern und Mährchen= erzählen um das Feuer, das in diesem Zimmer brennt, oder um eine Lampe.

Auch die Mahlzeiten der Griechen haben noch Vieles von den alten Sitten aufzuweisen. Wie im Alterthum fängt man damit an, sich die Hände zu waschen; wie ehedem finden wir dieselben Ausschweifungen der Gäste, aber auch dieselbe Einfachheit der Speisen. Die Hirten und Landleute, selbst Hand= werker, essen selten warme Speisen. Brot bildet die Hauptnahrung; dazu ißt man eine bis zwei große Sardellen, Ziegenkäse, Melonen, eingemachte Oliven, Zwiebeln, zuweilen auch Knoblauch, Lauch, Rüben oder eingeweichte Wolfs= bohnen, und trinkt dazu klares Wasser oder, wenn es hoch kommt, einen Schluck Bitterwein (die griechischen Landweine halten sich nicht und müssen mit Harz oder Pech versetzt werden, was ihnen einen bittern Geschmack giebt, daher der Name Pech= oder Bitterwein), dessen Genuß sich seiner außerordentlichen Wohl= feilheit wegen fast der Aermste verschaffen kann. Die Uferbewohner essen in Oel gebackene Fische. Außer in den Lokanden (Speisehäuser für Fremde und für das Volk) wird wenig Fleisch gegessen, und überdies faftet der Grieche, seiner Religion gemäß, einen großen Theil des Jahres hindurch; selbst auf der See, im ärgsten Sturm, halten die Matrosen ihre Fasten gewissenhaft. Nur die ge= bildete und reiche Klasse genießt täglich warme Speisen; diese bestehen in Suppe, Gemüsen, meist Kohlsorten, oder in Makkaroni und Pillau, in gebratenem Fleisch und Fischen. Das gewöhnliche Fleisch ist Schaf=, Lamm= und Ziegen= fleisch, wird aber nur an Festtagen oder Gästen zu Ehren bereitet, und zwar in verschiedenen Gestalten, sonst begnügt man sich gewöhnlich mit der mit Citronen= saft gewürzten Schaf= oder Hühnerfleischbrühe mit Reis. Im Winter kommt auch Schweinefleisch auf den Tisch, aber nie im Sommer, wo es schädlich ist und Krankheiten verursacht. Auch Rindfleisch wird wenig gegessen. Braten ißt der gemeine Mann selten oder nie, mit Ausnahme des Osterlamms, das sich auch der Unbemittelte zu verschaffen sucht. Fische verstehen die Griechen besonders schmackhaft zu kochen. Der Tintenfisch und der Siebenschwanz, ein ekelhafter Fisch mit 7 Strängen, sind ihre Leckerbissen und werden, klein geschnitten, in Pillau gegessen, auch zerhackt und in Kohlblätter gethan oder gedämpft. Meer= spinnen werden vom Volke viel gegessen. Das beste Gewürz der Griechen ist der spanische Pfeffer, den sie überall anwenden; auch essen sie gedämpfte Zwiebeln. Von Süßigkeiten, mit Honig eingemacht, als Datteln, Trauben, Nüsse, Citronen,

Feigen, sind sie große Liebhaber, und die Frauen verstehen sich so gut darauf, sie zu bereiten, wie der beste Konditor; eben so auf allerlei Backwerk. Selbst das gemeine Volk genießt häufig Süßigkeiten, und überall wird von den Bäckern auf großen Platten des Morgens ein Blätterteig gebacken, der angenehm süß schmeckt und warm gegessen wird, aber sehr schwer im Magen liegt. Außerdem gehen Knaben herum und bieten dem gemeinen Volke ein Konfekt an, das aus Honig, Mehl und gestoßenem türkischem Korn besteht und mit dem Messer ver= theilt wird; es schmeckt fast wie Reglise und ist ein Lieblingsgenuß der Mainoten. Das gewöhnliche Brot in den Städten ist kräftig und schmackhaft. Die arka= dischen Hirten backen Brot aus türkischem Korn, das zwischen zwei Steinen zer= malmt und in der heißen Asche gebacken wird; es hat ein schönes Ansehen, schmeckt aber sehr fade. Früchte genießen die Griechen viel; sie sind alle aus= nehmend schön. Die Citronen sind zuckersüß und von beträchtlicher Größe; ebenso die Feigen, Weintrauben und Limonen. Von Kandia und Tinos kommen oft ganze Barken Limonen, welche die Größe von zwei hohlen Händen haben und so süß wie Zucker schmecken. Das gewöhnliche Getränk der Griechen ist Bitterwein, das Lieblingsgetränk Rosoli, Wasser, Kaffee und Thee. Letztern vermischen sie stark mit Honig, wodurch er sehr lieblich schmeckt. Der Kaffee wird gestoßen und ganz wie Chokolade gekocht. Den Kaffee genießt das männ= liche Geschlecht immer in Gemeinschaft, in den Kaffeeschenken, deren es in den Städten eine Anzahl und in jedem Dorfe zwei bis drei giebt. Bei dem Kaffee wird Tabak geraucht und geplaudert. Mit türkischen Tabakspfeifen wird ein großer Luxus getrieben; die Pfeife manches Primaten oder Palikaren=Chefs kostet 700 bis 800 Reichsmark. Das Rohr ist dann sehr dick, hat Mannshöhe und nicht den geringsten Ast. Der Kopf ist von hochrother Erde und mit Gold verziert, und die Spitze ein aus Absätzen von verschiedener Farbe zusammengesetztes Bernsteinstück, zwischen welchem sich Ringe von blauem, rothem und grünem Email mit Gold ausgelegt befinden. Die Absätze bestehen aus wolkigem, lichtem und dunkelm Bernstein, und die ganze Spitze hat oft die Größe eines Tannen= zapfens. Oft sieht man auch die Griechen aus Schlangenröhren, die sie sich um den Arm wickeln, durch Wasser rauchen. Die Gewohnheit des Tabakrauchens ist in Griechenland allgemein verbreitet und erstreckt sich hie und da sogar auf die Frauen. Nicht selten stopft die Hausfrau selbst die Pfeife, zündet sie an und bringt sie angeraucht dem Gaste dar. Ueberhaupt dient die Hausfrau bei Tische, ohne mitzuessen, wie es schon bei den alten Griechen Sitte war. Der Grieche hält womöglich zwei Mahlzeiten. Man sitzt an niederen Tischen, auf türkische Weise die Beine untergeschlagen, und bedient sich an den meisten Orten beim Essen noch der Finger, mit denen man das Fleisch zerreißt, obgleich jeder sein Messer im Gürtel trägt; nur zum Schöpfen der Brühe bedient man sich bereit liegender hölzerner Löffel.

Nach Tische reicht ein Diener ein Waschbecken herum und gießt aus einem Gefäß zum Behuf des Waschens Wasser auf die Hände. Dann werden

Tabakspfeifen und Kaffee gereicht, letzterer in einer Obertasse, die in einer
ähnlichen silbernen steht, damit man sich die Finger nicht verbrenne.

Die Früchte werden in großen, mit Lehm verdichteten Körben aufbewahrt,
der Wein in Fässern, das Oel in großen irdenen Krügen, Butter und Käse in
Bockshäuten, deren rauhe Seite nach innen gekehrt ist. In solchen Bockshäuten
transportirt man auch den Wein.

Eine besondere Erwähnung verdienen endlich die Hirten. Sie sind die
Zauberer und die Musiker Griechenlands. Aus einem zwischen den Knoten ab=
geschnittenen Schilfrohr, dem sie an dem einen Ende eine größere und an dem
anderen eine kleinere Oeffnung geben und in das sie 7 Löcher bohren, machen
sie eine Art Flöte (Fluera). Diese stecken sie in ihren Mantel oder in den
Gürtel neben die Pistolen und den Handschar, das oben erwähnte säbelähnliche
Messer, dessen hölzerner Griff und Scheide mit Bildnereien verziert sind. Ebenso
tragen sie einen Löffel und eine Schale von braunem Holz oder Buchsbaum im
Gürtel; dieselben haben noch die homerische Form. Eingewickelt in einen langen
Mantel von Ziegenhaaren, die Flöte an einem Riemen auf der linken Schulter,
sitzen die Hirten zur Zeit trüben oder regnerischen Wetters auf einer Felsenspitze.
Während dann der Regen an ihrem Körper herabrinnt, entlocken sie ihrer Flöte
langgehaltene melancholische Töne. Von dem Eindruck dieser Musik, wenn ein
Echo sie dem anderen überliefert und sie von Berg zu Berg, von Thal zu Thal
trägt, kann man sich kaum eine Vorstellung machen. Oft kehrt der Schall, an
einem vorspringenden Felsen abprallend und in die Ferne gehaucht, noch einmal
stärker zurück, bis er sich leise und immer leiser in der gewundenen Tiefe einer
Höhle verliert. Vor den Wölfen fürchten sich die Hirten nicht. Wenn sie einen
Besuch von denselben vermuthen, so spannen sie um die Verzäunung ihrer Schaf=
herden eine mit allerlei Bändern von gelben Farben behängte Schnur. Der
Wind spielt mit dieser beweglichen Einfassung, der Mond oder der Schnee wirft
seinen Schein darauf, und fast nie wagt es ein Wolf, diese Grenzlinie zu über=
schreiten. Die Hunde sind nicht, wie die unserigen, abgerichtet, hinter den Schafen
drein zu jagen, sie zusammen zu treiben, sie in Reih' und Glied zu stellen und ihnen
den Weg zu bezeichnen; aber sie sind muthig, stark und geschickt, es mit den
reißenden Bewohnern der Wälder aufzunehmen. Man bildet sie durch eine Art
wechselseitigen Unterricht, indem ein jeder Hirte immer mindestens deren zwei,
einen jungen und einen alten, bei sich hat.

Unter den Bewohnern Griechenlands verdienen vorzügliche Aufmerksam=
keit die Mainoten, die Bewohner des wilden Gebirgsbezirks Maina, einer
Halbinsel in der Nähe des alten Sparta. Sie halten sich für die Abkömmlinge
der alten Spartaner, wahrscheinlich aber sind sie meist slavischen Ursprungs,
und Flüchtlinge aus allen Gegenden Griechenlands, die in diesem von Meer
und unersteiglichen Felsen geschützten Erdwinkel in den Zeiten der Unterjochung
Sicherheit fanden. Sie sind tapfer, in hohem Grade freiheitliebend, mäßig und
stark; von Jugend auf in den Waffen geübt, welche selbst Weiber zu handhaben

wissen, und eben so gefürchtete Räuber zu Wasser wie zu Lande. Die wildesten und unbändigsten von allen Mainoten, zu gleicher Zeit die gefürchtetsten See= räuber, sind die Kakavounioten, d. h. schlimme Gebirgsbewohner, welche vorzüglich die Gegenden des Vorgebirges Matapan bewohnen.

Die Häuser der Mainoten haben Schießscharten und ihre Höhlen sind be= festigt. Nur vom Sonnabend bis Montag haben sie Gottesfrieden, den die Religion gebietet. Ehemals trieben sie förmlichen Menschenhandel und verkauf= ten auf gleiche Weise Türken und Christen, nicht selten ihre eigenen Landsleute.

———————

Aus der italischen Gruppe wollen wir, wie uns am nächsten liegt, die heutigen Italiener betrachten. Die Bevölkerung gehört fast vollständig der italienischen Nationalität an, zeigt aber doch in einzelnen Provinzen ethnogra= phische Verschiedenheiten in Sprache, Sitten und Tracht. Der nordöstliche Theil, besonders die Provinz Udine, zeigt in dem Volksthum entschiedene keltische und slavische Einflüsse, und die dort wohnenden Friauler sind sprachlich von den übrigen Italienern streng zu trennen. In Lombardo=Venetien ist die Ein= wirkung des germanischen Elements unverkennbar; die Piemontesen sind, ab= gesehen von der Sprache, weit mehr Kelten als Romanen. In Sizilien und Neapel hat die Bevölkerung viel von Arabern und Normannen angenommen.

Die Urtheile über den italienischen Nationalcharakter gehen weit ausein= ander, weil die Bewohner der einzelnen Landestheile sehr verschiedene Charak= tere zeigen und sehr Vieles in Italien dem nordischen Fremdling mangelt, was er für ein genußreiches Leben als unentbehrlich hält.

Der Italiener ist fleißig und genügsam; seine Bedürfnißlosigkeit und Nüchternheit ist nicht nur eine Folge der klimatischen Verhältnisse, sondern auch eine Tugend; er ist anstellig, faßt leicht auf und hält in der Arbeit aus. Vor Allem zeigt er Geschmack; der Einfluß der Antike ist während des ganzen Mittel= alters in Italien wach geblieben und hat in dessen Bevölkerung jenen Formen= sinn erhalten, der sich nicht blos in Musik und Dichtkunst, Malerei und Plastik zeigt, sondern auch in der Sprache und in der Tracht, im Gewerbe und selbst in dem gewöhnlichen Verkehre sich offenbart. In der Kunstindustrie nimmt Italien einen hervorragenden Platz ein.

Die Anspruchslosigkeit ist aber auch gepaart mit einem bedenklichen Mangel an Ordnung und Reinlichkeit, und die Lebhaftigkeit des Geistes wird nur allzu häufig zu einer Leidenschaft, welche besonders im politischen Parteileben die ärgsten Excesse herbeigeführt hat. Ein schlimmer Charakterzug des Süditalie= ners ist die Geringschätzung des Lebens und Eigenthums. Die Schattenseiten im italienischen Volkscharakter sind zum Theil eine Folge des Priestereinflusses, der staatlichen Mißwirthschaft und des mangelhaften Unterrichts gewesen.

Wol der tiefgreifendste Unterschied von Nord und Süd offenbart sich in der Hinneigung des Italieners zur Oeffentlichkeit des Lebens. Niemals zieht er sich in seine eigene Brust zurück, sondern schnell verkehrt er mit Jedem auf das Lebhafteste, ist mit Rath und That gleich bei der Hand, spricht, schreit, figurirt beständig, und fast möchte man sagen, er führt sein ganzes Leben hindurch eine Komödie auf, bei der er mit Leib und Seele interessirt ist und auch Anderen Theilnahme abnöthigt, und wahrlich, dies ist ein Hauptzug seines Charakters. Der wahre Schauplatz italienischer Eigenthümlichkeit sind die Straßen, Märkte, Corsi und Theater; hier tummeln sich Vornehme und Geringe mit nie versiegender Lebendigkeit umher. Den Hut auf dem Kopfe laufen sie, ohne viel zu fragen, in Stuben, Läden und Buden umher und zeigen sich zu allen Diensten bereitwillig, ohne dabei auf den geringsten Dank zu rechnen, und es ist eine schöne Eigenthümlichkeit der Italiener, daß sie niemals viel Werth auf etwaige Gutthätigkeit legen.

Volk aus Oberitalien.

Witzig, wie die Franzosen, und humoristisch, wie die Engländer, sind die Italiener durchaus nicht; um jenes zu sein, besitzen sie zu viel innere Poesie und zu wenig höhnische Kälte, wie gern sie auch von Alters her satirisiren; britischen Humor aber läßt die poesiereiche Form des äußeren Lebens, das sie umgiebt, nicht aufkommen, wie bei den Engländern, denen die Poesie ziemlich fremd ist. Der Italiener preist und schätzt des Deutschen Gemüth und tiefen Geist, Redlichkeit und Sitten und reiches Wissen. Der Deutsche bewundert des Italieners Natürlichkeit und Genialität, sein praktisches Wesen, seine Gewandtheit in Wort und That, die Lebhaftigkeit und Anmuth, in der sein Geist wie sein Körper sich bewegt, und die Heiterkeit, womit er kindlich die Gegenwart erfaßt. Der Italiener sagt: der Deutsche ist ein braver Mann; wir sagen: die Italiener sind interessante Menschen.

Wir Nordländer steuern das Schiff unseres Lebens durch ein mäßig bewegtes Meer; der Italiener hat Windstille oder Sturm; aus tiefster Ruhe geht

er plötzlich in leidenschaftliche Bewegung über und versinkt wieder in Unthätig=
keit. Die Heftigkeit, womit er Rede und Handlung begleitet, giebt seinem Wesen
ein eigenthümliches Gepräge, und er ist um so origineller, da er sich wenig um
Fremdes kümmert, und, was er Eigenes hat, reiner bewahrt als jede andere
gebildete Nation Europa's.

Des Italieners dolce far niente (süßes Nichtsthun) steht in Deutschland
in schlechtem Rufe; wir müssen arbeiten, aber wir arbeiten oft zu viel und wer=
den stumpf. Sein Müßiggehen ist kein Nichtsthun, sondern blos ein Nicht=
arbeiten. Wenn er auch nach vollbrachter Siesta, auf den Elnbogen gestützt,
im Schatten eines Hauses liegt, so schafft doch sein Geist und ergeht sich in
heiterer Beschaulichkeit. Alles thut der Italiener rasch und mit Leichtigkeit.
Wo wir in ernstem Schweigen verharren, schwatzt und lacht er; wo wir seufzen
und klagen, singt er; was uns schwer wird, unternimmt er lieber gar nicht.
Wir sind Philosophen mit der Zunge, er ist Philosoph der That. Die Geschäfte,
die jeder Tag bringt, macht er spielend ab.

Im Umgange ist der Italiener leicht und ungezwungen; er kommt dir mit
mit Freundlichkeit entgegen und thut, als ob er dich schon lange kenne.

So demüthig das schlaue Volk thut, wenn es gilt einen Vortheil zu er=
langen, so geistig frei tritt es sonst auf. Nirgends gilt Stand oder Rang weniger
als in Italien; auch der Geringste benimmt sich, ohne frech zu sein, leicht wie
seines Gleichen. Der Lazzarone hält sich für ungefähr eben so hoch wie den
Fürsten, vor dessen Palast er liegt; er stellt Kaiser und Papst vor seinen Richter=
stuhl und verfährt oft schlimm mit ihnen. „Was ist der Unterschied zwischen
mir und dem Könige von Neapel?" sagt er. „Kein anderer, als daß der König
soviel Makkaroni ißt, als er will, und ich soviel, als ich habe."

Als kluger, praktischer Mensch spekulirt der Italiener überall auf Gewinn,
denn er weiß, daß Geld eine Sache ist, mit der sich Vieles erreichen läßt. Er
nimmt es in Handel und Wandel nicht sehr genau und betrachtet einen dummen
Menschen als eine Gelegenheit, die man nicht ungenützt vorübergehen lassen
dürfe. Wer ihm klug entgegentritt, sieht sich von ihm geachtet und mit Billig=
keit behandelt; Menschen aber, die ihm durch ungeschicktes Benehmen die Galle
erregen, werden con amore beflunkert.

Der Italiener ist von mittlerer Größe, aber kräftigem, stämmigem Wuchse.
Seine Hautfarbe sticht ins Gelbe, im Süden geht sie ins Bräunliche über. Die
Haare sind in der Regel schwarz, sowie auch die Augen, aus denen Leben, Feuer
und Geist hervorblickt. Eine schmale Stirne, große, feurige Augen, eine schöne
Nase, eine zarte, weiße Haut, sowie üppige und schön geformte Glieder zeichnen
das Weib aus. Doch verblühen die weiblichen Reize früh, zumal bei der niederen
Volksklasse. Die Heimat der schönsten weiblichen Formen ist Rom.

Da der Italiener in seiner Nahrung mehr auf Pflanzenkost als auf ani=
malische Stoffe angewiesen ist, so ist er zwar nicht so kräftig wie der Mittel=
und Nord=Europäer, aber um so lebendiger und gewandter.

Die Italiener ftehen, befonders im Sommer, fehr früh auf. Das Früh=
ftück der gemeinen Leute befteht durchgehends in Polenta, einem Brei von feinem
Maismehl, über welchen Olivenöl gegoffen wird. Auch die Maffaroni, die in
verfchiedener Form aus feinem Weizenmehl bereitet und meift nur in Waffer
abgefocht werden, find eine beliebte Speife des Italieners und um ein Geringes
zu haben. Das beliebtefte Fleifch ift das Kalbfleifch; auch Schweinefleifch, das
hier fehr gut ift, und Ziegen= und Lammfleifch werden fehr häufig genoffen;
Schöpfenfleifch und Rindfleifch fchon weit weniger, noch weniger aber Pöfelfleifch
und eingefalzenes Rindfleifch.

Neapolitaner.

Ueberhaupt kommt außer Zungen und Würften nichts Gefalzenes auf die
Tafel der Italiener. Auch werden viele frifche und getrocknete Fifche, Gemüfe,
Gartenfrüchte und Kaftanien gefpeift. Kartoffeln find noch wenig verbreitet,
am wenigften in den oberen Gegenden Italiens.

Der Italiener, namentlich der Neapolitaner, will auch, daß die Eßwaaren
zum Verkauf fchön ausgeputzt feien. So findet man bei den Wurfthändlern die
fchönften Wurftguirlanden und Schinkenarabesken, bei den Obftverkäufern die
köftlichften Südfrüchte in malerifche Gruppen vertheilt und auf den verfchiedenen
Märkten Fifche, Geflügel, Wild u. f. w. zu den fchönften Thiergemälden geordnet.

Es ift wahr, man thut in Neapel nur wenig Schritte, ohne einem fehr
übelgefleideten, ja fogar einem zerlumpten Menfchen zu begegnen; aber diefer ift
deshalb noch fein Tagedieb, noch weniger gänzlich unbefchäftigt, wie man bei

uns z. B. gar gern über die weitbekannten, fast berüchtigten Lazzaroni ab=
urtheilt. Es scheint dieser Schimpfname der untersten Klasse der Bevölkerung
im Mittelalter aufgekommen zu sein, als eine Seuche, die man für die Krank=
heit des aussätzigen Lazarus halten mochte, sich hauptsächlich unter den ärmsten
Einwohnern der Stadt zeigte.

Goethe wollte die „40,000 Müßiggänger" Neapels gern kennen lernen,
hat aber, wie er selbst sagt, und wie man bei ihm nachlesen kann, weder von der
geringen noch von der mittleren Klasse, weder am Morgen noch den größten
Theil des Tages, ja von keinem Alter und Geschlecht, eigentliche Müßiggänger
finden können. Ja, er behauptet, daß zu Neapel verhältnißmäßig noch die meiste
Industrie in der ganzen niederen Klasse zu finden sei. Freilich dürfen wir sie nicht
mit einer nordischen Industrie vergleichen, die nicht allein für Tag und Stunde,
sondern am guten und heiteren Tage für den bösen und trüben, im Sommer
für den Winter zu sorgen hat. Dadurch, daß der Nordländer zur Vorsorge, zur
Einrichtung von der Natur gezwungen wird, daß die Hausfrau einsalzen und
räuchern muß, um die Küche im Winter zu versorgen, daß der Mann den Holz=
und Fruchtvorrath, das Futter für das Vieh nicht außer Acht lassen darf u. s. w.,
werden die schönsten Tage und Stunden dem Genuß entzogen und der Arbeit
gewidmet. Dagegen beurtheilen wir die südlichen Völker, mit denen der Himmel
so gelinde umgegangen ist, aus unserem Gesichtspunkte zu strenge.

In der ältesten historischen Zeit erschienen die Kelten als ein Hauptvolk
Europa's, dessen Name in der alten Sprache Galliens „erhaben, aufrecht, stolz"
bedeutet haben mag.

Es gelang den Kelten nie, sich zu einer mächtigen Nation zu einigen und
auf die Dauer ein großes, selbständiges Reich mit einer eigentlichen National=
sprache zu begründen. Groß und stark gebaut, mit weißer Haut, blondem oder
röthlichem langen Haar, bläulichen Augen mit lebhaften und trotzigen Blicken,
waren die Kelten aufbrausend, übermüthig und zum Kriege außerordentlich ge=
neigt. Ihr Scharfsinn und Muth wird gerühmt, doch fehlte ihnen die Ausdauer.
Ihre Sprache klang den Römern und Griechen rauh und unfreundlich.· Sie
sprachen gern hochtrabend von sich, verächtlich von Anderen. Ihre Kleidung be=
stand aus buntfarbigen Leinröcken, über welchen Manche einen Gürtel von Gold
oder Silber festgeschnallt trugen, Hosen (braccae) und in einem im Sommer
dünneren, im Winter dickeren, bunt getäfelten Ueberrock. Am Arme trugen sie
goldene Bänder, an den Fingern Ringe, um den Hals goldene Ketten. Ihre
Kriegsrüstung bestand aus langen, schmalen Schildern mit bunten Auszeich=
nungen, ehernen Helmen mit großen Aufsätzen (Hörnern, Thiergestalten u. s. w.),
sehr langen, starken Degen, Lanzen mit eiserner, handbreiter und fußlanger
Spitze u. s. w. Häufig dienten sie als Söldner, trieben Ackerbau, Viehzucht,
Handel, in Gebirgsgegenden auch Bergbau, und zeigten sich für fremde Bil=
dung empfänglich.

Keltiſche Krieger.

Von den Griechen (in Massilien) erhielten die Druiden, eine bei den Kel=
ten namentlich in Britannien und Gallien mächtige, einflußreiche Priesterkaste,
die Buchstabenschrift, neben der aber noch eine Geheimschrift in Runen fort=
bestand. Im Auslande nahmen sie gern den Kultus der Eingeborenen an.

Neben der mächtigen Hierarchie der Druiden findet man bei den meisten
Stämmen eine aristokratische Regierungsform. Der gemeine Mann lebt fast
in Sklaverei.

Im 6. Jahrhundert vor Chr. hatten keltische Stämme jedenfalls das öst=
liche und nördliche Gallien, Belgien, die Britischen Inseln, einen Theil Hispa=
niens, ferner das obere Donaugebiet und die Nordküsten des Adriatischen Meeres
inne. Zur Zeit des Tarquinius Priscus soll der keltische König Ambigatus, um
Gallien der damals übergroßen Volksmenge zu entledigen, zwei Söhne seiner
Schwestern, Bellovesus und Sigovesus, mit zahlreichem Volke nach Italien
und Deutschland ausgesandt haben, um neue Wohnsitze einzunehmen. Letztere
zogen ostwärts in die hercynischen Bergwälder, welche sich nördlich von den
Donauquellen bis zu den Karpathen erstreckten.

In Spanien entstand das mächtige Volk der Keltiberer aus der Ver=
mischung von Kelten, welche die Pyrenäen überstiegen hatten, mit Iberern,
den Ureinwohnern des Landes, die, wie es scheint, zuerst um den Fluß Iberus
(Ebro) wohnten. Sie schieden sich in fünf Stämme und zeichneten sich vor den
Iberern durch ihre Sprache, durch viel rauhere Lebensart und große Tapferkeit
aus. Der Anprall ihres Schlachtkeils durchbrach oft die Reihen selbst römischer
Legionen. Die Kelten Galliens, die Gallier, waren zu Cäsar's Zeiten auf die Land=
schaften zwischen der Garonne, Marne, Seine, dem Oberrhein und der Schweiz
beschränkt, besaßen aber früher auch das Land der Belgier, bis diese nachrückende
deutsche Völker mit sich verschmolzen. In den Küstenlandschaften des südlichen
Galliens saßen neben den Kelten auch Griechen und Iberer.

Die alte Bevölkerung Britanniens war ebenfalls keltisch; der Orden der
Druiden soll dort entstanden sein und deshalb gehört die Einwanderung wahr=
scheinlich einer sehr frühen Zeit (600 vor Chr.) an. Nur der Osten Englands
wurde vielleicht schon vor der angelsächsischen Eroberung von einzelnen germa=
nischen Elementen berührt.

Unter den Kelten in Oberitalien (Gallia cisalpina) glichen die Veneter
in Tracht und Sitten den Galliern, sprachen aber einen andern Dialekt. Die
Cenomanen besetzten die Gegend von Brixen und Verona, am Ticinus saßen
die Salluvier, die Bojer und Lingonen drangen über den Po bis zum
Apennin und bis Umbrien vor. Die Senonen, welche zuletzt anlangten, be=
setzten das Land zwischen dem Apennin und dem Adriatischen Meere bis Ancona.

Rom selbst nahm ein Häuptling (brennin, d. h. Häuptling, lateinisch bren=
nus) der Senonen im Jahre 389 vor Chr. ein. Seitdem hatten die Römer
Jahre lang mit den italienischen Kelten zu kämpfen. Von Oberitalien gingen
auch die illyrischen und pannonischen Kelten aus.

Schon zu Cäsar's Zeit waren die Helvetier von beiden Seiten des Schwarzwaldes durch germanische Stämme nach der Schweiz zurückgedrängt und wahrscheinlich in derselben Zeit auch die Bojer aus ihren alten Wohnsitzen in Böhmen und Mähren vertrieben worden. Auch die alten Vindelicier, Noriker, Rhäter, Tauriser (in Steiermark) und Carner waren, wie es scheint, mit keltischen Elementen stark vermischte Volksstämme, die aber bald den vordringenden Germanen weichen mußten. Am Scordusgebirge (Scharbag) tauchen ums Jahr 400 vor Chr. die keltischen Skordisker auf. Einzelne Theile dieses sehr kriegerischen Volkes saßen noch weiter nach Osten und Süden unter Illyriern, Triballern und Thrakiern. Sie entsendeten im 3. Jahrhundert verheerende Raubzüge über die Balkanhalbinsel; ihr Stammangehöriger Brennus eroberte 280 vor Chr. Delphi. Ungefähr gleichzeitig ging eine Schar nach Kleinasien und unterwarf sich ein bedeutendes Gebiet, das aber 240 vor Chr. durch die Siege Attalus' I. von Pergamum auf die Grenzen der Landschaft Galatien begrenzt wurde. Die Kelten bewahrten hier, unter der römischen Herrschaft, bis in das 3. Jahrhundert nach Chr. ihre Sprache und Sitte. In den ersten Jahrhunderten des Oströmischen Reiches gingen die asiatischen wie die illyrischen und makedonischen Kelten gänzlich unter.

Die Alpen= und Donaukelten mußten während der Völkerwanderung ihr Gebiet größtentheils den Germanen räumen, die italienischen, iberischen und der größte Theil der gallischen Kelten wurden romanisirt.

In Britannien hatten die Römer wol auch Einfluß geübt, aber die keltische Nationalität wurde erst durch die Angelsachsen von der Mitte des 5. Jahrhunderts an schnell und meist gewaltsam vernichtet. Die Behauptung, daß im nördlichen Deutschland Kelten gesessen hätten, erscheint unbegründet. In Süddeutschland lassen sich dagegen ihre Spuren nachweisen.

Wir haben oben an einer anderen Stelle gesehen, daß u. A. ein Theil der Bevölkerung des heutigen Irland, die echten Iren, noch keltischen Ursprungs ist und sich auch theilweise noch der keltischen Sprache bedient. Die neben ihnen lebende sogenannte milesische Rasse (der Sage nach von den aus Spanien herübergekommenen Söhnen des Königs Milesius stammend) hat schwarzes Haar, glänzende dunkle Augen, ovales Gesicht, fein gebildete und nervige Formen; sie herrscht im Westen und Osten vor. Im Osten und Norden dagegen wohnt die sächsische Rasse mit hoher Stirn, breitem, blaßrothem Gesicht, blauen Augen, heller Haut, rothem oder flachsgelbem Haar und kräftigem Bau. Die mittleren und die Bergdistrikte nimmt das Volk keltischer Rasse ein, mit hohen Backenknochen, rundem Gesicht, grauen Augen, grobem, braunem Haar, musulösem Körper und untersetztem Wuchse.

Der Charakter der echten Iren ist ein Gemisch von allerlei, einander großentheils widersprechenden Eigenschaften, unter welchen manche der schlechteren freilich durch die ungünstigen Verhältnisse, in denen sich dieses Volk seit so langer Zeit befindet, stärker entwickelt sind.

Ein beweglicher, leichter Sinn bildet die Grundlage des irischen Charakters, und derselbe zeigt fast alle Tugenden, die mit solchem vereinbar sind, während seine Fehler meist in einem entsprechenden Mangel an Besonnenheit, Ausdauer und Selbstbeherrschung beruhen. „Paddy" (wie man den Iren nach dem oft vorkommenden Namen Patrik nennt) ist eine gutherzige, träumerische und phan= tastische Natur; sein Vertrauen ist leicht zu gewinnen, und seine Freundschaft dann schnell zu Liebesdiensten selbst der unbesonnensten Art bereit. Dabei ist er anhänglich und treu, reizbar und zu Rauferei und Gewaltthätigkeit geneigt, obschon ohne Bosheit und Rachsucht. Er liebt laute Lustbarkeit, giebt sich dem Genuß der Gegenwart hin, ohne der Zukunft zu denken, ist freigebig und gast= frei. Eben so leicht, wie er sich der Völlerei ergiebt, trägt er auch den Mangel, wenn es sein muß, und wirklich lebt der größere Theil des Volkes nur von Kartoffeln und ist zufrieden, wenn er diese hat.

Der Ire ist auch wißbegierig, schlau, scharfsinnig und witzig, obschon er aus List gern den Anschein von Stumpfheit und Einfachheit annimmt, und er beweist in allen Verhältnissen des gewöhnlichen Lebens eine fast instinktmäßige Fassungskraft. Ob mit diesen geistigen Anlagen des Iren auch eine bedeutende Befähigung für Gegenstände, die über dem alltäglichen Leben liegen, verbunden sei, kann zweifelhaft erscheinen, wiewol dabei nicht zu übersehen ist, daß dem Iren zur Ausbildung seines Geistes wenig Gelegenheit geboten ist. Infolge des bisherigen Mangels an Schulen (was sich jetzt geändert hat) und seiner Armuth lebt er in Unwissenheit und Roheit und ist bei seiner phantasiereichen Natur um so mehr dem Aberglauben ergeben. In seinen Verrichtungen anstellig und gewandt, übt er seine Thätigkeit doch mehr im Dienst und zum Nutzen Anderer als für sich selbst aus, weil er nicht leicht im Stande ist, selbständig ein Unternehmen mit Ausdauer zu verfolgen, und so erscheint er auch wieder zu= gleich arbeitsam und träge, weil seine Thätigkeit keinem sattsam lohnenden Ziele zuzustreben weiß und die augenblickliche Möglichkeit, sich einen Genuß zu ver= schaffen, ihn sofort von der Arbeit hinweglockt.

Die Irländer waren von jeher berühmt wegen ihres Humors und Witzes, und die Anzahl und Bedeutung humoristischer englischer Schriftsteller irischen Ursprungs giebt Zeugniß dafür, daß dieser Ruhm kein unverdienter ist. An physischem Muthe werden sie von keiner Nation der Erde übertroffen. Die Schlachtfelder von zwei Welttheilen, namentlich aber die in Spanien, die sie mit ihrem Blute getränkt haben, sprechen von demselben.

In den höheren Ständen Irlands sind die bezeichnenden Eigenthümlich= keiten des irischen Charakters natürlich von dem gleichartigen Firniß, mit dem der Ton die gute Gesellschaft von ganz Europa übertüncht hat, etwas verwischt. Nichtsdestoweniger findet man bei ihnen weniger Steifheit und Herzlosigkeit als bei den Engländern; man fühlt sich schneller und leichter heimisch. Bei den Frauen hat der ganz leichte Sprachaccent, den irländisches Blut niemals ver= leugnet, einen eigenthümlichen Reiz.

An einer früheren Stelle haben wir gesehen, daß im schottischen Hochlande die Gabhelen oder Gaelen oder, wie sie später heißen, die Kaledonier keltischen Ursprungs seien. Vom 3. Jahrhundert ab vermischen sie sich mit den Pikten, die von den Skythen und Gothen abstammten.

Ihr Gebiet hat seine Unabhängigkeit von den Römern kräftig behauptet, welche gegen sie unter Hadrian den 16 Meilen langen Piktenwall von Meer zu Meer quer durch die Insel führten und ähnliche Befestigungen unter Antoninus Pius und Septimius Severus errichteten. Nach dem Abzuge der Römer fängt einer der Stämme in Irland, die Scoti oder Atacotti, an, sich vor den übrigen hervorzuthun, und nach ihnen scheint Irland lange Scotia geheißen zu haben. Vor dem 11. Jahrhundert hat sich eine Kolonie derselben in den westlichen Hochlanden festgesetzt, und diese gaben dem Lande den Namen, sodaß derselbe in Irland erlosch. Sie hatten die Sprache und Sitten der irischen Kelten oder Gaelen.

Die unruhige Bevölkerung der schottischen Hochlande zerfiel in Stämme, welche Clans oder Septen genannt wurden; jeder dieser Clans hatte seinen Vorsteher oder Hauptmann, Thane genannt, welcher sie führte. Diese Clansverfassung bestand bis 1745, wurde aber damals durch eine besondere Parlamentsakte aufgehoben. Unter ihren Nachkommen hat sich Zufriedenheit bei Mangel, heiterer Sinn in tiefer Einsamkeit, Muth im Unglück, Unerschrockenheit bei Gefahr, eine zum Sprüchwort gewordene Gastfreiheit und hohe Wärme der Freundschaft vererbt. Von dem sehr verbreiteten Aberglauben an übernatürliche Kräfte kann sich das Volk noch nicht lossagen.

Die Abneigung zwischen Schotten und Engländern ist größer als die, welche den Ober- und Niederdeutschen vorgeworfen wird. Die Schotten können noch nicht ihr altes Königshaus vergessen und singen und sagen noch viel vom „bonny Charlie", jenem unglücklichen und abenteuerlichen Prätendenten.

Die gaelische Bevölkerung Schottlands ist, wie uns Richard Andree erzählt, auf die niedrigsten Klassen der Gesellschaft beschränkt. „Alles, was aus diesem engen Kreise heraustritt, sich Bildung aneignet, zu höheren Stellen gelangt, anglisirt sich damit vollkommen und vergißt dabei gar bald seine keltische Herkunft. Auf diese Weise nimmt das angelsächsische Element fortwährend gaelisches Blut in sich auf, während bei den keltischen Bewohnern das Umgekehrte in ungleich geringerem Maße der Fall ist; Niemand findet darin einen Vortheil, sich zu diesem aussterbenden Volksthum zu bekennen, das darum auch in nationaler Beziehung viel reiner als das angelsächsische uns entgegentritt. Freilich haben wir, namentlich auf den äußeren Hebriden, auch einige Beispiele, daß dort skandinavische Niederlassungen, die weit abgeschieden vom Mutterlande und ohne Nachschub von demselben waren, die gaelische Sprache annahmen; allein dies sind Ausnahmefälle. Jene altskandinavischen Kolonien zeichnen sich noch von den umwohnenden Kelten dadurch aus, daß sie den Fischfang und die Schiffahrt schwunghaft betreiben. Dies thaten die Kelten nie; obgleich allseits die Britischen Inseln vom Meere umflutet sind, wagten sie sich doch nie weit

auf das Salzwasser hinaus; der Schiffbau blieb bei ihnen stets auf einer unter=
geordneten Stufe. Während die kühnen germanischen Wikinger weit auf dem
Meere umherschwärmten, während normännische Seefahrer schon 500 Jahre
vor Columbus an den Küsten der heutigen Neu=Englandstaaten landeten, fuhren
die Kelten Großbritanniens noch in Kähnen aus Flechtwerk von Ufer zu Ufer.
Es ist kein Zufall, daß die Ostküsten Schottlands eine seetüchtige Bevölkerung
und blühende Fischerstädtchen aufweisen, denn dort wohnen ja Leute unsers
Stammes, während der gaelische Nordwesten für Schiffahrt und Fischerei fast
todt ist. Freilich tragen hierzu die gefährlichen klippenreichen Küsten im Westen
das Ihrige mit bei, aber der Unterschied ist zu auffallend.

Es ist in einem Lande, wo Menschen zweier Stämme sich vielseitig ver=
mischten, schwer, durchgreifende Unterschiede für das Aeußere derselben zu finden.
Im Allgemeinen glaube ich aber behaupten zu dürfen, daß bei den Gaelen här=
tere Gesichtszüge, dunklere Hautfarbe, meist schwärzere oder doch dunkelbraune
Haare, kleinere Gestalten, rundere Gesichter vorherrschen als bei den Menschen
germanischer Abkunft. Da wir dieses Volk überall nur in den untersten Schich=
ten der Bevölkerung finden, so darf es uns nicht Wunder nehmen, daß es im
Ganzen einen unvortheilhaften Eindruck macht. Wer die Lebensweise dieser
Leute gesehen hat, der wird mir gewiß nicht Unrecht geben; im Allgemeinen be=
finden sie sich auch in so schlechten Verhältnissen, und der Druck der Armuth
lastet so auf ihnen, daß auch Menschen anderen Stammes in dieser Lage uns
elend erscheinen würden.

Schottland kennt keine Dörfer nach unseren Begriffen, es giebt dort nur
sehr wenig Ortschaften, die dem gleich kommen, was wir nach der Zahl der
Häuser und Beschäftigung der Bewohner ein Dorf nennen. Aber über all' die
halbwüsten Berge und Thäler stehen die Hütten vereinzelt oder in kleinen Grup=
pen zusammen. Das ist charakteristisch für die Hochlande. Diese Hütten zählen
zu den elendesten menschlichen Wohnungen in Europa. Die vier Wände sind
bei den meisten aus rohen Feldsteinen, wie sie der Boden eben bietet, aufgeführt;
von Mörtel ist keine Rede, an seiner Stelle dient Moos oder Heidekraut, mit
dem man die Ritzen und Fugen verstopft und über das eine Lage von Lehm
geschlagen wird. Das Dach, welches über einigen schwachen Holzsparren auf=
geführt ist, hat häufig eine an der First abgerundete Form und erinnert dadurch
an die Hütten der Wilden.

Als Material zum Dach dienen gewöhnlich große Rasenstücke, die im Som=
mer lustig grünen, und aus denen allerlei Unkraut aufschießt, sodaß man einen
bewachsenen Schutthaufen statt des Daches einer menschlichen Wohnung vor
sich zu haben glaubt. In anderen Fällen belegt man das Dach mit einer dicken
Schicht Heidekraut, mit Ginster oder dem in Schottland so üppig gedeihenden
Pfriemkraut (Spartium scoparium). Damit diese trockenen Materialien nicht
vom Winde fortgeführt werden, zieht man Seile, die aus Heidekraut oder Stroh
geflochten sind, querüber, und beschwert diese am untern Ende mit platten Steinen.

Bewohner der schottischen Hochlande.

In der Mitte ist die sehr niebrige Thüre, zuweilen zu beiden Seiten berselben
je ein Fenster; zuweilen fehlen diese in den Mauern (wenn man die Hauswände
so nennen darf) ganz; statt ihrer sind dann einige Scheiben in das Heidekraut
des Daches eingesetzt. Der Fußboden besteht aus hartgestampfter Erde und
zeigt bedenkliche Unebenheiten. Das Regenwasser bringt häufig durch die Thür
von außen herein, da eine Schwelle oft fehlt und selbst bei einigen Hütten, statt
einer hölzernen Thüre, eine solche aus Weidenruthen geflochten sich fand. Oft
besteht das Innere nur aus einem einzigen Raume, gewöhnlich ist es aber in
zwei Hälften geschieden. Sind Schornsteine und Kamine an den beiden Giebel=
seiten vorhanden, so mag das Ganze noch als höchst ärmliche und elende Men=
schenwohnung hingehen; wo dies aber nicht der Fall, und häufig genug kommt
das vor, da glaubt man einen Stall, aber keine Behausung vernünftiger Euro=
päer vor sich zu haben. Dicht auf dem Fußboden glimmt dann zwischen ein
paar Steinen ein qualmiges Torffeuer, über dem an einem eisernen Haken
ein eiserner Topf hängt. Rauch erfüllt die Luft und setzt sich als glänzende
schwarze Kruste an die Wände, die wenigen Geräthschaften und das Heidekraut
des Daches. Für seinen Abzug ist durch ein Loch im Dache gesorgt, über das
man zuweilen, um den Zug zu befördern, eine alte, unbrauchbar gewordene
Häringstonne stülpt.

Die innere Einrichtung ist die einfachste, die sich denken läßt: Stuhl, Tisch,
eine Art Koje oder Kiste mit Strohsack und groben Decken als Bett und ein
roher Wandschrank zur Aufbewahrung der wenigen besseren Habseligkeiten, unter
denen eine Bibel in gaelischer Sprache selten fehlt. Wird eine solche Hütte ganz
baufällig, was natürlich bald der Fall ist, so verläßt sie der Eigenthümer und
baut sich nicht weit davon eine zweite. Die alte zerfällt nun allmählich, und von
ihr bleibt nur ein Haufen Steine und Lehm übrig.

Unter den Geräthschaften, welche die gaelischen Bewohner in manchen ab=
geschiedenen Glens und auf den Hebriden heute noch gebrauchen, erwähne ich
nur die Handmühlen oder Quern. Es bestand diese Handmühle aus zwei flachen
granitenen Steinen, jeder von etwa ½ m. Durchmesser. Mittels eines hölzernen
Zapfens, der im untern Steine fest sitzt, greift der obere in diesen ein; der obere
Stein wird als Läufer benutzt und durch einfaches Umdrehen mit der Hand in
Bewegung gesetzt. Jetzt, da überall Mehl leicht hingeführt wird, kommen diese
Handmühlen ganz außer Gebrauch. Auf dem Hauptlande sind sie schon sehr selten.

In den Küstengegenden ist der Häring ein Hauptnahrungsmittel im Winter
und Sommer; dazu kommen die Kartoffel und der trockene, geschmacklose Hafer=
kuchen, der aussieht, als wäre er aus Sägespänen zusammengepreßt. Aber da
er eine schottische Nationalspeise ist, so fehlt er so wenig wie die merkwürdige
Hotschpotsch=Suppe auf den Tafeln der Hotels. Alle Schotten, gleichviel ob
gaelischer oder angelsächsischer Abkunft, sind große Whiskytrinker. Die Zube=
reitung dieses nationalen Getränks erscheint uns sehr einfach, aber es giebt bei
der Herstellung Feinheiten, die einem Fremden unbekannte Dinge bleiben.

Um den geistigen Zustand der Gaelen beurtheilen zu können, ist es noth=
wendig, den grassen Aberglauben, der unter ihnen noch vielfach herrscht, zu kenn=
zeichnen. Freilich wirken dem die überall verbreiteten Schulen jetzt mächtig ent=
gegen. Aber es sind noch keine 30 Jahre vergangen, daß in vielen gaelischen
Gegenden von Schule und Kirche keine Rede war. Somit leidet die damals
herangewachsene Generation noch an den Nachwehen ihrer Unbildung, und erst
mit ihrem Absterben werden vernünftige Ansichten allgemeiner sein. Aber wie
viel ist dann noch vom gaelischen Volke übrig?

Trotz der frühen Einführung des Christenthums in Schottland (St. Co=
lumban und seine Culdees errichteten bereits im Jahre 363 ihr Kloster auf
Iona) und der langandauernden Einflüsse desselben hat sich eine große Menge
abergläubischer Vorstellungen unter der gaelischen Bevölkerung erhalten, die mit
der alten heidnischen Religion in Zusammenhang stehen.

Wir wissen ja, wie selbst bei uns noch heute eine Menge Vorstellungen,
Sitten und Gebräuche aus unserer alten germanischen Religion im Volke gäng
und gäbe sind, wenn auch diesem selbst der Schlüssel dazu fehlt und erst tüchtige
Forscher im Gebiete unseres Alterthums uns darüber Aufklärungen geben. In
noch weit höherem Maße ist dies bei den gaelischen Hochländern der Fall. Sie
haben drei Arten von Aberglauben. Zunächst glauben sie an übernatürliche, feen=
artige Wesen, die sie Daoine=shith nennen. Ferner steht bei ihnen fest, daß die
Gestorbenen und deren umwandelnde Geister auf das Schicksal der Ueberleben=
den einen großen Einfluß haben und deren Dasein gleichsam regieren. Zuletzt
spielt das zweite Gesicht bei ihnen eine große Rolle; Viele behaupten damit be=
gabt zu sein, und man erzählt sich seltsame Dinge davon.

Der heutige Gaele ist ein indolenter und unindustriöser Mensch; wird ihm
aber eine besondere Gelegenheit zur Thätigkeit und Anstrengung gegeben, so
wird er selten übertroffen; dabei ist er bescheiden und nie stolz. Seine Höflichkeit
und sein willfähriges Benehmen sind unstudirt und ehrlich gemeint; nie wird er
durch ein Gefühl von Inferiorität zu linkischem Wesen gebracht. Er ist zänkisch,
wißbegierig, intelligent und hat stets seine Sinne gut beisammen. Für Güte ist
er sehr empfänglich und der Dankbarkeit in hohem Grade fähig, dabei aber, wie
gesagt, abergläubisch, übermüthig, leidenschaftlich und rachsüchtig."

In Schottland findet man seit Jakob's VI. Zeit kein eigentliches National=
kostüm mehr. Bis dahin trugen die Schotten Zeug, das in verschiedenen Farben
gewürfelt erschien; die Kelten nannten in den Hochlanden solches Tuch Breacan,
die Germanen im Tieflande Tartan; es war ehemals bei allen keltischen Stämmen
in Gebrauch, und soll bei Basken, Toskanern, Albaniern, Kosaken und Kalmüken
am Don noch jetzt charakteristisch auftreten. Im Tieflande verschwand der Tartan
zu Ende des 17. Jahrhunderts; noch im Anfange des 18. Jahrhunderts sah man
dergleichen Mäntel, und die Weiber trugen ein solches gewürfeltes Tuch aus
Wolle oder Seide, immer mit glänzenden Farben, um den Kopf, indem sie sich
seiner zu gleicher Zeit als Schleier bedienten. Dieser Mantel, der Plaid, sowie

ber als kurzer Unterrock oder Schurz getragene Tartan oder Kilt, welcher für
die Hochländer ganz charakteristisch war, wurden 1747 verboten und sind seitdem
abgekommen. Die Hochländer trugen ein Stück bunten Tuches als Schurz, und
ein anderes wurde lose um Leib und Schulter geworfen; in beiden Fällen war
das Tuch buntfarbig, je nach dem vorgeschriebenen Breacan oder den Zeichen
des Clans oder Stammes, und deshalb hieß der Tartan auch wol die Schlacht-
farbe, weil die Clans sich auf dem Schlachtfelde dadurch unterschieden. Eine
Liste der Hauptclans und ihrer Farben enthält 75 verschiedene Tartans. Der
jetzt am meisten übliche ist der des 42. Regiments, Dunkelgrün mit Roth. Das
Bein bleibt am Knie und etwas darüber, bis wohin der Schurz hängt, nach
untenhin bloß; den Fuß bedeckt nur ein Stück festgeschnalltes Felles oder Strümpfe
von Tartan, welche bis über die Waden reichen, und Schuhe. In dem rechten
Strumpf steckt ein kurzes Messer. Einige der ältesten keltischen Stämme scheinen
aber auch ein dicht anliegendes Kleid getragen zu haben, das unten gefranzt und
mit einem Gurte um die Lenden befestigt war. Die Mütze, Bonnet, trugen die
Hochländer längere Zeit als die schottischen Tieflandsbewohner und die Engländer; als Letztere sich längst der Hüte bedienten, hießen die schottischen Grenz-
bewohner noch Blaumützen. Die eigentliche hochländische Mütze ist klein, rund
oder vorn spitz, dunkelblau oder grün, ohne Tartan und Federbusch. Häuptlinge
hatten vorn daran drei Schwungfedern des Adlers, Herren von Stande eine einfache Feder; die meisten Clans trugen ein Abzeichen ihres vaterländischen Ge-
sträuches oder einfach das schottische Wahrzeichen, die Distel, daran. Zur Fest-
kleidung der Häuptlinge gehörte Schwert, Dolch, große Brosche, Wehrgehäng,
Schnallen und die große, aus dem Fell eines wilden Thieres (Marder, Otter
oder Dachs) verfertigte und mit silbernen Troddeln und Beschlag verzierte Tasche
oder Purse für Lebensbedarf, später auch für Geld, Uhren, Patronen u. s. w.,
welche über den Leib vor dem Kilt herabhängt. Diese Kleidung sieht man in den
Hochlanden jetzt nur sehr selten. Im schottischen Tieflande ist der einzige Rest
der alten Tracht der gewürfelte Mantel, länger als breit, den man noch bei
Schäfern und anderen Personen der Ackerbau-Distrikte findet; er ist meist weiß
und schwarz. Als Volkstracht existirt die schottische Tracht nicht mehr; wo sie
jetzt noch erscheint, ist sie das Kleid der Dienerschaft oder wird von vornehmen
Leuten aus Liebhaberei auf Jagdausflügen angelegt. — Ein Lieblingsinstrument
der Schotten ist der Dudelsack; jeder Clan hielt sich ehedem seinen Bagpiper,
dessen Instrument Wappen und Bänder in den Farben der Clanschaft trug. —
Mittelalterliche Waffen haben sich bei den Schotten bis in die neuere Zeit erhalten.

Außer in Südeuropäer, mit denen wir uns eben beschäftigt, theilen sich die
europäischen Arier noch in Nordeuropäer.

Unter Letzteren sind der letto-slavische und der germanische Ast zu verstehen.

Von den Vertretern der letto-slavischen Familie wollen wir uns auf
einen Augenblick mit den Russen beschäftigen.

Die Oberfläche des europäischen Rußland macht im Vergleich mit dem Westen Europa's auf den ersten Blick den Eindruck einer großen Einförmigkeit. Die Einförmigkeit der russischen Ebene verschwindet jedoch bei näherer Betrachtung; der Reisende, welcher sowol Groß= als Kleinrußland, die Urwälder von Wologda im Norden und die Steppen Neu=Rußlands kennen gelernt hat, wird bei der Vergleichung seiner empfangenen Eindrücke finden, daß diese dem Anschein nach überall gleiche, ungeheure Ebene eine auffallende Verschiedenheit darbietet.

Der Charakter der heutigen Bewohner von Großrußland, der Nachkommen baltischer Slaven, hat im Laufe der Jahrhunderte infolge der Bodenverhältnisse sein eigenthümliches Gepräge angenommen, welches die Großrussen in Lebens= art, Sitten und Gebräuchen von ihren Stammverwandten, den Kleinrussen, wesentlich unterscheidet. Erstere treiben zwar auch Ackerbau, doch sind Gewerbe und Handel ihre Erwerbsquellen; die Kleinrussen dagegen sind im vollen Sinne des Wortes Ackerbauer. Sprache und Religion sind allerdings ein Band für Beide, im Charakter bilden sie aber einen vollkommenen Gegensatz.

Die Stammväter der heutigen Kleinrussen sind die Polänen, die sich in grauer Vorzeit am Dniepr niedergelassen haben. Sie sind von jeder Vermi= schung mit fremden Volksstämmen rein geblieben. Die Geschichte weiß von Urbewohnern, welche die Polänen am Dniepr vorgefunden haben, nichts zu berichten, während dagegen in Großrußland die eindringenden Slaven auf fin= nische Völker stießen.

Wenn man die Schilderung liest, die einige Schriftsteller von den Klein= russen entwerfen, so sollte man glauben, in ihnen lauter Apollos zu finden, während der Reisende, wenn er dieser sonnverbrannten und vom schwarzen Staube ihres Steppenbodens bedeckten, hageren Menschen zuerst ansichtig wird, glaubt, eine Rasse häßlicher Barbaren vor sich zu haben, bis ihn genauere Beob= achtung eines Besseren belehrt.

Die Gesichtszüge der Kleinrussen scheinen beim ersten Anblick etwas sehr Unbestimmtes, Unbedeutendes zu haben. Die kleine, spitze Nase, der dünne Bart, die schmalen Wangen, die viereckige Stirn und die winzigen Augen wollen Anfangs an Mongolisches und Kalmükisches gemahnen. Die Physiognomie der Großrussen erscheint dagegen gröber geschnitzt, offener und verständlicher. Die dickere Nase, die rothen Wangen, der lockige Bart und das heitere Auge machen die Fremden Anfangs mehr für sie eingenommen. Sieht man indessen etwas genauer nach, giebt man dem Kleinrussen eine kleidsamere Haartracht, kultivirt man seinen Leib, legt man ihm die Uniform Don'scher Kosaken oder Petersburger Garden an, so zeigt es sich, daß seine Physiognomie in ihren Grundzügen feiner ausgearbeitet und einer viel größeren Vervollkommnung fähig ist als die groß= russische, wie sein übriger Körperbau sich ebenfalls edler und schöner zeigt.

Die Großrussen haben einen auffallend gedrungenen Körperbau, kurzen Hals, starken Nacken, breite Schultern und kurze Beine; die Kleinrussen da= gegen einen sehr schlanken Wuchs, eine kleine Taille, feine Knochen sowie

dünn aufgelegte Muskeln. Die Großrussen besitzen starke und dicke Muskeln
und neigen sehr zum Dickwerden. Unter den Kleinrussen sieht man dagegen
sehr selten starkmuskelige, fette oder dickbauchige Menschen. Wenn der Groß=
russe sich zu Wohlhabenheit und gutem Leben erhebt, so wird er gewöhnlich
wohlbeleibt, und es kommen daher unter ihren Kaufleuten und Provinzial=
abligen, besonders unter den Frauen, ungemein wohlgenährte Exemplare zum
Vorschein. Wo dagegen die Kleinrussen sich zu gebildeten und begüterten Leuten
abklären, da erscheinen viel ausdrucksvollere und interessantere Physiognomien
unter ihnen. Ja, es zeigen sich oft unter den geringsten Ständen so feine Körper=
bildungen, daß man glauben sollte, die aufmerksamste Erziehung, der peinlichste
Tanzmeister und die gewähltesten Speisen hätten an ihrer Ausbildung gearbeitet.

Die Gesichtsfarbe der Großrussen ist ein über das ganze Gesicht verbrei=
tetes Fleischroth, nicht das schöne, blos in den Wangen blühende Rosenroth
germanischer Stämme. Jenes Fleischroth findet sich bei den Kleinrussen durch=
aus nicht, ihre Gesichtsfarbe ist vielmehr bräunlich. Die Haare der Großrussen
haben meist helle Farben, braungelb, oft goldgelb und blond, die der Kleinrussen
sind dagegen dunkelschwarz und tiefbraun, was die Behauptung Derer bestätigen
kann, die da sagen, daß die Kleinrussen reinere Slaven seien, die Großrussen
aber sich viel mehr mit den gelbhaarigen Finnen und blonden Normannen ge=
mischt hätten. Ebenso sind die Augen der Großrussen häufig blau, die der
Kleinrussen dagegen häufiger braun.

Alle Russen zeichnen sich trotz ihrer oft so melancholischen Gesänge durch
eine große Heiterkeit des Temperaments und durch eine große Sorglosigkeit um
die Zukunft aus, mit der dann eine eben so große Gleichgiltigkeit gegen Alles,
was da kommen mag, und eine unbesiegbare Indolenz bei Vorkehrungen dafür
innig zusammenhängt. Beide, Groß= wie Kleinrussen, leben gern lustig, singen
und jubiliren fleißig, arbeiten nicht gern viel und strengen sich bei der Arbeit
nicht an, lassen Glück und Unglück über sich ergehen, wie es der Himmel sendet.
Doch gilt dies in sehr verschiedenem Grade, wenn man beide, Groß= und Klein=
russen, unter einander vergleicht.

Dem Großrussen gegenüber darf man den Kleinrussen nicht sehen, wenn
man seine Eigenthümlichkeit erkennen will. Denn in seiner Gegenwart erscheint
der Kleinrusse, der den Moskowiter als seinen Besieger und Befehlshaber be=
trachtet, dem nicht so viel List, Lebendigkeit, Beredsamkeit und Talente zu Ge=
bote stehen wie jenem, befangen, stumm, melancholisch, wogegen er unter seines
Gleichen gern scherzt, tanzt, trinkt, musizirt und sich mit Blumen schmückt.
Trinkgelage, lustige Aufzüge, Musik sind dem Kleinrussen kein geringeres Ver=
gnügen als dem Großrussen. Wenn aber beide, Groß= und Kleinrusse, lustige
Brüder sind, so ist doch der Großrusse viel heiterer. Er scherzt und witzelt be=
ständig und würzt selbst seine Branntweingelage mit Beredsamkeit und Poesie.
Sein Charakter ist menschenfreundlicher, gutthätiger, und er wird in der Be=
trunkenheit stets zärtlich und liebevoll. Aus seinem süßlich und schelmisch

lächelnden Geſichte ſtrahlt die Freude wider. Der Kleinruſſe ſcheint bei ſeinen
Vergnügungen weit mehr der Völlerei und Ausgelaſſenheit als der Freude und
Heiterkeit ergeben zu ſein. In allen Aeußerungen ſeiner Luſt offenbart ſich
weit weniger Seele als beim Großruſſen.

Eine Tugend, die beide, Kleinruſſen ſowol als Großruſſen, auf gleich ange=
nehme Weiſe auszeichnet, iſt die Gaſtfreiheit.

Ruſſen in einer Theeſchenke.

Doch übt dieſe allgemeine nationale Gaſtfreiheit jeder auf ſeine eigene Weiſe:
der Großruſſe mit mehr Höflichkeit und Freundlichkeit, der Kleinruſſe mit eben
ſolcher Höflichkeit und womöglich mit noch mehr Freigebigkeit. Der geringſte
Koſak wird mit der größten Bereitwilligkeit ſein letztes Brot und ſeinen einzigen
Topf Milch mit ſeinem Gaſte theilen und es mit dem Großruſſen für ein Ver=
brechen halten, einen unartigen Wirth in ſeinem Hauſe zu machen.

Wenn die Klein= und Großruſſen ſich in keinem Punkte mehr gleichen als
in Bezug auf Gaſtfreiheit und Religioſität, ſo ſind ſie in keinem verſchiedener
als in Bezug auf Reinlichkeit.

Dem Kleinruſſen gebührt in dieſer Hinſicht entſchieden der Vorrang vor
allen ſeinen Nachbarn, ſowol vor dem Ungarn als dem Moldauer, Polen

und Großruſſen, von welchen allen die Polen die Krone der Schmuzigkeit ver=
dienen, denen alsdann die übrigen in folgender Ordnung folgen mögen: Ungarn,
Großruſſen und Moldauer.

———

Der zweite Aſt der Nordeuropäer, der germaniſche, verzweigte ſich
bald als Gothen, Skandinavier und Teutonen.

Die Gothen theilen ſich in Oſt= und Weſtgothen und traten zu Beginn der
Völkerwanderung in Europa auf. Ihre Sprache, ſowie die verwandter Völker,
wie der Vandalen, Heruler, Baſtarner, Rugier und Burgunder, iſt,
nachdem dieſe Völker in anderen aufgegangen ſind, jetzt ausgeſtorben.

Zu den Skandinaviern gehören die Bewohner Schwedens und Nor=
wegens (mit Ausſchluß der von den Lappen eingenommenen Landſtriche), ſowie die
Bewohner Islands, der Däniſchen Inſeln, und die der Halbinſel Jütland.

„Das große, breite Schwedenland iſt faſt durch und durch ein von vielen
Seen, Flüſſen und Bächen durchſchnittenes Hügelland und genießt im Ganzen
einen hellen und heitern Himmel. Jene Länder der weiten Ebenen, Polen und
Rußland und ſelbſt unſer nordweſtliches Deutſchland und noch viel mehr das
meerumflutete Großbritannien, ſind viel mehr und viel öfter von einem trüben
Himmel beſchattet und von kalten und feuchten Nebeln bedeckt. Man hat be=
rechnet, daß Schweden während des Jahres im Sommer und Winter ungefähr
ſiebenzig, achtzig Tage mehr hat, wo die Sonne hell am Himmel ſteht, als unſer
Deutſchland. Sonne und Leben der Erde ſind ja ganz daſſelbe: wie das Licht
insgemein nicht blos Leben und Lebensluſt, ſondern auch friſchen und ſtarken
Leib und hellen Geiſt und heitern, muthigen Sinn der Menſchheit zeugt, lehrt
die ganze Naturkunde und Geſchichte. Der Norden hat auch ſeine Phantaſten
und Narren; aber Narren der Schwermuth und des Trübſinns, wie ein trüber,
feuchter und matter Himmel ſie zeugt, Narren des engliſchen Spleen und der
deutſchen Schwerenoth begegnen Einem da faſt gar nicht. Das Licht hat hier
aber auch noch eine andere, viel tiefere Bedeutung, es übt einen wunderbaren
Zauber auf die Natur und auf den Menſchen. Tag und Nacht müſſen hier,
näher dem Nordpole, ein ganz anderes Spiel ſpielen als am Po oder am Rhein.
Die längſten Tage, wo die Sonne hier kaum untergeht, die kürzeſten Tage, wo
man ſie nur vier, fünf Stunden ſieht und die übrigen Dämmerſtunden des
Morgens und Abends ein langſam erbleichendes Roth am Himmel mit bunteſten
Farben aufglüht und verglüht, alle die ſeltſamſten, wunderbarſten Gebilde,
welche zwiſchen dem Lebendigen und dem Starren und Unbeweglichen, zwiſchen
dem Lichtern und Schatten, die von den verſchiedenen Jahreszeiten hier ſo eigen=
thümlich gezeigt werden, hinſchweben, ſchimmern und zerflattern — könnte ich
doch das malen, wie ich es empfunden und geſehen habe! Aber wer kann die
Lichtſpiele der Natur auf das Menſchenauge und das Menſchenherz, wer kann
Unbeſchreibliches beſchreiben? Man muß hier gelebt haben, man muß in den
mit mancherlei Luftſcheinen ſpielenden Winternächten, in den nimmer ganz

dunkelnden Sommernächten durch Schwedens Wälder und zwischen seinen Seen und Felsen hingefahren sein, man muß die eigenthümlichen Bilder zwischen Lichtern und Schatten vor sich hinschweben und tanzen gesehen haben, um von den Zauberscheinen und den wundersamen Träumen, die Einen im Norden über= fallen, eine Vorstellung zu haben. Kurz, das Licht ist hier ein wahrer Zauberer auf und über die ganze Natur in der Zurückspiegelung auf den Menschen. Wie wunderbar mächtig lebt und webt dieser Zauber in den Augen und Herzen des Nordländers! Jeder Fels, jeder Berg, jeder Stein und Baum, jeder See und jede Quelle haben ihre lebendigen Geister: die Trolt (Zaubergeister) und die schwarzen und weißen Elfen mit ihren Tänzen, Reigen und Gesängen auf den Blumenwiesen und unter Lieblingsbäumen (z. B. Eschen, Ahornen, Hollundern) begegnen dem Schweden und Normann auf jedem Schritte; der Reisende, welchem ein Bär oder Wolf über den Weg hinstreicht; die sehnsüchtige Jungfrau, welche aus den Frühlingszweigen den ersten Kuckuk singen hört, und welcher der Auerhahn und Specht über Liebe und Hochzeit Geheimnisse zurufen; die Amme, welche das Kind aus der Wiege nimmt oder es wieder hineinlegt; der Jäger, welchem eine Elster oder Krähe über den Kopf fliegt — Alle haben sie mit Geistern zu thun, haben diese durch alte bekannte und bewährte Mittel zu ver= söhnen und anzulocken oder zu verscheuchen und abzuwehren, je nachdem sie schwarzer oder weißer Farbe, böser oder freundlicher Natur sind. Noch heute herrscht die alte Eddalehre in den Herzen der Menschen; noch heute entführen die Bergelfen, die kleinen, kunstreichen Schmiede und Juweliere des Goldes und Silbers, die Frauen der Schweden in ihre von Gold und Diamanten strahlen= den unterirdischen Bergpaläste, zeugen Söhne und Töchter mit ihnen und lassen sie dann nach Jahren zum Erstaunen der Menschen wie Fremdlinge wieder in die Oberwelt an das Licht des Tages heraus. Dieser Zauberglaube geht durch alle Volkslieder des Nordens und wohnt nicht blos in den Spinnstuben und Hütten der Bäuerinnen und Hirtinnen, sondern hat in den Köpfen vieler der gebildetsten Schweden noch heute seinen festesten Sitz.

Eben dadurch unterscheidet sich aber auch das skandinavische von dem deutschen und südeuropäischen Volkslied. Diese Nordländer haben außer einigen Nachklängen der alten eddaischen Götter= und Heldensagen keine Ritterlieder, wie die Spanier, Franzosen und Engländer; auch war die südeuropäische christ= liche Ritterlichkeit in Norddeutschland und in dem hohen skandinavischen Norden nimmer ausgebildet. Anstatt des christlich=romantischen weht durch die skandi= navischen Lieder der Geist des mystischen nordischen Zauber= und Hexenglaubens. Die Fels=, Eis= und Gewaltnatur, die in den alten Edden und Sagen lebt, offenbart sich auch in den Volksliedern; sie haben weit mehr als die Lieder der südlichen Völker ungeheuere und finstere Verbrechen der Unnatur und rohesten und scheußlichsten Gewalt zum Gegenstande; es ist, als ob den härtern und straffern Menschen für die Erregung ihrer Gefühle und für die Flügelspannung ihrer Phantasie Grausameres und Gewaltsameres vor Augen gestellt werden müßte.

Soll ich über die Gestalt und das Aeußere dieser nordischen Menschen noch etwas Besonderes sagen, so bleibt der erste und letzte kurze Ausspruch: sie sind im Ganzen uns Deutschen ähnlich, sie tragen vorzugsweise den germanischen Stempel und in Augen und Locken und in den Rosenwangen der Jugend die blonden und blauen germanischen Farben. Es giebt unter ihnen viele schöne und stattliche Männer und Frauen, aber ich könnte nicht sagen, daß ich außer= ordentliche, gleichsam göttliche oder riesenhafte Bilder der Stärke und Schönheit dort, mehr als hin und wieder bei uns, gefunden hätte.

Es streiten die verschiedenen Völker untereinander über einzelne Vorzüge der Gestalt und über manche andere Eigenheiten; so thun auch die Nordländer, wie bei uns gelegentlich Sachsen und Schwaben, Thüringer und Pommern. Es kommt dabei nichts heraus. In Schweden haben sich einst die Gothen und Schweden als verschiedene Hauptstämme oft sogar um die Herrschaft gestritten; jetzt streiten sie sich zuweilen auch wol um Schönheit und Stärke, und mitunter um die Gaben des Geistes, welche verschieden vertheilt sein sollen. In Schweden wohnt nämlich der eigentliche Schwede mehr im Osten, der Gothe im Süden und Westen. Auch der Norweger ist Gothe. Bei den Schweden findet man mehr Dunkelköpfe, bei den Gothen herrscht die Blondheit, das allgemeine blaue Auge und die Rosenblüte auf den Wangen der Jugend vor. Der Schwede wird härter, spröder, heftiger und bei Gelegenheit grimmiger und grausamer genannt, der Gothe als der weichere, feinere und zarter organisirte Mensch bezeichnet. Es ist einige Wahrheit in solchen Darstellungen, doch darf man sie nie zu all= gemeinen Charaktergemälden ausmalen.

Der Norweger, im Ganzen dem Schweden ähnlich, hat doch eine große Besonderheit, die wol mehr von der Beschaffenheit und von den Eigenthümlich= keiten seines Landes und von damit zusammenhängenden Arbeiten und Gewer= ben des Volkes, als von Anlage herrühren. Norwegen ist durch die „große Fjällen" genannte Bergstrecke, und im Süden durch große Seen von Schwe= den gesondert; es läuft bei einer Breite von 10 bis 20 Meilen, in der Länge von 200 Meilen, bis zum höchsten Norden an der Westsee hinauf, ein von einer Unendlichkeit an Bächen, Bergströmen und Seebuchten oder Wiken durchschnit= tenes Land. Bergbau, vor Allem aber Fischfang und Schiffahrt, sind seine vorzüglichsten Gewerbe.

Der Norweger ist ein echter Gothe und hat die größere Beweglichkeit und Weichheit, wodurch der Gothenstamm sich vor den Schweden auszeichnet, ein stattlicher, lebendiger, lustiger und geschmeidiger Mensch, von früh her durch seine Lage am großen Nordmeere und durch die Lockungen desselben mehr in die Fremde geführt, und auch des reichen Fischfangs wegen mehr von Fremden besucht als das östliche Festland. Hier war schon im Mittelalter ein gesegneter Fischfang und ist es noch. Dies veranlaßt den Besuch vieler Fremden und den Ver= kehr mit fremden Sitten. Daher zum Theil auch wol die Gewandtheit und Ge= schmeidigkeit des Norwegers, die häufig als List und Windbeutelei angeklagt wird.

Schweden.

In manchen Bezirken haben die Sitten auch durch den Fremdenverkehr und durch den an den Küsten zu häufigen Gebrauch des Branntweins gelitten. Kurz, der Norweger schaut lustig in die Welt und kühn ins Meer hinein, bei Gelegen= heit ein frischer, tapferer Wagehals und Abenteurer. Was an ihm hin und wieder als ein leichtfertiges und prahlerisches Wesen erscheint, kann man der Gewalt der See, ich möchte sagen: dem Seehauche zuschreiben.

Diese fröhlichen Norweger haben den Dänen, durch welche sie große Ver= luste erlitten haben, ein großes Unglück zu verdanken. Durch die beinahe fünf= hundertjährige Verbindung Norwegens mit Dänemark hat die dänische Sprache die alte Kernsprache, die einst nach Island verpflanzte, verdrängt und fast erstickt. Das Dänische mit seinen dünnen, mageren, fast klanglosen Tönen, mit zerquetschten, verschliffenen und fast gebrochenen Mitlauten ist bei ihnen leider die Schrift= und Landessprache geworden. Hinsichtlich der Sprache stehen alle anderen Skandinavier jetzt weit hinter den Schweden, die eine in Wohllaut, Biegsamkeit und Kraft schöne und mächtige Sprache entwickelt haben. Sie selbst sagen gern: Unsere Sprache klingt, wie wir sind, klar, hell und stark."

Mit dem Uebergange der Sachsen nach Britannien im 5. Jahrhundert unserer Zeitrechnung treten als ein Zweig der Germanen die Angelsachsen auf, welche in ihrer Verbindung mit den französirten, ebenfalls germanischen Nor= mannen (im 11. Jahrhundert) die Stammväter der heutigen Engländer sind.

Wenn man länger in England reist, macht sich ein Unterschied zwischen zwei Rassen bemerklich.

Die sächsische Rasse tritt auf in kurzen, stämmigen Figuren mit breiten, fast viereckigen Gesichtszügen; die andere Rasse scheint aus normännisch=sächsisch= irischer Mischung hervorgegangen, der Körper ist schlanker und die Gesichtsfarbe reiner, die Umrisse des Kopfes ovaler, Haar und Augen haben dunkleren Glanz, und zwischen der leichtgewölbten Stirne und den langrunden Wangen nehmen sich Mund und Nase fein und niedlich aus. Diese feinere Gesichtsbildung und die hochgewachsenen Gestalten sind vorzugsweise ein Erbtheil des Adels, der auch mit kluger Vorsicht darauf hält, sich mit langen, stattlichen Bedienten und hübschen Hausmädchen zu umgeben. Im Ganzen jedoch möchte keine Gegend Englands einen so durchgängig schönen Volksschlag aufweisen, wie der Schwarz= wald, Friesland, einige Striche im Berner Oberland oder in Westfalen und auch anderswo in Deutschland. Das Volk in England hat ein frisches Ansehen, der Regen begießt es oft genug, und die Seeluft umstreift fortwährend die Wangen. Ueberall erblickt man das feste, tüchtige englische Gesicht, aber keines= wegs häufig geistvolle und scharfe Züge. Eher könnte man sagen, der Engländer sieht sehr dumm aus, wenn er nicht sehr klug aussieht. Mittelgut scheint es in diesem Volke nicht zu geben.

Eine der werthvollsten Naturgaben der Engländer ist ihre Reinlichkeits= liebe, denn ein Volk redet stolzer und anmuthiger, wenn es saubere Kleider und reine Hemden anhat. So ganz Unrecht hatte Der nicht, welcher einmal sagte: man könne die politische Tüchtigkeit eines Volkes nach der Menge Seife abmessen, welche es verbrauche. Wenn viele Deutsche nur Etwas von dem Biergelde, welches sie täglich ausgeben, anf saubere Wäsche verwendeten, so würde das ganz im Stillen gute Früchte tragen.

Eigenthümliche Landestrachten giebt es in England nicht mehr, Alles kleidet sich städtisch, und das einfachste Farmerkind hat Geschmack darin.

Auf dem Lande entfaltet sich der englische Volkscharakter in seiner schönen Gediegenheit. Die Stadt ist dem Engländer der Tummelplatz der Geschäfts= leute, der Gastwirthe und Schauspieler, aber auf dem Lande genießt er Freiheit und Behagen. Auch der Kaufmann und Beamte, der kein Gütchen draußen hat, sucht wenigstens sein Wohnhaus in den Gärten anzulegen, welche meilenweit jede größere Stadt umgeben. Da ist sein „Daheim", das wonnigste Plätzchen, welches für ihn die Erde hegt, ein umfriedeter, heiliger Ort, wo er Athem schöpfen und in der Liebe und Pflege seiner Familie ruhen kann. Gewiß das Schönste und Beste, was die Engländer haben, ist ihr Familienleben auf dem Lande, da geben sie sich einfach, warm und offen und von Grund aus wahrhaft.

Die Krone der englischen Familie ist die Hausfrau. Mit vollstem Recht wird die Schönheit und Häuslichkeit der Engländerinnen gepriesen. Ein wenig steif ist die englische Schönheit, das ist wahr, und Etwas von dieser Steifheit scheint sich auch dem Geiste mitzutheilen. Die Frauen gehen sonst viel leichter auf fremde Eigenthümlichkeiten ein als die Männer, aber den Engländerinnen scheint geradezu die Gabe zu fehlen, Etwas gut oder schön zu finden, was ihren starren nationalen Sitten und Ansichten widerspricht.

Die wandellose Stille und Ruhe in seiner Familie sichert der Engländer auch dadurch, daß er all sein Besitzthum eisern umgittert. Jedes Stückchen Feld oder Anger oder Wald ist eingehegt oder abgepfählt. Wer kein Eigen hat oder nicht zur Miethe wohnt, kann seinen Fuß nirgends hinsetzen als auf die Landstraße.

Die Völker zeigen ihren Charakter vorzugsweise in der Art und Weise, wie sie das Grundeigenthum auffassen. Der Slave zäumt sich nur ein kleines Stück ab, der Romane nimmt die besten Plätze und umgiebt sie mit Mauern als sein Alleineigenthum. Beide bekümmern sich nicht viel um das, was frei liegen bleibt, der Germane aber theilt sämmtlichen Grund und Boden in Sonder=, Gemeinde= und Staatseigenthum. Während jedoch der Deutsche von seinem Felde wie von seinem Walde für sich selbst nur den Hauptertrag verlangt und Beides sonst zu Jedermanns Nutzen und Vergnügen offen läßt, kann man in England keinen Schmetterling fangen, der von der Landstraße wegfliegt, und keine Waldeskühlung genießen ohne Erlaubniß des Besitzers.

Im nothwendigen Gegensatze zu den Gittern und Schranken des Eigen= thums, welche in England auf Weg und Steg dem Wanderer entgegenstarren, hat sich dort auch ein Proletariat entwickelt, das in so scharfen Umrissen und zugleich so massenhaft sich nirgendwo wiederfindet. Der Arme ist dort zehnfach

Oberländer, Der Mensch 2c.　　　　　　　　　　20

ärmer als bei uns, und das englische Sprüchwort „Armuth ist Knechtschaft" hat eine furchtbare Wahrheit, weil dem Besitzlosen gar kein Recht bleibt als das nackte Leben.

Zur Ergänzung der Charakteristik des Engländers wollen wir noch hin= zufügen, daß er ein praktischer und freier Mensch, der, mit einem selbständigen Charakter und großer Willenskraft begabt, sich nicht so hinleben läßt wie der Deutsche; er schafft sich ein eigenes Leben und wird ein Brennpunkt des Handelns, wie der Deutsche des Denkens. In keinem Lande giebt es so wenig unbeschäftigte Menschen; die Arbeit nimmt hier die ganzen Menschen in Anspruch; er vereinigt alle seine Bestrebungen auf einen Punkt und ruht nicht eher, als bis er seinen Zweck erreicht hat. Der Engländer besitzt den Muth, seine Meinung frei heraus= zusagen und kühn das Gute zu thun; sein Gewissen unterliegt keiner falschen Scham.

Unter einem ernsten, frostigen Aeußern besitzt der Engländer ein für tiefe Empfindungen empfängliches Herz, eine friedliche Seele. Er überrascht durch Humor, Frische des Gefühls, durch Liebe zur Natur, und einfache, naive Poesie, welche in dem ganz germanischen Grunde seines Wesens verborgen ist.

Der Charakter des Engländers malt sich in seiner Person. Seine Züge sind regelmäßig, aber wenig belebt, seinem Auge fehlt es an Lebhaftigkeit, seine Haltung zeigt mehr Adel als Anmuth; seine Physiognomie ist weder fröhlich noch traurig, weder unempfindlich noch leidenschaftlich, weder trocken noch über= spannt: sie ist ruhig, ernst und kalt, aber voll Empfindungen oder Gedanken, welche sie den Menschen nicht offenbaren soll.

Wir sind beim Schlusse angelangt: — die eigene deutsche Nation ist es, mit der wir uns endlich beschäftigen wollen. Wir vermögen unseren Lesern kein besseres Bild unseres Nationalcharakters vorzuführen, als durch Wiedergabe der Worte des edlen Vaterlandsfreundes Ernst Moritz Arndt, des Dichters des warmen, patriotischen Liedes „Das ganze Deutschland soll es sein."

„Friesen, Sachsen, Franken, Thüringen, Bayern, Alemannen, das sind die edlen, kräftigen Stämme, die ihre Wurzeln und Zweige zum Ganzen eines Deutschen Volkes in einander geschlungen; jeder einzelne Stamm ist stattlich von Wuchs, reich von Entfaltung, eigenthümlich von Art.

Der Friese fest und spröde, kühn hinaus in die See und für Freiheit auf heimischem Boden; — der Sachse ernst, ausdauernd und nachhaltig in Glauben und Arbeit, mächtig durch Gedanken und Treue, unermüdlich, das Wesen der Freiheit zu ergründen, und unerschütterlich, jede solche geistige Errungenschaft zu bewahren; — der Thüringer offen an Verstand und Gemüth, regsam zu allem wackeren Thun, treuherzig in Handel und Wandel, heiter in Sanges= und in Sagenlust; — der Franke rasch wallenden Blutes, voll Funken der Empfind= samkeit, klug und gewandt, hochstrebenden Sinnes und tapfer, aber nicht immer auch vollkommen beständig und verläßlich; — der Bayer handfest und derb, gedie= gener Treue, lustig und behäbig in frischem Lebensgenuß; — der Alemanne

mehr nach innen gekehrt, tiefsinnig zum Dichten und Denken, ja selbst zur
Versenkung in die geheimnißvolle Welt der Ahnung und Wunder, aber dabei
nicht weniger mannhaft und streitbar, anstellig und fleißig zum Größten wie im
Kleinsten. — So geartet sind die deutschen Stämme, wie sie aus den verschieden=
namigen Völkerschaften der Urzeit zusammengewachsen. Wie auch bei dem einen
und andern von ihnen diese oder jene Eigenschaften mehr oder minder hervor=
treten mögen, — in Allen zeigt sich doch eine Uebereinstimmung gemeinsamer
Grundzüge, welche den Gesammtcharakter des deutschen Volks bezeichnen.
Zuerst und vor Allem: Liebe zur Freiheit — ein Grundzug seines Wesens, der
als ewiger Impuls seines Lebens, als bewegende und gestaltende Kraft seiner
ganzen geschichtlichen Entwicklung betrachtet werden kann. Mit unwiderlegbarer
Gewißheit kann es seine ursprüngliche Selbstbestimmung nachweisen; was es an
Großem und Herrlichem vollbracht, kam aus diesem Brunnen ewiger Verjüngung;
wie oft er auch verschüttet, vergessen schien, plötzlich in den beklommensten Zeiten
ließ sich sein mächtiges Rauschen wieder vernehmen, und das Volk, das schon
völlig gedemüthigt und rettungslos verloren schien, erhob sich dann wieder in
frischer Kraft und neuer Lust des Daseins. Die zweite Eigenschaft des deut=
schen Volkscharakters ist ein starkes Sittlichkeitsgefühl, so unverwüstlich wie die
Liebe zur Freiheit; und wahrlich: beide stehen in innigstem Zusammenhange;
denn wie die Liebe zur Freiheit eben durch das Sittlichkeitsgefühl bedingt ist,
so kann das letztere ohne die erstere gar nicht gedacht werden.

Es äußert sich in zweifacher Erscheinung, als Rechtsgefühl und Treue, —
im Familienleben, in Keuschheit und Ehrfurcht vor dem weiblichen Geschlechte,
in der ersten Zusammensetzung der Volksgemeinde, in der Waffenbrüderschaft,
im Gefolgschafts= und Lehnwesen, in der Entfaltung des Bürgerthums, in den
Bünden und Innungen, endlich, als die neuere Monarchie sich als Rechtsstaat
ausgebildet, in einer schönen und edeln Anhänglichkeit des Volks an die Fürsten,
welche, eben weil sie ein sittliches Beharren freier Männer an der Heiligkeit
des gegebenen Wortes ist, hoch über einem bloßen blinden Gehorsam und über
gemeiner Demuth vor einem sogenannten göttlichen Rechte steht.

Diese Kraft des Sittlichkeitsgefühls ist es auch, wodurch ein dritter Grund=
zug des deutschen Volkscharakters, religiöse Innigkeit des Gemüths, ihre
höchste Weihe erhält, sowie andererseits der starke Trieb der Freiheit es vor den
Abwegen, vor Selbstentäußerung, Aberglauben, Bigotterie und Fanatismus
theils bewahrt hat, theils noch bewahren muß. Ein vierter Grundzug, dem
Triebe der Freiheit nahe verwandt, ist die unaustilgbare Forschbegierde des
Deutschen, die sich einerseits im Sinne des Geistes, der Neues erfindet oder
Vorhandenes vervollkommnet, sowie andererseits seit uralten Zeiten, soweit
unsere Geschichte zurückreicht, als Wandertrieb kund giebt. Dies Merkmal des
germanischen Menschen hängt aufs Innigste zusammen mit der hervorragenden
Bildungs= und Gestaltungskraft des Deutschen, mit seiner schöpferischen Be=
gabung, welche wieder durch sein großes Geschick ergänzt wird, sich Fremdes

anzueignen und, durch sein eigenes Wesen vollkommen umgearbeitet, aus dem=
selben als Neues wieder zu gebären; so durchdringt er fremde Volksart, wohin
er kommt, mit seinem Geist, seinem Gemüth, seinem Glauben und seiner Sitte;
so ergänzen einander seine eigene Bildungsfähigkeit und sein Vermögen, Alles
um sich nach seinem Wesen zu bilden, und hierin läßt sich seine weltgeschichtliche
Aufgabe erkennen, wie es schon mehrmals zu ihrer Lösung gewaltige Ansätze
genommen und sie noch vollbringen wird. Jener Wandertrieb, welcher die Im=
pulse zum Sturze des römischen Weltreichs, zur Völkerwanderung, zu den Kreuz=
zügen gegeben, welchem die Menschheit die Verbreitung des Buchdrucks und der
Reformation verdankt, welcher jetzt noch jedes Jahr die deutschen Auswanderer
nach allen Weltgegenden hinaus in die Ferne treibt und selbst innerhalb der
Grenzen Deutschlands die verschiedenen Volksstämme mittels des Rechts der
Freizügigkeit aus einem Bundesstaat in den andern wechselseits erfrischt — ist
er nicht auch ein Wahrzeichen der oben angedeuteten weltgeschichtlichen Auf=
gabe des deutschen Volkes? Zu diesen hervorragenden Grundzügen des Volks=
charakters gesellen sich nun noch — theils aus ihnen hervorragend, theils ihnen
entsprechend, sie ergänzend, sie in Wort und That ausprägend — Mannhaftig=
keit, Ausdauer und Lebensfreudigkeit, drei Blüten aus einem Triebe.

Ausdauer im harten Werk der Idee wie im Lichten des Urwaldes — die
hat nicht leicht ein Volk in der Stärke wie das deutsche, weil es, Gott und sich
selbst vertrauend, auch in den dunkelsten Tagen die Kraft des Hoffens nicht ver=
liert. „Gott verläßt seine Deutschen nicht", sagen wir gern; und recht eigent=
lich ist's eben wieder die Treue, die Treue gegen die Idee, welche dabei den Muth
stützt und aufrecht hält.

Lebensfreudigkeit endlich, wie sie sich in Volkswitz, Volkslied und Volks=
fest, bald fein und sinnig, oft derb genug, meist nicht tropfenweise, sondern üppig
sprudelnd kund giebt, sie ist wieder Zeugniß für die stetige Jugendlichkeit unseres
Volkes, deren es in seiner ungemeinen Verjüngungskraft genießt.

Das sind die tüchtigen Grundstoffe des deutschen Volkscharakters, seine
großen, ehrwürdigen und schönen Eigenschaften, womit er in der Geschichte ge=
arbeitet und wodurch er sich Geltung verschafft hat."

Ende.

Verzeichniß

der in diesem Buche vorkommenden

Rassen und Völker.